Springer-Lehrbuch

Leena Suhl · Taïeb Mellouli

Optimierungssysteme

Modelle, Verfahren, Software, Anwendungen

3., korrigierte und aktualisierte Auflage

Springer Gabler

Leena Suhl
Decision Support & Operations Research Lab.
Universität Paderborn
Paderborn, Deutschland

Taïeb Mellouli
LS für Wirtschaftsinformatik
und Operations Research
Universität Halle-Wittenberg
Halle, Deutschland

ISSN 0937-7433
ISBN 978-3-642-38936-8
ISBN 978-3-642-38937-5 (eBook)
DOI 10.1007/978-3-642-38937-5

Die Deutsche Nationalbibliothek verzeichnet diese Publikation in der Deutschen Nationalbibliografie; detaillierte bibliografische Daten sind im Internet über http://dnb.d-nb.de abrufbar.

Springer Gabler

Gedruckt auf säurefreiem und chlorfrei gebleichtem Papier

Springer Gabler ist eine Marke von Springer DE. Springer DE ist Teil der Fachverlagsgruppe Springer Science+Business Media.
www.springer- gabler.de

Vorwort zur zweiten Auflage

Die zweite Auflage entspricht weitgehend der ersten Auflage. An einigen Stellen wurden jedoch Überarbeitungen in der Darstellung sowie Aktualisierungen vorgenommen. Auf einige kleinere Korrekturen wurden wir durch interessierte Leser dankenswertensweise hingewiesen. Einige Graphiken wurden verbessert und einzelne Abschnitte überarbeitet, um das Verständnis der behandelten Modelle und Methoden zu erhöhen. Weiterhin wurden einige Hinweise auf Fallstudien und Projekte zu den behandelten Methoden sowie aktualisierte Literaturhinweise eingefügt. Für die Mitarbeit danken wir herzlich den Mitarbeitern Michael Römer in Halle (Saale) und Johannes Timmer in Paderborn.

Paderborn und Halle (Saale),
März 2009

Leena Suhl
Taïeb Mellouli

Vorwort zur ersten Auflage

Ziel dieses Buches ist es, Studierenden und Praktikern Grundkenntnisse über Optimierungssysteme zu vermitteln, so wie sie heute in der betrieblichen Praxis eingesetzt werden. Darunter verstehen wir IT-basierte Anwendungssysteme, die Optimierungsmodelle generieren und verarbeiten können sowie zur Analyse der Modelle formale Lösungsmethoden einsetzen. In der klassischen Form basieren Optimierungssysteme auf Technologien der mathematischen Programmierung, die seit den 50er Jahren kontinuierlich weiterentwickelt werden und die durch die Möglichkeiten heutiger schneller Rechentechnologien immer öfter zur Anwendung kommen. Aufgrund der hohen kombinatorischen Komplexität können nicht alle schwierigen Modelle exakt optimal gelöst werden, so dass die klassischen Lösungstechnologien durch Heuristiken und Simulationsmethoden ergänzt werden.

Die Inhalte dieses Buches sind hauptsächlich im Rahmen der Lehrveranstaltung „Grundlagen von Optimierungssystemen“ an der Universität Paderborn entstanden und werden auch im Institut für Wirtschaftsinformatik und Operations Research an der Martin-Luther-Universität Halle-Wittenberg eingesetzt und ausgebaut. Weiterhin sind diese Inhalte teilweise Bestandteil des virtuellen Master-Studienganges VAWi (Virtuelle Aus- und Weiterbildung Wirtschaftsinformatik, s. http://www.vawi.de). Die Basistechnologien von Optimierungssystemen werden durch Praxisberichte aus der Beratungs- und Entwicklungspraxis der Autoren sowie aus aktuellen Literaturquellen ergänzt.

Das Buch folgt einem systematischen didaktischen Konzept mit Lerneinheiten, die jeweils Lernziele, Beispiele, Praxisberichte, Übungsaufgaben und Verständnisfragen beinhalten. Weitere Inhalte, Beispiele, Erklärungen und Übungsaufgaben befinden sich auf den Webseiten zum Buch: zu finden unter http://dsor-lectures.upb.de/. Das Buch ist sowohl geeignet als begleitendes Material zu Präsenz-Lehrveranstaltungen an Universitäten und Fachhochschulen als auch für ein Selbststudium, virtuell betreutes Studium und Blended Learning. Die Inhalte sind insbesondere für Wirtschaftswissenschaftler, Wirtschaftsinformatiker und Wirtschaftsingenieure aufbereitet, können aber auch für Informatiker und Mathematiker von Interesse sein. Man kann nicht genug betonen, wie wichtig eigenständiges Bearbeiten von Beispielen, Übungsaufgaben und Fallstudien für das Verständnis der Materie ist.

Optimierung und Modellierung sind Gebiete, die ein tiefes Verständnis erfordern, um sie in der Praxis richtig einsetzen zu können. Daher wird jeder Leserin und jedem Leser empfohlen, möglichst viele Übungsaufgaben selbständig zu bearbeiten.

Zum Entstehen dieses Buches haben zahlreiche Mitarbeiter, Studierende, Projektpartner und Kollegen beigetragen. Wir möchten an dieser Stelle insbesondere den folgenden Personen für wertvolle Beiträge, Diskussionen, Korrekturhinweise und Anregungen danken: Andrea Beckmann, Klaus Bertelt, Claus Biederbick, Thomas Bräutigam, Stefan Bunte, Philipp Christophel, Yvonne Gröting, Yetis Keltepe, Christian Kirchhoff, Natalia Kliewer, Michael Römer, Rüdiger Stucke, Anja Thelen, Nils Urbach, Mathias Walther, Markus Wigger und Kai Zürnstein.

Wir widmen das Buch Prof. Dr. Uwe H. Suhl, der über Jahrzehnte einen außerordentlichen Beitrag zur Entwicklung und Anwendung von Optimierungssystemen geleistet hat.

Paderborn und Halle (Saale),
Juli 2005

Leena Suhl
Taïeb Mellouli

Inhaltsverzeichnis

Abbildungsverzeichnis

Einleitung

Das vorliegende Buch befasst sich mit Optimierungssystemen, die nach Meinung der Autoren ein zentrales Thema im Spannungsfeld zwischen Wirtschaftsinformatik und Operations Research/Management Science (OR/MS) darstellen. Wirtschaftsinformatik befasst sich mit der Konzeption, Entwicklung, Einführung, Wartung und Nutzung computergestützter Informationssysteme in der Wirtschaft. Für die Begründung wirtschaftlicher Entscheidungen werden im OR/MS zunächst mathematische Modelle und Strukturen entwickelt, die als Basis für computerbasierte Verfahren zur Entscheidungsvorbereitung in der Wirtschaft dienen.

Auf OR/MS basierende Informationssysteme sind für Manager, Planer, Disponenten und Controller entscheidungsunterstützend und gehören demnach der Klasse der „Decision-Support-Systeme" an. Bei „Optimierungssystemen" legen die Autoren den Fokus auf die Teilklasse dieser Systeme, die überwiegend nach optimalen Lösungen für praktische betriebswirtschaftliche Problemstellungen suchen. Dabei spielt neben der Entwicklung und dem Einsatz von Optimierungsverfahren auch die Fähigkeit und die Kunst der adäquaten Modellierung der Realität eine große Rolle.

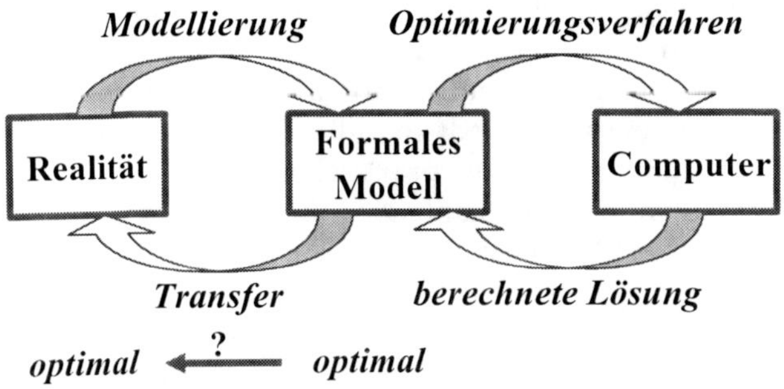

Abb. 1 Optimierungssysteme – Modellierung und Optimierungsverfahren

Um komplexe praktische Problemstellungen, etwa in der Produktionsplanung und Transportlogistik rechnergestützt lösen zu können, müssen diese zunächst in ein formales Modell überführt werden (s. Abb. 1). In diesem sind die für die Problemlösung relevanten Aspekte der Realität abstrahiert. Darauf aufbauend werden zur computergestützten Lösungsfindung optimierende oder heuristische Verfahren angewandt. In der Praxis können mathematische Modelle für Produktionsplanungsaufgaben mit Hilfe leistungsstarker Optimierungssoftware optimal gelöst, Netzwerkstrukturen für die Modellierung diverser komplexer Aufgabenstellungen in der Transportlogistik angewandt und Simulationstechniken für den Vergleich verschiedener Szenarien und Systemkonfigurationen eingesetzt werden.

In Abb. 1 wird die Wichtigkeit der „richtigen" Modellierung von Problemen aus der Realität/Praxis hervorgehoben. Würde man ein nicht-passendes Modell für eine Praxisaufgabe wählen, so ist es fraglich, ob sich eine optimale Lösung des Modells in eine für die Praxis „optimale" oder überhaupt passende Lösung überführen lässt. Nach diesem Leitmotiv werden im vorliegenden Buch „Optimierungssysteme" eher aus Sicht praktischer Anwendbarkeit behandelt, wobei die Modellierung und die Anwendung neben Technologien der mathematischen und netzwerkbasierten Optimierung einen großen Stellenwert einnimmt. Das vorliegende Buch umfasst neun inhaltliche Kapitel. Im Kapitel 1 werden Optimierungssysteme als Bestandteil von OR/MS eingeführt. Neben den grundlegenden mathematischen Modellen der linearen Programmierung von Kapitel 2 werden Softwaresysteme der Optimierung in Kapitel 3 vorgestellt und eingesetzt.

Um die Anwendbarkeit dieser heutzutage sehr leistungsstarken Softwaresysteme zu erweitern, werden in Kapitel 4 Modellierungstechniken für Optimierungsaufgaben behandelt. Kapitel 5 diskutiert spezielle Methoden zur Lösung schwieriger Modelle, die oftmals diskrete Variablen etwa zur Modellierung von Ja/Nein-Entscheidungen beinhalten.

Kapitel 6 führt Netzwerke zur Modellierung komplexer Strukturen, insbesondere Distributions- und Transportprobleme ein, wobei insbesondere auf Lösungsmethoden von Wege- und Flussproblemen eingegangen wird. Kapitel 7 und 8 behandeln Optimierungsaufgaben aus der Transportlogistik im Personen- und Güterverkehr. Dabei demonstriert Kapitel 7 die netzwerkbasierte Modellierung und Optimierung anhand einer Fallstudie im Bereich der Ressourceneinsatzplanung im öffentlichen Personenverkehr. Bei dieser Fallstudie werden Methoden aus Kapitel 6 für netzwerkbasierte Modellierung angewandt und die Leistungsstärke von Optimierungssoftware aus Kapitel 3 zur Lösung praktischer Probleme aufgezeigt. Kapitel 8 behandelt Standort- und Tourenplanungsprobleme bei der Transportlogistik im Güterbereich. Bei diesen Problemen werden mathematische netzwerkbasierte Modelle vorgestellt, die die Kenntnisse aus Kapiteln 4 und 6 anwenden und vertiefen. Da die Lösbarkeit mancher dieser Modelle für praktische Problemgrößen eingeschränkt ist, werden hier auch heuristische Verfahren behandelt.

Das Buch schließt mit dem Kapitel 9 über Simulation, die ihre Anwendbarkeit im Bereich der Optimierung von komplexen und stochastisch bedingten Systemen findet.

Die Kapitel dieses Buches sind nach dem folgenden Schema aufgebaut: Zuerst werden die *Lernziele* mit Hinweisen auf *Online-Lerneinheiten* gegeben. Die eigentlichen *Inhalte* beinhalten zu allen quantitativen Themen *Beispiele*, die das Verständnis erleichtern. Dabei ist es wichtig, dass die Leserin und der Leser möglichst früh zum Rechner geht und Beispiele und Übungsaufgaben mit *Optimierungssoftware* selbst löst. Durch kurze *Praxisberichte* wird die praktische Bedeutung der vorgestellten Methoden betont. Es werden nur tatsächlich umgesetzte erfolgreiche Praxisanwendungen vorgestellt, wobei in einigen Fällen auf Wunsch des Unternehmens der Firmenname geändert wurde. Die methodischen Kapitel beinhalten *Übungsaufgaben*, deren Bearbeitung extrem wichtig für das Verständnis der Materie ist. Lösungen befinden sich in den Online-Lernmaterialien. Jedes Kapitel schließt mit dem Teil „Was sollte ich gelernt haben“, das die Möglichkeit anbietet zu *testen*, ob man die wichtigsten Inhalte beherrscht. Die Antworten auf die gestellten Fragen befinden sich im Text des jeweiligen Kapitels.

Folgende Symbole werden im Buch durchgängig verwendet, um Hinweise zu geben und Verknüpfungen zu zeigen:

www **Dieses Icon weist auf Verweise zum Internet hin. Dabei kann es sich um Programm-Ressourcen, weiterführende Literatur, Übungsaufgaben und Erläuterungen handeln.**

! *Dieses Icon weist auf wichtige Begriffe, Definitionen und Sätze hin.*

Dieses Icon markiert Fragen und Aufgabenstellungen.

1

Optimierungssysteme als Bestandteil von OR/MS

Lernziele:

- Allgemeines Verständnis über Operations Research
- Besondere Sicht des Management Science bzw. Decision Support
- Vorgehensmodell in OR-Projekten
- Generelles Verständnis über Optimierungssysteme
- Generelles Verständnis über mathematische Programmierung

Online-Lernmodule:

- Einführung in OR/MS
- Einführung in Optimierungssysteme

http://dsor-lectures.upb.de/

1.1 Operations Research, Management Science und Decision Support

Dieses Lehrbuch beschäftigt sich mit computergestützten Optimierungssystemen, die zur Lösung von Optimierungsproblemen aus der betriebswirtschaftlichen – und teilweise auch aus der volkswirtschaftlichen oder ingenieurtechnischen – Praxis benutzt werden können. Solche Optimierungssysteme sind Bestandteil der Wirtschaftsinformatik und gleichzeitig ein wichtiges Teilgebiet der Disziplin des Operations Research.

Unter dem Begriff *Operations Research* (OR) verstehen wir allgemein die Entwicklung und den Einsatz quantitativer Modelle und Methoden zur Entscheidungsunterstützung in Unternehmen und Organisationen. Typische Ansätze des Operations Research sind Optimierung und Simulation. Dabei wird für einen Ausschnitt der Realität ein abstraktes Modell gebildet, mit dessen Hilfe Analysen durchgeführt werden können, um somit eine gute Basis für Entscheidungen zu schaffen. In Deutschland werden gelegentlich auch die Begriffe Unternehmensforschung und Operationsforschung benutzt.

Der Begriff *Management Science* (MS) wird insbesondere in Nordamerika für „praktisches Operations Research" angewandt. Es geht dabei um „scientific methods for management". In Management Science liegt der Schwerpunkt auf der Unterstützung von Führungskräften bei Entscheidungen. Während zu Operations Research auch die Entwicklung von formal-mathematischen Methoden gehört, geht es bei Management Science eher um die *Anwendung* solcher Methoden. Nach Meinung der Autoren sind Methodenevolution und Anwendung untrennbar miteinander verbunden; daher wird nachfolgend zumeist die Fachbezeichnung „OR/MS" gewählt.

Entscheidungen in der Praxis werden in einem komplexen Umfeld getroffen, wobei oft nicht alle relevanten Aspekte formalisiert werden können. Daher müssen Manager, Disponenten und andere Entscheidungsträger die Möglichkeit haben, einen vom Computer generierten Entscheidungsvorschlag zu bearbeiten und zu ändern. Die Methoden des OR/MS werden also in *Decision Support (DS) Systems* (Entscheidungsunterstützungssysteme) eingebettet, die diese Möglichkeit mit Hilfe der modernen Informations- und Kommunikationstechnologie anbieten.

Abbildung 1.1 präsentiert den typischen Ablauf eines Projektes in OR/MS. Die reale Entscheidungssituation wird in einem formalen bzw. mathematischen Modell abgebildet, das mit Hilfe geeigneter Computer-Software gelöst wird. Die berechnete Lösung ergibt einen Entscheidungsvorschlag, der vom entsprechenden Entscheidungsträger auf seine „Praxistauglichkeit" überprüft, akzeptiert, verbessert oder in manchen Fällen auch abgelehnt wird. Das Feedback des Entscheidungsträgers hilft oft bei der Verbesserung des Modells im Hinblick auf die genaue Abbildung des Realitätsausschnitts des Problems.

1.2 Modellbildung im Operations Research

Die Methoden des Operations Research können verständlicherweise nicht direkt auf die Realität, sondern auf Modelle der Realität angewandt werden. Oft ist es nicht einfach zu sehen, wie das eigentliche Entscheidungsproblem strukturiert ist und welche Aspekte der Realität modelliert werden sollten. Bei einem OR-Projekt muss zunächst geklärt werden, was der Entscheidungsträger wirklich will (Zielfunktion), welche Freiheitsgrade (Entscheidungsvariablen) man hat und welche Nebenbedingungen (Restriktionen) berücksichtigt werden sollen.

(!) *Ein Modell ist eine Abstraktion der Realität und bildet das Planungsproblem in seinen wesentlichen Aspekten korrekt ab. [Littger 1992]*

Es ist wichtig zu verstehen, dass es zu einem Entscheidungsproblem immer mehrere Modelle geben kann, da ein Modell eine Abstraktion der Realität darstellt. Ein zwar korrektes aber ungünstig gewähltes Modell eines Problems kann dazu führen, dass

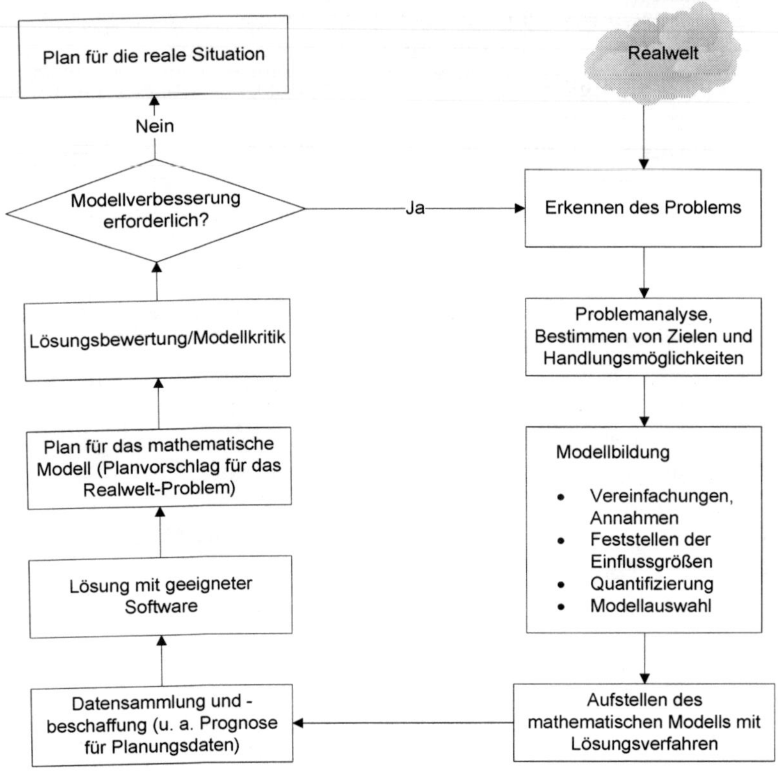

Abb. 1.1. Typisches Vorgehensmodell in Operations Research

OR/MS-Methoden nur schwer oder gar nicht angewandt werden können. Deshalb wird die Erstellung eines guten Modells auch als „Kunst" bezeichnet, da es auf die Kreativität und Abstraktionsfähigkeit des Modellbildners ankommt. Modellbildner sollten deshalb sowohl ausreichende Kenntnisse über das praktische Problem im betrieblichen Umfeld als auch Kenntnisse über Fähigkeiten und Grenzen der vorhandenen OR/MS Methoden besitzen. OR/MS-Projekte sind daher grundsätzlich interdisziplinär ausgerichtet.

Wenn ein Modell aufgestellt und die „richtigen", d. h. korrekt erfasste, bereinigte sowie in ausreichendem Maße vorhandene, Daten vorliegen, kann man durch Analyse des Modells Hinweise und Vorgaben (Lösungen des Modells) für gute Entscheidungen generieren, die dann aufgrund der *Isomorphie* des Modells mit der Realität in echte Entscheidungssituationen übertragbar sind. Wenn die oben genannten Komponenten Zielfunktion, Entscheidungsvariablen und Restriktionen formal explizit ausgedrückt werden können, kommt oft ein *Optimierungsmodell* in Frage. Eine Optimierungsmethode kann dann eine optimale Lösung unter Berücksichtigung der Zielfunktion und aller Nebenbedingungen generieren. Wenn es aber keine klar formulierbare Zielsetzung gibt, kann man oft mit Hilfe eines *Simulationsmodells* mit einem der Realität nachgebauten „Simulator" verschiedene Entscheidungsvarianten durchspielen und somit wertvolle Informationen gewinnen.

Jedes Modell und die daraus resultierende(n) Lösung(en) muss mit dem Entscheidungsträger auf Korrektheit überprüft werden. Derzeit ist es angesichts von Kommunikationsproblemen schwierig, alle Aspekte und Feinheiten eines komplexen Betriebsproblems zu erfassen. Wichtige Faktoren zur Problemlösung könnten vielleicht nicht erkannt oder dem Modellbildner nicht mitgeteilt worden sein. In dieser Phase gilt es zu überprüfen, ob das Modell valide ist, also die Realität korrekt abbildet. Hierfür gibt es mehrere Vorgehensweisen, beispielsweise ein retrospektiver Test, in dem historische Daten in das Modell eingegeben und das Resultat mit der bereits eingetretenen Wirklichkeit verglichen wird.

Die letzte Phase ist die Implementierung der endgültigen Lösung in der Realität. Hier kommt der Nutzen der erarbeiteten Studie zum Tragen. Die Einführung der Lösung sollte vom Unternehmen und dem Modellbildner gemeinsam durchgeführt werden, um bei der Umsetzung in ein operatives Verfahren bis dahin noch unentdeckte Fehler zu korrigieren. Weiterhin ist anzumerken, dass das Modell in periodischen Abständen überprüft werden muss, da interne oder externe Einflüsse es beeinträchtigen oder sogar unwirksam machen können.

1.3 Methoden des Operations Research

Im Folgenden werden einige der wichtigsten Modellierungs- und Lösungstechniken des OR kurz vorgestellt.

1.3.1 Lineare Optimierung

Wenn die Zielfunktion und alle Restriktionen eines Optimierungsmodells *Linearkombinationen* der Entscheidungsvariablen sind, können Modellierungs- und Lösungstechnologien der linearen Optimierung (*Linear Programming*, LP) eingesetzt werden. Dabei wird eine gegebene Zielfunktion minimiert oder maximiert, unter Berücksichtigung von linearen Restriktionen, die Gleichungen oder Ungleichungen ($\leq$ oder $\geq$) sein können.

Die Entwicklung der linearen Optimierung wird vielfach mit zu den bedeutendsten wissenschaftlichen Innovationen in der Mitte des zwanzigsten Jahrhunderts gezählt. Bis heute haben dadurch Unternehmen riesige Mengen an Ressourcen und finanziellen Mitteln gespart. Das gebräuchlichste Einsatzgebiet der linearen Optimierung ist das allgemeine Problem der bestmöglichen Allokation von knappen Ressourcen unter konkurrierenden Möglichkeiten.

Bereits vor und während des zweiten Weltkrieges wurden LP-Modelle von Leonid Kantorovich in der Sowjetunion und George Dantzig in den USA formuliert. Zunächst wurden diese Modelle zur Logistik-Optimierung im zweiten Weltkrieg eingesetzt. Nach dem Krieg haben sie ihren Weg in viele Bereiche in der Wirtschaft gefunden. Praxisrelevante LP-Modelle können nur mit Hilfe von leistungsfähigen

Computern gelöst werden. Daher wird die LP-Technologie, parallel zur Hardwareentwicklung, ständig weiter entwickelt. Durch eine jahrzehntelange, kontinuierliche Entwicklung der Algorithmen und Datenstrukturen ist man heute in der Lage, praktisch alle als relevant betrachteten LP-Modelle optimal zu lösen. Allerdings besteht noch Forschungsbedarf darin, die Lösung großer und numerisch schwieriger Modelle noch effizienter durchführen zu können, so dass diese auch in Echtzeit (während der Benutzer vor dem Bildschirm wartet) gelöst werden können. Große Modelle aus der Praxis können Hunderttausende, manchmal sogar Millionen Variablen und Restriktionen beinhalten.

1.3.2 Gemischt-ganzzahlige Optimierung

Viele praktische Probleme sind nur mit ganzzahligen Variablen sinnvoll, da eine Teilbarkeit von Ressourcen oft nicht gegeben ist. Rein-ganzzahlige (Integer Programming, IP) oder gemischt-ganzzahlige (Mixed Integer Programming, MIP) lineare Optimierung unterscheidet sich von der (kontinuierlichen) linearen Optimierung nur durch zusätzliche Bedingungen, wonach einige oder alle Variablen der Ganzzahligkeitsbedingung unterliegen. Manchmal redet man von MILP, weil die Zielfunktion und die Restriktionen auch hier linear sind. Die Variablen sind allerdings nicht mehr kontinuierlich, sondern *diskret.*

Beispielsweise ist es notwendig, Menschen, Fahrzeuge oder Maschinen in ganzzahligen Mengen bestimmten konkurrierenden Möglichkeiten zuzuordnen. Hier ist es sinnlos, dass die Variablen beliebige reelle Werte annehmen können. Außerdem lassen sich binäre ja/nein-Entscheidungen über die Durchführung potentieller Projekte oder Vorhaben mithilfe von 0/1-Variablen darstellen, wobei logische Abhängigkeiten zwischen Projekten mithilfe dieser speziellen ganzzahligen Variablen als lineare Restriktionen darstellbar sind.

Praxisrelevante *kombinatorische* Optimierungsprobleme wie die kostenminimale Belegung von Maschinen mit Jobsequenzen oder die Wegeplanung eines Bohrers auf einer Leiterplatte lassen sich mithilfe von MIP-Modellen darstellen. Aus einer Menge von diskreten Elementen (Gegenstände, Jobs, Orte) ist allgemein ein Konstrukt aus diesen Elementen, also eine Teilmenge (Jobsequenz, Wegeplan, ...), zu konstruieren, die gewisse Nebenbedingungen erfüllt und bezüglich einer Zielfunktion optimal ist (kleinstes Gewicht, minimale Kosten, ...). Obwohl der *zulässige*, d. h. keiner Nebenbedingung widersprechende, Bereich des Lösungsraums (Lösungsmenge) beschränkt und endlich ist, wächst die Anzahl alternativer Lösungen (Konstrukte) in der Regel exponentiell bezüglich der Anzahl der diskreten Elemente der Grundmenge an.

Im Gegensatz zu linearen Optimierungsmodellen sind ganzzahlige und gemischt-ganzzahlige Modelle in der Regel sehr schwer zu lösen. Die Schwierigkeit wird durch die kombinatorische Explosion verursacht: Bereits für kleine Modelle gibt es eine astronomische Anzahl möglicher Wertekombinationen, so dass diese selbst mit schnellen Computern nicht in einer vertretbaren Zeit aufgezählt (enumeriert) werden können. LP-Lösungstechniken reichen hier nicht aus, da optimale Lösungen der LP-Relaxationen (MIP-Modelle ohne Ganzzahligkeitsforderung) fraktionelle Werte aufweisen können. Daher wurden spezielle Suchstrategien, bspw. Branch&Bound, entwickelt, die allerdings im schlechtesten Fall einen exponentiellen Rechenaufwand bezogen auf die Problemgröße erfordern. Natürlich hat die schnelle Entwicklung von Hard- und Software hier viel bewirkt, jedoch können heute bei weitem nicht alle IP- und MIP-Modelle optimal gelöst werden. Nichtsdestotrotz sind wegen der großen Praxisrelevanz viele Forschungsarbeiten in diesem Bereich entstanden, in denen gezeigt wird, dass mithilfe spezieller Techniken praxisrelevante Modellgrößen gelöst werden können.

Beispiel: Crew Scheduling im Flugverkehr
Eine der hochkombinatorischen komplexen Fragestellungen der Praxis ist die Besatzungseinsatzplanung im Flugverkehr. Unter Einhaltung aller gesetzlichen Vorgaben für Flugdienst- und Ruhezeiten für Piloten sind mehrtägige Flugdienstketten (pairings) zu generieren, die alle Flüge genau einmal abdecken. *Set-Partitioning-Modelle* sind IP-Modelle, die diese Anforderung als einzige Restriktionsgruppe beinhalten. Den Nachteil der kombinatorischen Explosion der Anzahl Variablen rührt daher, dass sie mögliche Flugdienstketten darstellen, die für mittelgroße Flugpläne im Millionenbereich liegen. Dieser Explosion entgegneten Forscher mit Spezialtechniken wie beispielsweise die Integration von *Column-Generation* in den Branch&Bound-Prozess. Diese Technik erlaubt es, ausgehend von lösbaren Modellen mit einer Auswahl möglicher Flugdienstketten als Variablen, nachweislich vielversprechende Flugdienstketten (Variablen) hinzuzufügen, bis eine Lösung nahe am Optimum erreicht wird (ohne das komplette Modell lösen zu müssen). Eine andere Methodik, der kombinatorischen Explosion entgegenzuwirken, ist eine alternative Modellierung, die es erlaubt, mögliche Flugdienstketten verdichtet in einem geeigneten Netzwerk darzustellen und die Planungsaufgabe als Flussmodell darzustellen, wobei der Fluss dem im Einsatz befindlichen Crew-Mitgliedern entspricht. Basierend auf dieser Methodik wurde vom Zweitautor eine Software für die automatische Crew-Planung entwickelt, die seit mehreren Jahren bei der TUIfly im Einsatz ist [Mellouli 2001, 2003].

In Kapitel 7 wird eine weitere Fallstudie der Umlaufplanung im ÖPV besprochen, in der gezeigt wird, dass mithilfe geeigneter Aggregationstechniken in Netzwerken die Lösbarkeit von MIP-Modellen mit hunderttausenden Variablen mit heutigen Rechnern ermöglicht wird. Hier konnten große praxisrelevante Umlaufplanungsinstanzen erstmals direkt mithilfe von MIP-Optimierungssoftware gelöst werden.

1.3.3 Netzwerkoptimierung

Viele von Menschen gebaute Systeme basieren grundsätzlich auf Netzwerken. Konkrete physikalische Netze sind z. B. das Straßen-, Bahn- und Flugnetz im Verkehr, Strom-, Gas- und Wassernetz in der täglichen Versorgung sowie Telefon- und Datenübertragungsnetze bei der Kommunikation. Abstrakte Netze werden beispielsweise bei der Projektplanung und der Geschäftsprozessoptimierung benutzt.

Klassische Anwendungsfelder der Netzwerkoptimierung sind z. B. der kostenminimale Transport von Gütern zwischen Produzenten und Käufern, die Ermittlung von kürzesten Wegen innerhalb von Verkehrsnetzen, die schnellstmögliche Belieferung von Kunden (Tourenplanung) oder die Planung eines kostengünstigen Versorgungsnetzwerkes (beispielsweise Ölpipelines).

Weil solche Netzwerke sehr verbreitet und teuer sind, kann man durch eine geschickte Planung und Organisation viel einsparen. Daher gibt es spezielle Modellierungs- und Lösungstechniken, die für diverse oft vorkommende Optimierungsaufgaben in Netzwerken anwendbar sind. Netzwerkprobleme kann man als lineare Programme darstellen. Wegen ihrer speziellen Struktur lassen sie sich jedoch mit Hilfe spezieller Algorithmen meist effizienter als unter Benutzung von allgemeiner Optimierungssoftware lösen. Einige dieser Probleme werden im Folgenden beispielhaft kurz skizziert.

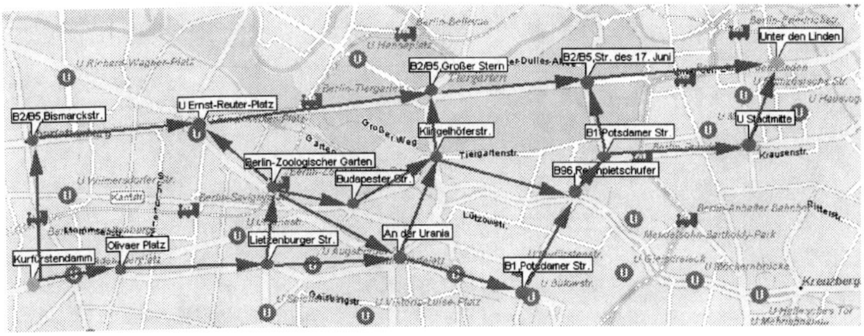

Abb. 1.2. Abstrahiertes Straßennetz

Beispiel: Kürzeste-Wege-Problem

Wer kennt das nicht? Als armer Student ist man darauf angewiesen, seinen Lebensunterhalt als Pizzabote abends aufzubessern. Neben dem mickrigen Grundgehalt wird man bei unserem Beispiel dafür bezahlt, wie viele Pizzen man am Abend ausliefert. Um Zeit zu sparen, muss man also einen Weg suchen, der möglichst schnell zum Kunden führt. Wir abstrahieren in unserem Beispiel daher den Stadtplan von Berlin zu einem einfachen Netzplan, der uns mögliche Wege von unserem Ausgangspunkt (Quelle, Pizzeria) zu unserem Ziel (Senke, Kunde) aufzeigt. Außerdem müssen wir natürlich die unterschiedlichen Wege (Kanten, Straßen) gewichten, um zu wissen, welcher Weg uns wie viel Zeit kosten würde.

Das Beispiel ist in der Literatur unter dem Begriff *shortest-path-problem* bekannt. Es gibt unterschiedliche mathematische Algorithmen, die in der Lage sind, dieses Problem exakt zu lösen. Der bekannteste unter ihnen ist wohl zweifelsohne der Dijkstra-Algorithmus.

Beispiel: Umladeproblem

Beim Umladeproblem geht es um den kostenminimalen Gütertransport von sogenannten *Angebotsorten* (Produktionswerken oder Anbietern des Gutes) über *Umladeorte* (Transportumschlagsplätze, Zwischenlager, Montageorte) zu *Bedarfsorten* (Verbrauchern der Güter). Es müssen also bei diesem Problem die Routen und die zu transportierenden Güter über die Routen simultan betrachtet werden. Die Realität kann erfordern, dass bestimmte Routen nur eine gewisse maximale Menge an Gütern zulassen, die befördert werden können (beispielsweise die maximale Transportkapazität eines Schiffes bei einem Transport zu Wasser).

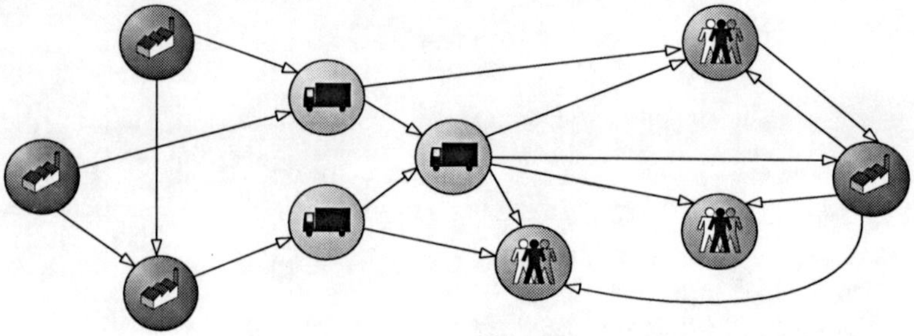

Abb. 1.3. Umladeproblem

In Abb. 1.3 wird beispielhaft ein Netzwerk der Transportwege für die Distribution der Waren eines Unternehmens mit vier Angebotsorten (Werke), drei im Inland (links), einer im Ausland (rechts), drei Bedarfsorten (rechts) und drei weiteren Umlade-Orten gezeigt. Beachten Sie, dass bei Angebots- und Bedarfsknoten auch umgeladen werden kann. Aus diesen Informationen wird ein Modell erstellt, das mittels Optimierungsmethoden gelöst werden kann.

1.3.4 Nichtlineare Programmierung

Wenn die Zielfunktion und/oder Restriktionen eines Optimierungsmodells auch Nichtlinearitäten beinhalten, können die Technologien der linearen und gemischt-ganzzahligen Optimierung nicht mehr genutzt werden. In dem Fall spricht man von der nichtlinearen Optimierung oder Programmierung (NLP). Beispielsweise liegt eine Nichtlinearität vor, wenn die verkaufte Produktionsmenge im umgekehrten Verhältnis zum geforderten Preis steht. Das bedeutet, dass der erzielbare Preis – und damit der Erlös – von der Menge an hergestellten Gütern abhängen. Der Erlös (Teil der Zielfunktion) steht somit nicht mehr in linearem Verhältnis zur verkauften Menge.

Nichtlineare Optimierungsprobleme treten in der Praxis häufig auf. Als Beispiele sind hier unter anderem das Transportkostenproblem mit mengenabhängigen Versandkosten, eine Depotzusammensetzung mit nicht festverzinslichen Wertpapieren oder die Verringerung der Stückkosten durch den Lerneffekt (d. h. effizientere Produktion durch größere Erfahrung) zu nennen.

Die Modellierung von nichtlinearen Zusammenhängen ist meistens sehr aufwendig. Außerdem können viele der nichtlinearen Modelle mit heutiger Technologie nicht optimal gelöst werden. Es gibt nicht die Lösungstechnologie für nichtlineare Modelle; es kommen vielmehr in Abhängigkeit von der Modellklasse viele unterschiedliche Methoden in Frage. Die Autoren versuchen i.d.R. zunächst, nichtlineare Probleme (stückweise) zu linearisieren; in vielen Fällen ist dies durch spezielle Modellierungstechniken machbar.

1.3.5 Heuristiken und Metaheuristiken

Heuristische Suchverfahren können für ähnliche Problemstellungen angewandt werden wie die oben genannten (exakten) Optimierungsverfahren. Sie ermitteln in einem vertretbaren Rechenaufwand möglichst gute Lösungen. Allerdings kann nicht garantiert werden, dass eine im mathematischen Sinne optimale Lösung gefunden wird. Weiterhin besteht im Allgemeinen keine Abschätzung darüber, wie weit die beste gefundene Lösung vom Optimum entfernt ist. Heuristiken sind in der Regel problembasiert. Das heißt, dass die Suchmethode bekannte Eigenschaften des zu lösenden Problems nutzt, um somit schneller gute Lösungen zu generieren.

Metaheuristiken sind dagegen allgemeine Prinzipien und Schemata zur Entwicklung und Steuerung heuristischer Verfahren. Viele Metaheuristiken gehören zu so genannten naturanalogen Verfahren, weil sie die Natur gewissermaßen nachbilden. Solche Verfahren sind z. B. neuronale Netze, Simulated Annealing, genetische Algorithmen und Ameisensysteme. Es handelt sich dabei um allgemeine Suchverfahren, die auf der Suche nach einer optimalen Lösung kurzfristig auch eine Verschlechterung des Zielwertes hinnehmen, weil damit die Hoffnung verbunden ist, dass man aus einem im Verfahrensablauf erreichten lokalen Optimum wieder herauskommt.

1.3.6 Simulation

Simulation kann im sprachlichen Gebrauch viele Bedeutungen annehmen. So kann „Simulieren" bedeuten, dass man sich verstellt oder etwas vortäuscht, aber auch, dass man eine bestimmte Handlung nachahmt. Operations Research und Management Science verstehen unter Simulation die Nachahmung einer realen Situation durch ein Modell, das auf einem Rechner abläuft. Anstatt einer analytischen Lösung eines gegebenen Problems wird bei der Simulation eine Annäherung an die optimale Lösung durch ein experimentelles Ausprobieren einer Vielzahl von Möglichkeiten durchgeführt.

(!) *Simulation ist die Nachbildung eines dynamischen Prozesses in einem Modell, um zu Erkenntnissen zu gelangen, die auf die Wirklichkeit übertragbar sind (VDI-Richtlinie).*

Eine Simulation, d. h. das Durchspielen komplexer Zusammenhänge, empfiehlt sich, wenn entweder ein Ausprobieren in der Realität zu teuer ist oder sich bspw. deswegen verbietet, weil der Untersuchungsgegenstand dabei zerstört werden könnte. Flugsimulatoren sind hierfür gute Beispiele aus der Realität, an denen sich kritische Situationen testen lassen. Tests mit realen Flugzeugen sind auf die Dauer viel kostspieliger als ein Flugsimulator - selbst, wenn es nicht gleich zum Absturz durch Pilotenfehler kommt.

Simulationen werden auch dann eingesetzt, wenn eine Problemstellung in der Realität durch ein mathematisches Modell zwar beschrieben werden kann, aber geeignete Lösungsverfahren entweder nicht existieren oder der Rechenaufwand viel zu groß ist. Das Feld der Simulation ist extrem vielschichtig, u. a. sind sowohl bei der Modellerstellung als auch der Ergebnisauswertung statistische Analysen unumgänglich. An dieser Stelle sollen zwei wichtige Arten der Simulation, die Monte-Carlo-Simulation und die allgemeine, diskrete Simulation kurz vorgestellt werden.

Monte-Carlo-Simulation

Monte-Carlo, Sinnbild für Glücksspiele und Casinos, wird nicht umsonst als Namenspate für diese Art der Simulation verwendet. Wie in Monte-Carlo am Roulettetisch wird auch hier auf den Faktor Zufall gesetzt. Wir verstehen unter der Monte-Carlo-Simulation das Nachspielen eines Zufallsvorganges mit Zufallszahlen. Obwohl die Monte-Carlo-Simulation eine sehr alte Technologie ist, wird sie erst seit einigen Jahren in betriebswirtschaftlichen Praxisanwendungen eingesetzt. Der Grund dafür ist, dass die vielen Zufallsexperimente effizient nur mit leistungsfähigen Computern umsetzbar sind. Typischerweise wird die Monte-Carlo-Simulation in Fällen eingesetzt, in denen aus einer Input-Verteilung eine Output-Verteilung generiert wird. Es kann sich bei Input und Output auch um viele unterschiedliche Verteilungen handeln. Der Ausgang eines einzelnen Experiments ist ungewiss, unterliegt aber den Gesetzen der Statistik. Nach dem Gesetz der großen Zahlen nähert sich die experimentelle Verteilung der Ausgangsdaten der theoretischen Verteilung, die der gegebenen Input-Verteilung unterliegt, an.

Beispiel: Produkteinführung

Ein Unternehmen erwägt das Einführen eines neuen Produktes. Wenn sicher wäre, ob das Produkt profitabel wird oder nicht, fiele die Entscheidung einfach. Die Einführung unterliegt jedoch großen Unsicherheiten, z. B. variieren die Produktionskosten und die Beschaffungspreise. Weiterhin ist die Absatzmenge nicht bekannt und vom Verkaufspreis abhängig. Mit Hilfe der Monte-Carlo-Simulation kann die Zukunft quasi beliebig oft im Computer durchgespielt werden. Aus einer Zusammenfassung der Ergebnisse ergibt sich dann ein Bild über die Wahrscheinlichkeitsverteilung.

Diskrete Simulation

Gegenstand der diskreten Simulation sind Modelle, in denen die Zeit in diskreten Intervallen betrachtet wird. Die Zeit wird durch sogenannte Ereignisse in Abschnitte aufgeteilt, in denen das Verhalten des Systems konstant ist. Auch hier sind Zufallszahlen von entscheidender Bedeutung.

Beispielsweise treten in Warteschlangensystemen folgende Ereignistypen auf: Ankunft in die Warteschlange, Anfang der Bearbeitung, Ende der Bearbeitung, Verlassen des Systems. In Praxisanwendungen gibt es i.d.R. viele Bedienstationen unterschiedlicher Art, unterschiedliche Klassen von ankommenden Objekten sowie komplexe Abhängigkeiten zwischen den Systemkomponenten. Typische Beispiele von Warteschlangensystemen sind z. B. in Produktion, Logistik und Supply Chain Management zu finden. Jeder kennt alltägliche Beispiele von Warteschlangen, zum Beispiel in der Mensa, in einem Supermarkt oder an einer Tankstelle. Heutige Softwarepakete zur diskreten Simulation sind sehr leistungsfähig und bieten eine gute Anbindung an betriebliche Informations- und Kommunikationsprozesse sowie funktional vielseitige grafische Benutzeroberflächen.

1.3.7 Entscheidungstheorie

Anhand der Entscheidungstheorie ist es möglich, aus einer Anzahl von Alternativen mit einer rationalen Methode eine Entscheidung zu treffen. Die Sichtweise hier ist der *rational handelnde* Mensch; es werden Entscheidungen an sich analysiert, beispielsweise wie subjektive Präferenzen modelliert oder Divergenzen zwischen mehreren Entscheidungsträgern behandelt werden können. Weitere wichtige Themen sind die Generierung von Zielsystemen und Wertefunktionen sowie Systeme mit mehreren Zielen (Multicriteria Decision Making, MCDM) und/oder mehreren Entscheidungsträgern. Typische Methoden der Entscheidungstheorie sind Entscheidungsbäume, die sequentielle Entscheidungen unter Unsicherheiten betrachten.

Die *Spieltheorie* untersucht Entscheidungsprobleme zwischen verschiedenen Personen. Solche Entscheidungsprobleme tauchen in der Ökonomie häufig auf, z. B. beim Handel zwischen verschiedenen Parteien, bei Auktionen, auf denen unterschiedliche Agenten für ein bestimmtes Gut bieten. Weiterhin in Situationen, in denen Individuen entscheiden, sich an der Finanzierung eines öffentlichen Gutes zu beteiligen oder bei der Aufteilung eines Marktes zwischen verschiedenen Oligopolisten. In der Spieltheorie werden die Auswirkungen unterschiedlicher Strategien untersucht. Insbesondere werden Gleichgewichte (z. B. Nash-Equilibrium) unter gegebenen Strategien bestimmt.

1.3.8 Prognoseverfahren

Prognoseverfahren stellen ein wichtiges Hilfsmittel bei der Entscheidungsfindung für Manager dar. In Bereichen wie Marketing, Finanzplanung, Lagerhaltung oder Produktion werden Prognoseverfahren heutzutage in der Industrie erfolgreich eingesetzt. Im Allgemeinen sind Prognoseverfahren für die Datensammlung und -beschaffung für Optimierungs- und Simulationsmodelle im Rahmen des Vorgehensmodells in OR (vgl. Abb. 1.1) gut geeignet.

Beispielsweise prognostiziert die Deutsche Post die Verkehrsmengen von Paketen in jedem Frachtzentrum beim Eingang (von anderen Paketzentren) und Abgang (zu anderen Paketzentren). Der Abgang wird dabei am Vorabend und der Eingang früh morgens bearbeitet. Eine genaue Prognose dieser Verkehrsmengen ist für die Gewährleistung der Lieferung von Paketen innerhalb Deutschlands binnen eines Tages zusammen mit einer kostensparenden Personaleinsatzplanung notwendig. Auf Basis solcher lang- und kurzfristigen Prognosedaten werden die benötigten Personalkapazitäten (Festangestellte, Aushilfskräfte etc.) bestimmt werden.

Wie an dem Beispiel zum Inline-Skates-Absatz (s. Abbildung 1.4) zu sehen ist, gibt es unterschiedliche Wege, eine Prognose für eine Managementunterstützung zu erhalten. Man unterscheidet grundsätzlich zwischen *qualitativen* und *quantitativen* Prognoseverfahren. Die Ergebnisse von qualitativen Prognoseverfahren sind in der Regel von den Urteilen eines oder mehrerer Experten abgeleitet. Deshalb werden qualitative Verfahren in der Literatur oft als subjektive Verfahren betitelt.

Es gibt eine Vielzahl realer Beispiele von Prognosewerten für eine zukünftige wirtschaftliche Entwicklung durch Expertengruppen. Die in Deutschland wohl bekannteste Expertengruppe hinsichtlich der Wirtschaft ist die Gruppe der „Fünf Wirtschaftsweisen“ (Sachverständigenrat zur Begutachtung der gesamtwirtschaftlichen Entwicklung), einer 1963 per Gesetz gegründeten Gruppe, die jährlich eine Einschätzung der deutschen Wirtschaftslage vorlegen und einen Ausblick auf die gesamtwirtschaftliche Entwicklung geben.

Subjektive Methoden bauen auf Eigenschaften wie Intuition, Fachwissen und Erfahrung. Die bekanntesten subjektiven Verfahren sind die Methode der Expertengruppe und die Delphi-Methode.

Die Erstellung einer Prognose durch quantitative Verfahren geschieht durch Methoden der Zeitreihenanalyse und der Regressionsanalyse. Beide Verfahren sind konventionelle Verfahren aus der Statistik.

Beispiel: Inline-Skates-Absatz

Ein Großhändler für Inline-Skates möchte den Zu- und Abgang von Artikeln in seinem Lagerhaus besser planen und deswegen für das kommende Vierteljahr eine Prognose aufstellen, wie viele Inline-Skates voraussichtlich verkauft werden können. Er hat in den vergangenen Jahren die vierteljährlichen Absatzzahlen gesammelt. Auf Basis dieser Zahlen wählt er eine Methode aus, die ihm einen Prognosewert für den vermutlichen Absatz im nächsten Vierteljahr gibt. Auch hätte er die Möglichkeit, externe Experten zu befragen, wie sich die Branche im nächsten Vierteljahr entwickeln wird und auf welche Einflüsse geachtet werden muss.

1.3.9 Weitere datenbasierte Verfahren

Die klassischen Technologien des Operations Research, wie Optimierung und Simulation, basieren auf Modellen, die zuerst eine Struktur des Entscheidungsproblems festlegen. Ein Modell kann dann je nach Situation mit unterschiedlichen Daten gefüllt und analysiert werden, um mit entsprechenden Methoden eine oder mehrere Lösungen zu generieren, die einem Entscheidungsträger als Basis seiner Entscheidungen dient.

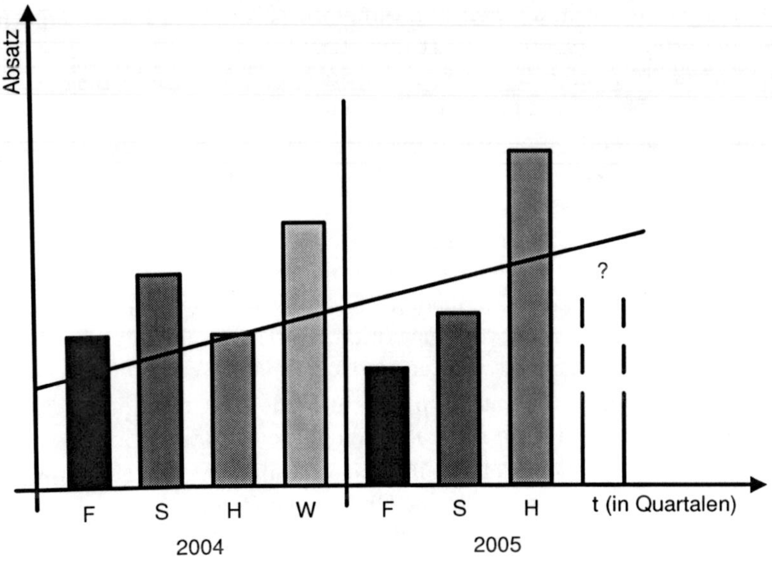

Abb. 1.4. Inline-Skates-Absatz für 2004/2005

In den letzten Jahren gewinnen neben den Prognoseverfahren auch weitere datenbasierte Verfahren, wie Data Warehousing und Data Mining, an Bedeutung. Dabei existiert primär kein Modell, sondern eine große Menge an Daten, aus denen strukturierte Informationen als Hilfe für die Entscheidungsunterstützung gewonnen werden sollen. Beispielsweise können im Rahmen von Data Mining aus Daten Muster erkannt werden. Ein typisches Beispiel sind Kassenbondaten im Einzelhandel, aus denen wertvolle Informationen über das Kaufverhalten der Konsumenten gewonnen werden können.

1.3.10 Weitere Techniken des Operations Research

Im Rahmen des Operations Research werden neben den oben erwähnten auch viele weitere Verfahren und Techniken behandelt. Beispiele älterer etablierter Techniken sind dynamische Programmierung und stochastische Optimierung. Weil diese in Praxisanwendungen seltener genutzt werden, werden sie in der vorliegenden Arbeit nicht weiter behandelt.

1.4 Optimierungssysteme

Neben der Simulation bilden *Optimierungssysteme* ohne Zweifel eine der wichtigsten Technologien des Operations Research in der Praxis. Unter Optimierungssystemen verstehen wir *betriebliche Anwendungssysteme*, die Optimierungsmodelle generieren und verarbeiten können und dabei durch formale Lösungsmethoden Ergebnisse generieren, die eine möglichst gute Lösung im Sinne einer gegebenen Zielfunktion darstellen. Grundsätzlich können auch mehrere Ziele betrachtet werden (Multiple-Criteria Decision Making). Optimierungssysteme werden i.d.R. als entscheidungsunterstützende Systeme implementiert. Dabei bestimmt der Entscheidungsträger, in welchem Umfang die mathematisch optimale Lösung in der Praxis eingesetzt wird.

Ein betriebliches Anwendungssystem ist ein computerbasiertes Informations- und Kommunikationssystem, das in einem Unternehmen eingesetzt werden kann, um dadurch die Erreichung der betrieblichen Ziele zu unterstützen. Ein *Optimierungsmodell* fasst die Eigenschaften von Variablen, Restriktionen und Zielfunktion(en) zusammen und legt die Abhängigkeiten und zulässigen Wertebereiche fest.

Im mathematischen Sinne bedeutet Optimierung die Bestimmung eines Maximums oder Minimums einer Funktion, die auf einen (beschränkten) Bereich definiert ist. Aus betriebswirtschaftlicher Sicht heißt die Zielfunktion oft Kostenminimierung bzw. Maximierung des Rohertrags oder Deckungsbeitrags. Auch wenn man in der Praxis oft mehrere Ziele gleichzeitig verfolgt, erfordert die klassische Optimierung eine Einigung auf eine eindeutige Zielfunktion. (Später werden wir auch den Fall mit mehreren Zielen besprechen – auch dazu gibt es eine Menge an Theorie). Der zulässige Entscheidungsspielraum wird durch die Restriktionen bestimmt, die „von außen" gegeben sind und während der Optimierung konstant bleiben.

In der betrieblichen Praxis sind oft nicht alle Funktionen und Daten genau bekannt, die man für eine Optimierung braucht. Weiterhin existieren bei Weitem nicht für alle Praxisprobleme Lösungsmethoden, die eine optimale Lösung in einer vertretbaren Zeit finden. In solchen Fällen kann man approximative Modelle lösen bzw. die gegebenen Modelle approximativ lösen. In unserem Optimierungsbegriff schließen wir solche Fälle auch mit ein, weil sie grundsätzlich für Optimierungsmethoden (im mathematischen Sinne) geeignet sind.

(!) *Optimierungssysteme sind betriebliche Anwendungssysteme, die Optimierungsmodelle generieren und verarbeiten können und dabei durch formale Methoden Ergebnisse produzieren, die eine möglichst gute Handlungsanweisung im Sinne einer gegebenen Zielfunktion (oder manchmal mehrerer Zielfunktionen) darstellen.*

Optimierungssysteme sollten im Zusammenhang mit einem unternehmensweiten oder -übergreifenden IT-Konzept gestaltet werden, so dass sie nahtlos in die Informationssystem-Architektur hineinpassen. Beispielsweise ist die Anbindung an Datenbanken und Endbenutzerwerkzeuge heute selbstverständlich.

Kleine Optimierungssysteme können oft von Endanwendern selbst auf dem PC z. B. mit Tabellenkalkulationsprogrammen entwickelt und benutzt werden. Die Gestaltung größerer Systeme erfordert i.d.R. ein interdisziplinäres Projekt, wobei OR-Spezialisten mit Fachspezialisten, Endanwendern, der Unternehmensleitung und oft mit externen Unternehmensberatern zusammenarbeiten.

Nach Klärung der Projektziele und Rahmenbedingungen ist die Bildung eines korrekten mathematischen Modells ein wichtiger Schritt beim Aufbau eines Optimierungssystems. Die Modellierung wird oft als Kunst betrachtet, weil es keinen vorgefertigten Weg von der reellen Anwendung zu einem formalen Modell gibt. Es muss ein mathematisch-formal korrektes Optimierungsmodell konstruiert werden,

- in dem mathematische Gleichungen, Ungleichungen, logische Abhängigkeiten etc. den Beziehungen der realen Welt, wie Kapazitäten, technischen Abhängigkeiten, physikalischen Gesetzen und Marketing-Restriktionen entsprechen und
- das durch geeignete Verfahren effizient lösbar ist.

Außer der Möglichkeit, OR-Lösungsmethoden anzuwenden, ist ein Vorteil der mathematischen Modellbildung für ein bestimmtes Problem, dass die notwendige Analyse ein besseres Verständnis der beteiligten Objekte bzw. des Problems selbst bringt. Durch die mathematische Modellbildung wird das Experimentieren auch mit unkonventionellen Parametern möglich.

Im Fach Wirtschaftsinformatik betrachtet man Optimierungssysteme als Bestandteil unternehmensinterner und/oder -übergreifender Geschäftsprozesse. Somit sind Themen wie Systemgestaltung, Software Engineering, Oberflächengestaltung, Datenbanken und Projektmanagement in Operations Research-Anwendungen auch sehr wichtig.

1.5 Mathematische Programmierung

Es hat sich historisch entwickelt, dass für die klassische Optimierung oft der Begriff *Mathematische Programmierung* genutzt wird.

Der Begriff „Programmierung“ wird seit ca. 1940 zur Beschreibung der Planung von Abläufen und Prozessen in großen Organisationen benutzt. Die Planer oder Programmierer jener Zeit fanden heraus, dass sich der Grad der Plan- oder Prozesserfüllung mittels *Variablen* (auch *Entscheidungsvariablen* genannt), deren Wert es zu bestimmen gilt, darstellen lässt. In einem nächsten Schritt entwarfen sie eine mathematische Beschreibung der *Restriktionen*, die den Planungsaufgaben zugrunde lagen. Diese mathematische Formulierung bestand aus einer Menge von Gleichungen und Ungleichungen, die die oben genannten Entscheidungsvariablen enthielten. Eine Lösung, die all diese Restriktionen oder *Nebenbedingungen* erfüllte, wurde als eine geeignete Lösung der Planungsaufgabe angesehen.

Die Erfahrung zeigte jedoch schon bald, dass es sehr schwer war, komplexe Prozesse durch die bloße Formulierung von Nebenbedingungen abzubilden. Gab es zu wenige Bedingungen, so trat oftmals eine nicht unbedeutende Anzahl von minderwertigen Lösungen auf; gab es hingegen zu viele Nebenbedingungen, wurden eigentlich wünschenswerte Lösungen ausgeschlossen. Im schlimmsten Fall waren Lösungen des Problems gar nicht mehr möglich.

Der Erfolg der mathematischen Programmierung hing letztlich von einem inneren Schlüssel ab, der es ermöglichte, diese Schwierigkeit zu umgehen. Dieser Schlüssel bestand darin, außer den Nebenbedingungen eine die Entscheidungsvariablen enthaltende *Zielfunktion*, wie Kosten oder Profit, zu formulieren. Mit deren Hilfe konnte man nun entscheiden, ob eine gefundene Lösung einer anderen überlegen war oder nicht. Es machte nun auch nichts mehr aus, dass viele verschiedene Lösungen den Nebenbedingungen genügten, da man mit der Zielfunktion ein Hilfsmittel zur Bewertung und zum Vergleich der einzelnen Lösungen hatte. Man brauchte nur noch diejenige Lösung zu finden, welche den Zielfunktionswert je nach Problemstellung entweder maximierte oder minimierte.

(!) *Der Begriff „Mathematische Programmierung" wird zur Beschreibung der Maximierung oder Minimierung einer Zielfunktion von Entscheidungsvariablen verwandt, wobei die Variablen bestimmten Nebenbedingungen unterliegen.*

Die oben genannten exakten Optimierungstechnologien (lineare, ganzzahlige, gemischt-ganzzahlige, nichtlineare und netzwerkbasierte Optimierung) gehören somit alle zur mathematischen Programmierung. Sie sind exakte Optimierungsmethoden, weil sie grundsätzlich (nach einer genügend langen Laufzeit) eine exakt optimale Lösung finden. Im Gegensatz dazu sind Heuristiken und Metaheuristiken keine exakten Verfahren.

Alle anwendbaren Methoden zur Lösung größerer linearer Programme erfordern einen Computer. Aus diesem Grund begann die eigentliche Erforschung der linearen Programmierung erst ab Ende der 40er Jahre, als klar war, dass den Wissenschaftlern in Zukunft Computer zur Verfügung stehen würden.

Die erste, mit einem Computer rechenbare Methode zur Lösung linearer Programme, der *Simplex-Algorithmus*, wurde in dieser Zeit entwickelt und war die Grundlage immer effektiver werdender Implementierungen innerhalb des folgenden Jahrzehnts. Gleichzeitig verursachte die Entwicklung der Computer einen vertrauteren Umgang mit dem Begriff des Programmierens.

1.6 Anwendungen in der Betriebswirtschaft

Weil das Prinzip der mathematischen Optimierung sehr allgemein ist, kann sie in vielen unterschiedlichen Branchen und Prozessen eingesetzt werden. Im Folgenden werden einige typische betriebliche Anwendungen (sowohl branchen- als auch funktionsbezogen) der mathematischen Optimierung kurz dargestellt.

Prozessindustrie

Lineare Optimierungsmodelle entstehen sinngemäß in solchen Bereichen, in denen es um kontinuierliche Variablen geht, die also beliebige Werte annehmen können. Typische Anwendungen sind *Mischungsprobleme*, in denen nach optimalen Mischungsverhältnissen unter gegebenen Regeln und Mengenrestriktionen gesucht wird. Solche Aufgaben findet man oft in der Prozessindustrie, in der die Endprodukte aus mehreren Rohstoffen unter Einbehaltung zahlreicher Regeln und Restriktionen entstehen.

Ölraffinerien sind traditionell Großanwender von Mischungsmodellen, die oft mehrere Zehntausende von Variablen und Restriktionen beinhalten können. Solche großen Modelle können mit Hilfe heutiger Optimierungssoftware und Rechner praktisch immer optimal gelöst werden, jedenfalls wenn sie keine ganzzahligen Variablen beinhalten.

Bei der Mineralölindustrie findet man somit vielseitige Entscheidungsprobleme, wie Rohöleinkaufs-, Produkt- und Transportplanung, die entsprechend als Mischungs-, Transport-, Distributions-, Ressourcenzuordnungs- und Marketingprobleme formuliert und gelöst werden. Im Allgemeinen hat die *chemische Industrie* ähnliche Probleme zu lösen. Auch in der *Lebensmittelindustrie* sind Mischungsprobleme typische LP-Anwendungen: z. B. Mischungen in Margarine, Öl, Eis, Wurst, die gesundheitlichen Bestimmungen und Geschmacksrestriktionen unterliegen.

Produktionsplanung im Allgemeinen

Neben der Prozessindustrie entstehen in der Auftragsproduktion naturgemäß oft komplexe Optimierungsprobleme, die mit Technologien der mathematischen Programmierung modelliert und gelöst werden können. Beispiele solcher Modelle sind Product Mix, Losgrößenplanung und Reihenfolgeplanung. Nach der Fertigstellung werden Produkte zu Abnehmern transportiert, wobei oft komplexe Tourenplanungsprobleme zu lösen sind.

Für die Standardaufgaben der Produktionsplanung und -steuerung steht heute immer mehr ausgereifte Standardsoftware zur Verfügung. Viele Planungs- und Optimierungsmodelle sind im Rahmen von ERP (Enterprise Resource Planning) Systemen realisiert worden.

Supply Chain Management

Im Bereich der Produktion liegt der Fokus heute nicht mehr auf der Optimierung der Prozesse einzelner Unternehmen, sondern vielmehr bei der Optimierung gesamter Lieferketten, also „Supply Chains“.

Die Optimierung einer Lieferkette umfasst gleichzeitig mehrere Teilziele, die grundsätzlich vom höchstmöglichen Nutzen des Endkunden ausgehen. Solche Ziele sind z. B. Steigerung der Kundenzufriedenheit durch bedarfsgerechte Auslieferung, schnellere Anpassung an Änderungen des Marktes, Vermeidung von „Out-Of-Stock“-Situationen, Senkung der Bestände in der Logistikkette und eine damit verbundene Senkung der Kosten für das Vorhalten von Beständen sowie Verkürzung der Auftragsdurchlaufzeiten im Zeitwettbewerb. Wegen der Komplexität können nicht alle Ziele gleichzeitig in einem Gesamtmodell berücksichtigt werden. Es gibt jedoch Systeme auf dem Markt, die „wohldefinierte“ Teilsysteme modellieren und mit Optimierungstechniken lösen können.

Aufgaben des Supply-Chain-Managements haben in unterschiedlichen Lieferketten und Branchen großen Ähnlichkeiten, so dass dafür auch Standardsoftware verfügbar ist. In den letzten Jahren werden dabei immer mehr quantitative Modelle des Operations Research im Rahmen von *Advanced Planning Systems* (APS) eingesetzt (vgl. Abb. 1.5).

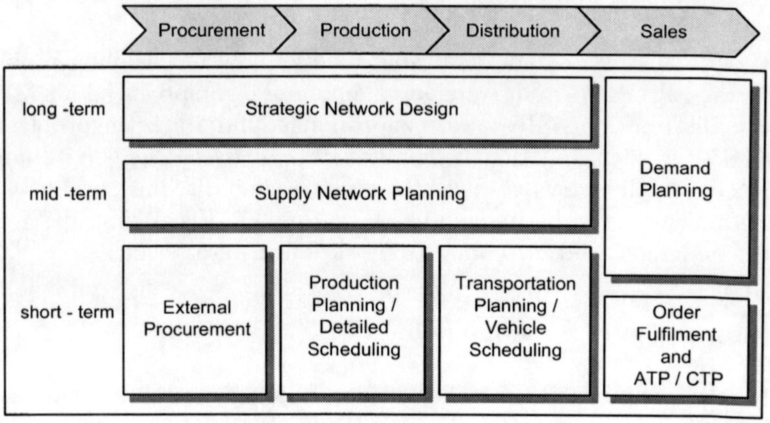

Abb. 1.5. Bestandteile eines Advanced Planning Systems nach [Günther 2005]

Verschnitt und Verpackung

Bei Verschnittproblemen (*trim loss problems*) geht es darum, wie bestellte Breiten aus einer Papierrolle (1-dimensional) oder Fenstergrößen aus Glasplatten (2-dimensional) ausgeschnitten werden sollen, so dass der Verschnitt (der nicht gebraucht werden kann) minimiert wird.

Eine analoge kombinatorische Problemstellung ergibt sich bei Packungsproblemen, in denen ein gegebener Raum mit 2- oder 3-dimensionalen Gegenständen möglichst voll gepackt werden soll.

Verkehr und Transport

Heutige Verkehrs- und Transportnetze operieren i.d.R. in sehr komplexen Netzwerken, die ohne Optimierungsmethoden nicht effizient steuerbar sind.

Fluggesellschaften sind traditionelle Großanwender von Operations Research-Techniken. Optimierungssysteme haben in Airlines Millionen, wenn nicht Milliarden Euro oder Dollar eingespart. Wichtige Optimierungsaufgaben sind Netzplanung, Flottenzuordnung sowie Umlaufplanung für Flugzeuge und Besatzungseinsatzplanung. Normalerweise sollen Kosten unter Berücksichtigung vielfältiger Regeln und Restriktionen minimiert werden. Viele der schwierigsten Optimierungsmodelle, sind in großen Fluggesellschaften entstanden.

Auch Busumläufe im städtischen und regionalen Busverkehr können kostenminimal durch Optimierungsmodelle bestimmt werden. Im Bahnverkehr entstehen ähnliche Optimierungsaufgaben. Im *Individualverkehr* wird fast täglich Routenoptimierung betrieben, wenn auch nicht immer mit mathematischen Algorithmen. Moderne Navigationssysteme müssen Touren optimieren, wobei unterschiedliche Zielkriterien, wie Entfernung, Straßenart, Fahrzeit etc. berücksichtigt werden sollten.

Im *Frachtverkehr* auf der Straße wie auch in multimodalen (aus mehreren Verkehrsarten bestehenden) Netzen kommen traditionell seit Jahrzehnten Optimierungsverfahren, allerdings meistens Heuristiken, zum Einsatz.

Das Ziel ist heute, die sich dynamisch ändernde Verkehrssituation in Tourenplanungs- und Navigationssystemen zu berücksichtigen. Heute arbeiten viele Forscher im Bereich der *Online-Optimierung*, wobei das zu lösende Optimierungsproblem sich kontinuierlich in der dynamischen Verkehrssituation ändert. Beispielsweise ist der schnellste Weg von der aktuellen Verkehrsdichte, insbesondere von der Stausituation, abhängig.

Energie- und Wasserproduktion

Ein Stromnetz wird meistens von mehreren Energiequellen versorgt, die unterschiedliche Kapazitäten und Kostenstrukturen aufweisen. Die Last variiert stark nach Tageszeit, und die Produktion muss danach angepasst werden. Dabei soll die Produktion möglichst kostengünstig erfolgen. Ein weiteres Problem ist die Bestimmung von Energietarifen, die den Produktionskosten möglichst gerecht entsprechen. Ferner kann gereinigtes Wasser im Gegensatz zu Strom gespeichert werden. Wann und wo Wasser gereinigt werden muss, um den Bedarf kostenminimal zu befriedigen, kann als ein netzwerkorientiertes Optimierungsproblem formuliert werden.

Personaleinsatzplanung

Unter *Ressourceneinsatzplanung* versteht man nicht nur die Planung von Maschinen bei Produktionsfirmen, sondern auch von Personal, das eine wichtige und meist teure Ressource bei vielen Unternehmen darstellt. Bei der Planung von Personal und dessen Einsatz können sowohl langfristige Personalplanungsentscheidungen (wie entwickelt sich der Personalbestand in Unternehmensbereichen), als auch kurz- und mittelfristige Einsatzplanungsprobleme (wöchentliche und monatliche Pläne) als Optimierungsprobleme gelöst werden.

Finanzplanung

Eine ältere Anwendung der mathematischen Programmierung ist die Portfolioanalyse. Ein bestimmter Geldbetrag, der investiert wird, soll möglichst optimal an Aktien verteilt werden. Als Ziel sollte der Erwartungswert der Erträge maximiert, aber die Varianz der Erträge minimiert werden. Das Modell wurde als ein quadratisches Optimierungsmodell formuliert (die Zielfunktion beinhaltet quadratische

Terme, wie x_1^2). Auch heute sind OR-Modelle in der Finanzwirtschaft sehr wichtig, auch wenn sie nicht immer unter dem Begriff Operations Research entwickelt wurden.

Revenue Management

Beim Revenue Management geht es darum, den Gesamterlös beim Verkauf von verderblichen Gütern durch eine differenzierte und dynamische Preisgestaltung zu maximieren. Erste Anwender des Revenue Management (auch Yield Management genannt) waren einige Fluggesellschaften in den 70er Jahren. Heute sind bereits viele Reiseveranstalter, Mietwagenanbieter und Hotels Nutzer von Revenue Management. Es geht darum, durch den Einsatz von Methoden des Marketing und insbesondere Operations Research zusätzliche Erlöspotentiale möglichst weitgehend auszunutzen.
Beispielsweise beziffert die Lufthansa den im Jahr 1998 durch die Einführung von Revenue Management erzielten Mehrerlös auf ca. 1,4 Mrd. DM, was einer Steigerung um ca. 5% entspricht. Ähnliche Größenordnungen finden sich auch bei anderen Fluggesellschaften.

Gesundheitswesen

Im Gesundheitswesen müssen viele Arten von knappen Ressourcen optimal zugeordnet werden: Arbeitszeiten von Ärzten und Krankenschwestern, Benutzung von Operationssälen und Geräten wie Röntgen, Computertomographie etc. Ein wichtiger Aspekt ist die Ermittlung von zuverlässigen Daten und Verteilungen (z. B. wie lange dauert eine bestimmte Operation).

Medien

Das Problem, wie ein Werbebudget einer Firma zwischen verschiedenen Medien, z. B. Zeitungen, Fernsehen, Radio, Direktwerbung etc., verteilt werden soll, kann mit mathematischen Optimierungsmethoden gelöst werden. Ein kommerzieller Fernsehsender kann auch die Sendezeiten von Werbespots innerhalb von Programmpausen so optimieren, dass der Ertrag maximiert wird.

Landwirtschaft

In der Landwirtschaft findet man sowohl Mischungsprobleme, wie Nahrungsmittelplanung von Tieren, als auch Distributions- und Tourenplanungsmodelle, z. B. für das Sammeln von Milch und weiteren Agrarprodukten. Weitere Optimierungsanwendungen in dieser Branche stellen Probleme bei der Produktions- und Investitionsplanung dar, z. B. welche Pflanzen wo angepflanzt werden sollen oder wie die Produktion expandiert werden soll.

1.7 Praxisbeispiele

1.7.1 Monte-Carlo-Simulation bei Multiprofil

Quelle: Projekt IT-Consulting, Universität Paderborn, DS&OR Lab, 2001
Die Firma Multiprofil in Verl bei Paderborn ist ein mittelständischer Hersteller von Holzprofilen für die Möbelindustrie. Vor einigen Jahren stand im Unternehmen eine IT-Investition bevor, weil das damalige ERP-System nicht mehr allen Anforderungen – insbesondere bei einem prognostizierten, kontinuierlichen Wachstum – genügte. Das studentische IT-Consulting-Team der Universität Paderborn wählte aus einer hohen Anbieterzahl einige aus, welche die wichtigsten Anforderungen erfüllten. Die Geschäfts- und IT-Leitung musste nun die Auswahlentscheidung treffen.
Eine IT-Investition für die Zukunft muss praktisch immer unter Unsicherheiten getroffen werden, da viele Aspekte nicht genau bekannt und von externen Faktoren abhängig sind. Das IT-Consulting-Team entwickelte daher einen Monte-Carlo-Simulator, der in der Lage ist, die Zukunft unter Berücksichtigung der stochastischen Verteilungen hunderte Male durchzuspielen, um somit ein differenziertes Bild über die Vor- und Nachteile sowie das Risiko der einzelnen Entscheidungen zu bekommen.
Der Monte-Carlo-Simulator wurde mit Hilfe des Excel-basierten Systems XLSim der Firma AnalyCorp umgesetzt [Savage 2003].

www **http://www.xlsim.com**

1.7.2 Call-Center-Simulation bei einer Direktbank

Quelle: [Zapf u. Grasemann 2001]
Im Call-Center einer Direktbank gehen im Durchschnitt 200 Anrufe pro Stunde ein. Davon brauchen 60 Prozent der Kunden allgemeine Informationen zum Unternehmen oder zur gesamten Produktpalette, wollen einfache Bankgeschäfte tätigen oder Änderungen der Stammdaten veranlassen. Solche Standardanfragen werden von Generalisten mit allgemeinem Fachwissen im First Level bearbeitet. Die anderen 40 Prozent der Anrufe sind Spezialanfragen, auf die der Kunde eine ausführliche Beratung benötigt oder eine Reklamation weitergeben will. Diese Spezialanfragen werden an Mitarbeiter mit fundiertem Fachwissen (Spezialisten) im Second Level weitergeleitet.
Die Kunden verwenden zusätzlich zum Telefon auch Fax und E-Mail, um ihre Anfragen zu stellen, und erwarten bei jedem Medium eine möglichst rasche Antwort. Da die Spezialisten mehr Erfahrung im Beantworten schriftlicher Anfragen besitzen als die Generalisten, werden alle E-Mails und Faxanfragen im Second Level bearbeitet. Im „Normalbetrieb" arbeitet das Call-Center mit ausreichender Effizienz. Das Servicelevel liegt bei 90/20 (90 Prozent der Anrufe innerhalb von 20 Sekunden angenommen). Schriftliche Anfragen können in der Regel innerhalb von 15 Minuten

bearbeitet werden. Soweit wäre alles in Ordnung, wenn nicht zeitweilig Spitzenlasten von bis zu 300 Anfragen pro Stunde im Call-Center eingehen würden. Die Auslastung der Mitarbeiter steigt dann bis weit über 90 Prozent, und der Servicelevel sinkt auf 45/20. Die Beschwerden der Kunden häufen sich. Da es sich hierbei um temporäre Überlastzeiten handelt, sollen aus Kostengründen keine zusätzlichen Mitarbeiter eingestellt werden, sondern durch eine andere interne Prozessstruktur die Lastspitzen abgefangen werden.

Die Bank führte ein Projekt der diskreten Simulation durch, um Verbesserungsvorschläge bei der Organisation des Call-Centers zu evaluieren. Das Ergebnis war, dass Generalisten und Spezialisten in einer Gruppe zusammengefasst werden sollten, d. h., auch Spezialisten werden für die Bearbeitung von Standardanfragen eingesetzt. Allerdings wird eine Anfrage erst dann an einen Spezialisten weitergeleitet, wenn kein Generalist verfügbar ist. Somit kann durch mehr Mitarbeiter im First Level eine bessere Erreichbarkeit garantiert werden. Ohne Simulation war die Überlegenheit dieser Lösung gegenüber anderen Reorganisationsmöglichkeiten den Beteiligten nicht ersichtlich.

1.7.3 SCM-Planungstechniken bei Fischer-Ski

Quelle: [Linecker u. Schulz 2002]

Die österreichische Firma Fischer (http://www.fischer-ski.com) ist 2004 der weltweit größte Produzent von Alpin- und Langlaufskiern sowie ein bedeutender Hersteller von Tennisschlägern. Fischer stellt etwa 1,45 Mio. Paar Skier jährlich her, davon 900.000 im Bereich Alpinski und 550.000 Paar Langlaufskier.

Die Skiproduktion läuft im Wesentlichen in drei Stufen: In der ersten Stufe, der Vorfertigung, werden die einzelnen Bestandteile des Skis vorbereitet, d. h. es werden Laufflächen zugeschnitten, die Deckfolien mit dem entsprechenden Design bedruckt und die Keile hergestellt. Im anschließenden Pressenarbeitsgang werden die Laufflächen, Keile und Deckfolien in einer Presse verpresst. In der dritten Arbeitsphase wird der Rohski noch geschliffen und mit Anbauteilen versehen.

Alle drei Produktionsschritte haben gewisse Beschränkungen, so dass die Produktion entsprechende Randbedingungen und Restriktionen berücksichtigen muss. Diese ergeben sich aus der Kapazität der Anlagen einzelner Produktionsstufen sowie Beschränkungen bei der Zulieferung von Anbauteilen.

Die gesamte Produktion des Jahresbedarfs dauert ca. 12 Monate und ist zu Saisonbeginn Oktober/November bereits abgeschlossen. Weil die Entwicklung neuer Modelle ebenfalls 12 Monate dauert, wird mit einer neuen Kollektion bereits zwei Jahre vor dem Verkaufsbeginn begonnen. Problem dabei ist, dass der Absatz noch lange nicht bekannt ist und nur ungenau prognostiziert werden kann. Erst wenn 1/3 eines Jahresbedarfs produziert worden ist, sind die Absatzzahlen einzelner Regionen bekannt.

Neben den schrittweise aktualisierten Absatzprognosen müssen bei der Produktion viele Nebenbedingungen berücksichtigt werden. Beispielsweise können auf einigen zusammengehörigen Pressen stets nur Skier einer einzigen Breite hergestellt werden. Der Wechsel zu einer anderen Breite hat entsprechend für alle diese Pressen gleichzeitig zu erfolgen.

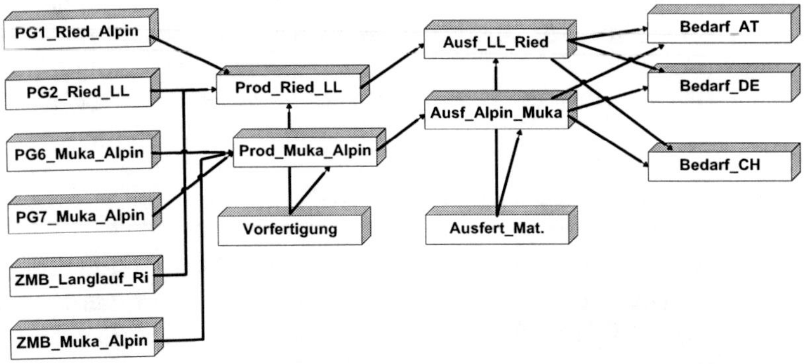

Abb. 1.6. Ausschnitt des Produktionsprozesses bei Fischer

Fischer setzte sich vor einigen Jahren zum Ziel, ein Planungssystem zu implementieren, das alle Rahmenbedingungen berücksichtigt und die Firma bei der Erarbeitung möglichst optimaler Produktionspläne unterstützt.

Die Basisdaten, wie Aufträge und Produktionspläne werden bei Fischer in einem ERP (Enterprise Resource Planning) -System gespeichert und verarbeitet. Um den mehrstufigen Prozess adäquat abbilden zu können, ist jedoch ein SCM (Supply Chain Management) -System erforderlich. Zwischen beiden Systemen ist eine Schnittstelle zum Datenaustausch notwendig. Für diese Aufgabe wurde von Fischer das Produkt J.D. Edwards Strategic Network Optimization ausgewählt, welches mit dem ERP-System ebenfalls der Firma J.D. Edwards gemeinsam eingeführt wurde. (Nach diesem Projekt wurde J. D. Edwards von Peoplesoft aufgekauft.)

Beim eingeführten SCM-System handelt es sich um eine Modul aus der APS (Advanced Planning and Scheduling) -Suite. Dieses Modul benutzt gemischt-ganzzahlige Optimierung zur Bestimmung einer optimalen Lösung. Dies geschieht mit dem Optimierer ILOG CPLEX, der in der Software integriert (dem Benutzer unsichtbar) ist. Die Eingabedaten werden dabei aus einer Unternehmensdatenbank automatisch übernommen; die Ausgabe erscheint unter einer benutzerfreundlichen grafischen Oberfläche. Abb. 1.6 stellt die Bestandteile des Optimierungsmodells in aggregierter Form dar.

Neben dem CPLEX-Optimierer werden unterstützend eine Reihe von verschiedenen Heuristiken eingesetzt, die insbesondere Nichtlinearitäten für eine Reihe von verschiedenen Fällen abfangen, wie sie z. B. für die Modellierung von Mindestmengen in der Produktion auftreten. Weitere Anwendungsfälle für Heuristiken sind z. B. Batchgrößen, Single Sourcing oder Capital Asset Management.

1.7.4 Zeitschriften-Allokation bei Time Inc.

Quelle: [Koschat et al. 2003]

Das sogenannte *Newsboy-* oder *Newsvendor-Problem* ist bereits lange als Anwendung und Übungsaufgabe des Operations Research bekannt. Es geht darum, wie viele Zeitungen pro Tag ein Zeitungsverkäufer bestellen sollte, wenn die Absatzmenge stochastischen Schwankungen unterliegt. Wenn er zu wenig bestellt, geht Absatz verloren. Wenn er zu viel bestellt, muss er die nicht verkauften Zeitungen zurückgeben, was mit Kosten verbunden ist. Dieses Problem bildet die Basis für die stochastische Lagerhaltungstheorie, die von OR-Forschern bereits lange untersucht wird.

Der US-amerikanische Medienkonzern Time Inc. publiziert Zeitschriften wie People, Time, Money, Fortune, Parenting, Life, Sunset etc., die in den USA über die existierenden ca. 200.000 Verkaufsstellen vertrieben werden. Die Anzahl der produzierten und verkauften Menge jeder Zeitschriftausgabe wird in einem dreistufigen Prozess wie folgt bestimmt:

- Basierend auf Nachfragedaten aus der Vergangenheit werden die erwarteten Verkaufszahlen von Einzelhändlern bestimmt, die von Großhändlern beliefert werden.
- Danach wird die Verteilung zwischen Großhändlern festgelegt; und
- zuletzt die gesamte Produktionsmenge pro Ausgabe.

Die jeweiligen Zahlen werden in einem Verhandlungsprozess zwischen Time und den Großhändlern sowie jedem Großhändler mit seinen Einzelhändlern festgelegt. Das Problem ist nun, eine aus Sicht des Time-Konzerns möglichst optimale Allokation jeder Zeitschriftenausgabe zu bestimmen, so dass der erzielte Gesamtertrag maximiert wird.

In der Zeitschriftenbranche ist es üblich, dass unverkaufte Hefte kostenlos zurückgenommen werden, so dass einem Zeitungshändler nur Lager- und Handlingkosten entstehen. Der Medienkonzern hat für unverkaufte Zeitschriften die Produktions- und Transportkosten zu tragen. Die Bestimmung der jeweiligen Produktions- und Distributionsmengen ist ein schwieriger Prozess, weil die wöchentlichen Verkaufsmengen nicht exakt bekannt sind und Schwankungen unterliegen.

Im Jahr 1998 startete Time Inc. ein Projekt zur Verbesserung der Allokation von Zeitschriften in Produktion sowie zwischen Groß- und Einzelhändlern. Zielsetzung war es, durch Nutzung von mathematisch-formalen Methoden eine Verbesserung des erwarteten Gesamtertrags zu erreichen. Für jede der drei Entscheidungsstufen (s. oben) wurden mathematische, insbesondere stochastische Methoden entwickelt und mit Hilfe von leistungsfähigen Computern umgesetzt. Die Firmenleitung stellte das System allen Großhändlern zur Verfügung und überzeugte sie von der dadurch möglichen Ertragsverbesserung.

Die *Allokation zwischen Einzelhändlern* basiert auf der kumulativen Wahrscheinlichkeitsfunktion, d. h. für jede mögliche gelieferte Anzahl wird die Wahrscheinlichkeit dafür ermittelt, dass genau diese Anzahl Zeitungen verkauft (besser: nachgefragt) wird. Ist der kumulative Wert z. B. 0,8 für 200 Stück einer Zeitschriftenausgabe, ist die Wahrscheinlichkeit 0,8, dass die verkaufte Anzahl dieser Ausgabe kleiner oder gleich 200 ist. Diese Verteilung konnte mit Hilfe von existierenden Verkaufsdatenreihen aus der Vergangenheit sehr genau bestimmt werden.

Durch eine statistische Analyse wurde festgestellt, dass die Wahrscheinlichkeitsverteilung der Verkaufsmenge eines Einzelhändlers nahezu normalverteilt ist sowie die optimale Zeitschriftenanzahl vom Median der Nachfrage abhängt. Durch diese Funktion kann jeder Großhändler die optimale Allokation zwischen Einzelhändlern bestimmen. (Die Großhändler mussten aber zuerst von der Überlegenheit dieser Methode gegenüber „Daumenregeln“ überzeugt werden.)

Die *Allokation zwischen Time Inc. und den Großhändlern* basiert ebenfalls auf einer statistischen Analyse, wobei die marginale Effizienz (Wahrscheinlichkeit in Abhängigkeit von der gelieferten Menge, dass das letzte gelieferte Exemplar verkauft wird) eine zentrale Rolle spielt. Dieser Prozess kann nicht vollständig formalisiert werden, da erstens die marginale Effizienz nicht exakt ermittelbar ist, und zweitens Erfahrungswissen der Manager, z. B. über saisonale Schwankungen, den Inhalt einer speziellen Ausgabe, die Platzierung der Hefte im Zeitungsladen etc. berücksichtigt werden muss.

Letztlich muss die *insgesamt produzierte Menge* jeder Zeitungsausgabe bestimmt werden. Auch dies basiert auf der marginalen Effizienz, die dabei für die gesamte Produktionsmenge betrachtet wird.

In einem mehrstufigen Prozess wurden für jede der drei Stufen die entwickelten quantitativen Methoden implementiert und die erforderlichen Parameter in langen Berechnungen festgelegt. Das Ergebnis war eine deutliche Verbesserung der Zeitschriftenallokation gegenüber der vorherigen auf Schätzungen und Erfahrungswissen basierenden Allokation.

Frau Diana DeFrate, Vice President of Finance and Strategic Planning, bestätigt, dass der Time-Konzern durch dieses Projekt \$3,5 Mio. jährlich einspart.

1.7.5 Weitere Praxisbeispiele

Weitere Praxisbeispiele und Fallstudien befinden sich im Internet.

http://dsor-lectures.upb.de/

1.8 Was sollte ich gelernt haben?

Modell

Was ist ein Modell in Operations Research? Wie unterscheiden sich primär modellbasierte und primär datenbasierte Methoden der Entscheidungsunterstützung?

Lineare Optimierung

Welche Charakteristika haben Modelle der linearen Optimierung?

Exakte Optimierungsmethoden vs. Heuristiken und Metaheuristiken

Wie unterscheiden sich exakte Optimierungsmethoden von Heuristiken? Welchen grundsätzlichen Unterschied gibt es zwischen Heuristiken und Metaheuristiken?

Simulation

Wie definiert man Simulation in Operations Research? Welche Arten unterscheidet man? Wann sollte man Simulation, wann mathematische Optimierung zur Entscheidungsunterstützung einsetzen?

Datenbasierte Verfahren zur Entscheidungsunterstützung

Welche Verfahren, die primär auf einer (großen) Menge an verfügbaren Daten basieren, werden in der Entscheidungsunterstützung genutzt? Welche quantitativen Prognoseverfahren können für die Prognose eingesetzt werden?

Optimierungssysteme

Was ist ein Optimierungssystem in Wirtschaftsinformatik/Operations Research?

Mathematische Programmierung

Was versteht man unter der mathematischen Programmierung? Welche Arten unterscheidet man?

2

Lineare Optimierungsmodelle

Lernziele:

- Kenntnisse über den Aufbau von linearen Optimierungsmodellen
- Verständnis darüber, warum lineare Modelle günstig sind
- Lösungsmethoden für lineare Modelle, insbesondere die Simplex-Methode
- Verständnis über die betriebswirtschaftliche Interpretation
- Grenzen der Sensitivitätsanalyse

Online-Lernmodule:

- Grafische Lösung eines LP
- Der Simplex-Algorithmus
- Ökonomische Interpretation

www **http://dsor-lectures.upb.de/**

2.1 Aufbau von linearen Modellen

Die lineare Optimierung (lineare Programmierung, LP) betrachtet Optimierungsmodelle, bei denen sowohl die Zielfunktion als auch alle Restriktionen Linearkombinationen der Variablen darstellen, also keine nichtlinearen Terme wie z. B. x_1^2 oder e^{x_1} oder $x_1 \cdot x_2$ beinhalten.

Lineare Modelle sind vor allem deswegen sehr wichtig, weil es für sie gute Lösungsmethoden und hochentwickelte Standardsoftware gibt. Bis auf wenige Ausnahmen können mit heutigen Optimierungstechnologien alle praxisrelevanten linearen Optimierungsmodelle in vertretbarer Zeit optimal gelöst werden. Dies stimmt hingegen keineswegs für ganzzahlige, gemischt-ganzzahlige oder nichtlineare Modelle.

Ein Optimierungsproblem der linearen Optimierung besteht somit aus den folgenden Komponenten:

- *Entscheidungsvariablen*, die kontinuierliche Werte zwischen gegebenen Schranken annehmen können
- einer zu maximierenden oder zu minimierenden linearen *Zielfunktion*
- linearen *Restriktionen*, die vom Typ $\leq$, $\geq$ oder $=$ sind

Bevor ein Optimierungsmodell aufgestellt werden kann, müssen diese drei Komponenten genau festgelegt werden.

Entscheidungsvariablen

Die Entscheidungsvariablen entsprechen dem Lösungsraum, sprich Entscheidungsfreiraum in der gegebenen Entscheidungssituation. Aus den im letzten Kapitel geschilderten Beispielen ist ersichtlich, dass Entscheidungsvariablen beispielsweise Produktionsmengen einzelner Produkte oder Varianten, Mengen an Zutaten in Mischungen oder Flächen in der landwirtschaftlichen Produktion darstellen können. Es können auch viele andere Größen sein, die der Entscheidungsträger in eindeutig gegebenen Grenzen frei bestimmen kann. Die Entscheidung sollte aber so getroffen werden, dass sie im Sinne der gegebenen Zielfunktion möglichst optimal ist.
Im Allgemeinen werden diese Variablen durch

$$x_j, \text{ so dass } l_j \leq x_j \leq u_j \text{ für alle } j \in 1,...,\text{n bezeichnet.}$$

Das heißt, es gibt n Variablen, die jeweils eine (reelle) Untergrenze l_j und Obergrenze u_j haben. Die Variablen können auch nach unten oder nach oben unbeschränkt sein. In dem Fall ist die Unter- bzw. Obergrenze gleich $-\infty$ oder $+\infty$.

Zielfunktion

Die optimale Entscheidung ist natürlich von der Zielfunktion abhängig und optimal nur im Hinblick auf die gegebene Zielfunktion. Bei der linearen Optimierung ist die Zielfunktion eine Linearkombination der Variablen und soll entweder minimiert oder maximiert werden. Typische Zielfunktionen sind z. B. Ertrags-, Deckungsbeitrags- oder Gewinnmaximierung, Kostenminimierung, Maximierung des ROI oder des NPV etc.
Oft möchte man in der Praxis mehrere Ziele berücksichtigen, aber die lineare Optimierung erlaubt nur eine Zielfunktion. Dann kann für eine der gewünschten Funktionen die höchste Priorität gesetzt werden, nach der dann optimiert wird, oder es wird eine (Linear-) Kombination mehrerer Zielfunktionen gewählt. Meistens können nicht alle Aspekte in einem formalen Modell dargestellt werden. Somit bietet die optimale Lösung einen Vorschlag, der unter Berücksichtigung weiterer praktischer Aspekte modifiziert werden kann.
Die Zielfunktion wird im Allgemeinen als

$$\text{Minimiere bzw. maximiere z} = \sum_{j=1}^{n} c_j x_j$$

dargestellt.

Restriktionen

Restriktionen können in der linearen Optimierung als Ungleichungen oder Gleichungen dargestellt werden, wobei die linke Seite eine Linearkombination der Entscheidungsvariablen und die rechte Seite eine reelle Konstante ist. Typische Restriktionen sind z. B. Kapazitätsgrenzen in der Produktion, Verfügbarkeit der Rohmaterialien und prognostizierte Absatzmengen. Weiterhin müssen oft logische oder physikalische Gegebenheiten als Restriktionen definiert werden, damit das Modell korrekt arbeitet.

Oft sind für einzelne Variablen Ober- und/oder Untergrenzen gesetzt. Auch diese stellen Restriktionen dar, die den Lösungsraum einschränken. In der Software zur Lösung von LP-Modellen müssen Grenzen für Variablen nicht explizit als Restriktionen definiert werden, sondern sie können bei der Definition der Variablen festgelegt werden.

Die Restriktionen können folgendermaßen dargestellt werden, wenn wir deren Anzahl mit m bezeichnen:

$$\sum_{j=1}^{n} a_{ij} x_{ij} \leq\geq= b_i \text{ für alle } i \in \{1, \ldots, m\}$$

Somit handelt es sich für jedes i entweder um eine $\leq$-, $\geq$-, oder $=$-Restriktion.

In der Matrixnotation kann das allgemeine LP-Modell elegant als

$$\begin{gathered}\text{min oder max } z = c^T x, \\ \text{so dass } Ax \leq\geq= b \text{ und } l \leq x \leq u,\end{gathered}$$

dargestellt werden, wobei c, l, u und x n-stellige Spaltenvektoren und b ein m-stelliger Spaltenvektor von reellen Zahlen und c^T die Transpose von c ist. A ist eine m×n-Matrix der Koeffizienten.

2.2 Grafische Lösung eines 2-dimensionalen LP-Modells

Wenn das lineare Optimierungsmodell nur zwei Variablen beinhaltet, entsprechen die Restriktionen Geraden in der Ebene und definieren somit als zulässigen Bereich einen zweidimensionalen Polyeder (angenommen, der Bereich ist beschränkt). Wenn wir die Variablen auf beide Achsen projizieren, können wir ein zweidimensionales Modell grafisch mit Hilfe einer Zeichnung lösen. Das folgende Beispiel verdeutlicht die grafische Lösung, die mit einer höheren Variablenzahl natürlich nicht möglich ist.

Beispiel: Gürtelproduktion

Ein Unternehmen stellt zwei Gürteltypen A und B mit einem Deckungsbeitrag von 2,00 € bzw. 1,50 € je Stück her. Ein A-Gürtel benötigt doppelt soviel Zeit bei seiner Herstellung wie ein B-Gürtel. Falls nur B-Gürtel produziert würden, könnte das Unternehmen 1000 Stück pro Tag anfertigen. Die Lederbelieferung erlaubt nur die Produktion von 800 Gürtel pro Tag (Typ A und Typ B zusammen). Für A- und B-Gürtel werden verschiedene Gürtelschnallen verwendet. Es stehen täglich 400 Gürtelschnallen vom Typ A und 700 Gürtelschnallen vom Typ B zur Verfügung.

Wie viele Gürtel vom Typ A und vom Typ B müssen produziert werden, um den maximalen gesamten Deckungsbeitrag zu erzielen?

Modellierung als LP-Modell

Entscheidungsvariablen:

$$\begin{aligned} x_1 &: \text{Anzahl der zu produzierenden Gürtel vom Typ A} \\ x_2 &: \text{Anzahl der zu produzierenden Gürtel vom Typ B} \end{aligned}$$

Ziel: Maximierung des gesamten Deckungsbeitrags in €, also

$$\text{maximiere } 2x_1 + 1,5x_2$$

Nebenbedingungen (Restriktionen):

Lederbelieferung: $x_1 + x_2 \leq 800$

Gürtelschnallen: $x_1 \leq 400, x_2 \leq 700$

Zeitrestriktion: Ein Gürtel Typ A benötigt 2t Zeiteinheiten pro Stück; ein Gürtel Typ B nur 1t Zeiteinheiten pro Stück, und es stehen nur 1.000t pro Tag zur Verfügung, also

$$x_1(2t) + x_2(1t) \leq 1000t$$

und durch t dividiert (t > 0):

$$2x_1 + x_2 \leq 1000$$

Nichtnegativität: $x_1, x_2 \geq 0$ (negative Produktionsmengen ergeben keinen Sinn)

Insgesamt erhalten wir das folgende LP-Modell:

$$\begin{array}{llllll} \text{max} & \text{z} = 2x_1 + 1,5x_2 & & & & \\ \text{subject to (s.t.)} & 2x_1 & + x_2 & \leq 1000 & \text{(a)} \\ & x_1 & + x_2 & \leq 800 & \text{(b)} \\ & x_1 & & \leq 400 & \text{(c)} \\ & & x_2 & \leq 700 & \text{(d)} \\ & x_1, & x_2 & \geq 0 & \text{(e)} \end{array}$$

Grafische Lösung:

Ein LP mit 2 Strukturvariablen kann grafisch gelöst werden, wie in den folgenden drei Schritten erläutert wird:

Schritt 1 - Bestimmung des zulässigen Bereichs:
Zeichne die Restriktionsgeraden (= statt $\leq$ oder $\geq$) des LP-Problems (Koordinaten zweier Punkte auf einer Gerade bestimmen, dann Gerade zeichnen). Diese sind die Randgeraden der durch die Restriktionen dargestellten Halbebenen. Durch Einsetzen der Koordinaten eines nicht auf der Gerade liegenden Punktes in die Restriktionsungleichung wird die Halbebene immer richtig bestimmt. Der *Durchschnitt der Halbebenen* ist der zulässige Bereich.

Für das Beispiel (vgl. Abb. 2.1): Die Gerade zur Restriktion (a) verläuft durch die Punkte (0,1000) und (500,0). Da Punkt (0,0) die Ungleichung (a) erfüllt, wird diese durch die Halbebene unterhalb der Gerade dargestellt.

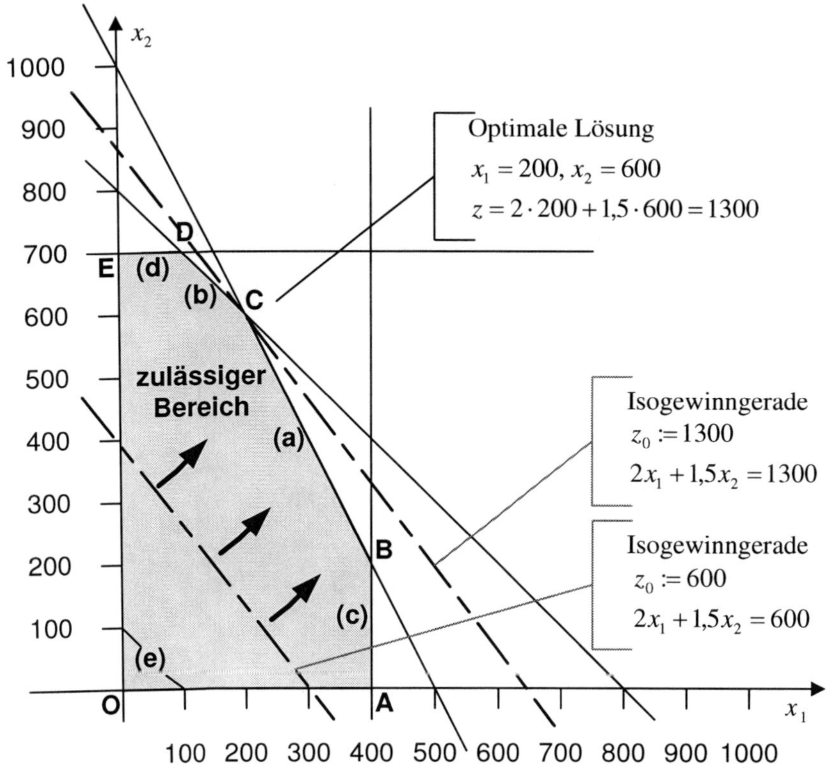

Abb. 2.1. Grafische Lösung von 2-dimensionalen LP-Modellen

Schritt 2: Richtung der Zielfunktion bestimmen
Lösungen gleichen Wertes liegen auf sogenannten Isogewinn-Hyperebenen (im 2-dimensionalen Fall auf Isogewinngeraden). Setze den Zielfunktionswert auf eine Konstante z = z_0 und zeichne die so definierte Isogewinnge-

rade. Für das Beispiel kann man z. B. $z_0 = 600$ wählen und die Isogewinngerade $2x_1 + 1,5x_2 = 600$ zeichnen.

Schritt 3: Optimum bestimmen

Verschiebe die Isogewinngerade parallel bis zu einer optimalen Ecke (falls existent). Für das Beispiel wird die Isogewinngerade parallel nach oben bewegt, bis die optimale Ecke C mit $x_1 = 200$; $x_2 = 600$ erreicht ist. Der optimale Zielfunktionswert lautet dann: $z = 2 * 200 + 1,5 * 600 = 1300$.

2.3 Eigenschaften des zulässigen Bereichs

Ein Bereich S $\subseteq R^n$ heißt konvex, falls für jede zwei Punkte X, Y $\in$ S alle Punkte auf der geradlinigen Verbindung *zwischen X und Y* auch in S liegen (vgl. Abb. 2.2).

Im Allgemeinen ist der zulässige Bereich eines LP-Problems mit n Variablen konvex (nicht vom Typ 6 oder 7) und „linear bzw. geradlinig abgegrenzt" (auch nicht vom Typ 4 oder 5).

Falls der zulässige Bereich *beschränkt* (von allen Richtungen eingegrenzt) ist (Typ 1, nicht Typ 2 oder 3), heißt er *konvexes Polyeder*, das durch die Ecken des zulässigen Bereichs *aufgespannt* wird.

Im Beispiel (Abb. 2.1) wird der zulässige Bereich durch die Verbindungsstrecken OA, AB, BC, CD, DE und EO eingegrenzt und ist somit das durch O, A, B, C, D und E aufgespannte konvexe Polyeder.

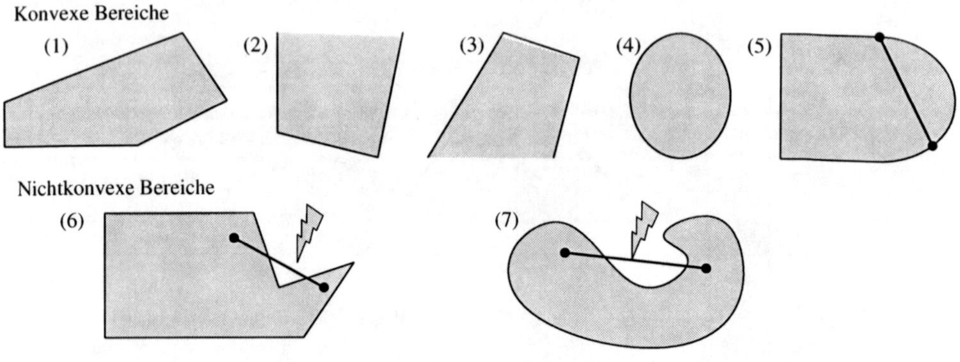

Abb. 2.2. Konvexe und nichtkonvexe Bereiche

Es ist nicht immer der Fall, dass ein LP-Modell eine eindeutige optimale Lösung besitzt. Im Folgenden werden einige andere Fälle kurz beschrieben. Diese Fälle kommen keineswegs selten vor; viele in der Praxis aufgestellte Modelle gehören zu den folgenden Kategorien.

Modelle ohne zulässige Lösungen

Falls die Schnittmenge der durch die Restriktionen dargestellten Halbebenen leer ist, ist der zulässige Bereich leer und das LP-Problem besitzt keine zulässige (und insbesondere keine optimale) Lösung. Zu betrachten ist beispielsweise das folgende Modell:

$$\begin{array}{llll}
\max & x_1 & +\ 2x_2 & \\
\text{s.t.} & x_1 & +\ x_2 & \leq 8 \\
& x_1 & +\ 2x_2 & \leq 12 \\
& 2x_1 & +\ x_2 & \geq 18 \\
& x_1, & \quad x_2 & \geq 0
\end{array}$$

Unbeschränkte Modelle

Wenn bei der grafischen Lösung die Isogewinngerade unendlich weit verschoben werden kann, so dass die Lösung sich dabei grenzenlos verbessert, dann ist das LP-Modell unbeschränkt (d. h. es gibt keine endliche Optimallösung des LP-Modells). Z. B. kann die Isogewinngerade bei einer entsprechenden Zielfunktion und einem zulässigen Bereich der Form (2) von Abb. 2.2 unendlich nach oben verschoben werden.

Bei einem unbeschränkten zulässigen Bereich kann das LP-Modell trotzdem beschränkt sein. Z. B. kann die Isogewinngerade bei einer entsprechenden Zielfunktion und einem unbeschränkten zulässigen Bereich der Form (3), Abb. 2.2, endlich nach oben zu einer der obigen zwei Ecken optimal verschoben werden.

Welcher Art ist das folgende Modell?

$$\begin{array}{llll}
\max & x_1 & +\ 2x_2 & \\
\text{s.t.} & -x_1 & +\ x_2 & \leq 4 \\
& -2x_1 & +\ x_2 & \leq 2 \\
& x_1 & -\ 2x_2 & \leq 4 \\
& x_1, & \quad x_2 & \geq 0
\end{array}$$

Mehrdeutige Optimallösungen

Falls bei der grafischen Lösung die Isogewinngerade am Ende des Verschiebe-Vorgangs auf einer Verbindungsstrecke zwischen zwei Ecken liegt, so besitzt das LP-Modell unendlich viele gleichwertige optimale Lösungen (mehrdeutige Optimallösung). Die Isogewinngerade läuft somit parallel zu einer Restriktion.

Degenerierte Optimallösungen

Man kann beweisen, dass eine optimale Lösung eines LP-Modells (falls es eine gibt) immer in einer Ecke des zulässigen Bereichs liegt. In Abb. 2.1 liegt das Optimum in der Ecke C, die durch die Zeit- und Leder-Restriktionen definiert wird. Im zweidimensionalen Raum braucht man zwei sich kreuzende Geraden, um einen Punkt eindeutig zu definieren. Wenn die Ecke C aber (zufällig) noch durch eine weitere Gerade gekreuzt wird, hat man redundante Informationen zur Bestimmung der optimalen Lösung. Man kann beliebige zwei Geraden zur Bestimmung des Optimums auswählen. In einem solchen Fall ist die Lösung degeneriert (entartet). Analog gilt die Charakterisierung für degenerierte Lösungen mit Ebenen im dreidimensionalen Raum und Hyperebenen im n-dimensionalen Raum ($n \geq 4$).

Anmerkung: Minimierung oder Maximierung?

Durch Multiplizieren der Zielfunktion mit (-1) kann ein Maximierungsproblem zu einem Minimierungsproblem umgewandelt werden und umgekehrt. Das Multiplizieren einer $\leq$-Restriktion (beide Seiten) mit (-1) ergibt eine dazu äquivalente $\geq$-Restriktion und umgekehrt.

Anmerkung: Freie Variablen

Bei LP-Modellen werden Variablen im Allgemeinen als nichtnegativ vorausgesetzt. Daher muss die Nichtnegativitätsbedingung bei den meisten Softwarepaketen zur Lösung von LPs nicht explizit eingegeben werden.
Wenn eine Variable aber alle reellen Werte annehmen kann (auch negative), dann muss sie gesondert als *freie Variable* vereinbart werden. Falls es eine solche Deklarationsmöglichkeit nicht gibt, behilft man sich mit der Ersetzung einer solchen Variable x durch $(x^+ - x^-)$ im gesamten LP, wobei die neuen Variablen $x^+, x^- \geq 0$ sind.

Lösen Sie das folgende LP-Problem grafisch. Dann transformieren Sie dieses LP zu einem LP mit nur nichtnegativen Variablen (x_2 sei eine freie Variable.)

$$\begin{array}{rrcrl} \max & 3x_1 & - & x_2 & \\ \text{s.t.} & x_1 & - & 2x_2 & \leq 2 \\ & 2x_1 & + & x_2 & \leq 1 \\ & x_1 & - & x_2 & \geq 0 \\ & x_1 & & & \geq 0 \end{array}$$

2.4 LP-Modelle mit spezieller Struktur

Minimierungsmodelle

Gegenstand des obigen Gürtelbeispiels war die optimale Produktionsplanung in einer gegebenen Periode, wenn der Ressourcenbedarf und die Deckungsbeiträge einzelner Produkte gegeben sind. Es handelt sich somit um ein typisches LP-Modell, wobei die Zielfunktion unter Berücksichtigung von Ressourcenrestriktionen maximiert werden soll. Alternativ lassen sich viele Aufgabenstellungen naturgemäß als Minimierungsmodelle darstellen. Beispielsweise sollen oft in Mischungsproblemen mindestens gegebene Mengen von Mischungen hergestellt werden, die bestimmte Mindestanforderungen erfüllen.

Das folgende Beispiel stellt ein typisches kleines Mischungsproblem dar.

Beispiel: Mischungsproblem

Ein Biobauer braucht täglich mindestens 800 kg Spezialfutter für Tiere. Dabei handelt es sich um eine Mischung von Mais und Sojamehl mit den folgenden Eigenschaften:

Mais:	0,09 kg Protein und 0,02 kg Ballaststoffe per kg Futter
Sojamehl:	0,60 kg Protein und 0,06 kg Ballaststoffe per kg Futter.

Laut Bestimmungen muss die Mischung mindestens 30% Protein und höchstens 5% Ballaststoffe beinhalten. Unter Beibehaltung der Bestimmungen sollen die täglichen Futterkosten minimiert werden. Ein Kilo Mais kostet 0,30 € und ein Kilo Sojamehl 0,90 €.

Diese Situation wird als eine Optimierungsaufgabe betrachtet. Zuerst müssen die Entscheidungsvariablen definiert werden. Offensichtlich kann der Biobauer die Anteile von Mais und Soja im Tierfutter bestimmen; also sind diese seine Entscheidungsvariablen:

x_M für die Menge von Mais im Futter (in kg), und

x_S für die Menge von Soja im Futter (in kg).

Als Parameter des Problems sind die Protein- und Ballaststoffanteile der Zutaten sowie die gewünschten Anteile in der Mischung, die Einkaufspreise und die geforderte Menge an Futter gegeben. Die Gesamtkosten sollen unter Berücksichtigung aller Restriktionen minimiert werden.

Somit lautet die Zielfunktion:

Minimiere $z = 0{,}3\,x_M + 0{,}9\,x_S$,

und die Restriktionen:

Futtermengen	$x_M + x_S \geq 800$
Proteinmengen	$0{,}09\,x_M + 0{,}60\,x_S \geq 0{,}30(x_M + x_S)$
Ballaststoffmengen	$0{,}02\,x_M + 0{,}06\,x_S \leq 0{,}05(x_M + x_S)$
Nichtnegativität	$x_M\ ,\ x_S \geq 0$

Nach einer Umformung bekommt man die folgende Formulierung als LP:

$$\text{Min } z = 0{,}3\,x_M + 0{,}9\,x_S,$$

subject to

$$\begin{aligned} x_M + x_S &\geq 800 \\ -0{,}21\,x_M + 0{,}30\,x_S &\geq 0 \\ -0{,}03\,x_M + 0{,}01\,x_S &\leq 0 \\ x_M\ ,\ x_S &\geq 0 \end{aligned}$$

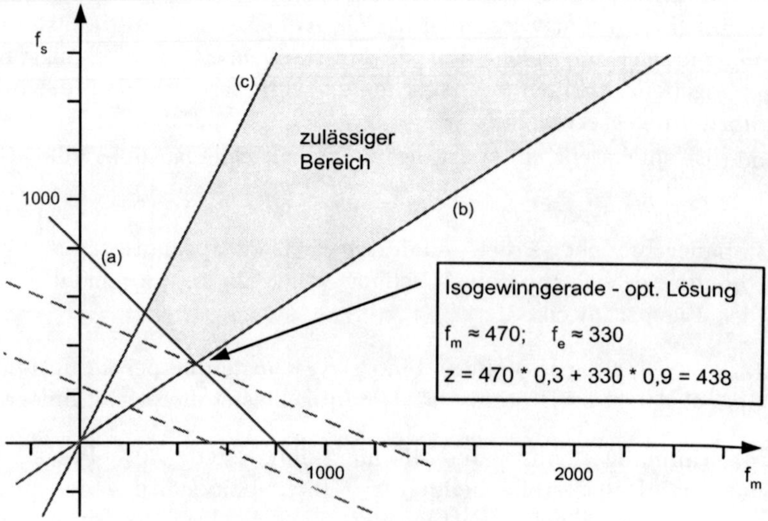

Abb. 2.3. Lösung zum Beispiel Tierfutter

Abb. 2.3 zeigt eine grafische Lösung des Modells: Es ist empfehlenswert, ca. 470 kg Mais und 330 kg Soja zu Spezialfutter zu mischen, was zu minimalen Kosten von ca. 440€ für den Biobauer führt.

Durch die Lösung mit einem LP-Solver bekommt man die exakten Werte: Es sollten 470,59 kg Mais und 329,41 kg Soja zu Spezialfutter gemischt werden. Dies führt zu minimalen Kosten von 437,65€ für den Biobauer.

Produktionsplanungsmodelle

In den bisherigen Modellen ist keine spezielle interne Struktur innerhalb der Koeffizientenmatrix zu erkennen. In der Praxis werden LP-Modelle dagegen fast immer für bestimmte strukturierte Aufgaben gestellt. Beispielsweise geht es um mehrere Produkte oder Produktgruppen, mehrere Zeitperioden, mehrere Produktionsstätten, Zulieferer, Warengruppen etc. Es passiert oft, dass sich bestimmte Teile eines Modells in der Struktur wiederholen, aber durch einige Restriktionen oder Variablen zusammengebunden sind. Wenn es keine verbindende Restriktionen oder Variablen gibt, können die einzelnen Teilmodelle natürlich auch unabhängig voneinander gelöst werden.

Mehrere Produktionsstätten

Es wird angenommen, dass die Gürtelproduktion nicht nur an einer Produktlinie, sondern an mehreren Linien stattfindet, die unterschiedliche Parameter bezüglich des Ressourceneinsatzes besitzen können. Im Optimierungsmodell geht es um die optimale Allokation von Ressourcen und Produktionsmengen zwischen gegebenen Produktionsstätten.

Natürlicherweise besitzt ein Modell mit mehreren Produktionsstätten oder -linien eine Blockstruktur (s. Abb. 2.4). Die Abbildung illustriert die Struktur der Koeffizientenmatrix durch die Teilmatrizen A_0 bis B_n und die rechte Seite durch die Teilvektoren b_0 bis b_n. Jede B-Teilmatrix entspricht einer Produktionsstätte. Die A-Teilmatrizen beinhalten die Restriktionen, die alle Produktionsstätten betreffen. Die leeren Teile der Koeffizientenmatrix bestehen aus Nullen. Es ist typisch für Praxisprobleme der linearen Optimierung, dass die Koeffizientenmatrix sehr viele Nullen besitzt. Diese Eigenschaft kann man bei den Lösungsalgorithmen nutzen, um Rechenaufwand und Speicherplatz zu sparen - die Nullen werden gar nicht mitgespeichert.

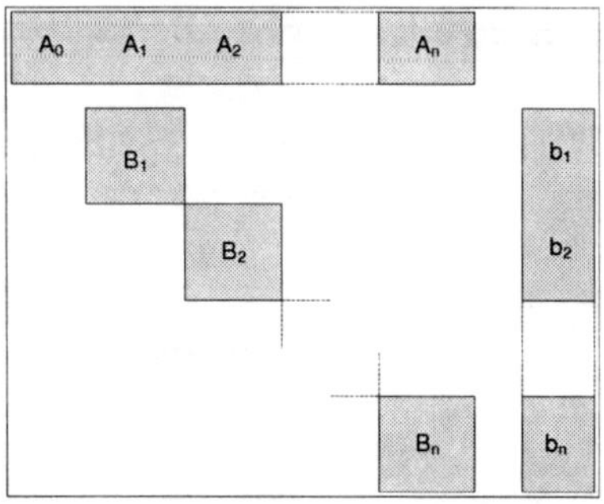

Abb. 2.4. Struktur eines Optimierungsmodells mit mehreren Produktionsstätten [Williams 2013]

Mehrere Perioden

Das ursprüngliche Gürtelmodell betrachtete die Produktion in einer vorher festgelegten Zeitperiode. In der Praxis wird der Produktionsbetrieb (und viele andere Aktivitäten) normalerweise für ein längeres Zeitintervall in vielen kurzen Perioden geplant. Z. B. kann es eine Jahres- Monats- und Wochenplanung geben. Analog werden Optimierungsmodelle mit unterschiedlichen Zeithorizonten und Genauigkeiten gelöst: Für mehrere Jahre wird auf Monatsebene eine Grobplanung durchgeführt, die durch Wochen- und Tagesmodelle verfeinert wird. Die in der nahen Zukunft liegenden Zeitintervalle werden in der Regel genau geplant; für weitere Intervalle wird zunächst ein grobes Planungsmodell genutzt (im Sinne einer rollierenden Planung).

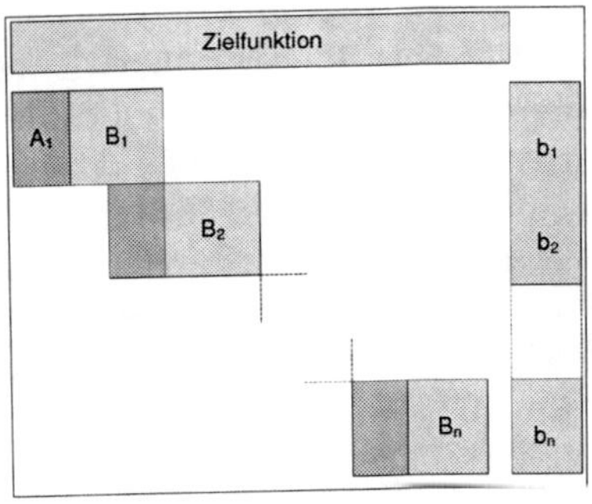

Abb. 2.5. Struktur eines mehrperiodischen Optimierungsmodells [Williams 2013]

Ein mehrperiodisches lineares Optimierungsmodell besitzt natürlicherweise eine treppenartige Struktur (vgl. Abb. 2.5): Die Teilmatrizen A_i und B_i in der Abbildung berücksichtigen jeweils eine gegebene Periode. Zwei hintereinanderfolgende Perioden sind jedoch über gemeinsame Variablen verbunden, die den Übergang von einer Periode in die nächste beinhalten und eine Art Lagerhaltung darstellen. Wenn es keine Lagerhaltung (also Verbindung zwischen hintereinander liegenden

Perioden) gäbe, könnte für jede Periode ein eigenständiges Optimierungsmodell getrennt gelöst werden.

2.5 Lösungsverfahren für lineare Optimierungsmodelle

Nachdem ein lineares Optimierungsmodell korrekt aufgestellt worden ist, sind wir vor allem an dessen Lösung interessiert. Erst wenn eine optimale Lösung bekannt ist, können die Ergebnisse als Hilfestellung zur Entscheidungsunterstützung genutzt werden.

In einem LP-Modell handelt es sich um ein System von Gleichungen und Ungleichungen, das mehrere gültige Lösungen besitzt. Eine zulässige Lösung dieses Systems ist eine Wertekombination der Entscheidungsvariablen, die alle gegebenen Restriktionen erfüllt. Das besondere bei LP-Modellen ist, dass sie fast immer unendlich viele zulässige Lösungen besitzen. Die Restriktionen lassen somit Freiräume zur Auswahl einer gewünschten Lösung. Es gilt nun, nach einer Lösung zu suchen, die im Sinne der gegebenen Zielfunktion optimal ist. Dem Leser wird empfohlen, sich zuerst Gedanken darüber zu machen, wie man zu einer optimalen Lösung kommen könnte, wenn es mehr als zwei Variablen gibt. Oft lautet die erste Überlegung, zuerst diejenige Variable möglichst weit zu erhöhen, die den höchsten Zielfunktionswert (bei Maximierungsproblemen) hat, dann die nächste und so weiter. Beispielsweise hat x_1 in unserem Gürtelbeispiel den höchsten Zielfunktionswert, nämlich 2. Jedoch zeigt schon das kleine Beispiel, dass wir in dieser sequentiellen Weise nicht die optimale Lösung finden (bitte probieren!).

In der linearen Optimierung müssen die Werte von Entscheidungsvariablen einer optimalen Lösung *simultan*, nicht sequentiell bestimmt werden. Lineare Optimierungsmodelle wurden erstmalig kurz vor dem zweiten Weltkrieg und während diesem aufgestellt. Die ersten Ergebnisse von L. V. Kantorovich in der Sowjetunion im Jahr 1939 fanden jedoch im Westen kaum Beachtung, bevor eine durchgängige Theorie inklusive Lösungsmethoden ein bis zwei Jahrzehnte später entwickelt wurde. Im Jahr 1947 zeigte T. C. Koopmans, wie klassische ökonomische Theorien als LP-Modelle dargestellt werden können. Im Jahr 1975 bekamen Kantorovich und Koopmans den Nobel-Preis für Wirtschaftswissenschaften für ihre Beiträge zur Theorie der optimalen Ressourcenallokation.

Die Simplex-Methode

Das älteste und bekannteste Lösungsverfahren für LP ist die Simplex-Methode, die von George B. Dantzig im Jahr 1947 zur Lösung von Planungsproblemen bei der U. S. Air Force vorgestellt wurde. Es wurde schnell klar, dass mit dieser Methode eine erstaunlich große Breite an Modellen von scheinbar weit auseinander liegenden Anwendungsgebieten gelöst werden konnten.

Die Simplex-Methode besteht grundsätzlich aus zwei Phasen: In Phase I wird zunächst nach einer zulässigen Lösung gesucht. Auch dies kann ein schwieriges

Problem werden, wenn keine unmittelbar klare zulässige Lösung gegeben ist. In Phase II wird dann, ausgehend von einer zulässigen Lösung, durch iterative Verbesserungen nach einer optimalen Lösung gesucht. Die Suche besteht aus mehreren möglichen Lösungen, so dass eine betrachtete Lösung immer besser (oder zumindest nicht schlechter) als ihr Vorgänger ist. Man kann beweisen, dass die Simplex-Methode unter relativ allgemeinen Bedingungen gegen eine optimale Lösung konvergiert. Der grundsätzliche Ablauf der Methode wird im nächsten Abschnitt vorgestellt.

Die Anwendbarkeit der Simplex-Methode ist in den ca. letzten 50 Jahren parallel mit der Entwicklung der Computertechnologie gestiegen. In den 70er Jahren konnten Modelle mit bis zu einigen tausend Variablen und Restriktionen durch geschickte Nutzung der damaligen limitierten Rechenressourcen gelöst werden. Beispielsweise konnten nicht alle Daten und Zwischenergebnisse im Hauptspeicher eines Computers gehalten werden, sondern mussten durch aufwendige Auslagerungsmechanismen auf der Festplatte zwischengelagert werden. In den 70er Jahren waren 32 kB auf Workstations eine gängige Hauptspeichergröße, während wir heute selbst auf Notebook-Rechnern oft 4 GB oder mehr vorfinden. Nachdem mehr Speicher und leistungsfähigere Prozessoren verfügbar wurden, konnten immer schnellere und stabilere Simplex-basierte LP-Solver (Softwarepakete für lineare Optimierung) entwickelt werden.

Innere-Punkte-Verfahren

In vielen Experimenten und Praxisprojekten stellte sich heraus, dass das Laufzeitverhalten der Simplex-Methode für viele Praxismodelle relativ gut ist, aber aus der theoretischen Sicht im schlechtesten Fall sehr schlecht (exponentiell im Hinblick auf die Problemgröße) sein kann.

Ein großer Fortschritt bei der theoretischen Lösung von linearen Optimierungsmodellen war die Erfindung der Ellipsoidmethode vom russischen Mathematiker L. G. Khachian 1979. Die Laufzeit dieser Methode wächst nur polynomiell in Relation zur Problemgröße; somit handelt es sich grundsätzlich um ein effizientes Lösungsverfahren. Allerdings ist die Laufzeit der Ellipsoidmethode für praktische Modelle extrem lang, so dass die polynomiellen, sogenannten Innere-Punkte-Verfahren jahrelang dem Status der Simplex-Methode als den am meisten verbreiteten Lösungsansatz nicht in Frage stellen konnten. Diese Methodenklasse hat ihren Namen bekommen, weil sie sich im Gegensatz zum Simplex nicht auf der Oberfläche des zulässigen Bereiches bewegen, sondern innere Punkte berücksichtigt.

Im Jahr 1984 veröffentlichte N. Karmarkar (Forscher bei Bell Labs in den USA) ein effizienteres polynomielles Innere-Punkte-Verfahren, das die Grundlage für weitere Entwicklungen bildete. Heute können Innere-Punkte-Verfahren in den meisten Fällen LP schneller lösen als die Simplex-Methode. Es gibt allerdings nicht die eine beste Methode; für viele Modelle sind Varianten der Simplex-Methode am schnellsten. Es gibt viele Gründe, warum ein effizienter LP-Solver beide Methodenklassen beinhalten muss.

2.6 Das Simplex-Verfahren zur Lösung von LP-Modellen

2.6.1 Grundidee und Standardformat

Abb. 2.6. Carl Friedrich Gauss 1777-1855

Man kann beweisen, dass, falls ein LP-Modell genau eine optimale Lösung besitzt, sich diese in einer Ecke des zulässigen Polyeders befindet. Beispielsweise befindet sich die optimale Lösung des Gürtelmodells in der Ecke C (s. Abb. 2.1). Wenn es hingegen mehrere optimale Lösungen gibt, befindet sich mindestens eine von diesen in einer Ecke. Was eine Ecke eines mehr-dimensionalen Polyeders ist, versuchen wir uns an dieser Stelle intuitiv vorzustellen. Eine Definition erfolgt später.

Die Idee der Simplex-Methode ist es, benachbarte Ecken hintereinander zu untersuchen, so dass die Lösung, also der jeweilige Zielfunktionswert, sich bei jeder Bewegung in eine benachbarte Ecke verbessert – oder zumindest nicht verschlechtert – bis ein Optimum gefunden wird.

Eine wichtige Technik bei der Bewegung von einer Ecke zu einer benachbarten ist die Manipulation linearer Gleichungssysteme durch die Gauss'sche Elimination (Gauss: s. Abb. 2.6). Daher wird das zu lösende LP-Modell zunächst in eine Form gebracht, die nur lineare Gleichungen (also keine Ungleichungen) besitzt. Die Formeln (LGS) zeigen die Struktur eines linearen Gleichungssystems, das auf der linken Seite k Variablen und m Restriktionen besitzt.

$$\begin{array}{lllll} a_{11}x_{11} + & a_{12}x_{12} + & a_{13}x_{13} + \ldots + & a_{1k}x_{1k} & = b_1 \\ a_{21}x_{21} + & a_{22}x_{22} + & a_{23}x_{23} + \ldots + & a_{2k}x_{2k} & = b_2 \\ \ldots & \ldots & \ldots & & \\ a_{m1}x_{m1} + & a_{m2}x_{m2} + & a_{m3}x_{m3} + & + a_{mk}x_{mk} & = b_m \end{array} \qquad \text{(LGS)}$$

Wenn $k > m$ gilt, hat das Gleichungssystem mehr Spalten auf der linken Seite als Zeilen. Somit ist das System unterdeterminiert, d. h. es hat i.d.R. mehr als eine mögliche Lösung (also Wertekombination der x-Variablen). Wenn $k = m$ gilt und die Spaltenvektoren linear unabhängig sind, hat das Gleichungssystem dagegen genau eine eindeutige Lösung. In Vorbereitung auf die Nutzung der Simplex-Methode wird die Koeffizientenmatrix A in das sogenannte Standardformat transformiert, wobei nur Gleichungen zugelassen sind (s. oben) und mehr Spalten als Zeilen vorhanden sind. Das Prinzip der Simplex-Methode ist es nun, aus dieser Koeffizientenmatrix m Spaltenvektoren auszuwählen, mit deren Hilfe die verbleibenden $k - m$ Spaltenvektoren ausgedrückt werden können. Die Bewegung von einer Ecke in eine benachbarte Ecke entspricht nun einem Tausch, wobei genau ein Spaltenvektor aus den gewählten m gegen einen anderen ausgetauscht wird. Im Folgenden wird der Ablauf dieser Methode zuerst algebraisch anhand unseres Beispiels vorgestellt. Im darauffolgenden Abschnitt 2.7 erfolgt die grafische Veranschaulichung.

Transformation eines beliebigen LP in das LP-Standardformat

Als Vorbereitung zum Simplex-Verfahren werden einige Transformationen eines gegebenen LP-Modells gezeigt, um ein einheitliches Format für LP-Modelle, das sogenannte Standardformat, zu erhalten.
Im Standardformat handelt es sich immer (in unserer Definition) um ein Maximierungsproblem. Es gibt keine Ungleichungen mehr, sondern nur Gleichungen. Man kann sich leicht davon überzeugen, dass sich jedes LP-Modell mit relativ wenig Aufwand in diese Form bringen lässt.

Gleichung	→ **2 Ungleichungen**
$2x_1 + x_2 = 7$	→ $2x_1 + x_2 \leq 7$ und $2x_1 + x_2 \geq 7$
$\geq$-Ungleichung	→ **$\leq$-Ungleichung (optional)**
$2x_1 + x_2 \geq 7$	→ $-2x_1 - x_2 \leq -7$
Min-Zielfunktion	→ **Max-Zielfunktion**
min $3x_1 - 4x_2$	→ **max** $-3x_1 + 4x_2$
Ungleichung	→ **Gleichung mit Schlupfvariable**
$2x_1 + x_2 \leq 7$	→ $2x_1 + x_2 + x_3 = 7$ mit $x_3 \geq 0$
$2x_1 + x_2 \geq 7$	→ $-2x_1 - x_2 \leq -7 \rightarrow -2x_1 - x_2 + x_4 = -7$ oder
$2x_1 + x_2 \geq 7$	→ $2x_1 + x_2 - x_4 = 7$ mit $x_4 \geq 0$ Schupfvariable

Eine nichtnegative Schlupfvariable (englisch: slack variable), die für eine Ungleichung eingeführt wird, stellt die absolute Differenz zwischen der linken und der rechten Seite dieser Ungleichung dar. Wendet man diese Transformationen auf das Beispiel in 2.2 an, kann es in das Standardformat überführt werden:

$$
\begin{array}{llllllll}
\max \mathrm{z} = & 2x_1 + 1{,}5x_2 & & & & & & \\
\text{s.t.} & 2x_1 + & x_2 + x_3 & & & & = & 1000 \\
 & x_1 + & x_2 & + x_4 & & & = & 800 \\
 & x_1 & & & + x_5 & & = & 400 \\
 & & x_2 & & & + x_6 & = & 700 \\
 & x_1 \quad , & x_2 & , x_3 & , x_4 & , x_5 \quad , x_6 & \geq & 0
\end{array}
$$

Schlupfvariablen sind hier x_3, x_4, x_5 und x_6!
Jedes LP-Modell lässt sich in diesem Standardformat ausdrücken. Für ein Problem mit n Variablen und m Restriktionen werden dabei m Schlupfvariablen eingeführt, so dass das Gesamtmodell $n+m$ Variablen beinhaltet. Allgemein lautet das Modell

dann:

	Oder in Matrix-Schreibweise:
$\max \sum_{j=1}^{n} c_j\, x_j$	$\max c^T x$
s.t.	s.t.
$\sum_{j=1}^{m+n} a_{ij}\, x_j = b_i$ für alle $i = 1, \ldots, m$	$Ax = b$
$x_j \geq 0$ für alle $j = 1, \ldots, m+n$	$x \geq 0$

Die Vektoren c bzw. x sind $(n+m)$-(Spalten)-Vektoren, wobei c m Nullen für die m Schlupfvariablen $x_{n+1}, .., x_{n+m}$ beinhaltet und transponiert (c^T) ist, also als Zeilenvektor betrachtet wird. b ist ein m-Vektor. A ist eine $m \times (n+m)$-Matrix, die durch Anhängen einer $m \times m$-Matrix an die ursprüngliche $m \times n$-Matrix entsteht. Die $m \times m$-Matrix für die Schlupfvariablen hat nur -1 und 1 auf der Diagonalen, alle anderen Einträge sind Null. Es wurde (eigentlich willkürlich) ein Maximierungsproblem definiert. Die Zielfunktion kann mit (-1) multipliziert in ein Minimierungsproblem transformiert werden.

Basis eines LP-Modells

Jede nichtsinguläre $m \times m$-Teilmatrix B von A heißt *Basis* des Standardmodells. Nichtsingularität von B bedeutet, dass die m-dimensionalen Spaltenvektoren von B linear unabhängig sind, sich also kein Spaltenvektor als Linearkombination der anderen ausdrücken lässt.

Aus dem obigen Beispiel im Standardformat ergibt sich folgendes Beispiel für B (siehe Abb. 2.7).

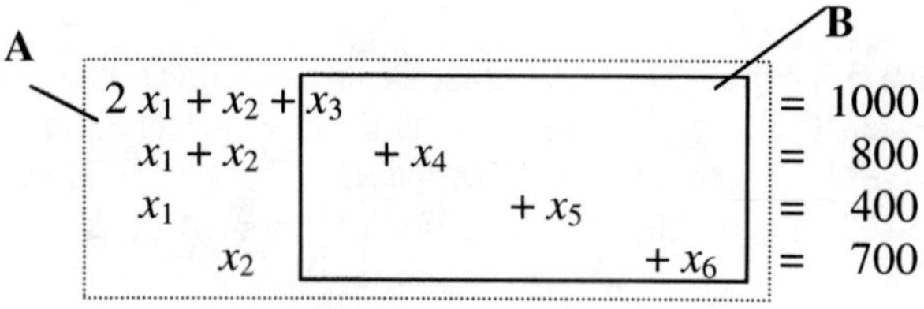

Abb. 2.7. Basis für das Beispiel

In diesem Fall ist die Teilmatrix B gleich der $m \times m$-dimensionalen Einheitsmatrix. Wir können das Gleichungssystem nach den in B enthaltenen Spaltenvariablen in einfacher Weise wie folgt auflösen:

$$
\text{(S1)}\quad
\begin{aligned}
x_3 &= 1000 - 2x_1 - x_2 \\
x_4 &= 800 - x_1 - x_2 \\
x_5 &= 400 - x_1 \\
x_6 &= 700 - x_2
\end{aligned}
$$

Die Gleichungen des Standardformats eines LP können also so umgeformt werden, dass sich alle Schlupfvariablen auf der linken Seite befinden. Eine Lösung des Gleichungssystems lässt sich dabei direkt ermitteln, nämlich $x_1 = x_2 = 0, x_3 = 1000, x_4 = 800, x_5 = 400$ und $x_6 = 700$. Diese Lösung wird eindeutig, nachdem alle nicht in B enthaltenden Spaltenvariablen auf 0 gesetzt werden (hier $x_1 = x_2 = 0$). Diese Vorgehensweise ist für jede nichtsinguläre $m \times m$-Teilmatrix B anwendbar, denn nachdem man die nicht in B enthaltenen Spaltenvariablen auf 0 gesetzt hat, verbleibt ein $m \times m$-Gleichungssystem, das für eine nichtsinguläre Matrix (B) eindeutig gelöst werden kann (unter Benutzung der Inversen von B - die Determinante der Matrix B ist ja ungleich Null, da die Spaltenvektoren von B linear unabhängig sind).

Basisvariablen und Nichtbasisvariablen

Die durch die Spalten der Matrix B (Basis) definierten Variablen m aus $(n + m)$ heißen Basisvariablen (BV), die restlichen n Variablen Nichtbasisvariablen (NBV).

Basislösung

Die durch Setzen der Nichtbasisvariablen auf 0 erhaltene eindeutige Lösung für eine Basis B (siehe oben) heißt Basislösung. Eine Basislösung ist

- zulässig, falls alle Basisvariablen bei der Basislösung nichtnegative Werte annehmen, sonst unzulässig und
- degeneriert, falls mindestens eine der Basisvariablen in der Basislösung gleich Null ist.

Beim Simplex-Verfahren startet man mit der Basis B, bei der die Schlupfvariablen als Basisvariablen gewählt werden (wie im Beispiel oben). Diese Basis nennt man Ausgangsbasis und die wie oben erhaltene Basislösung (alle Strukturvariablen auf Null) Ausgangsbasislösung. Falls diese Ausgangsbasislösung zulässig ist, geht man gleich zur Phase II von Simplex über, ansonsten zur Phase I, um eine zulässige Basislösung, falls vorhanden, zu berechnen.

Bemerkung: Als „Basis“ wird in der linearen Algebra eine Zusammenstellung von linear unabhängigen Vektoren im euklidischen Raum bezeichnet, deren Anzahl gleich der Dimension des Vektorraumes ist. Also ist die obige Bezeichnung „Basis“ für B bezüglich des durch die Basisvariablen definierten m-dimensionalen Vektorraums zu verstehen, nicht etwa bezüglich des durch die Strukturvariablen definierten n-dimensionalen Raums.

2.6.2 Schritte des Simplex-Verfahrens

In diesem Abschnitt werden die Schritte des Simplex-Verfahrens mit Hilfe des in 2.2 eingeführten Beispiels eingehend erläutert. Es handelt sich um eine (einfache)

Basisform des Simplex-Algorithmus für den Fall, dass die Untergrenzen aller Variablen gleich 0 und die Obergrenzen gleich $+\infty$ sind. Im allgemeinen Fall können explizite Ober- und Untergrenzen direkt im Algorithmus berücksichtigt werden. Computerimplementationen des Verfahrens beinhalten darüber hinaus sehr viele Verfeinerungen, welche die Lösung großer, numerisch schwieriger Modelle mit heutigen Rechnern möglich machen. Dazu mehr im nachfolgenden Kapitel.

Initialisierung:

Man bildet zunächst das Standardformat eines LP-Modells wie in 2.6 und formt es dann in (S1) wie in 2.6.1 um, indem die Schlupfvariablen (aktuelle Basisvariablen) links stehen. Dabei wird als Ausgangsbasis die sogenannte *all-logical basis* gewählt, wobei zunächst die Schlupfvariablen in die Basis gewählt werden. Im Allgemeinen wird auch für eine =-Restriktion eine sogenannte künstliche Variable eingeführt. Schlupfvariablen und künstliche Variablen werden gemeinsam auch logische Variablen genannt. Daher die Bezeichnung „all-logical basis". Für das Beispiel sieht sie wie folgt aus:

Ausgangsbasis:	Nichtbasisvariablen x_1, x_2	$\Rightarrow$ Basisvariablen	x_3, x_4, x_5, x_6
(Ausgangs-)Basislösung:	0 0		1000 800 400 700

Wenn alle konstanten Werte der rechten Seite von (S1) nichtnegativ sind (wie im Beispiel), ist dies eine zulässige Lösung, ansonsten muss erst mit der Suche nach einer zulässigen Lösung begonnen werden (Phase I des Simplex-Verfahrens, vgl. 2.6.3).

Grafisch: Man beginnt mit der (trivialen) Ecke O = (0,0) des zulässigen Bereichs. O ist der Durchschnitt der x_1- und x_2-Geraden, also hat die zugehörige Basis x_1 und x_2 als NBV (vgl. Abb. 2.1).

Iteration 1

Basisvariablen mit Hilfe der Nichtbasisvariablen darstellen: Weil die Nichtbasisvariablen immer gleich 0 sind, können die Werte der Basisvariablen direkt abgelesen werden. Die Zielfunktion z wird dabei in einer eigenen Zeile stets wie eine Basisvariable behandelt.

Aufnahmeregel: Nichtbasisvariablen werden gesucht, die den Zielfunktionswert verbessern. Eine solche Variable, Pivotvariable genannt, wird ausgewählt und in die Basis aufgenommen. Indikator für mögliche Pivotvariablen ist ein positiver Koeffizient in der (modifizierten) Zielfunktion. Alle solche Variablen erhöhen i.d.R. den Zielfunktionswert. Eine mögliche Auswahlstrategie ist, als Pivotvariable diejenige zu wählen, die den höchsten positiven Koeffizienten hat. In unserem Fall ist dies x_1 (da $2 > 1{,}5$). Damit ist die Pivot-Spalte für Iteration 1 bestimmt (im angegebenen Gleichungssystem (S1)(siehe Abb. 2.8) umrahmt).

Eliminationsregel: Wenn der Wert der Pivotvariablen erhöht wird, ändern sich die Werte der anderen Variablen. Eine bereits zulässige Variable darf dabei nicht unzulässig werden. Der Wert der neuen Basisvariable (Pivotvariable) wird also nur

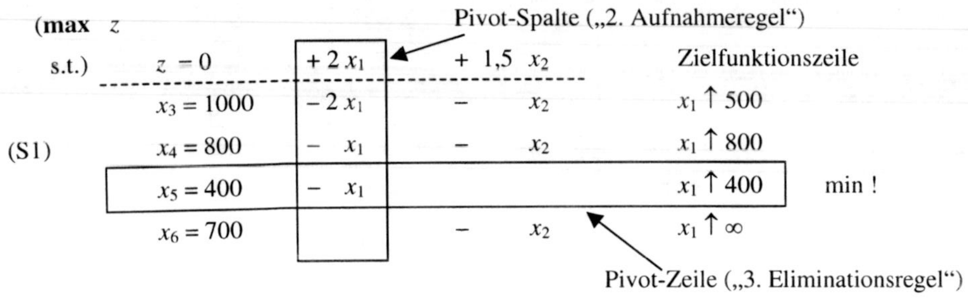

Abb. 2.8. Iteration 1

soviel geändert, bis die erste Basisvariable den Wert 0 (untere Grenze) erreicht. Diese Basisvariable wird aus der Basis eliminiert. Falls keine Basisvariable eine Grenze erreicht, ist das Modell unbeschränkt (unbounded). Für jede Gleichungszeile von (S1)(siehe Abb. 2.8) (außer der Zielfunktionszeile) wird untersucht, um wieviel die Pivotvariable erhöht werden kann, ohne dass die Basisvariable (auf der linken Seite der Gleichung) negativ wird. Im Beispiel (S1) schreibt man z. B. für die x_3-Gleichung: $x_1 \nearrow 500$. D. h. die Nichtbasisvariable x_1 darf bis zu 500 erhöht werden, ohne dass BV x_3 negativ wird. Da keine der Basisvariablen negativ werden darf, wird das Minimum aus diesen Zahlen bestimmt. Im Beispiel min(500, 800, 400, ∞) $=$ 400. Da die Erhöhung von $x_1 \nearrow 400$ die Variable x_5 auf 0 (untere Schranke) setzt, wird x_5 Nichtbasisvariable. Damit stellt die x_5-Gleichung die Pivot-Zeile des Basistausches (in (S1)(siehe Abb. 2.8) ebenfalls umrahmt).

Somit wurde ein Basistausch vorgenommen: x_1 kommt hinein und x_5 verlässt die Basis: neue Basis ist $\{x_1, x_3, x_4, x_6\}$.

Grafisch: In Abb. 2.1 wird von der Ecke O an der Achse OA zur Ecke A „gewandert“. Man entfernt sich von der x_1-Geraden (x_1 wird $\neq 0$ und somit zur BV), bis man die x_5-Gerade erreicht hat (dort gilt: $x_5 = 0 : x_5$ wird NBV). Am Punkt A ist der Schnittpunkt der x_2- und x_5-Geraden: Die zugehörige Basis hat x_2 und x_5 als NBV!

Iteration 2

Neue NBV sind x_2 und x_5, d. h. die BV sind x_1, x_3, x_4 und x_6 Im Gleichungssystem wird die Pivot-Zeile (x_5-Gleichung) umgeformt in

$$x_1 = 400 - x_5$$

In die anderen Gleichungen von (S1)(siehe Abb. 2.8) wird x_1 gemäß dieser Gleichung eingesetzt. Man erhält z. B. für die x_3-Gleichung: $x_3 = 1000 - 2x_1 - x_2 = 1000 - 2(400 - x_5) - x_2 = 200 - x_2 + 2x_5$.

Es ergibt sich das umgewandelte Gleichungssystem (S2)(siehe Abb. 2.9):

Nach der Umsetzung des Basistausches durch die Angabe des neuen modifizierten Gleichungssystems werden die Schritte 2. und 3. (Auswahl der Pivot-Spalte /-Zeile

	$z = 800$	$+1{,}5\, x_2$	$-\ 2\, x_5$		
	$x_1 = 400$		$-\ x_5$	$x_2 \uparrow \infty$	
(S2)	$x_3 = 200$	$-\ x_2$	$+\ 2\, x_5$	$x_2 \uparrow 200$	min !
	$x_4 = 400$	$-\ x_2$	$+\ x_5$	$x_2 \uparrow 400$	
	$x_6 = 700$	$-\ x_2$		$x_2 \uparrow 700$	

Abb. 2.9. Iteration 2

bzw. Aufnahme- und Eliminationsregel) direkt im modifizierten Gleichungssystem durchgeführt: Umrahmen der Pivot-Spalte nach Aufnahmeregel, Bestimmung der Erhöhungen der gewählten Pivotvariablen und Umrahmen der Pivot-Zeile (Zeile, in der die minimale Erhöhung steht).

Basistausch: x_2 hinein und x_3 heraus: neue Basis ist $\{x_1, x_2, x_4, x_6\}$.

Grafisch: In Abb. 2.1 wird nun von Ecke A an der Achse AB entlang zur Ecke B gewechselt. In Abb. 2.1 entfernt man sich von der x_2-Geraden ($x_2 = 0$), bis man die x_3-Gerade ($x_3 = 0$) erreicht hat. B ist der Schnittpunkt der x_5- und x_3-Geraden. Also hat die zugehörige Basis x_3 und x_5 als NBV.

Bemerkung: Die neu berechneten Koeffizienten der Variablen x_2 und x_5 in der z-Gleichung (1,5 und -2) sind die Grenzerträge bei Wertänderungen dieser Nichtbasisvariablen ab diesem Punkt (im Beispiel Punkt A). Die Grenzerträge der Basisvariablen x_1, x_3, x_4 und x_6 sind 0. Die neu berechneten Koeffizienten werden aus historischen Gründen – sowohl für Minimierungs- als auch für Maximierungsprobleme – auch reduzierte Kosten genannt.

Iteration 3

Neue NBV sind x_3 und x_5, also sind x_1, x_2, x_4 und x_6 BV. Im Gleichungssystem wird die Pivot-Zeile (x_3-Gleichung) umgeformt in

$$x_2 = 200 - x_3 + 2x_5$$

In die anderen Gleichungen von (S2) wird x_2 gemäß dieser Gleichung eingesetzt. Man erhält das umgewandelte Gleichungssystem (S3)(siehe Abb. 2.10):

	$z = 1100$	$-\ 1{,}5\, x_3$	$+\ x_5$		
	$x_1 = 400$		$-\ x_5$	$x_5 \uparrow 400$	
(S3)	$x_2 = 200$	$-\ x_3$	$+\ 2\, x_5$	$x_5 \uparrow \infty$	
	$x_4 = 200$	$+\ x_3$	$-\ x_5$	$x_5 \uparrow 200$	min !
	$x_6 = 500$	$+\ x_3$	$-\ 2\, x_5$	$x_5 \uparrow 250$	

Abb. 2.10. Iteration 3

Basistausch: x_5 hinein und x_4 heraus: neue Basis ist $\{x_1, x_2, x_5, x_6\}$.

Grafisch: In Abb. 2.1 wechselt man von Ecke B an Achse BC entlang zur Ecke C.

Iteration 4

Neue NBV sind x_3 und x_4, also sind x_1, x_2, x_5 und x_6 BV. Im Gleichungssystem wird die Pivot-Zeile (x_4-Gleichung) umgeformt zu

$$x_5 = 200 + x_3 - x_4$$

In die anderen Gleichungen von (S2)(siehe Abb. 2.9) wird x_5 gemäß dieser Gleichung eingesetzt.

$$\begin{aligned} \text{z} &= 1100 - 1,5x_3 + x_5 \\ &= 1100 - 1,5x_3 + (200 + x_3 - x_4) = 1300 - 0,5x_3 - x_4. \end{aligned}$$

Schon hier wird erkennbar, dass die neue Basis optimal ist, da die Zielfunktion ohne zusätzliche Beschränkung durch die Variablen x_3 und x_4 dargestellt wurde und durch Erhöhen der Werte dieser Nichtbasisvariablen x_3 und x_4 (die auf Null gesetzt sind, also nicht erniedrigt werden können) keine weitere Erhöhung des Zielfunktionswertes mehr erreicht werden kann. Um die Werte der Basisvariablen (und weitere Erkenntnisse über die optimale Lösung) zu gewinnen, betrachten wir das umgewandelte System (S4)(siehe Abb. 2.11):

$$\text{(S4)} \qquad \begin{aligned} z &= 1300 - 0,5\,x_3 - x_4 \\ x_1 &= 200 - x_3 + x_4 \\ x_2 &= 600 + x_3 - 2\,x_4 \\ x_5 &= 200 + x_3 - x_4 \\ x_6 &= 100 - x_3 + 2\,x_4 \end{aligned}$$

Abb. 2.11. Iteration 4

Grafisch: In Abb. 2.1 stellt die Ecke C=(200,600) eine optimale LP-Lösung dar. Die Schlupfvariablen x_3, x_4, x_5 und x_6 haben bei dieser optimalen Lösung die Werte 0, 0, 200 und 100. Das heißt insbesondere, dass bei den ersten zwei Ungleichungen des linearen Programms jeweils die rechte Seite gleich der linken Seite ist. Dies bedeutet, dass sowohl Zeit- als auch Lederbelieferungs-Kapazitäten bei der optimalen Lösung vollständig ausgeschöpft sind. Die (endgültigen) reduzierten Kosten sind nun die Koeffizienten der modifizierten Zielfunktion der optimalen Lösung, nämlich 0, 0, -0,5, -1, 0 und 0 für x_1, x_2, x_3, x_4, x_5 bzw. x_6. Insbesondere heißen die reduzierten Kosten der Schlupfvariablen auch Schattenpreise der jeweiligen Restriktionen. Im nachfolgenden Abschnitt wird die ökonomische Bedeutung reduzierter Kosten und Schattenpreise ausführlich behandelt. Der Leser mag sich schon jetzt überlegen, was eine Erhöhung der Zeit- oder Lederbelieferungs-Kapazität um eine oder wenige Einheiten bei der optimalen Lösung ausmacht!

2.6.3 Bestimmung einer zulässigen Anfangslösung

Im obigen Beispiel war der Koordinatenursprung (0,0) eine zulässige Lösung und konnte somit als Ausgangs-Basislösung gewählt werden. Wenn dies nicht der Fall ist, wird zuerst ein modifiziertes LP-Modell gelöst. Man nennt dies die Phase I des Simplex-Verfahrens, wobei als Zielsetzung nach einer zulässigen Lösung gesucht wird. Erst danach wird in Phase II des Verfahrens, ausgehend von dieser zulässigen Lösung, eine optimale Lösung des eigentlichen Problems gesucht. Die Phase I wird nun anhand des folgenden Beispiels erläutert. Anschließend werden die Schritte der Phase I und Phase II von Simplex für dieses Beispiel grafisch veranschaulicht (vgl. Abb. 2.16). Es bleibt dem Leser überlassen, die Schritte grafisch zu verfolgen und zu interpretieren.

Beispiel	**... im Standardformat**
Max $z = 3x_1 + 2x_2$	Max z
s.t.	s.t. $z - 3x_1 - 2x_2 = 0$
$x_1 + x_2 \leq 4$	$x_1 + x_2 + x_3 = 4$
$2x_1 + x_2 \leq 5$	$2x_1 + x_2 + x_4 = 5$
$-x_1 + 4x_2 \geq 2$	$-x_1 + 4x_2 - x_5 = 2$
$x_1 + 2x_2 \geq 3$	$x_1 + 2x_2 - x_6 = 3$
$x_1, x_2 \geq 0$	$x_1, x_2, x_3, x_4, x_5, x_6 \geq 0$

Die Ausgangsbasis:	NBV: x_1,	x_2	BV: (z,)	x_3,	x_4,	x_5,	x_6
Basislösung:	0	0	0	4	5	-2	-3

Das modifizierte Gleichungssystem lautet:

$$\begin{aligned} z &= 0 + 3x_1 + 2x_2 \\ x_3 &= 4 - x_1 - x_2 \\ x_4 &= 5 - 2x_1 - x_2 \\ x_5 &= -2 - x_1 + 4x_2 \\ x_6 &= -3 + x_1 + 2x_2 \end{aligned}$$

Leider ist die Anfangslösung unzulässig, da x_5 und x_6 negative Werte haben!
Um zunächst eine zulässige Anfangslösung zu finden, wird eine „Phase I - Zielfunktion" gebildet, welche die *Summe der Unzulässigkeiten* minimiert. Dies wird dadurch erreicht, dass die Summe der Variablen, die negative – also unzulässige – Werte annehmen, maximiert wird. Ziel ist es, durch Simplex-Schritte die Variablen mit unzulässigen Werten zunächst auf ihre untere Grenze (hier Null) zu bekommen. Dafür werden hier Variablen mit unzulässigen Werten leicht anders behandelt. Man nennt diese Variation des Simplex *erweiterter Simplex.*

Phase I - Zielfunktion:

max s
wobei $s = x_5 + x_6 =$ (-2 - $x_1 + 4x_2$) + (-3 + $x_1 + 2x_2$) = -5 + 6 x_2

Ausgangsbasis:	NBV: x_1,	x_2	BV: (s, z,)	x_3,	x_4,	x_5,	x_6		
Basislösung:	0	0	-5	0	4	5	-2	-3	

Mit dieser veränderten Zielfunktion wird nun der Simplex-Algorithmus durchgeführt:

Phase I, Iteration 1:

$s = -5$		$+ 6x_2$		
$z = 0$	$+ 3x_1$	$+ 2x_2$		
$x_3 = 4$	$- x_1$	$- x_2$	$x_2 \uparrow 4$	
$x_4 = 5$	$- 2x_1$	$- x_2$	$x_2 \uparrow 5$	
$x_5 = -2$	$- x_1$	$+ 4x_2$	$x_2 \uparrow \frac{1}{2}$	min! (*)
$x_6 = -3$	$+ x_1$	$+ 2x_2$	$x_2 \uparrow \frac{3}{2}$	

Abb. 2.12. Phase I, Iteration 1

(*) Eine Variable mit negativem Wert unterschreitet die untere Grenze und soll beim *erweiterten Simplex-Algorithmus* zunächst auf ihre untere Grenze überführt werden.
Basistausch: x_2 hinein, x_5 heraus!

Phase I, Iteration 2:

Setze $x_2 = \frac{1}{2} + \frac{1}{4}x_1 + \frac{1}{4}x_5$ ein!

$$s = -5 + 6(\tfrac{1}{2} + \tfrac{1}{4}x_1 + \tfrac{1}{4}x_5) = -2 + \tfrac{3}{2}x_1 + \tfrac{3}{2}x_5$$

Neue Basis:	NBV: x_1,	x_5	BV: (s, z,)	x_2,	x_3,	x_4,	x_6	
Basislösung:	0	0	-2	1	$\frac{1}{2}$	$\frac{7}{2}$	$\frac{9}{2}$	-2

Basistausch: x_1 hinein, x_6 heraus!

Umgewandeltes System:

$$
\begin{array}{lllll}
s = -2 & +\frac{3}{2}x_1 & +\frac{3}{2}x_5 & & \\
z = 1 & +\frac{7}{2}x_1 & +\frac{1}{2}x_5 & & \\
x_2 = \frac{1}{2} & +\frac{1}{4}x_1 & +\frac{1}{4}x_5 & x_1 \uparrow \infty & \\
x_3 = \frac{7}{2} & -\frac{5}{4}x_1 & -\frac{1}{4}x_5 & x_1 \uparrow \frac{14}{5} & \\
x_4 = \frac{9}{2} & -\frac{9}{4}x_1 & -\frac{1}{4}x_5 & x_1 \uparrow 2 & \\
x_6 = -2 & +\frac{3}{2}x_1 & +\frac{1}{2}x_5 & x_1 \uparrow \frac{4}{3} & \text{(s.o.) min!}
\end{array}
$$

Abb. 2.13. Phase 1, Iteration 2

Phase I, Beginn von Iteration 3:

Setze $x_1 = \frac{4}{3} - \frac{1}{3}x_5 + \frac{2}{3}x_6$ ein

$$s = \text{-}2 + \tfrac{3}{2}(\tfrac{4}{3} \text{ - } \tfrac{1}{3}x_5 + \tfrac{2}{3}x_6) + \tfrac{3}{2}x_5 = 0 + x_5 + x_6$$

Neue Basis: NBV: x_5, x_6; BV: (s, z,) x_1, x_2, x_3, x_4 (Basislösung und modifiziertes System s.u.)

Ende Phase I:

Die Unzulässigkeiten sind abgebaut ($s = 0$ und x_5, $x_6 = 0$, da NBV)!

Beginn Phase II:

Der Simplex-Algorithmus wird nun mit z als Zielfunktion weitergeführt. Ausgangspunkt ist die letzte Basis (Phase I) und das entsprechend umgewandelte System. Setze $x_1 = \frac{4}{3} - \frac{1}{3}x_5 + \frac{2}{3}x_6$ ein (eigentlich letzter Schritt aus Phase I)

$$z = 1 + \tfrac{7}{2}\ (\tfrac{4}{3} \text{ - } \tfrac{1}{3}x_5 + \tfrac{2}{3}x_6) + \tfrac{1}{2}x_5 = \tfrac{17}{3} \text{ - } \tfrac{2}{3}x_5 + \tfrac{7}{3}x_6$$

Ausgangsbasis: NBV:	x_5,	x_6,	BV: (z,)	x_1,	x_2,	x_3,	x_4	
Basislösung:	0	0	$\frac{17}{3}$	$\frac{4}{3}$	$\frac{5}{6}$	$\frac{11}{6}$	$\frac{3}{2}$	

Ausgangssystem für Phase II ist das modifizierte System aus der letzten Iteration in Phase I:

Basistausch: x_6 hinein, x_4 heraus!

$$
\begin{array}{rlllll}
z = & \frac{17}{3} & - \frac{2}{3}x_5 & + \frac{7}{3}x_6 & & \\
x_1 = & \frac{4}{3} & - \frac{1}{3}x_5 & + \frac{2}{3}x_6 & x_6 \uparrow \infty & \\
x_2 = & \frac{5}{6} & + \frac{1}{6}x_5 & + \frac{1}{6}x_6 & x_6 \uparrow \infty & \\
x_3 = & \frac{11}{6} & + \frac{1}{6}x_5 & - \frac{5}{6}x_6 & x_6 \uparrow \frac{11}{5} & \\
x_4 = & \frac{3}{2} & + \frac{1}{2}x_5 & - \frac{3}{2}x_6 & x_6 \uparrow 1 & \text{min!}
\end{array}
$$

Abb. 2.14. Phase 2

Phase II, Iteration 1:

Setze $x_6 = 1 - \frac{2}{3}x_4 + \frac{1}{3}x_5$ ein

$$z = \frac{17}{3} - \frac{2}{3}x_5 + \frac{7}{3}(1 - \frac{2}{3}x_4 + \frac{1}{3}x_5) = 8 - \frac{14}{9}x_4 + \frac{1}{9}x_5$$

Neue Basis:	NBV: x_4, x_5	BV: (z,) x_1, x_2, x_3, x_6
Basislösung:	0 0	8 2 1 1 1

Modifiziertes System:

$$
\begin{array}{rlllll}
z = & 8 & - \frac{14}{9}x_4 & + \frac{1}{9}x_5 & & \\
x_1 = & 2 & - \frac{4}{9}x_4 & - \frac{1}{9}x_5 & x_5 \uparrow 18 & \\
x_2 = & 1 & - \frac{1}{9}x_4 & + \frac{2}{9}x_5 & x_5 \uparrow \infty & \\
x_3 = & 1 & + \frac{5}{9}x_4 & - \frac{1}{9}x_5 & x_5 \uparrow 9 & \text{min!} \\
x_6 = & 1 & - \frac{2}{3}x_4 & + \frac{1}{3}x_5 & x_5 \uparrow \infty &
\end{array}
$$

Basistausch: x_5 hinein, x_3 heraus!

Abb. 2.15. Phase 2, Iteration 1

Phase II, Iteration 2:

Setze $x_5 = 9 - 9\,x_3 + 5x_4$ ein

$z = 8 - \frac{14}{9}x_4 + \frac{1}{9}(9 - 9x_3 + 5x_4) = 9 - x_3 - x_4$

$x_1 = \ldots = 1 +/- \ldots$

$x_2 = \ldots = 3 +/- \ldots$

$\ldots$

Neue Basis:	NBV: x_3, x_4	BV: (z,) x_1, x_2, x_5, x_6
Basislösung:	0 0	9 1 3 ......

Diese Lösung ist optimal; Erhöhen der NBV x_3 und x_4 verbessert den Zielfunktionswert nicht.

Abb. 2.16 zeigt eine grafische Veranschaulichung der Simplex-Schritte der Phasen I und II im Raum der Strukturvariablen x_1 und x_2 für das obige Beispiel. Beachte, dass die Punkte O, A, B, C und D nach den Definitionen in 2.2.3 alle Ecken heißen, die auch zu Basislösungen entsprechen. Die Ecken O und A sind unzulässige Ecken und die zugehörigen Basislösungen sind unzulässig. Eine formale Beschreibung der Simplex-Methode mit oberen und unteren Grenzen für Variablen und Restriktionen befindet sich in den Online-Lernmaterialien.

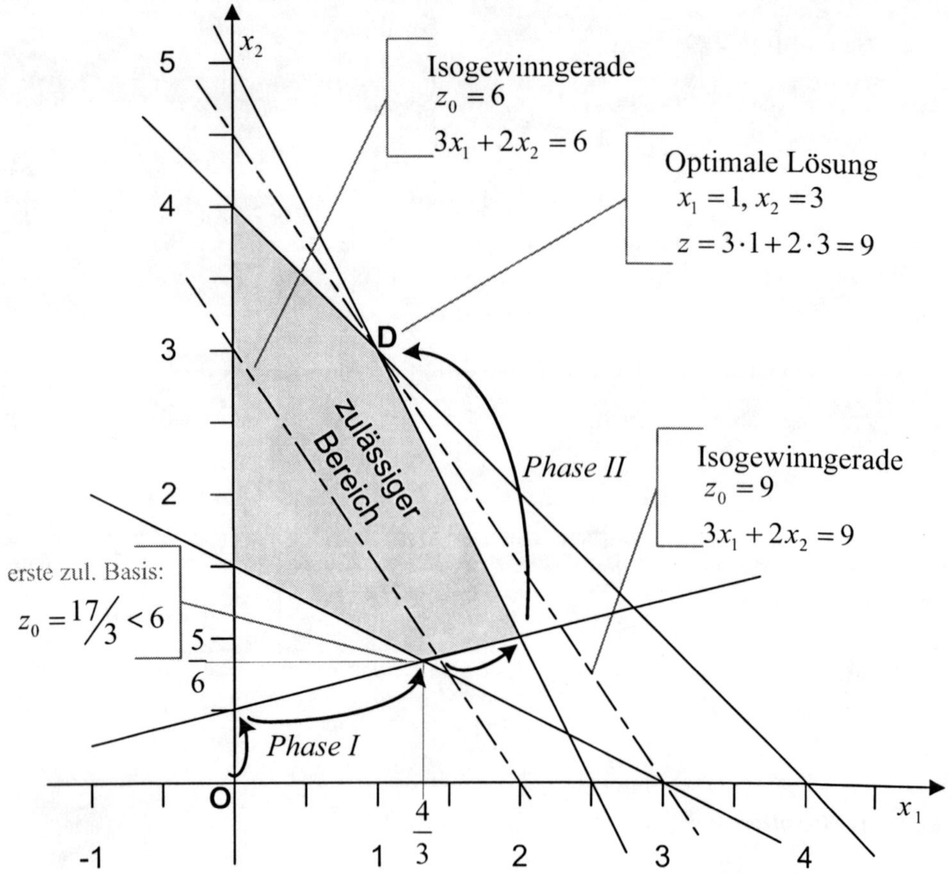

Abb. 2.16. Grafische Veranschaulichung der Simplexschritte (Phase I und Phase II)

2.7 Grafische Veranschaulichung – Vertiefung

Dieser Abschnitt beinhaltet vertiefendes Material für besonders interessierte, insbesondere geometrisch und visuell orientierte Leserinnen und Leser.

2.7.1 Grafische Veranschaulichung der Grundidee des Simplex-Verfahrens

Betrachten wir noch einmal die grafische Lösung des LP-Beispielprogramms in Abb. 2.1. Das Simplex-Verfahren würde im Ursprung O als trivialer Basislösung anfangen. Die Isogewinngerade durch diesen Punkt liefert einen Zielfunktionswert von $z = 2 \cdot 0 + 1,5 \cdot 0 = 0$. Durch Erhöhen des Wertes von x_1 von 0 auf 400 bewegt man sich von der Ecke O zur Ecke $A = (400, 0)$. Die Isogewinngerade wird also nach oben parallel verschoben. Nun ist $z = 2 \cdot 400 + 1,5 \cdot 0 = 800$ geworden.

Durch Erhöhen des Wertes von x_2 von 0 auf 200 bewegt man sich von der Ecke A zur Ecke $B = (400, 200)$ auf einer Kante des zulässigen Bereichs. Die Isogewinngerade verschiebt sich parallel nach oben: z erhöht sich weiter auf $2 \cdot 400 + 1,5 \cdot 200 = 1100$. Als letztes bewegt man sich auf einer Kante des zulässigen Bereichs zur Ecke $C = (200, 600)$, die dann eine optimale Lösung mit $z = 1300$ darstellt.

Nur im letzten Schritt wird keiner der Werte der ursprünglichen Modellvariablen, der sog. Strukturvariablen, von 0 auf einen positiven Wert erhöht. Eigentlich wird auch hier eine Variable von 0 auf einen positiven Wert erhöht (wie bei den ersten zwei Schritten). Diese Variable ist keine Strukturvariable, sondern eine Schlupfvariable (vgl. Abschnitt 2.6.1).

Grafische Deutung von Schlupfvariablen

Betrachten wir die Ungleichung (b) $x_1 + x_2 \leq 800$ für die Restriktion der Lederbelieferung. Der Wert der zugehörigen Schlupfvariable x_4 für einen bestimmten Punkt in der Ebene modelliert in gewissem Sinne den Abstand dieses Punktes zu der Restriktionsgeraden $x_1 + x_2 - 800$ „in Richtung des zulässigen Bereiches“.

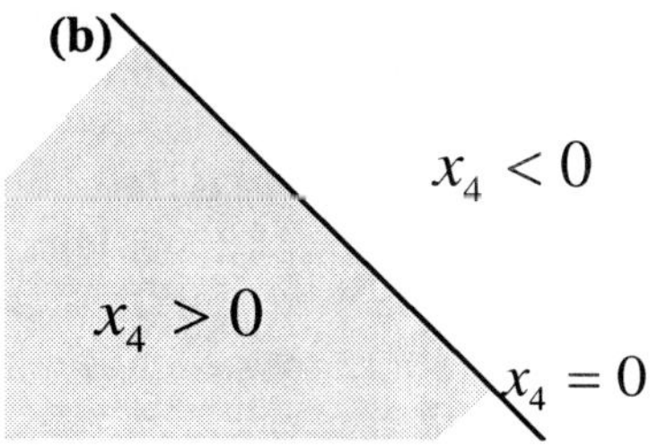

Abb. 2.17. Schlupfvariable 1

Falls $x_4 = 0$, dann gilt $x_1 + x_2 = 800$. Der Punkt liegt auf der Restriktionsgeraden.

Falls $x_4 < 0$, dann gilt $x_1 + x_2 > 800$, und der Punkt ist oberhalb der Restriktionsgeraden im unzulässigen Bereich.

Falls $x_4 > 0$, dann gilt $x_1 + x_2 < 800$. Der Punkt ist im zulässigen Bereich oder im unzulässigen Bereich, dann aber bedingt durch eine andere Restriktion, deren Schlupfvariable < 0 ist (siehe Abb. 2.17).

Also stellt die Ungleichung $x_4 \geq 0$ die untere Halbebene dar, die alle die Restriktion (b) $x_1+x_2 \leq 800$ erfüllenden Punkte der Ebene beinhaltet. Diese Halbebene nennen wir die x_4-Halbebene und die Gerade $x_1 + x_2 = 800$ ($\Leftrightarrow x_4 = 0$) die x_4-Gerade.

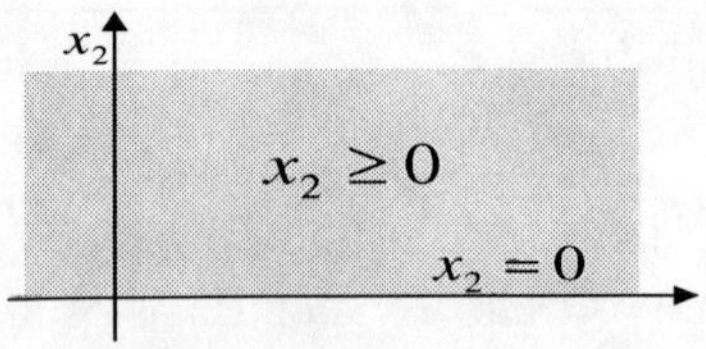

Abb. 2.18. Schlupfvariable 2

Nicht nur jede Schlupfvariable definiert so eine Halbebene – oder allgemeiner einen Halbraum im R^n, sondern auch jede Strukturvariable: Die im Bild gezeichnete x_2-Halbebene beinhaltet alle Punkte, welche die (implizite) Restriktion $x_2 \geq 0$ erfüllen (Die Punkte auf der x_2-Geraden gehören zur entsprechenden Halbebene)(siehe Abb. 2.18).

Wie eine Halbebene von einer Geraden abgegrenzt ist, wird im drei- bzw. n-dimensionalen Raum ein Halbraum von einer Ebene bzw. (($n-1$)-dimensionalen) Hyperebene abgegrenzt. Z. B. stimmt die x_2-Gerade ($x_2 = 0$) auf der Ebene mit der x_1-Achse überein, aber im dreidimensionalen bzw. n-dimensionalen Raum stellt $x_2 = 0$ die durch die x_1- und x_3-Achsen aufgespannte Ebene (x_2-Ebene) bzw. die durch die x_1-, x_3-, x_4-, ..., x_n-Achsen aufgespannte Hyperebene (im R^n) dar (x_2-Hyperebene). Der durch $x_2 \geq 0$ definierte Halbraum wird durch die x_2-Hyperebene abgegrenzt und wird x_2-Halbraum genannt.

Im Allgemeinen nennt man für jede Variable des LP-Standardmodells (Struktur- oder Schlupfvariable), d. h., für x_j ($j = 1, 2,..., n, n+1,..., n+m$):

- die Hyperebene im R^n, die durch $x_j = 0$ definiert ist, die x_j-Hyperebene und
- den Halbraum im R^n, der durch $x_j \geq 0$ definiert ist, x_j-Halbraum.

In Abb. 2.19 (S. 60) ist der Übersichtlichkeit halber x_j direkt neben der x_j-Gerade ($x_j = 0$) auf der Seite der x_j-Halbebene ($x_j \geq 0$) eingesetzt.

Grafische Charakterisierung des zulässigen Bereichs eines LP-Modells

Mit Hilfe der obigen Ausführungen stellen wir fest, dass der zulässige Bereich eines LP-Modells der Durchschnitt von $n + m$ Halbräumen des n-dimensionalen Punkteraumes R^n ist. Diese Halbräume sind nach obiger Notation genau die x_1-, x_2-, ..., x_n-, x_{n+1}-, ..., x_{n+m}-Halbräume. In Abb. 2.19 ist der zulässige Bereich der Durchschnitt der x_1-, x_2-, x_3-,. x_4-, x_5- und x_6-Halbebenen.

Man kann zeigen, dass der Durchschnitt von Halbräumen konvex und „linear bzw. geradlinig abgegrenzt" ist. Wäre der zulässige Bereich ZB nicht konvex, dann würden zwei Punkte A und $B \in ZB$ existieren, auf deren Verbindungsstrecke AB mindestens ein Punkt $X \notin ZB$ liegt. Dann müsste also eine x_j-Hyperebene existieren, in der die Variable x_j nicht-negative Werte für A und B, aber einen negativen Wert für X annimmt. Dafür wiederum müsste die Verbindungsstrecke AB die x_j-Hyperebene zum Punkt X verlassen, um dann zurückzukehren und zu B zu gelangen. Dies ist nicht möglich, weil eine Gerade entweder in einer Hyperebene enthalten ist oder die Hyperebene in genau einem Punkt trifft.

2.7.2 Basis vs. Ecke

Eine Ecke bezüglich eines LP-Modells mit n Strukturvariablen bezeichnet einen Punkt des n-dimensionalen Raums, der als Durchschnitt von n Hyperbenen aus den $n + m$ durch die LP-Restriktionen definierten Hyperebenen dargestellt werden kann. Eine Ecke ist unzulässig, falls sie nicht zum zulässigen Bereich des LPs gehört. Beispielsweise ist in Abb. 2.19 die Ecke C (200,600) der Durchschnitt der zwei Restriktionsgeraden ($2x_1 + x_2 = 1000$) und ($x_1 + x_2 = 800$), also der Durchschnitt der x_3- und x_4-Geraden. Die Ecke A (400,0) ist der Durchschnitt der x_5-Geraden ($x_1 = 400 \Leftrightarrow x_5 = 0$) und der x_2-Geraden ($x_2 = 0$). Der Punkt $N(800, 0)$, der Durchschnitt der x_4- und x_2-Geraden, ist auch eine Ecke, liegt aber im unzulässigen Bereich, ist also eine unzulässige Ecke.

Eine degenerierte (entartete) Ecke ist eine Ecke, die als Durchschnitt von mehr als n Hyperebenen dargestellt werden kann. Eine solche Ecke auf der Ebene ergibt sich z. B., wenn drei Restriktionsgeraden einen gemeinsamen Schnittpunkt haben.

Eine Basis B definiert eindeutig eine Basislösung durch Setzen aller Nichtbasisvariablen (NBV) auf 0. Jede Basislösung (und somit jede Basis) entspricht derjenigen Ecke, die als Durchschnitt aller n x_j-Hyperbenen dargestellt wird, wobei x_j NBV bezüglich der Basis ist.

Eine entartete Ecke kann durch mehrere Basen/Basislösungen dargestellt werden. Diese sind gleichwertige entartete Basislösungen. Eine BV des Werts Null kann als NBV deklariert werden und eine NBV mit dem Wert 0 kann stattdessen in die Basis aufgenommen werden.

Man kann zeigen, dass optimale Lösungen eines LP-Modells, falls vorhanden, am Rande des zulässigen Bereichs liegen. Die Lösung kann eindeutig sein, also in genau einer Ecke wie in Abb. 2.1 liegen. Sie kann auch zwischen optimalen Ecken auf einer Verbindungsstrecke oder allgemeiner auf einer konvexen Hyperebenenfläche (Typ 1, 2 oder 3 in Abb. 2.2) verlaufen, falls die Zielfunktionsgerade(-hyperebene) im Optimum auf einer „Kante des zulässigen Bereichs“ liegt. Dann gibt es unendlich viele optimale Lösungen (mehrdeutige Lösung). Da eine optimale Lösung an einer Ecke des zulässigen Bereichs liegen muss, reicht es bei der Lösung von LPs mittels der Simplex-Methode aus, die Ecken, also Basislösungen, zu untersuchen.

2.7.3 Was ist ein „Simplex“?

Ein (m-dimensionales) Simplex ist ein durch $m + 1$ Punkte des R^m, die nicht in einer Hyperebene liegen, aufgespannter Polyeder. Eine Verbindungsstrecke ist ein eindimensionales Simplex, ein Dreieck ist ein zweidimensionales Simplex und ein Tetraeder ist ein dreidimensionales Simplex (ein Punkt ist ein nulldimensionales Simplex.)

Jede Ecke bzgl. eines LP im Raum R^n (der Strukturvariablen) wird durch mindestens eine Basis bzw. Basislösung (mehrere bei Entartung) dargestellt. Alle Basislösungen definieren Punkte im Raum R^{n+m} (der Struktur- und Schlupfvariablen). Diese liegen nur in den m-dimensionalen Unterräumen des R^{n+m}, die durch

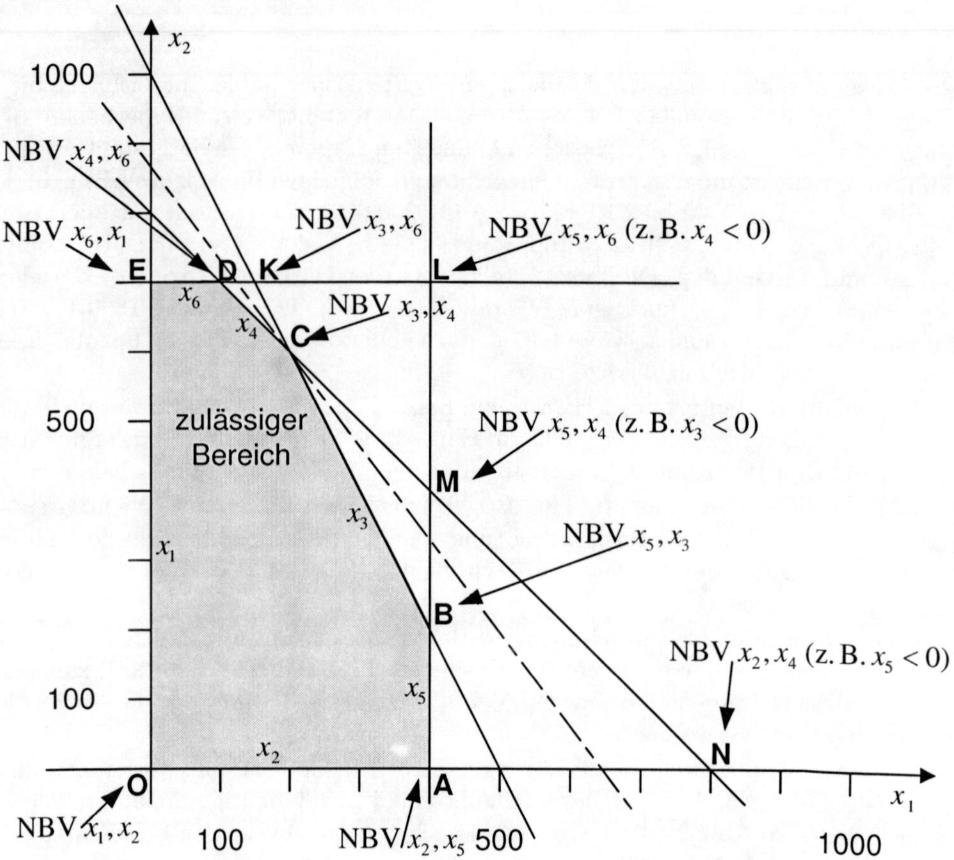

Abb. 2.19. Entsprechung Ecke - Basis (NBV = Nichtbasisvariablen bezüglich Basis)

Setzen von n (Nichtbasis-)Variablen auf 0 definiert sind. Bei einer gegebenen Basislösung kann also die Lage des zugehörigen Punktes im durch die m BV definierten R^m betrachtet werden. In der Regel (bei nicht entarteten Basislösungen) liegt so ein Punkt außerhalb der x_j-Hyperebenen (definiert jeweils durch $x_j = 0$) des R^m für jede BV x_j.

Als Nachbarschaft betrachtet man Basislösungen, die (projiziert auf denselben R^m) auf diesen x_j-Hyperebenen liegen, d. h. eine BV, z. B. x_{13} in Abb. 2.20, wird auf 0 gesetzt und kann als NBV bzgl. einer anderen Basis/Basislösung angesehen werden. Es verbleiben nun $m-1$ BV, die mit der Hinzunahme einer alten NBV in die Basis vervollständigt werden können. Dafür gibt es potentiell n Möglichkeiten. Also steht ein gezeichneter Punkt für $x_i = 0$ in Abb. 2.20 eigentlich für n mögliche Punkte, die zu n möglichen Basislösungen (Ecken) – projiziert auf R^m – gehören. Solche Basislösungen nennt man Nachbar-Basislösungen zu der betrachteten Basislösung. Es gibt somit für eine betrachtete Basislösung insgesamt $n \times m$ mögliche Nachbar-

Basislösungen, die durch gleichzeitiges Ändern einer BV zu einer NBV und einer NBV in eine BV konstruiert werden können.

Die Simplex-Methode wählt dabei zunächst eine NBV, die zur Basis hinzugenommen werden soll (Strategie: Erhöhen des Wertes der gewählten NBV verbessert i.d.R. den Zielfunktionswert). Es gibt dann genau m Möglichkeiten zu einer der Nachbar-Basislösungen zu gelangen, nämlich – projiziert auf R^m – genau die gezeichneten (nun eindeutigen) Punkte für $x_i = 0$ (x_i BV, die jeweils zur NBV werden soll).

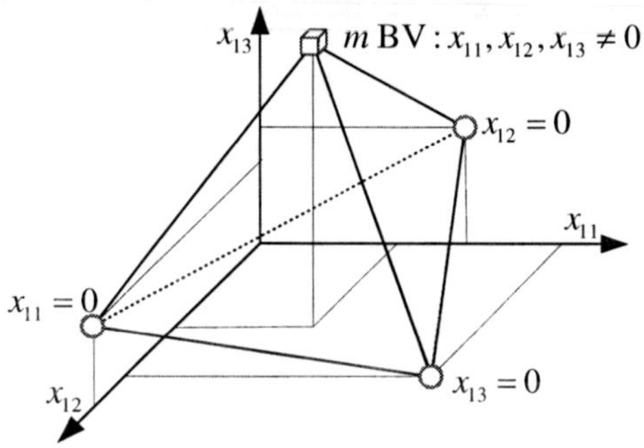

Abb. 2.20. Das m-dim. Simplex der Simplex-Methode (für $m = 3$, BV sind x_{11}, x_{12} und x_{13})

Die betrachtete Basislösung zusammen mit diesen m Punkten bilden in R^m ein m-dimensionales Simplex, das sozusagen die Nachbarschaft der Basislösung bei einer Wahl der zur Basis hinzuzunehmenden NBV darstellt (siehe Abb. 2.20). Dieses Simplex hat die schöne Eigenschaft, dass mindestens eine der dargestellten Nachbar-Basislösungen zulässig sein muss. Nun hat man eine andere Basis und kann ein anderes Simplex im entsprechenden R^m bzgl. neuer BV (anderer m-dimensionaler Unterraum des R^{n+m}) erforschen. Irgendwann stellt sich hoffentlich heraus, dass die Lösung durch Hinzunahme einer NBV zur betrachteten Basis nicht mehr verbessert werden kann: Eine optimale Basislösung wurde schon erreicht!

Dem Leser wird nun empfohlen, die Simplex-Schritte anhand des Beispiels im Abschnitt 2.6.2 durchzugehen und sich den Zusammenhang zwischen der algebraischen und der grafischen Vorgehensweise schrittweise gedanklich zu konstruieren.

2.8 Ökonomische Interpretation und Auswertung einer LP-Lösung

Oben wurde erwähnt, dass die ökonomische Bedeutung der linearen Optimierung so hoch eingeschätzt wurde, dass Kantorovich und Koopmans dafür der Nobelpreis für Wirtschaftswissenschaften verliehen wurde. In diesem Abschnitt wird diese Bedeutung anhand eines Beispiels diskutiert.

Beispiel: Holzverarbeitung

Eine holzverarbeitende Firma „Säger“ produziert fünf Produkte. Holz1, Holz2, Holz3, Holz4 und Holz5. Zur Herstellung der Produkte benötigt die Firma zwei Arbeitsgänge: schleifen und lackieren. Zusätzlich werden für jedes Holz-Produkt 80 Arbeitsstunden pro Monat (30 Arbeitstage) für das

Zusammenschneiden der Hölzer benötigt. Die folgende Tabelle zeigt die Deckungsbeiträge und die eingesetzten Ressourcen.

	Holz1	Holz2	Holz3	Holz4	Holz5
Deckungsbeitrag (€)	2200	2250	1400	1600	800
Schleifen (h)	40	80	-	100	60
Lackieren (h)	30	28	64	-	-

Die Fabrik hat 4 Schleifmaschinen, die an einem Tag 10 Stunden im Betrieb sind ($30 \cdot 10 \cdot 4 = 1200$ Arbeitsstunden für die Schleifmaschinen im Monat). Die Fabrik hat auch 4 Lackierpistolen, welche 6 Stunden am Tag zur Verfügung stehen ($30 \cdot 6 \cdot 4 = 720$ Arbeitsstunden für die Lackierpistolen im Monat).
Für das Zuschneiden der Hölzer werden 10 Arbeiter beschäftigt, jeder dieser Arbeiter arbeitet 5 Stunden pro Tag ($30 \cdot 10 \cdot 5 = 1500$ Arbeitsstunden aller Arbeiter im Monat)
Die Firma „Säger“ möchte unter Berücksichtigung aller betrieblichen Restriktionen ein solches monatliches Produktionsprogramm erstellen, das den gesamten Deckungsbeitrag maximiert.
Das entsprechende Optimierungsmodell lautet:

$$\max z = 2200x_1 + 2250x_2 + 1400x_3 + 1600x_4 + 800x_5, \qquad \text{(Zielfunktion)}$$

$$\begin{array}{llllllll}
\text{s.t.} & 40x_1 & + 80x_2 & + & 100x_4 & + 60x_5 & \leq 1200 & \text{(Schleifen)} \\
& 30x_1 & + 28x_2 & + 64x_3 & & & \leq \ 720 & \text{(Lackieren)} \\
& 80x_1 & + 80x_2 & + 80x_3 & 80x_4 & + 80x_5 & \leq 1500 & \text{(Arbeitsstunden)} \\
& x_1 & , x_2 & , x_3 & x_4 & , \ x_5 & \geq \ 0 &
\end{array}$$

Dieses Modell wurde mit einer Optimierungssoftware gelöst, in diesem Falle mit dem Excel-Solver.
Das Modell ist wie folgt umgesetzt:

Holzfabrik										
Variablen		Holz_1	Holz_2	Holz_3	Holz_4	Holz_5				
Zielfunktion	Max z	2200	2250	1400	1600	800				
								RHS		**Wert der Nebenbedingungen**
Nebenbedingungen	Schleifen	40	80		100	60	<=	1200		1200
	Lackieren	30	28	64			<=	720		540
	Arbeiter	80	80	80	80	80	<=	1500		1500
Wert der Variablen		7,5	11,25	0	0	0				
Zielfunktionswert	41812,5									

Abb. 2.21. Umsetzung des Beispiels in Excel

Man erhält folgende Ergebnisse:
Die optimale Lösung des obigen Modells lautet: z = 41812,50

Nebenbedingungen

Zelle	Name	Zellwert	Formel	Status	Differenz
$K$6	Schleifen	1200	$K$6<=$I$6	Einschränkend	0
$K$7	Lackieren	540	$K$7<=$I$7	Nicht einschränkend	180
$K$8	Arbeiter	1500	$K$8<=$I$8	Einschränkend	0

Veränderbare Zellen

Zelle	Name	Lösung Endwert	Reduzierter Kosten	Ziel-Koeffizient	Zulässige Zunahme	Zulässige Abnahme
$C$10	Holz_1	7,5	0	2200	49,99999998	374,9999999
$D$10	Holz_2	11,25	0	2250	749,9999998	49,99999998
$E$10	Holz_3	0	-749,9999998	1400	749,9999998	1E+30
$F$10	Holz_4	0	-675	1600	675	1E+30
$G$10	Holz_5	0	-1425	800	1425	1E+30

Nebenbedingungen

Zelle	Name	Lösung Endwert	Schatten Schattenpreis	Nebenbedingung Rechte Seite	Zulässige Zunahme	Zulässige Abnahme
$K$6	Schleifen	1200	1,25	1200	300	450
$K$7	Lackieren	540	0	720	1E+30	180
$K$8	Arbeiter	1500	26,875	1500	450	300

Abb. 2.22. Lösungsberichte des Beispiels mit Hilfe des Excel-Solvers

Strukturvariablen: $x_1 = 7,50$; $x_2 = 11,25$; $x_3 = x_4 = x_5 = 0$, d. h. es werden 7,5 Einheiten von Holz1, 11,25 Einheiten von Holz2 und 0 von den Anderen produziert. Der erzielte Deckungsbeitrag beträgt 41812,50 € pro Monat. Für die Lösung des Modells wurde es im Standardformat dargestellt; also wurden drei Schlupfvariablen x_6, x_7 und x_8 eingefügt. Die optimale Basis beinhaltet die Variablen x_1, x_2 und x_7. Die Grenzerträge (reduzierte Kosten) der strukturellen Nichtbasisvariablen bei der optimalen Lösung sind (c'_i neu berechneter Zielfunktionskoeffizient der Variablen x_i):

$$c'_3 = -750,\ c'_4 = -675,\ c'_5 = -1425$$

Die reduzierten Kosten der Schlupfvariablen bei der optimalen Lösung sind:

$$c'_6 = -1,25,\ c'_7 = 0,\ c'_8 = -26,875$$

Diese entsprechen den sogenannten Schattenpreisen (shadow prices oder dual prices) der jeweils zur Schlupfvariablen zugehörigen Restriktionen. Anhand einer LP-Lösung samt reduzierter Kosten und Schattenpreise kann man direkt die modifizierte Zielfunktion bei der berechneten optimalen Basislösung (vgl. 2.2) schreiben. Für das Beispiel sieht sie wie folgt aus:

$$z = 41812,50 - 750x_3 - 675x_4 - 1425x_5 - 1,25x_6 - 26,875x_8$$

Dabei existieren bei den auftretenden Nichtbasisvariablen immer nur Minus-Zeichen bei einer Maximierungszielfunktion oder nur Plus-Zeichen bei einer Minimierungszielfunktion, da bei der optimalen Lösung kein Basiswechsel mit einer Verbesserung des Zielfunktionswertes mehr möglich sein sollte. Im

Beispiel sind x_3, x_4, x_5, x_6 und x_8 NBV, davon x_3, x_4 und x_5 strukturelle Variablen und x_6 und x_8 Schlupfvariablen.

2.8.1 Interpretation der reduzierten Kosten und der Schattenpreise

Außer den optimalen Werten der (ursprünglichen) Strukturvariablen ergeben die reduzierten Kosten und die Schattenpreise einer optimalen Basislösung grundsätzlich interessante Informationen über die Lösung und deren Sensitivität. Obwohl die Sensitivitätsanalyse heute nicht mehr die Bedeutung hat wie früher, wird sie hier kurz diskutiert, um das Verständnis von LP-Modellen im Allgemeinen zu fördern. Dadurch können Fragen folgender Art grundsätzlich beantwortet werden:
Frage 1: Sind die Preise der Produkte 3, 4 und 5 zu niedrig im Vergleich zu denen der Produkte 1 und 2? Um wie viel teurer sollten diese Produkte sein, um ohne Verluste beim Gesamtgewinn produziert werden zu können?

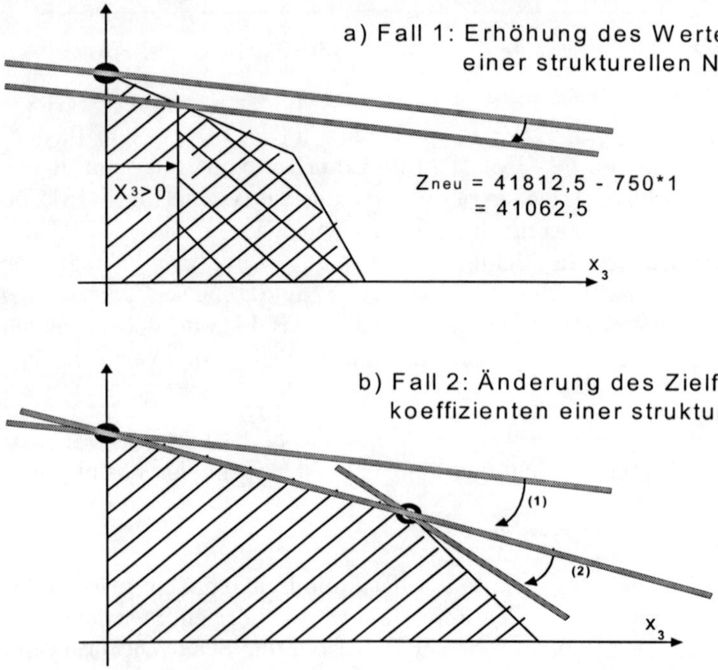

Abb. 2.23. Reduzierte Kosten: Qualitative Veranschaulichung

Der Grenzertrag (reduzierte Kosten) einer strukturellen Nichtbasisvariable stellt die marginale Auswirkung im Zielfunktionswert dar, wenn der Wert der Variable um eine Einheit erhöht wird. Wenn der Grenzertrag für eine Variable negativ (bei einer Max-Zielfunktion) ist, verschlechtert sich der Zielfunktionswert bei erzwungener Erhöhung des Wertes dieser Variablen marginal (Abb. 2.23a). Der Begriff

„marginal“ bedeutet hier „solange kein Basiswechsel stattfindet“ (vgl. 2.6.1). Im obigen Beispiel bedeutet der negative Wert $c_3' = -750$, dass der Zielfunktionswert sich um 750 € verschlechtern würde, wenn eine Einheit von Holz3 produziert würde. Dies kann anhand der Abb. 2.23a und der oben angegeben modifizierten Zielfunktion bewiesen werden.

Eine Preiserhöhung des Produktes Holz3 von 750 € würde dazu führen, dass bei gleichbleibendem Ertrag Holz3 produziert werden kann (möglicherweise statt Holz1 oder Holz2). Qualitativ veranschaulicht auf der 2-dimensionalen Ebene (siehe Abb. 2.23b) bedeutet die Preiserhöhung die Veränderung eines Koeffizienten in der Zielfunktion. Dadurch verändert sich die Neigung der Zielfunktionsgeraden, bis sie mit einer Restriktion übereinstimmt (Lösung mehrdeutig zwischen zwei Ecken). Lässt die Marktsituation eine Erhöhung des Preises von Holz3 (Variable x_3) um mehr als 750 € zu, bekommen wir eine verbesserte optimale Lösung unter Hinzunahme von Holz3 (Basiswechsel wird erzwungen, veranschaulicht in Abb. 2.23: nur die zweite Ecke mit $x_3 \neq 0$ ist optimal). Entsprechend sind die Preiserhöhungen 675 € für Holz4 und 1425 € für Holz5 nötig, um sie ohne Verlust produzieren zu können.

Frage 2: Wie ändert sich die Lösung, wenn die Kapazitäten der Arbeitsgänge Schleifen und Lackieren erhöht werden?

Im Standardformat eines LP entspricht jeder Restriktion eine Schlupfvariable; im Beispiel sind es die Variablen x_6, x_7 und x_8. Die reduzierten Kosten der Schlupfvariablen in der optimalen Lösung entsprechen den Schattenpreisen (dual prices) der entsprechenden Restriktionen. Der Schattenpreis einer Restriktion gibt an, wie viel sich der Zielfunktionswert ändert, wenn die Kapazität der entsprechenden Ressource um eine Einheit erhöht wird.

Im o. g. Problem würde die Erhöhung der kapazität „Schleifen“ pro Stunde und Maschine 1,25 € und die Erhöhung der Kapazität pro „Arbeiter“ 26,875 € bringen. Diese Werte gelten jedoch nur marginal (bis zu bestimmten Grenzen). Qualitativ veranschaulicht auf der 2-dimensionalen Ebene (siehe Abb. 2.24) bedeutet die Erhöhung der Kapazität einer Ressource, die auf der rechten Seite der entsprechenden Restriktion steht, die parallele Verschiebung der Restriktionsgeraden. Dadurch wird eventuell die auf dieser Restriktionsgeraden liegende optimale Ecke verschoben (Basis muss sich nicht ändern, aber die Werte der Strukturvariablen ändern sich). Falls sich z. B. die Restriktionsgerade für die Schleifkapazität um 1 Einheit verschiebt, verschiebt sich entsprechend die optimale Ecke und der Schattenpreis ergibt die nötige parallele Verschiebung der Zielfunktionsgeraden zur neuen Lage der optimalen Ecke.

Die Kapazität der Lackierpistolen wird hier nicht ausgenutzt, so dass eine Kapazitätserhöhung unmittelbar nichts bringen würde: Die reduzierten Kosten von x_7 (bzw. Schattenpreise von Lackierpistolenrestriktion) sind $= 0$.

Bemerkung: Eine Änderung des Wertes einer Nichtbasisvariable (NBV) x_j von 0 auf einen strikt positiven bzw. negativen Wert kann man als eine Entfernung von der x_j-Hyperebene (x_j-Gerade auf der Ebene) in Richtung des zulässigen Bereichs (für $x_j > 0$) bzw. in die andere Richtung (für $x_j < 0$) auffassen.

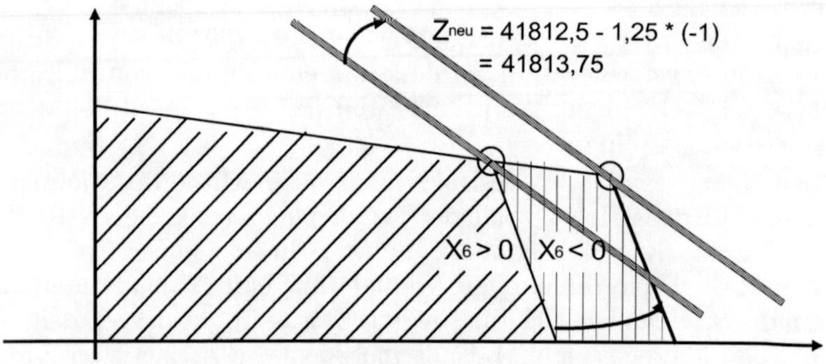

Abb. 2.24. Schattenpreise: Qualitative Veranschaulichung

Bei der modifizierten Zielfunktion sieht man, dass die Erzwingung eines positiven bzw. negativen Wertes δ_j für eine NBV x_j eine marginale Verschlechterung bzw. Verbesserung des Zielfunktionswertes um δ_j·reduced-costs(x_j) nach sich zieht, wobei reduced-costs für die reduzierten Kosten einer strukturellen Variable oder auch für die Schattenpreise der zu einer Schlupfvariable x_j gehörenden Restriktion steht. Es ist zu beachten, dass die Veränderung δ_j einer Struktur- oder Schlupfvariable immer aus Sicht des Ursprungs-LP zu betrachten ist:

Das Erzwingen der Produktion von Holz3 von 1 Einheit bedeutet, dass sich die Strukturvariable x_3 marginal um $\delta_3 = +1$ verändert (vgl. Abb. 2.23). Hingegen bedeutet eine Kapazitätserweiterung (z. B. der Schleifkapazität) um eine Einheit, dass sich der Wert der zur Schleifen-Restriktion gehörenden Schlupfvariable x_6 marginal um $\delta_6 = -1$ verändert (vgl. Abb. 2.24)!

Eine nützliche Regel sollte man sich letztlich merken: Falls eine Veränderung eine Einschränkung des zulässigen Bereichs bewirkt, dann kann sich der Zielfunktionswert nicht verbessern, sondern höchstens verschlechtern (vgl. Abb. 2.23). Umgekehrt; falls eine Veränderung eine Erweiterung des zulässigen Bereichs bewirkt, dann wird sich der Zielfunktionswert nicht verschlechtern, sondern eher verbessern (vgl. Abb. 2.24: Kapazitätserweiterung).

Sensitivitätsanalysen

Reduzierte Kosten und Schattenpreise drücken nur im bestimmten Rahmen die Änderungen des Zielfunktionswertes bzw. der Lösung aus. Die Sensitivitätsanalyse beschäftigt sich damit, in welchen Grenzen marginale Auswirkungen gültig sind.

Die Sensitivitätsanalyse scheint auf den ersten Blick ein sinnvolles Werkzeug für die Analyse von LP-Modellen und deren Lösungen zu sein. Jedoch ist sie für Praxisprobleme nur sehr eingeschränkt nutzbar. Der Grund dafür liegt in der Tatsache, dass große praktische Probleme typischerweise stark degeneriert sind. Somit ist der Wert vieler Basisvariablen gleich 0. In dem Fall gehören zu einem Eckpunkt mehrere Werte der reduzierten Kosten, so dass keine Aussagen über das Lösungsverhalten bei der Änderung des zugrundeliegenden Problems möglich sind.

Bemerkung: Große LP-Modelle aus der Praxis haben fast immer eine degenerierte optimale Lösung. Für jede optimale Basis gelten dann unterschiedliche Werte der reduzierten Kosten von Variablen. Somit ist die klassische Sensitivitätsanalyse (wie oben geschildert) in solchen Fällen wertlos!

Dank der Effizienz heutiger Optimierungssoftware und schneller Rechner kann ein LP jedoch meistens in kürzester Zeit mehrmals gelöst werden, und zwar mit verschiedenen Parametern. Auf diese Weise können What-If-Analysen im Sinne einer Sensitivitätsanalyse schnell durchgeführt werden. Die klassische Sensitivitätsanalyse, wie oben geschildert, hat somit kaum noch praktische Bedeutung.

Obwohl bei degenerierten großen LP-Modellen reduzierte Kosten und Schattenpreise für eine ökonomische Interpretation an Bedeutung verlieren, sind sie z. B. für die Lösung großer LP-Modelle mit sehr vielen Variablen doch sehr hilfreich: Mit der Column-Generation-Methode werden LPs mit sehr vielen Variablen dadurch gelöst, dass unter Verwendung der Schattenpreise schrittweise „gute Spalten" – neue Variablen – generiert werden. Diese Methode ist anwendbar in vielen Bereichen der Praxis, für z. B. Besatzungseinsatzplanung in Fluggesellschaften sowie Verschnitt-Minimierung.

2.8.2 Duales Modell und seine Interpretation

In der Dualitätstheorie der linearen Programmierung wird bewiesen, dass jedes lineare Optimierungsmodell ein „Partnermodell" besitzt, dass das duale Modell genannt wird und im gewissen Sinne komplementär ist. Das duale Modell des in der Einführung von 2.8 aufgestellten Beispielmodells heißt:

$$\begin{array}{lrcrcrcl}
 & \textbf{min}\ z' = & & 1200y_1 & + & 720y_2 + 1500y_3 & & \\
\text{s.t.} & & & & & & & \\
 & 40y_1 & + & 30y_2 & + & 80y_3 & \geq & 2200 \\
 & 80y_1 & + & 28y_2 & + & 80y_3 & \geq & 2250 \\
 & & & 64y_2 & + & 80y_3 & \geq & 1400 \\
 & 100y_1 & & & + & 80y_3 & \geq & 1600 \\
 & 60y_1 & & & + & 80y_3 & \geq & 800 \\
 & y_1 & , & y_2 & , & y_3 & \geq & 0
\end{array}$$

Es wird ersichtlich, dass die Werte der rechten Seite nun in der Zielfunktion und die ursprünglichen Zielfunktionskoeffizienten in der rechten Seite erscheinen. Nach der Theorie der linearen Optimierung sind ein Modell und das entsprechende duale Modell eng verknüpft; aus der Lösung des Einen kann man die Lösung des Anderen ablesen.

Regeln zur Bildung eines dualen Modells:

Man betrachtet ein primales (ursprüngliches) LP-Modell, hier in Matrix-Notation, wobei keine Schlupfvariablen enthalten sind (jedes Modell kann in diese Form gebracht werden):

(P) $\max z = c^T x$, c, x sind n-Vektoren
s.t. $Ax \leq b$, A ist $m \times n$-Matrix und b ein m-Vektor,
$x \geq 0$,

so dass x die Strukturvariablen, genannt primale Variablen, beinhaltet. Das folgende LP heißt das duale LP-Modell zu (P):

(P') $\min z' = b^T y$, y ist ein m-Vektor von sogenannten dualen Variablen
s.t. $A^T y \geq c$, A^T ist die transponierte Matrix A,
$y \geq 0$.

Dabei gelten die folgenden Transformationsregeln:

- Der Zielvektor c des primalen Modells wird zum „Kapazitäten-Vektor“ des dualen Modells.
- Der Kapazitäten-Vektor b des primalen Modells wird zum Zielvektor des dualen Modells.
- Bei primaler Maximierungsvorschrift ist die duale Zielfunktion zu minimieren.
- Die transponierte primale Koeffizienten-Matrix A^T ist die Koeffizienten-Matrix des dualen Modells. (Transposition einer Matrix: Spalten werden zu Zeilen und umgekehrt.)
- Bei $\leq$-Beschränkung des primalen Modells mit max-Zielfunktion sind die dualen Variablen vorzeichenbeschränkt ($y \geq 0$). Das Gleiche gilt für $\geq$-Beschränkung bei einer min-Zielfunktion.
- Bei primalen Gleichungsnebenbedingungen sind die entsprechenden dualen Variablen vorzeichenunbeschränkt, d. h. freie Variablen.

Die Umsetzung des dualen Modells für das obige Beispiel in Excel liefert Abb. 2.25:

Holzfabrik-Dual								
Variablen		Schleifen	Lackieren	Arbeiter				
Zielfunktion	Min z	1200	720	1500				
						RHS		**Wert der Nebenbedingungen**
Nebenbedingungen	Holz_1	40	30	80	>=	2200		2200
	Holz_2	80	28	80	>=	2250		2250
	Holz_3		64	80	>=	1400		2150
	Holz_4	100		80	>=	1600		2275
	Holz_5	60		80	>=	800		2225
Wert der Variablen		1,25	0	26,875				
Zielfunktionswert	41812,5							

Abb. 2.25. Umsetzung des dualen Modells in Excel

Die Lösung mit Hilfe des Excel-Solvers liefert folgende Ergebnisse, aufgeführt in Abb. 2.26:

Die optimale Lösung des dualen Modells lautet: $y_1 = 1{,}25$, $y_2 = 0$, $y_3 = 26{,}875$, der Zielfunktionswert beträgt 41812,50 €. Es ist kein Zufall, dass der optimale Ziel-

Nebenbedingungen

Zelle	Name	Zellwert	Formel	Status	Differenz
$I$6	Holz_1	2200	$I$6>=$G$6	Einschränkend	0
$I$7	Holz_2	2250	$I$7>=$G$7	Einschränkend	0
$I$8	Holz_3	2150	$I$8>=$G$8	Nicht einschränkend	750
$I$9	Holz_4	2275	$I$9>=$G$9	Nicht einschränkend	675
$I$10	Holz_5	2225	$I$10>=$G$10	Nicht einschränkend	1425

Veränderbare Zellen

Zelle	Name	Lösung Endwert	Reduzierter Kosten	Ziel-Koeffizient	Zulässige Zunahme	Zulässige Abnahme
$C$12	Schleifen	1,25	0	1200	300	450
$D$12	Lackieren	0	180	720	1E+30	180
$E$12	Arbeiter	26,875	0	1500	450	300

Nebenbedingungen

Zelle	Name	Lösung Endwert	Schatten Schattenpreis	Nebenbedingung Rechte Seite	Zulässige Zunahme	Zulässige Abnahme
$I$6	Holz_1	2200	7,5	2200	50	375
$I$7	Holz_2	2250	11,25	2250	750	50
$I$8	Holz_3	2150	0	1400	750	1E+30
$I$9	Holz_4	2275	0	1600	675	1E+30
$I$10	Holz_5	2225	0	800	1425	1E+30

Abb. 2.26. Lösung des dualen Beispielmodells mit Hilfe des Excel-Solvers

funktionswert des dualen Problems identisch mit dem optimalen Zielfunktionswert des ursprünglichen – primalen – Problems ist! Dies ist eine Haupteigenschaft der Dualität von LP-Modellen (siehe unten).

Die Idee der Dualität zwischen den beiden o. g. Problemen kann man vielleicht in folgender Weise veranschaulichen: Wir nehmen an, dass eine Firma alle Ressourcen der o. g. Fabrik kaufen möchte. Welcher Preis soll dafür bezahlt werden? Da für den Käufer ein niedriger Preis günstiger ist, werden die Ressourcenkosten minimiert: y_1, y_2 und y_3 sind Preise der Ressourceneinheiten von Schleifen bzw. Lackieren in €/Std. (Die entsprechenden Koeffizienten 1200, 720 und 1500 haben die Einheit Std., also ist die Zielfunktion in €.)

Damit sich der Verkauf für den Verkäufer lohnt, muss er/sie mindestens soviel verdienen, wie die Ressourcen bei der Produktion wert wären (sonst wäre es profitabler, weiter zu produzieren). Dies ergibt die $\geq$-Restriktionen des dualen Modells. Wir haben eine Restriktion für jedes Produkt: Ressourcen sollen jeweils für alle Produkte mindestens soviel erbringen, wie die jeweiligen Produkte an Wert haben (Deckungsbeiträge). Die Restriktionen verstehen sich in €/Einh. Für jede Restriktion steht rechts der Preis eines Produkts, der von der linken Seite nicht unterschritten wird. Die Koeffizienten an der linken Seite stellen jeweils für jede Ressource die benötigten Maschinenstunden für das Produkt in Std./Einh. dar (da die y_i's €/Std. als Einheit haben, erhalten wir insgesamt €/Einh.).

Dualitätseigenschaften in der Linearen Programmierung

Die folgenden Eigenschaften können mathematisch bewiesen werden:

- Das duale Modell des dualen Modells ist das primale Modell.
- Ist x zulässige Lösung für das primale Modell und y zulässige Lösung für das duale Modell in der o. g. Form, so gilt: $z = c^T x \leq b^T y = z$'. Denn $z = c^T x \leq (A^T y) \quad x = (y^T A) \quad x = y^T (A \quad x) \quad \leq \quad y^T \quad b = b^T \quad y = z$', dabei wurden die Restriktionen des dualen, dann des primalen Modells angewandt.
- Wenn eines der zueinander dualen Modelle eine optimale Lösung hat, so hat auch das dazu duale Modell eine optimale Lösung und die optimalen Zielfunktionswerte stimmen überein.
- Ist das primale Modell unbeschränkt, so hat das duale Modell keine zulässige Lösung.
- Hat das primale Modell keine zulässige Lösung, so hat das duale Modell keine optimale Lösung (das duale Modell kann unbeschränkt oder unzulässig sein).
- Die reduzierten Kosten der Schlupfvariablen einer optimalen Lösung eines primalen Problems sind identisch zu den Werten der Strukturvariablen der optimalen dualen Lösung.
- Analog entsprechen die reduzierten Kosten der dualen Schlupfvariablen den Werten der primalen Strukturvariablen.

Für praktische Zwecke ist es somit gleichgültig, ob man das ursprüngliche (primale) oder das duale Modell löst; manchmal ist das duale Modell schneller lösbar. Die Variante „duale Simplex" des Simplex-Algorithmus sucht zuerst nach einer dual zulässigen Lösung („besser als optimal") und verbessert dann schrittweise die Zulässigkeit der Lösung, bis er in einer für das duale und primale Problem zulässige Lösung gefunden hat. Dann ist man genau im Optimum gelandet! Oft ist der duale Simplex für Praxisprobleme schneller als der ursprüngliche primale Algorithmus. Dies ist insbesondere der Fall, wenn eine dual, aber nicht primal zulässige Basislösung als Anfangslösung bekannt ist.

2.9 Praxisbeispiele

2.9.1 Produktionsplanung bei Bottle Caps

Quelle: Prof. Dr. Danny C. Myers, Bowling Green State University, OH, USA
Die Firma Bottle Caps produziert Kunststoff-Verschlüsse für Erfrischungsgetränke. Um die Produktionsanlagen möglichst gleichmäßig auszulasten, läuft die Produktion möglichst über das ganze Jahr, obwohl die Nachfrage sehr stark saisonal schwankt und in den heißen Sommermonaten am höchsten ist. Es gibt zwar Prognosen über die Nachfrage bestimmter Getränke, aber das Konsumentenverhalten ist nicht wirklich vollständig vorhersehbar. Unter Umständen können bereits produzierte Verschlüsse nicht abgesetzt werden. Somit ist die Haltbarkeit der Produkte

zeitlich beschränkt. Auf der anderen Seite fallen die Lagerkosten an, falls im Vorrat produziert werden kann.
Für „Bottle Caps" wurde ein lineares mehrperiodisches Optimierungsmodell aufgestellt, das die optimalen monatlichen Produktionsmengen aller Verschlussarten über ein Jahr bestimmt, so dass unter Befriedigung der prognostizierten Nachfrage die Gesamtkosten minimiert werden. Das Modell hat eine in Abb. 2.5 vorgestellte treppenartige Struktur, die Lagerhaltung berücksichtigt. Das Modell wird für jeden Monat mit aktualisierten Absatzprognosen neu berechnet. Somit wird das Prinzip der rollierenden Planung verfolgt.
Im Sinne eines Entscheidungsunterstützungssystems kann das Modell für What-If-Analysen mit unterschiedlichen Zahlen und Parametern genutzt werden.

In den Online-Lerneinheiten ist ein interaktives Modell enthalten, das die Manipulation von Parametern erlaubt und die Lösung mittels eines LP-Modells dazu individuell generiert.

Im Allgemeinen gibt es heutzutage eine Vielzahl von Produkten mit einer relativ kurzen Lebensdauer, sei es aufgrund von technologischen Änderungen (Computerspiele), physikalischem Verfall (Milch, Obst) oder Änderungen von Konsumentenpräferenzen (Musik, Mode). Solche Produkte sind nur begrenzt lagerungsfähig, müssen also auf Bedarf hin produziert werden. Wenn dieser über das Jahr konstant bzw. schon im Voraus bekannt ist, stellt das die Produzenten vor keine großen Probleme hinsichtlich ihrer Kapazitätsauslastung und Liefertreue. Das Beispielunternehmen Bottle-Caps produziert Kunststoffverschlüsse, welche auch als begrenzt haltbares Produkt gelten. Sie unterliegen zwar nicht einem physikalischen Verfall, müssen aber im Zuge von Werbekampagnen der Getränkehersteller im Design (Farbe, Schrift, etc.) angepasst werden und können somit nicht für unbegrenzte Zeit „produziert" werden. Die Produktnachfrage kann über das Jahr (Monat, Woche) variieren, und auch die Produkthaltbarkeit ist nicht unbedingt festgelegt bzw. bekannt. Diese Tatsachen führen für die Hersteller grundsätzlich zu folgenden Problemen: 1. Wie groß ist die pro Jahr maximal absetzbare Menge bei bekannter Nachfrageverteilung und konstanter bekannter Produktlebensdauer, die mit den gegebenen Produktionsanlagen hergestellt werden können? 2. Führt eine Verlängerung der Produktlebensdauer zu einer Erhöhung dieser Menge?

2.9.2 Optimierung der Südzucker Rübenlogistik

Quelle: [Lukesch 2005]
Die Südzucker AG verarbeitet in Deutschland pro Jahr zehn Millionen Tonnen Zuckerrüben. Produziert wird an elf Standorten in der Zeit zwischen Mitte September und Ende Dezember. Auf Grund der unterschiedlichen Witterungsbedingungen in den Anbauregionen kommt es jedes Jahr zu unterschiedlichen Rübenmengen in den Anbaugemeinden. Die Entscheidung über die Zuordnung der Rübenanbauflächen zu den elf Südzucker Verarbeitungswerken stellt sich jedes Jahr

neu, da die unterschiedlichen Witterungsbedingungen in den Anbauregionen zu teilweise drastischen Unterschieden im Rübenertrag führen.

Das mit den Rübenbauern vertraglich vereinbarte Vergütungssystem für die Lieferung der Rüben zu einem bestimmten Zeitpunkt führt zu einer nichtlinearen Zielfunktion und einer komplexen Struktur von Nebenbedingungen, die das Optimierungssystem einzuhalten hat. Bei der Firma wurde ein Planungsmodell als lineares Programm formuliert, welches unter Berücksichtigung der vorhandenen Verarbeitungskapazitäten grundsätzlich ein kostenminimales Ergebnis liefert. Um die Nichtlinearitäten zu beherrschen, wurde ein iteratives Verfahren entwickelt, so dass durch das Lösen vieler LP hintereinander das nichtlineare Optimum mit einer gewünschten Genauigkeit erreicht werden kann.

2.10 Übungsaufgaben

Weitere Übungen und Lösungen befinden sich im Internet.

http://dsor-lectures.upb.de/

Aufgabe 2-1: Farbenfabrik

Ein Hersteller produziert zwei Arten von Farbe: Innen- und Außenfarbe, jeweils aus zwei Materialien: Grau und Weiss. Der Deckungsbeitrag beträgt für die Außenfarbe 5000 € und Innenfarbe 4000 € jeweils per 1000 kg Farbe.

Für die Produktion der Außenfarbe braucht man täglich 6000 kg graue und 1000 kg weiße Farbe; für die Innenfarbe täglich 4000 kg graue und 2000 kg weiße Farbe.

Insgesamt stehen aufgrund längerfristiger Lieferverträge der Produktion täglich 24.000 kg graue und 6000 kg weiße Farbe zur Verfügung.

Eine Marktanalyse besagt, dass der tägliche Absatz von Innenfarbe nicht mehr als 2000 kg beträgt (mehr sollte täglich nicht produziert werden). Weiterhin darf die täglich produzierte Menge von Innenfarbe nicht mehr als 1000 kg höher sein als die tägliche Produktionsmenge von Außenfarbe.

a) Betrachten Sie diese Situation als eine Optimierungsaufgabe. Welche Art von Entscheidungen sollen getroffen werden? Mit anderen Worten, welche Entscheidungsvariablen gibt es? Wie lautet die Zielsetzung der Aufgabe? Welche Restriktionen gibt es?
b) Formulieren Sie ein lineares Optimierungsmodell zur Lösung der Optimierungsaufgabe. Wählen Sie aussagekräftige Bezeichnungen für Variablen und Restriktionen.
c) Lösen Sie das Modell grafisch; d. h. zeichnen Sie ein zweidimensionales Bild und bestimmen Sie mit dem Auge die optimale Lösung.
d) Lösen Sie das Modell mit Hilfe des Simplex-Algorithmus.

e) Geben Sie Ihre Lösung für den Entscheidungsträger als Handlungsempfehlung ab, d. h. beschreiben Sie in der natürlichen Sprache, welche Werte die Entscheidungsvariablen haben sollten und welcher Zielfunktionswert sich daraus ergibt.

Aufgabe 2-2: Gürtelbeispiel mit mehreren Produktionsstätten

Betrachten Sie das „Gürtelbeispiel" aus Abschnitt 2.2. Obwohl Gürtel nur in ganzzahligen Mengen produziert werden können, sollen im Folgenden lineare Modelle mit kontinuierlichen Variablen genutzt werden. (Falls es fraktionelle Lösungswerte gibt, werden sie gerundet.) Lösen Sie die folgenden Aufgaben:

a) Das Unternehmen hat eine zweite Produktionslinie für Gürtel eingerichtet. Diese Linie braucht zur Herstellung von B-Gürteln nur 0,8 Zeiteinheiten (ZE). Für die Erstellung eines A-Gürtels werden weiterhin 2 ZE gebraucht. Linie 2 hat (zusätzlich zur ersten Linie) ebenfalls 800 Ledereinheiten, 1000 Zeiteinheiten, 400 Gürtelschnallen vom Typ A und 700 Gürtelschnallen vom Typ B zur Verfügung. Bestimmen Sie graphisch die optimalen Produktionsmengen für die Linie 2 (unabhängig von der Linie 1).
b) Das Unternehmen möchte nun die Gesamtsituation verbessern, so dass beide Produktionslinien gemeinsam betrachtet werden. Die Komponenten Leder und Gürtelschnallen können beliebig zwischen beiden Produktionslinien verteilt werden. Die Ressource Zeit ist allerdings maschinenbedingt nicht übertragbar. Stellen Sie ein lineares Optimierungsmodell zur Bestimmung der optimalen Produktionsmengen pro Linie und Produkt auf. Der erzielte Deckungsbeitrag pro Gürteltyp ändert sich nicht.

Aufgabe 2-3: Gürtelbeispiel mit mehreren Perioden

Betrachten Sie das ursprüngliche „Gürtelbeispiel" aus Abschnitt 2.2. Dort wurde implizit angenommen, dass die gesamte Produktion mit dem gegebenen Deckungsbeitrag verkauft werden kann. Wir möchten jedoch auch die maximal zu erzielenden Absatzmengen berücksichtigen.

Wir wandeln das (ursprüngliche) Gürtelbeispiel folgendermaßen um: Es werden zwei Perioden betrachtet (Sonderfall des mehrperiodischen Produktionsplanungsproblems). Zu Beginn der ersten Periode stehen jeweils 100 Stück vom Gürtel A und Gürtel B im Lager. Am Ende der zweiten Periode sollen ebenfalls 100 Stück jeweils von beiden Sorten im Lager stehen.

Wir können in der ersten Periode im Vorrat auch für die darauffolgende Periode produzieren; allerdings fallen dann Lagerhaltungskosten in Höhe von 20 Cent pro Gürtel und Periode an.

Die Restriktionen für Gürtelschnallen, Lederlieferungen und Maschinenkapazitäten bleiben im betrachteten Zeithorizont unverändert und gelten jeweils pro Periode.

Wir gehen davon aus, dass die Nachfrage vollständig bekannt ist und sich folgendermaßen verteilt:

Periode 1: Gürtel A 400 Stück und Gürtel B 400 Stück,
Periode 2: Gürtel A 700 Stück und Gürtel B 300 Stück.

Stellen Sie ein lineares Optimierungsmodell für diese zweiperiodische Optimierungsaufgabe auf. Lösen Sie das Modell mit mathematischer Optimierungssoftware. Formulieren Sie die Lösung wieder als Handlungsanweisung in verständlicher Form.

2.11 Was sollte ich gelernt haben?

Bestandteile eines LP-Modells

Aus welchen Bestandteilen setzt sich ein LP-Modell zusammen und welche Eigenschaften haben diese?

Modelle ohne zulässige Lösung

Woran erkennt man im Simplex-Algorithmus, dass ein LP-Modell keine zulässige Lösung hat?

Modelle mit einer unbeschränkten optimalen Lösung

Woran erkennt man im Simplex-Algorithmus, dass die optimale Lösung eines Modells unbeschränkt ist?

Mehrdeutige Optimallösungen

Woran erkennt man bei der grafischen Lösung, dass ein LP-Modell mehrere optimale Lösungen hat?
Erkennt man dies direkt im Simplex-Algorithmus?

Degenerierte (entartete) Optimallösungen

Was heißt degenerierte Optimallösung? Woran erkennt man, dass eine optimale Lösung degeneriert ist: a) in der grafischen Lösung, b) im Simplex-Algorithmus?
Bemerkung: Beachten Sie, dass die Denegeriertheit keine seltene Eigenschaft ist, sondern bei sehr vielen großen Praxismodellen auftritt!

Maximierung oder Minimierung

Warum ist es mathematisch äquivalent, Maximierung oder Minimierung zu betrachten?

Mehrere Produktionsstätten

Welche grundsätzliche Struktur haben Produktionsplanungsmodelle mit mehreren Produktionsstätten?

Mehrere Perioden

Welche grundsätzliche Struktur haben Produktionsplanungsmodelle mit mehreren Perioden?

Bemerkung: Beachten Sie, dass Optimierungsmodelle oft mit unterschiedlichen Zeithorizonten und Genauigkeiten gelöst werden: Für mehrere Jahre wird auf Monatsebene eine Grobplanung durchgeführt, die durch Wochen- und Tagesmodelle verfeinert wird.

Grundbegriffe

Welche Struktur hat das Standardformat eines LP-Modells? Welche Schritte werden bei der Umwandlung in das Standardformat durchgeführt?

Testen Sie Ihr Wissen und wandeln Sie das folgende Beispiel in das Standardformat um:

$$\text{Max z} = 3x_1 + 2x_2$$

s. t.

$$\begin{aligned} x_1 + x_2 &\leq 4 \\ 2x_1 + x_2 &\leq 5 \\ -x_1 + 2x_2 &\geq 2 \\ x_1 + 2x_2 &\geq 3 \\ x_1, x_2 &\geq 0 \end{aligned}$$

Was versteht man unter einer Basis im algebraischen und geometrischen Sinne? Was ist eine Basislösung?

Wieviele Basisvariablen gehören zur Basis eines LP-Modells im Standardformat?

Welche Eigenschaft haben die Werte der Basisvariablen?

Welche Eigenschaft haben die Werte der Nichtbasisvariablen?

Welche Besonderheit haben die Werte der Basis- bzw. Nichtbasisvariablen einer *degenerierten* Basislösung?

Die Simplex-Methode

Wie lautet die Grundidee der Simplex-Methode?

Aus welchen zwei Phasen besteht die Simplex-Methode?

Was versteht man unter einer Iteration?

Welche einzelnen Schritte führt man in jeder Iteration der Phase II durch?

Wie bildet man die Zielfunktion in jeder Iteration der Phase I?

Woran erkennt man, dass eine gegebene Basislösung optimal ist?

Woran erkennt man, dass es keine zulässige Lösung gibt?

Sensitivitätsanalyse

Warum hat die klassische Sensitivitätsanalyse heute kaum noch praktische Bedeutung?

LP Modell vs. duales Modell:

Welche Eigenschaft hat das duale Modell eines LP-Modells im Standardformat?
Warum kann das duale Modell statt des primalen gelöst werden?
Welche allgemeinen Transformationsregeln gelten?
Wie lautet das duale Modell des u. a. (primalen) LP-Modells?

$$\begin{array}{lll} \max \text{ z} = c^T x & & c,\, x \text{ sind } n\text{-Vektoren,} \\ \text{s.t.} & Ax \leq b, & A \text{ ist } m \times n\text{-Matrix und } b \text{ ein } m\text{-Vektor} \\ & x \geq 0 & x \text{ beinhaltet die Strukturvariablen, genannt primale Variablen} \end{array}$$

Wie lautet das duale Modell des oben unter „Grundbegriffe“ genannten Modells?

3

Software zur Lösung und Modellierung

Lernziele:

- Kenntnisse über die wichtigsten Merkmale von Optimierungssoftware
- Erfahrung in Modellieren und Lösen von kleinen Modellen
- Kenntnisse über verschiedene Eingabemöglichkeiten von Modellen
- Verständnis darüber, was eine Modellierungssprache ist
- Verständnis darüber, was ein Entscheidungsunterstützungssystem ist

Online-Lernmodule:

- Software zur automatischen Lösung von Optimierungsmodellen

www **http://dsor-lectures.upb.de/**

3.1 Merkmale von LP-Optimierungssoftware

Ein praktisches Optimierungsproblem wird erst mathematisch modelliert, dann computergerecht dargestellt. Nach einer Modelllösung werden die Ergebnisse als Vorschlag dem Entscheidungsträger vorgelegt. Ein vereinfachtes Schema für den Entscheidungsprozess mit Hilfe des Operations Research (vgl. Abb. 1.1), das die Rolle von Optimierungssoftware hervorhebt, ist in Abb. 3.1 angegeben.

In diesem Abschnitt werden auf Basis von (Abb. 3.1) die Schritte „Computermodell" und „Modelllösung" diskutiert. Nachdem ein lineares Optimierungsmodell in der mathematischen Form (s. Abschnitt 2.2) vorliegt, muss es über standardisierte Datenstrukturen einer „Optimierungsengine" eingegeben werden. Der „Motor" der Optimierung sorgt dann dafür, dass das Modell intern in das Standardformat

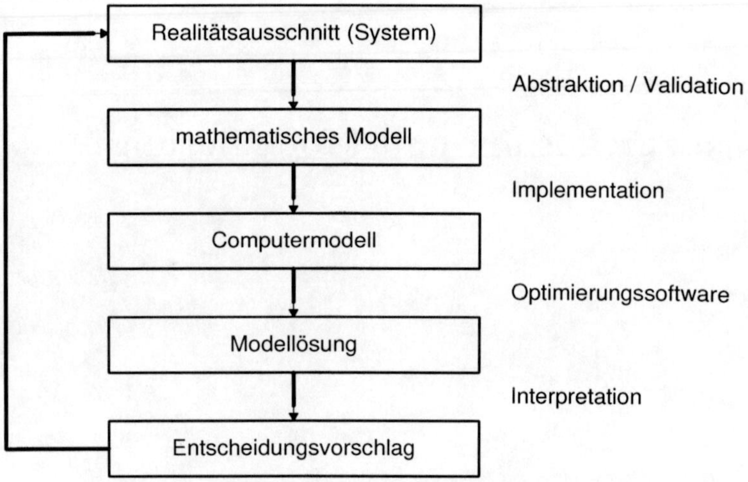

Abb. 3.1. Vorgang der Modelllösung in der Praxis

gebracht und mit der Simplex-Methode oder einem Innere-Punkte-Verfahren optimal gelöst wird sowie die Ergebnisse in einem standardisierten Ergebnis-Format zurückgegeben werden.

Die Stärke der linearen und gemischt-ganzzahligen Optimierung beruht vor allem darauf, dass es hoch entwickelte Standardsoftware gibt, die in der Lage ist, viele der praxisrelevanten Modelle zu lösen. Der Simplex-Algorithmus wurde vor mehr als 50 Jahren erfunden und auch die Innere-Punkte-Verfahren sind über 20 Jahre verbessert worden. Somit sind die State-of-the-Art-Codes durch unzählige Verbesserungsschritte ausgereifter geworden.

Weil auch sehr große LP-Modelle heute optimal gelöst werden können, tendiert man in praktischen Anwendungen zu immer größeren Modellen. In den 80er Jahren war ein Modell mit einigen tausend Variablen und Restriktionen sehr groß; heute wäre es „nur“ mittelgroß.

Viele der größten heute gelösten Modelle stammen aus dem Bereich Logistik und Transport, z. B. beinhalten Besatzungseinsatzprobleme (Crew-Scheduling-Probleme) großer Fluggesellschaften bis zu 12 Millionen Variablen. Eine faktische Obergrenze bietet somit die Hauptspeichergröße der benutzten Rechner oder besser gesagt die Größe des Adressraumes vom verwendeten Betriebssystem. Beispielsweise werden die meisten Optimierungsmodelle in Projekten des DS&OR Lab der Universität Paderborn unter Windows 7 Professional x64 gelöst, das den adressierbaren Speicher von rund 3 GB in der 32-Bit Version auf 128 GB erhöht. Die 32-Bit Version des Betriebssystems limitierte lange Zeit die Grenze der Optimierungsmodelle, da die Anzahl der Variablen in die Millionenhöhe gehen kann.

Es gibt weltweit eine ganze Reihe von LP- und MIP-Solvern; allerdings genügen nur ganz wenige Höchstansprüchen. Der Marktführer IBM ILOG CPLEX (vgl. http://www.ilog.com) sowie XPressMP (vgl. http://www.dashoptimization.com)

gehören heute ohne Zweifel zu der leistungsstärksten Kategorie. Ebenfalls in diese Kategorie fällt der Solver Gurobi (vgl. http://www.gurobi.com).

http://www.ilog.com

http://www.dashoptimization.com

http://www.gurobi.com

Die Entwicklung von Optimierungssoftware ist komplex und erfordert spezifisches Wissen über Algorithmen, Datenstrukturen und Systementwicklung. Jedes der konkurrenzfähigen Systeme besteht aus einer Sammlung diverser meist sehr komplexer Module und basiert auf jahrzehntelanger Arbeit einzelner Entwickler. Nach unserer Erfahrung muss ein talentierter Entwickler mindestens ca. 15 Jahre investieren, um in den Kernbereichen den Stand der Technik zu erarbeiten.

Eine Hochleistungssoftware zur linearen und gemischt-ganzzahligen Optimierung muss kontinuierlich weiterentwickelt werden, sonst ist eine Platzierung in der Spitzengruppe längerfristig nicht haltbar. Die Laufzeit der Solver zur Modelllösung ist in den letzten Jahren weit gesunken. Beispielsweise betrug die Laufzeit von MOPS[1] für das Modell „Oil“ mit 5563 Restriktionen und 6181 Variablen 2004 ca. 0,1% der Laufzeit von 1991 (vgl. Tabelle 3.1). Ähnliche Entwicklungen sind für das System CPLEX veröffentlicht worden (vgl. [Bixby 2002]).

Jahr	Version	Oil (5563 x 6181)	Sek.
1991	1.4	I486 (25 MHz)	612,4
1995	2.5	P133, Win 3.11	20,7
1999	4.0	PIII (400 MHz), Win 98	5,1
2001	5.0	PIII (500 MHz), Win 98	3,9
2002	6.0	PIV (2,2 GHz), Win 2000	0,9
2004	7.9	PIV (3,0 GHz), Win 2000, primal	1,1
2004	7.9	PIV (3,0 GHz), Win 2000, dual	1,6
2004	7.9	PIV (3,0 GHz), Win 2000, IPM	0,6
2009	10.x	IntelCore2Duo (2,66 GHz), Win XP	0,2

Tabelle 3.1. Fortschritte in der LP-Optimierung mit MOPS[1] am Beispiel des Modells Oil

Weitere leistungsfähige LP-Optimierer sind unter anderem Lindo (http://www.lindo.com) und XA (http://www.sunsetsoft.com). Das Tabellenkalkulationssystem MS-Excel verfügt über den Excel-Solver, der von der Firma Frontline Systems angeboten wird und in der Lage ist, lineare und nichtlineare Modelle direkt im Excel-Umfeld zu lösen.

[1] MOPS (Mathematical OPtimization System) war ein MIP-Solver, der von 1990 bis 2012 von Prof. Dr. Uwe H. Suhl entwickelt worden ist.

http://www.lindo.com

http://www.sunsetsoft.com

Der Quellcode von Optimierungssoftware ist meistens nicht zuletzt wegen der kommerziellen Bedeutung ein gut gehütetes Geheimnis. Es gibt jedoch einige Entwicklungen auf der Open-Source-Basis; ein Beispiel dafür ist der COIN-Code, der einen ehemalig kommerziellen Code der Firma IBM beinhaltet und seit 2003 als Open-Source-Version verfügbar ist (s. http://www.coin-or.org).

http://www.coin-or.org

3.2 Spezielle Implementierungstechniken – Vertiefung

Dieser Abschnitt beinhaltet vertiefendes Material für Leserinnen und Leser, die sich für die softwaretechnische Implementierung innerhalb einer Optimierungsengine interessieren. Weiterführende Techniken befinden sich in zahlreichen Forschungspapieren (z. B. [Suhl/U. 1990], [Suhl/L. u. Suhl/U. 1993], [Suhl/U. 2000]) und u.a. in den Büchern [Maros 2003] und [Murtagh 1981]. Die folgenden stichwortartigen Überlegungen sollen einige wichtige Grundprinzipien erläutern.

- Nur Nichtnullelemente werden gespeichert, da praktische Probleme sehr dünn besetzt sind (d. h. sie haben meistens nur wenige, etwa 2-10, Nichtnullelemente pro Spalte). Dies macht jedoch die Algorithmen komplizierter. Es gibt eine bestimmte Dichte, ab der sich die Speicherung der vollen Matrix mit Nullen lohnt. Diese ist von der verwendeten Hardware abhängig, z. B. davon, ob Vektorprozessoren oder (normale) skalare Maschinen eingesetzt werden.
- Bei der Auswahl der in die Basis aufzunehmenden Variable werden die reduzierten Kosten nur für einen kleinen Teil der Nichtbasisvariablen berechnet, um Rechenaufwand zu sparen. Im Prinzip reicht es aus, dass eine Variable gefunden wird, die die Lösung verbessert – dies muss nicht die Variable mit den größten reduzierten Kosten sein.
- Zur Berechnung der reduzierten Kosten einer Variable sind sowohl die Inverse der momentanen Basismatrix als auch die entsprechende Spalte in der ursprünglichen Koeffizientenmatrix und die ursprüngliche Zielfunktion notwendig; daher
  - Es wird nicht die gesamte Koeffizientenmatrix A in jeder Iteration modifiziert. Stattdessen wird konzeptionell die Inverse der Basismatrix B benutzt, die zur Berechnung der reduzierten Kosten notwendig ist.
  - Die Inverse wird allerdings nicht explizit bestimmt (sie würde zu viele Nichtnullelemente beinhalten), sondern mit Hilfe einer Dekomposition mit möglichst wenigen Elementen dargestellt.

  - Die Dekomposition der Basismatrix berechnet man nicht in jeder Iteration neu, nur die Darstellung der letzten Iteration wird modifiziert. Bei einem Basiswechsel verlässt ja nur eine Variable die Basis und eine andere wird aufgenommen.
  - Da die Basis-Darstellung nach mehreren Modifikationen zu ungenau (oder die Repräsentation zu groß) wird, wird regelmäßig, ca. nach 100 Iterationen, aus der ursprünglichen Koeffizientenmatrix eine neue Basis-Inverse berechnet, die möglichst genau und dünn besetzt ist.
- Suchoperationen sind innerhalb der Algorithmen oft ein Engpass. Es wird versucht, lineare Suchoperationen zu minimieren. Daher werden in den Datenstrukturen oft Pointer benutzt, die einen direkten Zugriff ermöglichen.
- Mit Hilfe eines so genannten Crash-Algorithmus wird versucht, eine möglichst gute Anfangsbasis zu finden.
- Preprocessing-Techniken werden benutzt, um Redundanzen bei der Modelldefinition zu beseitigen – i.d.R. mit sehr guten Ergebnissen. Insbesondere bei automatisch generierten Modellen können oft viele Restriktionen beseitigt werden.

3.3 Rechenaufwand bei der Lösung von LP-Modellen

Heute kann die auf der Simplex-Methode basierende Optimierungssoftware Modelle mit Zehntausenden von Variablen oft in wenigen Minuten lösen. Trotz dieses Erfolges bleibt die Simplex-Methode theoretisch nicht sehr attraktiv, da sie im schlechtesten Fall exponentielle Zeit braucht, also nicht-polynomielle Worst-Case-Komplexität hat. Der Grund dafür ist, dass die Anzahl der Basislösungen mit

$$\binom{m+n}{m} = \frac{(m+n)!}{n!m!} = \frac{(m+n)(m+n-1)\ldots(n+1)}{m(m-1)\ldots 1}$$
$$\left[= \frac{(m+n)(m+n-1)\ldots(m+1)}{n(n-1)\ldots 1}\right] \gg min(2^m, 2^n)$$

sehr hoch ist. Denn aus der Menge der $m + n$ Struktur- und Schlupfvariablen kann man beliebig eine m-elementige Teilmenge von Variablen herausgreifen, die dann die Basisvariablen einer jeweils verschiedenen Basis definieren. Obwohl i.d.R. viele Basen unzulässige Basislösungen liefern, bleibt die Anzahl der zulässigen Basislösungen astronomisch hoch für große Probleme. Bei der Lösung praktischer Probleme mit der Simplex-Methode wird i.d.R. nur ein kleiner Teil davon untersucht.

Der Ellipsoid-Algorithmus von Khachian 1979 war der erste polynomielle Algorithmus zur Lösung von LPs (vgl. Abschnitt 2.5). Somit gelang es Khachian zu beweisen, dass LP zur Klasse P der in polynomieller Zeit lösbaren Probleme gehört. Die polynomielle Zeitschranke war aber zu diesem Zeitpunkt nicht attraktiv.

Großes Interesse erweckte 1984 Karmarkar mit seinem Interior-Point-Algorithmus. Innere-Punkte-Methoden haben ihren Ursprung in der nichtlinearen Programmierung. Ihr Hauptmerkmal ist, dass sie sich nicht nur auf der Oberfläche des zulässigen Bereichs bewegen, sondern „Sprünge“ im Inneren des zulässigen Bereichs erlauben. Karmarkar behauptete auf einer Konferenz, mit seinem Algorithmus könne man komplexe Optimierungsprobleme sehr schnell lösen, so dass der Simplex-Algorithmus überholt sei. Diese Aussage von Karmarkar hat sich zwar nicht bestätigt, jedoch hat das Ereignis viele Forscher dazu gebracht, Innere-Punkte-Methoden weiterzuentwickeln (z. B. Gradientenmethoden, Predictor-Corrector-Methode). Inzwischen beinhaltet manche Optimierungssoftware alternativ zum Simplex-Code auch eine interior-point-basierte Lösungsmethode.

In der Praxis finden Innere-Punkte-Methoden bei den meisten LP schneller eine optimale Lösung als die Simplex-Methode. Für gemischt-ganzzahlige Modelle sieht das anders aus: Zur Lösung von MIP-Modellen wird meist das Branch&Bound-Verfahren (vgl. Kapitel 5) eingesetzt, in dem bei jedem Knoten des Suchbaumes (im Vergleich zum LP des Vater-Knotens) ein leicht verändertes LP gelöst wird. Dafür sind Innere-Punkte-Verfahren nicht einsetzbar, weil sie in der Regel nicht von der bekannten Lösung des Vater-Problems ausgehen können.

3.4 Ein- und Ausgabe von linearen Optimierungsmodellen

Aus Übungsaufgaben kennt der Leser vermutlich bereits die interaktive Eingabe von Optimierungsmodellen beispielsweise im Rahmen des Excel-Solvers. Bei kleinen Modellen funktioniert dies ganz gut. Jedoch soll hier ein Modell mit Tausenden von Variablen und Restriktionen nicht interaktiv manuell eingegeben werden. Dies wäre viel zu aufwendig und fehleranfällig. Große Optimierungsmodelle werden praktisch immer automatisch generiert, so dass die aktuellen Eingabedaten aus einer Datenbank eingelesen werden.

Grundsätzlich können wir die folgenden drei Arten der Ein- und Ausgabe von Optimierungsmodellen unterscheiden:

Interaktive Ein- und Ausgabe: Das Modell wird in eine Datei oder in einem Tabellenblatt einer Tabellenkalkulation (z. B. Excel-Sheet) eingegeben.

Automatische Ein- und Ausgabe: Die Ein- und Ausgabe erfolgt mittels Interaktion zwischen entwickeltem Anwendungsprogramm und Optimierungssoftware: Dabei kommen eine feste Einbindung des Optimierungscodes sowie eine Interaktion über ein Standardformat oder über eine definierte Schnittstelle in Frage. Im Anwendungsprogramm muss ein *Matrixgenerator* geschrieben werden, der die Spalten (Variablen) und Zeilen (Restriktionen) eines LP sowie deren Nichtnullelemente (Werte der Koeffizientenmatrix, die $\neq 0$ sind) definiert.

Modellierungssprache: Die Eingabe unterteilt sich in Angabe eines mathematischen Modells in seiner knapp formulierten algebraischen Form unter Benutzung von Parametern, Summenzeichen usw. sowie der Daten zu den benutzten Parametern, die gesondert in Dateien oder Datenbank-Tabellen abgelegt werden. Aus dem Modell und den zugehörigen Daten generiert ein Modellierungssystem die Matrix eines LP und ruft eine Optimierungssoftware auf. Die Ergebnisse können auch in übersichtlicher Form gelesen werden.

Alle kommerziell angebotenen Softwarepakete zur Optimierung bieten mehrere Eingabemöglichkeiten (Schnittstellen) an. Im Folgenden befindet sich eine ergänzende Beschreibung der häufigsten Ein- und Ausgabemöglichkeiten.

3.4.1 Interaktive Ein- und Ausgabe

Einige Optimierer bieten die Möglichkeit, die Werte eines Modells interaktiv einzugeben. Beispiele sind LINDO und der Excel-Solver. *Vorteile:* Man benötigt keine Programmierung. Beim Excel-Solver erlauben interaktive Hilfen die Koeffizientenmatrix in komfortabler Form einzugeben. *Nachteile:* Die interaktive Eingabe kommt nur bei kleineren Modellen in Frage, wobei es auch hier schnell zu Eingabefehlern kommen kann.

3.4.2 Ein- und Ausgabe im MPS-Format

Bei traditionellen Softwarepaketen zur mathematischen Programmierung wird ein standardisiertes, zeichenorientiertes Eingabeformat benutzt, das noch dem Lochkartenzeitalter entstammt. Bei diesem sogenannten MPS-Format (Mathematical Programming System Format) redet man auch heute immer noch von Karten. Auf jede Karte passen 80 Zeichen (dies entspricht einer 80 Zeichen langen Zeile). Die Positionen der einzelnen Elemente auf der Karte bzw. auf einem MPS-Textfile sind genau festgelegt. Es werden zeichenorientierte Schlüsselwörter (NAME, ROWS, COLUMNS, RANGES, BOUNDS, RHS, ENDATA) benutzt.

Das LP-Modell wird nach Deklaration der Zielfunktions- bzw. Restriktionsnamen und -typen (ROWS-Section) spaltenweise unter Benutzung der Variablennamen eingegeben (COLUMNS- und RHS-Sections, RHS = right hand side), wobei Nullelemente wegen der Speichereffizienz nicht aufgeführt werden. Hier sind auch bestimmte Positionen im MPS-Textfile zu beachten. Eigentlich ist das MPS-Format für die automatische Ein- und Ausgabe gedacht, aber es ist möglich, für kleinere Modelle eine MPS-Datei per Hand zu erstellen.

Die allgemeine Struktur eines Datenbestandes im MPS-Format sieht somit folgendermaßen aus:

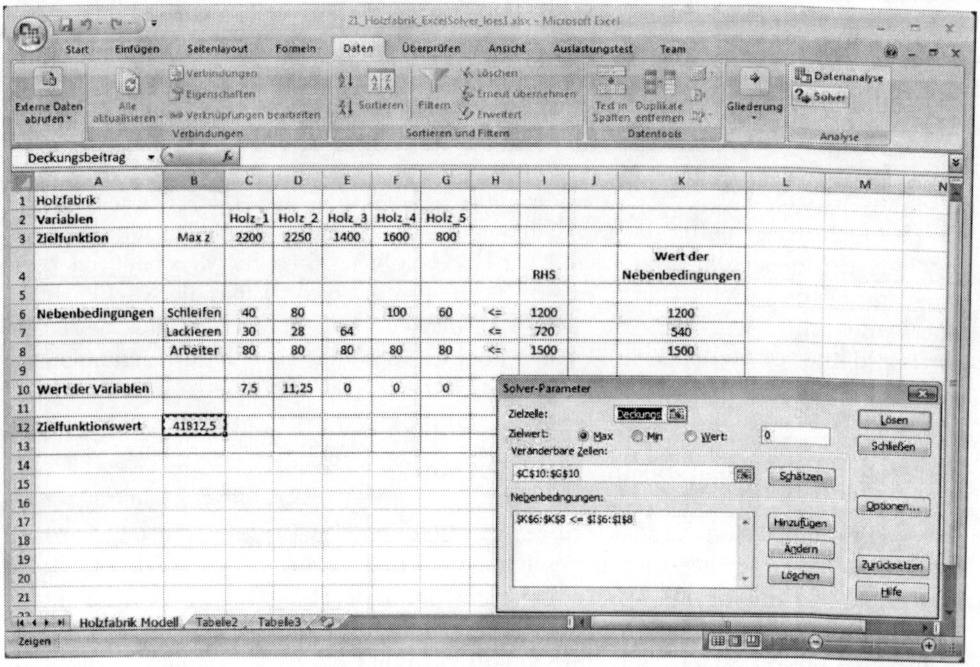

Abb. 3.2. Interaktives Arbeiten mit dem Excel-Solver

NAME Name des Modells
ROWS
Hier werden Restriktionen und Zielfunktion spezifiziert.
COLUMNS
Hier werden die Variablen sowie deren Nichtnullelemente spaltenweise angegeben.
RHS
Hier werden die Nichtnullelemente von b angegeben.
RANGES
Hier können in Ergänzung zur RHS-Sektion obere bzw. untere Schranken für einzelne Restriktionen definiert werden.
BOUNDS
Hier werden untere bzw. obere Schranken für einzelne Variablen spezifiziert.
Variablen können fixiert bzw. als freie Variablen deklariert werden.
ENDATA

Ein Datensatz ist in sechs Felder unterteilt:

	Feld 1	**Feld 2**	**Feld 3**	**Feld 4**	**Feld 5**	**Feld 6**
Spalte	2-3	5-12	15-22	25-36	40-47	50-61
Inhalt	Typ	Name 1	Name 2	Wert 1	Name 3	Wert 2

Ein einfaches Beispiel soll die nachfolgenden Erklärungen verständlicher machen. Wir betrachten folgendes LP-Modell:

$$\begin{array}{llllll} \min x_4 & \text{s.t.} & 0.5x_1 & -1x_2 & +1x_3+ & 1x_4 = 1 \\ & & 0.5x_1 & -1x_2 & - & 1x_4 = 0 \\ & & -2 \leq x_1 , & x_2 \geq 0 , & x_3 \text{ und } x_4 & \text{bleiben unbeschränkt} \end{array}$$

Werden die Variablen mit C1, C2, C3, C4 und die Restriktionen mit R1, R2 und R3 (Zielfunktion) bezeichnet, so erhält man die MPS-Darstellung in der Abb. 3.3.

```
1  5          15        25             40        50
NAME          EXAMPLE
ROWS
 E  R1
 N  R3
 E  R2
COLUMNS
    C1        R2          0.5          R1         5.E-01
    C2        R1        -1.0000E+00    R2        -1.
    C3        R1         1.0000E+00
    C4        R2        -1.0000E+00    R3         1.
    C4        R1         1.0000E+00
RHS
    RHS       R1         1.00000E+00
BOUNDS
 LO B1234     C1        -2.00000E+00
 FR B1234     C3
 FR B1234     C4
ENDATA
```

Abb. 3.3. Ein lineares Optimierungsmodell im MPS-Format

Vorteile: Fast jeder Optimierer kann das MPS-Format lesen, so dass die Codes austauschbar sind. Wegen der festen Einordnung können die Zeichen sehr schnell gelesen werden (die Suche und Erkennung von Anfang und Ende eines Strings entfällt).

Nachteile: Die Eingabe von Modellen erfolgt nur spaltenorientiert. Außerdem muss die Zeichendarstellung in die interne Zahlendarstellung konvertiert werden. Dies kann bei großen Modellen mehrere Minuten dauern. Die Zeilen- und Spaltennamen dürfen nur acht Zeichen lang sein. Dadurch können in vielen Fällen nur kryptische, nicht aussagekräftige Namen benutzt werden.

3.4.3 Ein- und Ausgabe in internen Datenstrukturen

Manche Optimierer (z. B. IBM ILOG CPLEX) bieten die Möglichkeit den Optimierungscode fest in entwickelte Anwendungsprogramme einzubinden. Dabei können die Eingabedaten direkt (automatisch) in die internen Datenstrukturen geschrieben werden. Das Modell wird also im Hauptspeicher generiert und existiert nur während des Optimierungslaufs.

Es muss ein Modellgenerator programmiert werden, der die logisch-mathematische Modelldarstellung im Hauptspeicher des Computers in die internen Datenstrukturen hinein schreibt. Der Modellgenerator muss dabei in einer Programmiersprache geschrieben werden, die kompatibel mit der (statischen) Programmbibliothek des Optimierers ist.

Dies wird heute nur noch wenig genutzt, weil man unter Windows über eine DLL-Schnittstelle (als Dynamic Link Library) unterschiedliche Routinen, aus unterschiedlichen Quellsprachen, flexibel zusammenbinden kann.

Vorteile: Die Zahlenwerte müssen nicht mehr aus einer zeichenorientierten Darstellung konvertiert und in die internen Datenstrukturen kopiert werden. Man braucht zudem nicht mehr die (großen) MPS-Dateien zu speichern. Die numerischen Werte sind genauer, weil die doppelte Datentypkonversion (Modellgenerator → MPS-Format-Convert) vermieden wird.

Nachteile: Die interne Darstellung ist vom Optimierer abhängig. Weiterhin muss der Modellgenerator in einer Sprache geschrieben werden, die mit Routinen der (statischen) Programmbibliothek kompatibel ist, weil der Generator mit dem Optimierer in ein ausführbares Programm zusammen gelinkt wird.

3.4.4 Ein- und Ausgabe über eine DLL-Schnittstelle

Manche Optimierer (z. B. CPLEX und Gurobi) bieten die Möglichkeit unter Windows-Betriebssystemen, von entwickelten Anwendungsprogrammen aus den Optimierer über eine dynamische Bibliothek, eine so genannte DLL (Dynamic Link Library), aufzurufen. Durch Eingabe der Spalten, Zeilen und Nichtnullelemente eines Optimierungsmodells über fest definierte DLL-Funktionen kann ein Matrixgenerator realisiert werden.

Die Entwicklung von Softwaresystemen zur Lösung von großen Modellen erfordert neben Programmierkenntnissen auch detaillierte Kenntnisse über zahlreiche Parameter, welche Lösungsstrategien und Genauigkeiten diverser Berechnungen steuern.

Vorteile: Es gelten die gleichen Vorteile wie bei der Ein- und Ausgabe in internen Datenstrukturen. Außerdem muss man die Optimierer-abhängige interne Darstellung nicht kennen – oder organisieren! Nach der Definition von Spalten und Zeilen können die Nichtnullelemente der Matrix in einer beliebigen Reihenfolge eingegeben werden.

Nachteile: Bei kleinen Modellen, die nur wenige Male gelöst werden, lohnt sich der Programmieraufwand nicht.

3.4.5 Spezielle Modellierungssprachen

Modellierungssprachen (modelling languages) sind Werkzeuge, die insbesondere die benutzerfreundliche Eingabe großer Modelle erleichtern. Große Modelle haben fast immer eine besondere logische Struktur, die bei der Nutzung von Modellierungssprachen eine große Rolle spielt. Beispielsweise haben mehrperiodische Produktionsplanungsmodelle eine treppenförmige Struktur, wie man im Abschnitt 2.4 gesehen hat.

In einer Modellierungssprache wird die *Struktur* eines Modells von den *Modelldaten* getrennt. Die Struktur wird mit Hilfe spezieller Sprachkonstrukte eingegeben.

Wenn es sich um ein mehrperiodisches Produktionsplanungsmodell mit mehreren Produktionsstätten handelt, werden zunächst allgemein z. B. m Perioden und n Produktionsstätten vorgesehen. Somit wird offen gelassen, wie viele Perioden bzw. Produktionsstätten oder -stufen eine spezielle Modellinstanz beinhaltet. Dieses abstrakte Modell steht in einer Modelldatei sozusagen als Gerüst da. Dieses Gerüst wird zur Laufzeit mit den aktuellen Daten (i.d.R. aus einer Unternehmensdatenbank) gefüllt und gelöst.

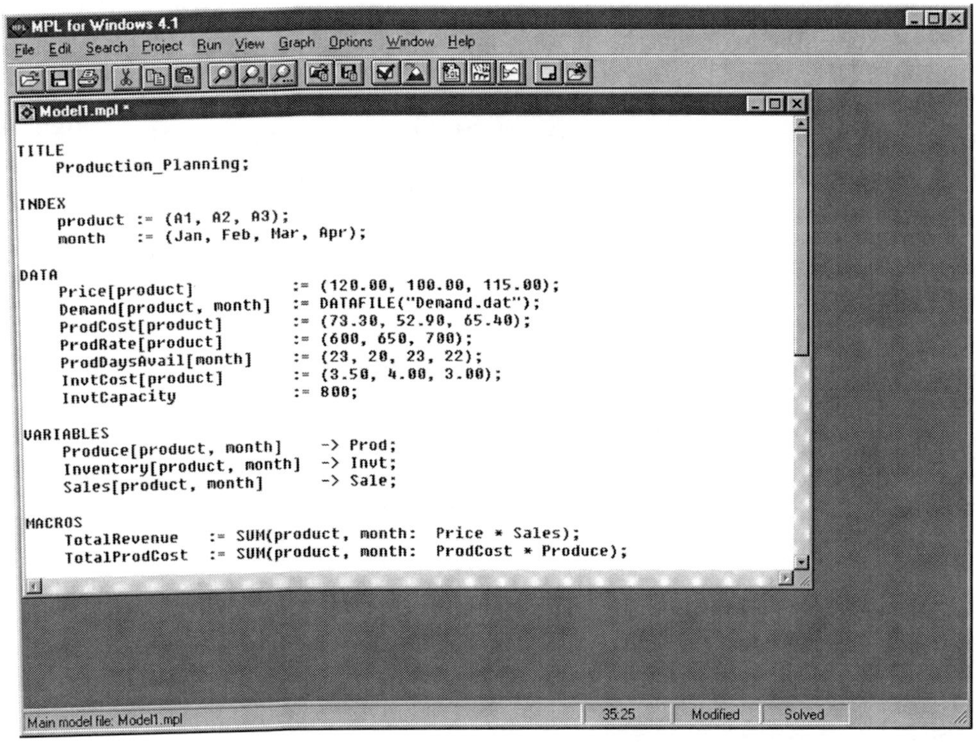

Abb. 3.4. Ein Produktionsplanungsmodell in MPL

Verschiedene Modellierungssprachen haben eine große strukturelle Ähnlichkeit, wie wir in Abb. 3.4 und Abb. 3.5 feststellen können. Sie können allerdings über unterschiedliche Philosophien verfügen. Beispielsweise ist die Modellierungssprache MPL (Mathematical Programming Language) von Maximal Software stark datenbankorientiert.

http://www.maximalsoftware.com

Modellierungssprachen konzentrieren sich auf die abstrakte Modellstruktur und bieten i.d.R. keine eigene Lösungssoftware an. Die Modellierungssprache wird zusammen mit einem oder mehreren Standardsolver geliefert, wobei sich der Preis zwischen mehr und weniger leistungsfähigen Varianten staffelt.

```
set PROD;    # products
set STAGE;   # stages

param rate {PROD,STAGE} > 0; # tons per hour in each stage
param avail {STAGE} >= 0;    # hours available/week in each stage
param profit {PROD};         # profit per ton

param commit {PROD} >= 0;    # lower limit on tons sold in week
param market {PROD} >= 0;    # upper limit on tons sold in week

var Make {p in PROD} >= commit[p], <= market[p]; # tons produced

maximize Total_Profit: sum {p in PROD} profit[p] * Make[p];

              # Objective: total profits from all products

subject to Time {s in STAGE}:
   sum {p in PROD} (1/rate[p,s]) * Make[p] <= avail[s];

              # In each stage: total of hours used by all
              # products may not exceed hours available
```

Abb. 3.5. Modell mit mehreren Produktionsstufen in AMPL [Fourer et al. 2002]

Abb. 3.5 und Abb. 3.6 zeigen ein Beispiel eines mehrstufigen Produktionsplanungsmodells in der Modellerungssprache AMPL. Es geht dabei um einen optimalen Produkt-Mix zur Maximierung des Gesamtgewinns (PROFIT). Die Details können im Handbuch zu AMPL nachgesehen werden.

AMPL ist eine Modellierungssprache, die leicht zu lernen und zu bedienen ist. Das Begleitbuch [Fourer et al. 2002] beinhaltet gute Beispiele für die verwendeten Modellierungskonstrukte. Die US-amerikanische Operations Research Gesellschaft INFORMS veröffentlicht in größeren Abständen Vergleiche zwischen Modellierungssprachen wie auch zwischen Optimierern und anderen Softwarepaketen des Operations Research.

www **http://www.ampl.com**

www **http://www.informs.org**

Studentenversionen der Modellierungssysteme können i. d. R. von den Websiten der Anbieter heruntergeladen werden.

```
set PROD := bands coils plate;
set STAGE := reheat roll;
param rate:  reheat   roll :=
     bands        200     200
     coils        200     140
     plate        200     160 ;
param:    profit  commit   market :=
     bands     25      1000     6000
     coils     30       500     4000
     plate     29       750     3500 ;
param avail :=  reheat 35    roll    40 ;
```

Abb. 3.6. Datendatei zu Abb. 3.6 in AMPL [Fourer et al. 2002]

3.5 Einbettung von Optimierungssoftware in Decision-Support-Systeme

In praktischen Anwendungen steht ein Optimierungslauf nicht allein – er ist Bestandteil eines komplexen Informationssystems und unter Umständen mehrerer Workflows eines Unternehmens oder einer Lieferkette. Die Eingabedaten sollten dabei aus betrieblichen Datenbanken automatisch generiert werden. Die Lösung eines Optimierungsmodells sollte benutzerfreundlich (grafisch) aufbereitet werden, so dass die Ergebnisse für den menschlichen Entscheidungsträger leicht zu verstehen und zu modifizieren sind. Oft weiß der Endbenutzer gar nicht, dass im Hintergrund ein mathematisches Optimierungsmodell gelöst wird. Allerdings wurde bei der Entwicklung und Kalibrierung des Softwaresystems sicher ein OR-Experte herangezogen.

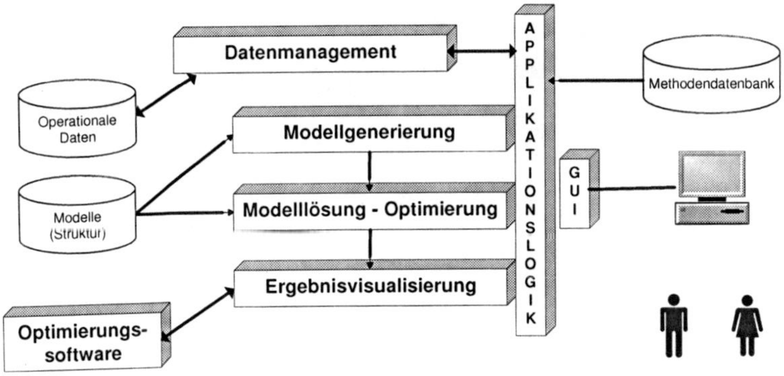

Abb. 3.7. Einsatz mathematischer Optimierungssoftware in EUS

Ein mathematisches Optimierungsmodell ist in der Lage, formale und gut definierte Daten (Zielfunktion, Restriktionen) zu verarbeiten. In praktischen Anwendungen spielen oft aber weitere Anforderungen eine Rolle, die nicht immer in eindeutigen Zahlen darstellbar sind. Durch den Einfluss von Erfahrung und Intuition der

Entscheidungsträger sowie Firmenpolitik, Prestige- oder Imagegewinn können Entscheidungen favorisiert werden, die nicht mathematisch optimal sind.

Auch wenn die mathematisch optimale Lösung in der praktischen Entscheidungssituation nicht direkt übernommen wird, bietet die Lösung eines exakten Modells viele Vorteile: Man kann beurteilen, wie viel Optimierungspotenzial durch den Einsatz von suboptimalen Lösungen verloren geht. Noch wichtiger ist die Möglichkeit, was-wäre-wenn-Analysen durchzuführen. Das Modell wird mit unterschiedlichen Parametern und Strukturvarianten durchgeführt, wobei der Entscheidungsträger viel Wissen über das Verhalten des zu untersuchenden Systems sammeln kann.

Um diese Anforderungen zu realisieren, bettet man eine Optimierungssoftware in ein entscheidungsunterstützendes System ein, das auch Entscheidungsunterstützungssystem (EUS) oder Decision Support System (DSS) genannt wird (vgl. Abb. 3.7). Hinter der Applikationslogik verbirgt sich ein Softwareprogramm, das mit einer grafisch-interaktiven Benutzungsoberfläche GUI (Graphical User Interface) in Verbindung steht, um Benutzervorgaben wie Einstellungsparameter einzulesen und die Ergebnisse benutzergerecht, meist grafisch, dar zu stellen.

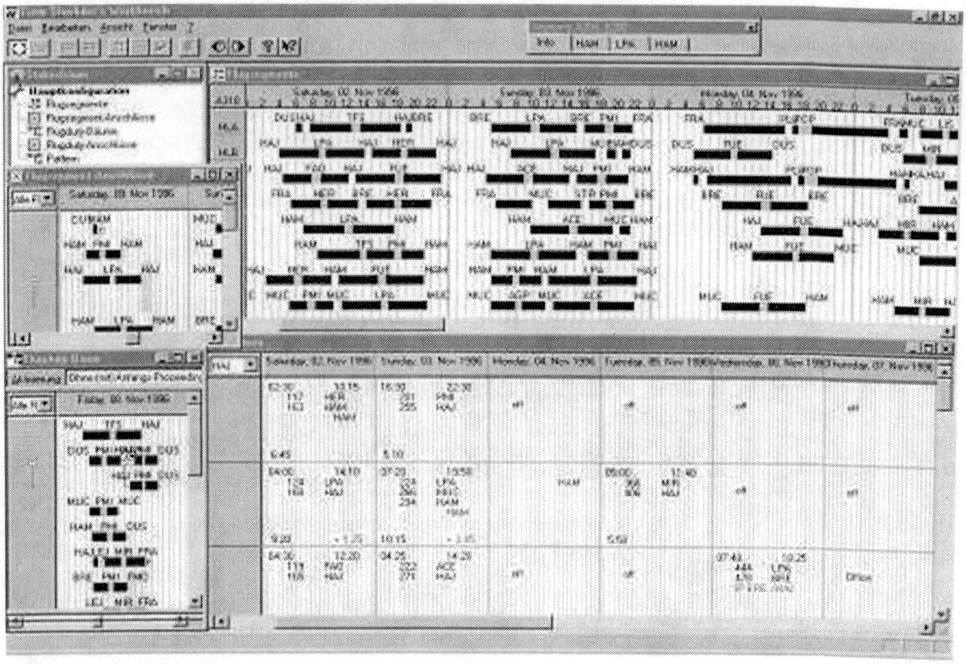

Abb. 3.8. Ein EUS zur Besatzungseinsatzplanung im Flugverkehr [Mellouli 2003]

Die Applikationslogik holt sich Modelldaten aus einem Datenmanagement-System, das mit operationalen Daten der Unternehmensdatenbank verbunden ist, generiert das mathematische Modell mittels eines Matrixgenerators, ruft die Optimierungssoftware auf, um das generierte Modell zu lösen, und interpretiert letztlich die Ergebnisse, um sie dem Benutzer zu visualisieren.

Eine typische grafisch-interaktive Oberfläche eines Entscheidungsunterstützungssystems ist in Abb. 3.8 dargestellt. Es geht darum, Routen und Einsatzpläne für Piloten und Kabinenbesatzungen so zu bestimmen, dass jeder Flug eine adäquate Besatzung bekommt und dabei alle erforderlichen Regeln, die sehr komplex sein können (Gesetze, firmeninterne Vereinbarungen), eingehalten werden. Der Planer kann zwischen mehreren Repräsentationen der Daten wählen sowie die Daten und Ergebnisse grafisch-interaktiv manipulieren.

3.6 Übungsaufgaben

Aufgabe 3-1: Sensitivitätsanalyse

Eine Firma produziert drei Produkte. Die Ressourcen und Verkaufspreise sind in der folgenden Tabelle aufgestellt:

	Deckungsbeitrag (in €/ME)	Arbeit (in Min.)	Rohmaterialien (ME)
PROD 1	4	6	6
PROD 2	2	2	2
PROD 3	3	2	6

Es stehen 400 Mengeneinheiten (ME) Rohmaterialien und 200 Arbeitsminuten zur Verfügung. Nach einem Kundenwunsch sollte mindestens eine Mengeneinheit von Produkt 1 produziert werden. Das Ziel ist es, den gesamten Deckungsbeitrag der Firma zu maximieren. Lösen Sie das Problem mit einer Standardsoftware (z. B. dem Excel-Solver).

Beantworten Sie die folgenden Fragen, ohne das Problem neu zu lösen.

a) Die Unternehmensleitung möchte von der Planungsabteilung wissen, ob sich eine Kapazitätserweiterung lohnt. Nehmen Sie dazu Stellung!

b) Werden alle Produkte beim optimalen Produktionsprogramm produziert? Wenn nicht, bei welchem Deckungsbeitrag käme die Aufnahme eines nicht-produzierten Produkts in das Produktionsprogramm (jeweils) in Frage?

c) Wir nehmen an, das Unternehmen muss aufgrund vertraglicher Verpflichtungen mindestens 1 ME von Produkt P1 produzieren. Wie ändert sich der optimale Zielfunktionswert?

Aufgabe 3-2: Porzellanfarben

Ein Unternehmen produziert Porzellanfarben. Der Verkaufspreis beträgt 24 € für einen Liter roter Farbe, 22 € für einen Liter gelber Farbe und 45 € für einen Liter blauer Farbe. Die benötigte und verfügbare Arbeitszeit (Std.) pro Arbeitsgang und Produkt sind in der folgenden Tabelle angegeben.

Farben	Rot	Gelb	Blau	TYP	RHS
Mischen	2	1	3	$\leq$	42
Abfüllen	2	1	2	$\leq$	40
Verpacken	1	0,5	1	$\leq$	45

Lösen Sie das Optimierungsmodell zur Maximierung des Gesamterlöses mit dem Excel-Solver. Beantworten Sie die folgenden Fragen:

a) Wie ändert sich jeweils die Lösung, wenn die verfügbare Menge der Arbeitsstunden für Mischen, Abfüllen und Verpacken jeweils um eine Stunde erhöht wird? (Die verfügbaren Arbeitsstunden beider anderen Ressourcen bleiben dabei unverändert!)
b) Wie hoch müsste der Deckungsbeitrag von Farbe Rot mindestens sein, damit Rot produziert wird?
c) Wie ändert sich der Zielfunktionswert (und die Lösung), wenn erzwungen wird, dass mindestens 1 Liter roter Farbe produziert wird?
d) Erklären Sie mit eigenen Worten, warum nicht mehr Blau produziert wird, obwohl der Verkaufspreis sehr hoch ist – und warum sie auf der anderen Seite überhaupt Blau produziert wird!

Aufgabe 3-3: Modellierungssprache

Laden Sie die Demoversion der Modellierungssprache AMPL von der Webseite http://www.ampl.com herunter. Installieren Sie die Software und lesen Sie das Tutorial!

Aufgabe 3-4: Produktionsplanung mit mehreren Produktionsstätten

Definieren Sie ein allgemeines Produktionsplanungsmodell mit mehreren Produktionsstätten als Modelldatei in AMPL! Definieren Sie eine Datendatei mit Daten aus der Aufgabe 2-2 in Kapitel 2 und lösen Sie das Modell mit AMPL!

Aufgabe 3-5: Produktionsplanung mit mehreren Perioden

Definieren Sie ein allgemeines Produktionsplanungsmodell mit mehreren Perioden und Lagerhaltung als Modelldatei in AMPL. Definieren Sie eine Datendatei mit Daten aus der Aufgabe 2-3 in Kapitel 2 und lösen Sie das Modell mit AMPL!

Weitere Übungen und Lösungen befinden sich im Internet.

http://dsor-lectures.upb.de/

3.7 Was sollte ich gelernt haben?

Algorithmische Komplexität

Welche algorithmische Komplexität haben der Simplex-Algorithmus und die Interior-Point-Methode?

Softwarepakete für die Lineare Optimierung

Nennen Sie einige Pakete und deren Eigenschaften! Wie hat sich die Lösungsgeschwindigkeit in den letzten 15 Jahren typischerweise entwickelt?

Eingabe/Konstruktion von LP-Modellen

Wie unterscheiden sich die folgenden grundsätzlichen Eingabemethoden?

- interaktive Eingabe am Bildschirm
- Eingabe im MPS-Format
- Eingabe mit Hilfe einer Modellierungssprache
- Eingabe über eine (statische) Programmbibliothek
- Eingabe über eine DLL

Modellierungssprachen

Was ist eine Modellierungssprache? Nennen Sie Beispiele!

Entscheidungsunterstützungssysteme

Was versteht man unter einem Entscheidungsunterstützungssystem (Decision Support System)?

4

Modellierungstechniken für Optimierungsaufgaben

Lernziele:

- Verständnis über die Bedeutung der Modellierung
- Nutzung von Indikatorvariablen in diversen Standardmodellen
- Überführung beliebiger logischer Klauseln in Restriktionen
- Formulieren von Modellen mit mehrfacher Zielsetzung

Online-Lernmodule:

- Modellierungstechniken von Optimierungsproblemen
- Aussagenlogik - logische Verknüpfungen von Aussagen

www **http://dsor-lectures.upb.de/**

4.1 Bedeutung der richtigen Modellierung

Viele Aufgabenstellungen aus der Praxis, auch solche, die auf den ersten Blick nicht wie ein mathematisches Optimierungsproblem aussehen, lassen sich als lineare oder (gemischt-)ganzzahlige Programme formulieren und lösen. In diesem Kapitel wird gezeigt, wie verschiedene Entscheidungssituationen mit Hilfe kontinuierlicher Variablen und linearer Restriktionen modelliert werden können. In vielen Fällen werden auch ganzzahlige Variablen integriert – insbesondere logische 0/1-Variablen, mit deren Hilfe Entscheidungsalternativen formuliert werden können.

Beispielsweise kann eine Maschine im Planungszeitraum eingeschaltet (Wert der logischen 0/1-Variable = 1) bzw. nicht eingeschaltet (Wert der Variable = 0) oder ein Gebäude errichtet (Wert = 1) bzw. nicht errichtet (Wert = 0) werden.

Wir versuchen eine gegebene Optimierungsaufgabe also zunächst mit der linearen oder gemischt-ganzzahligen Optimierung zu lösen. Der Leser sollte an dieser Stelle überlegen, warum hier nicht die nichtlineare Optimierung gewählt wird, obwohl die Zielfunktion und Restriktionen oft einfacher in nichtlinearer Form (z. B. als Produkt von zwei Variablen) darstellbar sind.

Die Antwort auf diese Frage kann man aus Kapitel 3 ableiten. Es wird beabsichtigt, die Modelle zu lösen und nicht nur aufzustellen. Für lineare und gemischt-ganzzahlige Modelle existiert leistungsfähige Standardsoftware, wodurch eine optimale Lösung meistens (außer bei schwierigen kombinatorischen Modellen) in vertretbarer Zeit gefunden werden kann. Weil dies für nichtlineare Probleme jedoch nicht der Regelfall ist, lohnt sich ein höherer Aufwand für die Modellierung in linearer Form.

Es gibt i.d.R. viele unterschiedliche Möglichkeiten, eine gegebene Aufgabenstellung als Optimierungsmodell zu formulieren. Die Kunst liegt darin, die richtige Modellrepräsentation auszuwählen. Oft existieren mehrere inhaltlich korrekte Möglichkeiten ein Problem zu modellieren, wobei einige leicht und einige schwer mit Hilfe von Standardsolvern zu lösen sind.

Dieses Kapitel behandelt wichtige grundsätzliche Modellierungstechniken und erläutert diese anhand von Beispielen. Nur durch eigenständiges Durcharbeiten mehrerer Beispiele und Übungsaufgaben, die spezielle Techniken zu ihrer Modellierung erfordern, kann ein Erfahrungsniveau erreicht werden, das notwendig für die Umsetzung von Modellierungstechniken in praktischen Anwendungen ist.

Beispiel: Mehrschichtarbeit

In einem Betrieb mit Mehrschichtarbeit besteht folgender Bedarf an Personal:

Von 0 bis 4 Uhr: 3 Personen

Von 4 bis 8 Uhr: 8 Personen

Von 8 bis 12 Uhr: 10 Personen

Von 12 bis 16 Uhr: 8 Personen

Von 16 bis 20 Uhr: 14 Personen

Von 20 bis 24 Uhr: 5 Personen

Bestimmen Sie einen Tageseinsatzplan mit minimaler Anzahl Mitarbeiter, vorausgesetzt, dass jeder Mitarbeiter 8 aufeinanderfolgende Stunden Dienst pro Tag hat. Wie hoch ist die minimal benötigte Anzahl von Mitarbeitern? Ist das folgende Modell (siehe Abb. 4.1) korrekt?

Falls nicht, warum? – Abgesehen davon, dass die Lösung des obigen LP-Modells trivial ist ($x_1 = 3$, $x_2 = 8, \ldots$), ergeben die Werte der x_i-Variablen keine Lösung des Problems, d. h. man weiß letztendlich nicht, wie viele Mitarbeiter insgesamt benötigt werden (in der Zielfunktion werden Mitarbeiter mehrfach gezählt). Außerdem kann man mit Hilfe der x_i-Variablen die oben erwähnte minimale Anzahl der Mitarbeiter, die jeweils 8 aufeinanderfolgende Stunden Dienst pro Tag hat, nicht modellieren.

Das Beispiel zeigt, dass die Wahl der „richtigen“ Entscheidungsvariablen von kritischer Bedeutung für eine erfolgreiche Modellierung mit Hilfe ma-

Mehrschichtarbeit											
FALSCH											
Variablen		0-4 Uhr	4-8 Uhr	8-12 Uhr	12-16 Uhr	16-20 Uhr	20-24Uhr				
Zielfunktion	Min z	1	1	1	1	1	1				
									RHS		**Wert der Nebenbedingungen**
Nebenbedingungen	0-4 Uhr	1						>=	3		3
	4-8 Uhr		1					>=	8		8
	8-12 Uhr			1				>=	10		10
	12-16 Uhr				1			>=	8		8
	16-20 Uhr					1		>=	14		14
	20-24 Uhr						1	>=	5		5
Wert der Variablen		3	8	10	8	14	5				
Zielfunktionswert	48										

Abb. 4.1. Beispiel Mehrschichtarbeit a)

thematischer Programmierung ist. Die Entscheidungsvariablen sollen so gewählt werden, dass

- sie ausreichen, um alle problemspezifischen Nebenbedingungen durch (lineare) Restriktionen sowie die Zielsetzung durch eine mathematische (lineare) Funktion auszudrücken,
- aus deren Werten bei einer optimalen Modelllösung eine Lösung des praktischen Problems hergeleitet werden kann.

D. h. man soll sich bei der Modellierung die Fragen – falls nötig wiederholt – stellen:

- *Was* soll ich bei dem gegebenen Problem *entscheiden*? (Beispiele: wie viel von einem bestimmten Produkt produziert wird oder ob ein Projekt durchgeführt wird).
- Wie sehen dann die *Entscheidungsvariablen* aus, um mit Hilfe ihrer Werte bei einer optimalen Lösung die Entscheidung treffen zu können bzw. einen Entscheidungsvorschlag zu erarbeiten? (Für die Beispiele: Kontinuierliche Variable x für die zu produzierende Menge und eine 0/1-Variable y, die den Wert 1 genau dann annimmt, wenn ein Projekt durchgeführt werden soll).

Für das Mehrschichtbeispiel könnte man die Entscheidungsvariablen x_i als Anzahl der Mitarbeiter auffassen, die in der Schicht i ($i = 1, 2, \ldots, 6$) *anfangen* zu arbeiten (Schicht 1: 0 bis 8 Uhr, Schicht 2: 4 bis 12 Uhr, ..., Schicht 5: 16 bis 24 Uhr, Schicht 6: 20 bis 4 Uhr). Mit dieser Wahl der Entscheidungsvariablen kann man nun das folgende korrekte Modell aufstellen, bei dem eine Mehrfachzählung der Mitarbeiter verhindert (Zielfunktion) und die 8-Stunden-Arbeitszeit in den Restriktionen integriert wird (s. Abb. 4.2). Eine optimale Lösung des Optimierungsproblems (mit kontinuierlichen Variablen) lautet:

$z = 27,\ x_1 = 3,\ x_2 = 5,\ x_3 = 5,\ x_4 = 3,\ x_5 = 11,\ x_6 = 0.$

Mehrschichtarbeit										
KORREKT										
Variablen		0-4 Uhr	4-8 Uhr	8-12 Uhr	12-16 Uhr	16-20 Uhr	20-24Uhr			
Zielfunktion	Min z	1	1	1	1	1	1			
									RHS	**Wert der Nebenbedingungen**
Nebenbedingungen	0-4 Uhr	1					1	>=	3	3
	4-8 Uhr	1	1					>=	8	8
	8-12 Uhr		1	1				>=	10	10
	12-16 Uhr			1	1			>=	8	8
	16-20 Uhr				1	1		>=	14	14
	20-24 Uhr					1	1	>=	5	11
Wert der Variablen		3	5	5	3	11	0			
Zielfunktionswert	27									

Abb. 4.2. Beispiel Mehrschichtarbeit b)

4.2 Fixkostenprobleme

Insbesondere bei der Produktionsplanung sind oft Fixkosten (Investitions- oder Rüstkosten) notwendig, um eine Produktionsart mit linearen Produktionskosten zu starten.

Zu minimierende Funktion mit Fixkosten lautet:

$$k(x) = \begin{cases} 0, \text{ für } x = 0 \\ k_0 + cx, \text{ für } x > 0 \end{cases}$$

Die Kostenfunktion ist unstetig im Punkt $x = 0$ und macht einen Sprung von $k = 0$ auf $k = k_0$ (vgl. Abb. 4.3). Zur Modellierung fixer Kosten wird zunächst eine logische 0/1-Variable y eingeführt:

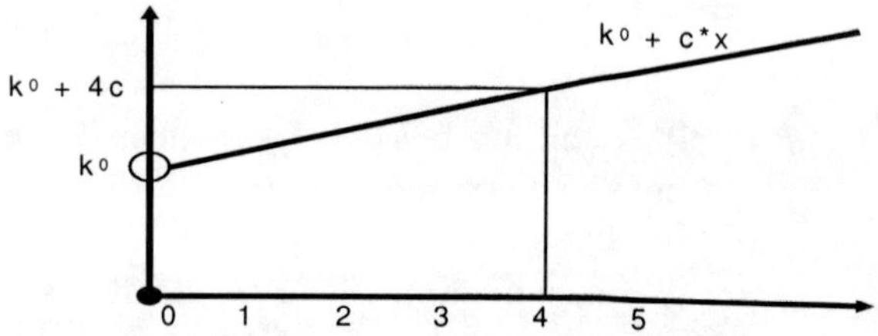

Abb. 4.3. Grafische Darstellung eines Fixkostenproblems

$$y = \begin{cases} 0, \text{ wenn } x = 0 \\ 1, \text{ wenn } x > 0 \end{cases}$$

Die Kostenfunktion lässt sich jetzt in geschlossener Form darstellen:

$$\begin{aligned} \min k(x, y) &= k_0 y + cx \\ x &\geq 0 \\ y &\quad 0/1\text{-Variable} \end{aligned}$$

Die folgende Bedingung sichert den Zusammenhang zwischen x und y:

$$(0 \leq)\ x \leq My$$

wobei die Zahl M (big-M) so groß sein muss, dass diese Restriktion für $y = 1$ den Wertebereich von x nicht einschränkt (Obergrenze von x reicht). Es bietet sich an, für das big-M einen so großen Wert wie nötig, aber einen so kleinen Wert wie möglich, zu wählen. Wenn der Wert von M um Größenordnungen höher ist als die anderen Parameterwerte des Modells, kann es bei großen Modellen zu numerischen Ungenauigkeiten und somit zu Konvergenzproblemen kommen.

Da die Kostenfunktion minimiert wird, wird für $x = 0$ automatisch $y = 0$ gesetzt. Für den Fall $x > 0$ wird jedoch durch obige Ungleichung $y = 1$ erzwungen.

In ähnlicher Weise lassen sich auch *Rüstzeiten* in Kapazitätsrestriktionen oder *Schwellenwerte* bei der Produktion (von einem Produkt soll mindestens die Menge b hergestellt werden, wenn es überhaupt produziert wird) modellieren (vgl. nächsten Abschnitt).

Beispiel: Landwirtschaft

Ein landwirtschaftlicher Betrieb hat 100 ha Land und kann

a) Viehzucht betreiben und/oder
b) Getreide anpflanzen oder
c) Gemüse anpflanzen.

Im Falle a) werden pro 100 Rinder 1 ha Land benötigt. Außerdem muss ein Gebäude errichtet werden. Die Investitionskosten betragen 200 GE (Geldeinheiten) pro Periode. Der Periodenertrag je 100 Rinder beträgt 25 GE; die sonstigen Periodenkosten je 100 Rinder betragen 8 GE.

Im Falle b) müssen Maschinen mit Periodenkosten in Höhe von 100 GE angeschafft werden. Der Periodenertrag je ha beträgt 18 GE, die Periodenkosten 4 GE je ha.

Im Falle c) betragen der Ertrag je ha und Periode 30 GE, die Kosten 7 GE. In Folge Personalmangels können jedoch maximal 20 ha Gemüse angepflanzt werden.

Alle Kombinationen außer Viehzucht *und* Gemüseanbau sind zugelassen.

Die Formulierung als Optimierungsmodell sieht wie folgt aus:

Entscheidungsvariablen:

Zunächst braucht man kontinuierliche Variablen R, G, $M \geq 0$:

R: Anzahl der Hektar, die zur Rinderzucht verwendet werden

G: Anzahl der Hektar, die zum Getreideanbau verwendet werden

M: Anzahl der Hektar, die zum Gemüseanbau verwendet werden

Um Entscheidungsalternativen der Art „Gemüse wird angebaut oder nicht" und Beziehungen zwischen diesen Optionen formulieren zu können, werden als Hilfsmittel logische 0/1-Variablen eingeführt:

$$Y_R = \begin{cases} 1, & \text{Rinderzucht} \\ 0, & \text{keine Rinderzucht} \end{cases}$$

$$Y_G = \begin{cases} 1, & \text{Getreideanbau} \\ 0, & \text{kein Getreideanbau} \end{cases}$$

$$Y_M = \begin{cases} 1, & \text{Gemüseanbau} \\ 0, & \text{kein Gemüseanbau} \end{cases}$$

Restriktionen:

$$R + G + M \leq 100 \text{ (Gesamtfläche)}$$
$$R \leq 100Y_R$$
$$G \leq 100Y_G$$
$$M \leq 20Y_M$$
$$Y_R + Y_M \leq 1 \text{ (Viehzucht und Gemüseanbau schließen sich aus)}$$

Zielfunktion: Maximiere Ertrag – Kosten:

$$\max z = (25 - 8)R + (18 - 4)G + (30 - 7)M - 200Y_R - 100Y_G$$

In der Zielfunktion wurden die 0/1-Variablen benutzt, um abhängig von einer Projektdurchführung die damit verbundenen Investitionskosten (Fixkosten) abziehen zu können.

Lösen Sie das Modell mit einer Standardsoftware zur Optimierung.

4.3 Schwellenwerte

Der Begriff Schwellenwert kommt in vielen praktischen Anwendungen vor. Beispielsweise können in Unternehmen manche Produkte nur ab einer Mindestmenge angekauft, produziert oder verkauft werden und der Erwerb von Werbezeit bei Fernseh- oder Radiosendern kann nur ab einer bestimmten Mindestzeit erfolgen. Das heißt der Wert einer Variablen ist entweder gleich Null oder ein positiver, gegebener Mindestwert. Außerdem besitzt die Variable i.A. eine obere Schranke.
Mathematisch: Eine kontinuierliche Variable x kann entweder den Wert 0 oder einen positiven Wert zwischen X_L und X_U annehmen. Diese Bedingung kann mit Hilfe einer 0/1-Variable y modelliert werden. Für $y = 1$ soll der x-Wert positiv und für $y = 0$ soll $x = 0$ sein. Folgende Ungleichungen (zusammen) erzielen diesen Effekt:

$x \leq X_U y$ erzwingt, dass $x = 0$ wird, falls $y = 0$ ist, sonst $x \leq X_U$
$x \geq X_L y$ erzwingt, dass $x \geq X_L$ wird, falls $y = 1$ ist, sonst $x \geq 0$

Falls die obere Schranke X_U von x nicht gegeben ist, setzt man stattdessen ein big-M in der ersten Ungleichung ein. Diese Ungleichung ist hier notwendig.

Beispiel: Fashion GmbH
Fashion GmbH ist in der Lage, drei Arten von Bekleidungsstücken zu produzieren: Jacken, Röcke und Hosen. Dabei müssen jeweils Produktionsmaschinen gemietet werden. A-Maschinen für die Jackenherstellung kosten 1000 € pro Woche (Planungsperiode), B-Maschinen zur Herstellung von Röcken 2000 € sowie C-Maschinen zur Hosenherstellung 1500 € in der

Woche. Es stehen im Planungszeitraum 150 Arbeitsstunden und 160 m^2 Material zur Verfügung. Die Kosten-, Ressourcen- und Ertragsstruktur ist in der unten angegebenen Tabelle gegeben.

1. Unter Betrachtung der Mietkosten von Maschinen sollen die Produktionsmengen an Jacken, Röcken und Hosen bestimmt werden, so dass der gesamte Deckungsbeitrag (Verkaufspreis minus variable Kosten minus Mietkosten) maximiert wird.
2. Unter Beachtung, dass im Falle der Produktion von Röcken bzw. Hosen eine Mindestmenge von 20 Stück hergestellt werden soll, sei das Modell zu erweitern.

Fashion GmbH	Arbeitsstunden pro Stück	Material pro Stück (m^2)	Verkaufspreis	Variable Kosten
Jacken	3	1,2	60	35
Röcke	2	0,8	90	45
Hosen	3	1,3	110	60

Worüber wird in diesem Beispiel entschieden? Im ersten Teil geht es offensichtlich um die Entscheidung der produzierten Mengen an Jacken, Röcken und Hosen. Dafür werden die Variablen:

$$\begin{aligned} J &: \text{Anzahl produzierter Jacken} \\ R &: \text{Anzahl produzierter Röcke} \\ H &: \text{Anzahl produzierter Hosen} \end{aligned}$$

genutzt. Darüber hinaus wird eine Indikatorvariable pro Produkt benötigt, um die fixen Kosten und Schwellenwerte modellieren zu können. Diese seien:

$$\begin{aligned} Y_J &: \text{Indikator, ob Jacken produziert werden.} \\ Y_R &: \text{Indikator, ob Röcke produziert werden.} \\ Y_H &: \text{Indikator, ob Hosen produziert werden.} \end{aligned}$$

Die Zielfunktion lautet somit:

$$\max \text{z} = 25J + 45R + 50\ H \text{ -}1000Y_J \text{ - } 2000Y_R \text{ - } 1500Y_H,$$

und die Restriktionen:

$$\begin{aligned} 3J + 2R + 3H &\leq 150 \\ 1{,}2J + 0{,}8R + 1{,}3H &\leq 160 \\ J &\leq 50Y_J \\ R &\leq 75Y_R \\ H &\leq 50Y_H \end{aligned}$$

Der Schwellenwert für Röcke bzw. Hosen im Aufgabenteil 2 impliziert die folgenden Restriktionen:

$$\begin{aligned} R &\geq 20Y_R \\ H &\geq 20Y_H \end{aligned}$$

4.4 Darstellung alternativer Restriktionsgruppen

Beispiel: Restriktionsgruppen für Maschinen

Zwei Produkte können mit Maschinen der Gruppe A oder mit Maschinen der Gruppe B hergestellt werden, allerdings mit unterschiedlichen Parametern. Aus den beiden Gruppen von je zwei Maschinen soll eine Gruppe für die Produktion ausgewählt werden, so dass der Gewinn maximiert wird. Kapazitätsrestriktionen:

Gruppe a) $x_1 + 5x_2 \leq 10$ Gruppe b) $2x_1 + 5x_2 \leq 20$

$x_1 + x_2 \leq 6$ $2x_1 + x_2 \leq 6$

mit x_1, $x_2 \geq 0$ und der Zielfunktion Max $z = x_1 + 2x_2$.

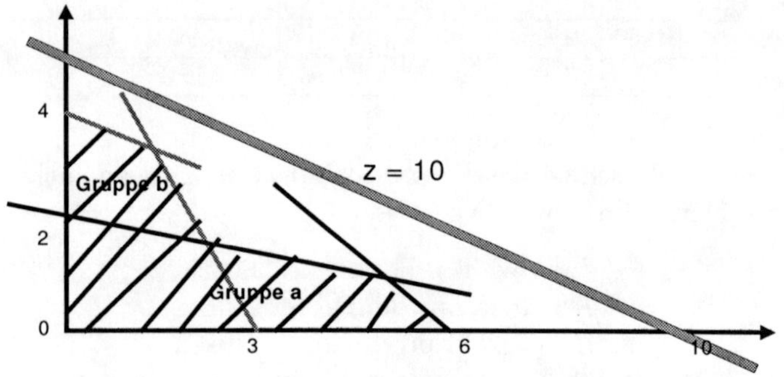

Abb. 4.4. Grafische Darstellung alternativer Restriktionsgruppen

Eine zulässige Lösung muss das Restriktionssystem der Gruppe A *oder* der Gruppe B erfüllen. Somit besteht die Menge der zulässigen Lösungen aus der Vereinigungsmenge zulässiger Lösungsbereiche der Einzelprobleme. Die Lösungsmenge ist damit kein konvexer Polyeder mehr (kein reines LP-Problem). Abhilfe schafft die Einführung der logischen Variablen y_j, wobei y_j angibt, ob die Gruppe j benutzt wird oder nicht:

$y_j = 1$, wenn Gruppe j benutzt wird,

$y_j = 0$, sonst.

Durch die Bedingung $y_1 + y_2 = 1$ wird gesichert, dass genau eine Maschinengruppe benutzt wird. Man kann dann *Ungleichungen unwirksam machen*: Dazu werden Kapazitäten eingesetzt, die in Relation sehr groß sind (big-M; z. B. 100):

$$\begin{aligned}
x_1 + 5x_2 &\leq 10 + 100(1 - y_1) \\
x_1 + x_2 &\leq 6 + 100(1 - y_1) \\
2x_1 + 5x_2 &\leq 20 + 100(1 - y_2) \\
2x_1 + x_2 &\leq 6 + 100(1 - y_2)
\end{aligned}$$

$$y_1 + y_2 = 1 (\text{hier reicht } y_1 + y_2 \geq 1 \text{ als Bedingung aus})$$

Gilt $y_1 = 1$ und $y_2 = 0$, sind die beiden ersten Ungleichungen wirksam und die beiden letzten redundant (und umgekehrt). Es ist zu betonen, dass „Ungleichungen unwirksam“ nicht mit der Forderung „Ungleichungen nicht erfüllt“ verwechselt werden darf. Im Falle $y_1 = 1$ und $y_2 = 0$ sind auch Lösungen des gemeinsamen zulässigen Bereich der Gruppen a) und b) zulässig (z. B. $x_1 = 1$ und $x_2 = 1$), d. h. Lösungen, die sowohl die Ungleichungen der Gruppe a als auch (eine oder) beide Ungleichungen der Gruppe b erfüllen.

4.5 Weitere spezielle Modellierungstechniken

Zwei mögliche Werte

Der Ausdruck

$$x_1 = \begin{cases} x_2, \text{ wenn y} = 1 \\ 0, \text{ sonst} \end{cases}$$

(wobei x_1, $x_2 \geq 0$) lässt sich darstellen als $x_1 = x_2 y$, ist jedoch in dieser Form nichtlinear.
Die Forderungen sind hier der Form: $y = 1 \rightarrow x_1 = x_2$ und $y = 0 \rightarrow x_1 = 0$. Die letztere Forderung lässt sich als

$$x_1 \leq M_1 y \qquad (1)$$

darstellen, wobei M_1 als obere Schranke von x_1 gewählt wird.
Weiterhin wird die Gleichung $x_1 = x_2$ zunächst in zwei Ungleichungen $x_1 \leq x_2$ und $x_1 \geq x_2$, dann in die $\leq$ 0-Ungleichungen $x_1 - x_2 \leq 0$ und $x_2 - x_1 \leq 0$ transformiert. Die Wirksamkeit dieser Ungleichungen für $y = 1$ wird dann durch:

$$x_1 - x_2 \leq M_2(1 - y) \qquad (2)$$
$$x_2 - x_1 \leq M_3(1 - y) \qquad (3)$$

gewährleistet, wobei M_2 bzw. M_3 als obere Schranke des Ausdrucks $x_1 - x_2$ bzw. $x_2 - x_1$ gewählt wird. Falls $y = 1$, erzwingen (2) und (3), dass $x_1 \leq x_2$ und $x_1 \geq x_2$, d.h. $x_1 = x_2$ wird. Falls $y = 0$, erzwingt (1), dass $x_1 \leq 0$ und somit $x_1 = 0$ wird (da $x_1 \geq 0$ ist).

Produkt von zwei 0/1-Variablen

Der nichtlineare Ausdruck $y_3 = y_1 \cdot y_2$, wobei y_1, y_2 und somit y_3 0/1-Variablen sind, lässt sich wie oben behandeln. Man setzt y_1 für x_2 und y_2 für y ein, dann steht y_3 für x_1. Die Ungleichungen (1), (2) und (3) werden dann wie folgt transformiert:

$$
\begin{array}{lll}
x_1 \le M_1 y & \rightarrow & y_3 \le M_1 y_2 \\
x_1 - x_2 \le M_2(1-y) & \rightarrow & y_3 - y_1 \le M_2\,(1\text{-}y_2) \\
x_2 - x_1 \le M_3(1-y) & \rightarrow & y_1 - y_3 \le M_3\,(1\text{-}y_2)
\end{array}
$$

Da y_1, y_2 und y_3 0/1-Variablen sind, kann man sowohl für M_1 als auch für M_2 und M_3 den Wert 1 einsetzen. Somit folgen die vereinfachten Ungleichungen:

$$
\begin{array}{llll}
y_3 \le y_2 & \text{d.h.} & -y_2 + y_3 & \le 0, \\
y_3 - y_1 \le 1 - y_2 & & -y_1 + y_2 + y_3 & \le 1 \\
y_1 - y_3 \le 1 - y_2 & & y_1 + y_2 - y_3 & \le 1
\end{array}
$$

Maximum von zwei Variablen

Die Funktion $z = \max(x_1, x_2)$ lässt sich auf zwei verschiedene Arten darstellen:
Alternative 1: Es wird u_1, $u_2 \ge 0$ (u_1, $u_2 \ge 0$, da $z \ge x_1$ und $z \ge x_2$ gelten) eingeführt und man setzt:

$$
\begin{array}{l}
z = x_1 + u_1 \;\; \text{bzw.} \;\; u_1 = z - x_1 \\
z = x_2 + u_2 \;\; \text{bzw.} \;\; u_2 = z - x_2
\end{array}
$$

Eine 0/1-Indikator-Variable y wird eingeführt, um anzuzeigen, ob $u_1 = 0$ (also $z = x_1$), falls $y = 1$ oder $u_2 = 0$ (also $z = x_2$), falls $y = 0$ ist.

$$
\begin{array}{l}
u_1 \le M_1(1-y), y \text{ ist 0/1-Variable} \\
u_2 \le M_2 y.
\end{array}
$$

M_1 bzw. M_2 wird als positive obere Schranke des Ausdrucks $x_2 - x_1$ bzw. $x_1 - x_2$ gewählt, da $z = x_1$ oder $z = x_2$ gilt.
($y = 1 \Rightarrow u_1 \le 0, x_2 \le M_2 \Rightarrow z = x_1 = x_2 + u_2$.[Fall $x_1 \ge x_2$])
($y = 0 \Rightarrow u_1 \le M_1, u_2 \le 0 \Rightarrow z = x_2 = x_1 + u_2$.[Fall $x_2 \ge x_1$])
Alternative 2: (Verzicht auf die Hilfsvariablen u_1, u_2)

$$
\begin{array}{r}
x_1 \le z, \\
x_2 \le z, \\
z - x_1 \le M_1(1-y), \\
z - x_2 \le M_2 y, y \in \{0,1\}, M_1 \text{ und } M_2 \text{ wie oben.}
\end{array}
$$

In dieser Formulierung wurde $z - x_1$ für u_1 und $z - x_2$ für u_2 eingesetzt (man beachte, dass $u_1 \ge 0$ mit $z - x_1 \ge 0$ und daher mit $x_1 \le z$ gleichwertig ist). Die obigen Ungleichungen kann man auch anders herleiten: Da $z = \max(x_1, x_2)$ ist, muss $x_1 \le z$ und $x_2 \le z$ sowie $x_1 \ge z$ *oder* $x_2 \ge z$, damit z auch mit x_1 oder mit x_2 übereinstimmt (nicht $> x_1$ und $> x_2$), gelten. Diese Oder-Verknüpfung lässt sich mit der Einführung einer Indikator-Variablen für die Wirksamkeit von $x_1 \ge z$ bzw. $x_2 \ge z$ darstellen (vgl. 3.5). Für y stünde dann bei der letzten der obigen Ungleichungen ($1 - y'$), wobei $y + y' = 1$ gesetzt wird. Man kann in einer solchen Situation y oder y' immer eliminieren.

Verallgemeinern Sie beide Vorgehensweisen zur Darstellung von $z = \max(u_1, u_2, ..., u_m)$.

Bemerkung:

1. Die obige Vorgehensweise bleibt gültig, auch wenn u_1, u_2, ..., u_m beliebige reelle Werte (also positive wie negative) annehmen oder für beliebige lineare Ausdrücke stehen. Im Allgemeinen steht für u_i $(i = 1, 2, \ldots, m)$ ein Ausdruck der Form $\sum_{j=1}^{n} a_{ij}x_j$, wobei $x_1, x_2, \ldots, x_n$ die Strukturvariablen des Problems sind. Also ist z. B. $u_1 = 2x_1 + x_2 + 4x_3$ und $u_2 = 5x_1 + 7x_2$.
2. Falls der Ausdruck $z = \max(u_1, u_2, ..., u_n)$ in der Zielfunktion minimiert wird, spricht man von einer *MiniMax-Objective*. In diesem Falle braucht man sogar nicht alle Ungleichungen, insbesondere keine Einführung von 0/1-Variablen, und das Problem bleibt ein reines LP-Modell. Die Ungleichungen $u_1 \leq z$, $u_2 \leq z$, ..., $u_n \leq z$ zusammen mit der Zielfunktion min z sind hinreichend, da die Zielfunktion den Wert von z so nach unten „drückt", dass er automatisch mit einem der Werte von u_1, u_2, ... oder u_n übereinstimmen muss (ohne die obigen zusätzlichen Restriktionen mit den y).
3. Bei einer MiniMax-ähnlichen Zielfunktion muss stets beachtet werden, dass sich die LP- oder MIP-Zielfunktion auf die erstgenannte Richtung bezieht (d. h. bei einer MiniMax-Zielfunktion hat man eine min-Zielfunktion, die innerhalb des zulässigen Bereichs minimiert werden soll). Das Max ist dann anders zu verstehen und bezieht sich auf vorgegebene Variablen oder auf lineare Ausdrücke, d. h. $\max(u_1, u_2, u_3)$ ist z. B. $= 5$, falls die Variablen u_1, u_2, u_3 die Werte 2, 5 bzw. 4 annehmen.
4. Der Ausdruck $z = \min(u_1, u_2, \ldots, u_n)$ lässt sich in ähnlicher Art wie die Max-Funktion behandeln. Auch die Bemerkung 2 lässt sich auf ein *MaxiMin-Objective* übertragen.
5. MiniMax- und MaxiMin-Zielfunktionen nennt man in der Literatur auch *Bottleneck-Objectives*. Die anderen denkbaren Bottleneck-Objectives MaxiMax- und MiniMin-Zielfunktionen sind seltener in der Praxis. Dies ist von Vorteil für OR-Fachleute, da die MaxiMax- und MiniMin-Zielfunktionen einer gemischt-ganzzahligen Formulierung bedürfen. Es bleibt dem interessierten Leser überlassen, das „Warum?" zu beantworten und eine MIP Formulierung anzugeben.

Absolutwert

Die Funktion $z = |x|$,wobei x beliebige reelle Werte annehmen kann oder für einen beliebigen linearen Ausdruck steht, ist auch nicht linear.

Aufgaben zu Absolutwerten

1. Stellen Sie lineare Ungleichungen auf, die die Funktion $z = |x|$, $x \in R$, darstellen, ohne dass z in der Zielfunktion vorkommen muss!

2. Stellen Sie ein lineares Modell für die Zielfunktion $\min z = |x|$ auf, wobei die Variable $x \in R$ in linearen Restriktionen vorkommt!
3. Stellen Sie ein lineares Modell für die Zielfunktion $min\ z = |x_1 - x_2|$ auf, wobei die Variablen x_1 und x_2 (mit x_1, $x_2 \in$ R) in linearen Restriktionen vorkommen!
4. Behandeln Sie den Ausdruck $x_1 = \begin{cases} x_2, \text{ wenn y} = 1 \\ 0, \text{ sonst} \end{cases}$
   für den Fall, dass die Variablen x_1, $x_2 \in$ R sind, also beliebige reelle Werte annehmen können (nicht wie oben ≥ 0).

Weiche Restriktionen

Bisher haben wir bei der Modellierung Restriktionen betrachtet, die exakt erfüllt werden müssen. Beispielsweise ist die Kapazität einer Leitung aus physikalischen Gründen begrenzt und kann nicht überschritten werden. Dies entspricht der natürlichen Sichtweise der mathematischen Optimierung, weil Lösungsbereiche mit exakten (und nicht irgendwie schwammigen) Grenzen betrachtet werden.
Allerdings ist die Realität bei Weitem nicht immer so genau definiert. Im täglichen Leben hat man es oft mit „weichen" Begriffen zu tun, z. B. „ungefähr", „meistens", „wünschenswert", „manchmal". Solche weichen Begriffe sind bis zu einem gewissen Punkt in einem klassischen mathematischen Optimierungsmodell darstellbar.
Ein Optimierungsmodell kann grundsätzlich zwei Typen von Restriktionen beinhalten: harte und weiche. *Harte Restriktionen* müssen exakt erfüllt werden. Sogenannte *weiche Restriktionen (soft constraints)* erlauben kleinere Abweichungen unter bestimmten Bedingungen. Beispielsweise kann die Anzahl der verfügbaren Arbeitsstunden überschritten werden oder es kann eine Lieferung einige Minuten außerhalb eines zugelassenen Lieferzeitraumes stattfinden.
Weiche Restriktionen können wie folgt in einem Optimierungsmodell abgebildet werden:

$$\text{(i)}\quad \sum_j a_j x_j \leq b \Rightarrow \sum_j a_j x_j \leq b + u \qquad \text{bzw.} \sum_j a_j x_j - u \leq b$$
$$\text{(ii)}\quad \sum_j a_j x_j \geq b \Rightarrow \sum_j a_j x_j \geq b - v \qquad \text{bzw.} \sum_j a_j x_j + v \geq b$$
$$\text{(iii)}\quad \sum_j a_j x_j = b \Rightarrow \sum_j a_j x_j - u + v = b$$

wobei neue nichtnegative Variablen u, v eingeführt werden. u steht für eine Überschreitung, v für eine Unterschreitung von b. Die Zielfunktion wird wie folgt mit einem entsprechenden Term ergänzt.
Für (i): $z \Rightarrow z + cu$, wobei $c > 0$ für Minimierung
und $c < 0$ für Maximierung steht
Für (ii) : $z \to z + cv$
Für (iii): $z \to z + c_1 u + c_2 v$, wobei c_1, $c_2 > 0$ für Minimierung
und c_1, $c_2 < 0$ für Maximierung steht.
Eine sehr wichtige Anwendung von weichen Restriktionen ist die Realisierung des *Goal Programming*, eines der Verfahren, die zur Modellbildung bei mehreren konkurrierenden Zielsetzungen benutzt werden, vgl. 4.8.2.

4.6 Stückweise lineare Funktionen

In der Praxis treten oft Aufgabenstellungen auf, in denen die Zielfunktion (oder Teile davon) aus mehreren linearen Stücken besteht, die zusammen eine kontinuierliche, aber nichtlineare Funktion bilden. Eine solche Situation kommt oft vor, wenn Mengenrabatte gestaffelt vergeben werden.

Beispiel: Heizölkauf
Beispielsweise ist der Literpreis von Heizöl folgendermaßen von der gekauften Menge abhängig:

0-5000 Liter 0,25 € pro Liter
5000-10000 Liter 0,20 € pro Liter
10000-15000 Liter 0,15 € pro Liter

Sei x die gekaufte Ölmenge $0 \leq x \leq 15000$ (vgl. Abb. 4.5) $\Rightarrow$

$x \leq 0 \Rightarrow c(x) = 0.$
$0 \leq x \leq 5000 \Rightarrow c(x) = 0{,}25x$
$5000 \leq x \leq 10000 \Rightarrow c(x) = 5000 \cdot 0{,}25 + (x - 5000) \cdot 0{,}20$
$10000 \leq x \leq 15000 \Rightarrow c(x) = 5000 \cdot 0{,}25 + 5000 \cdot 0{,}20 + (x - 10000) \cdot 0{,}15$

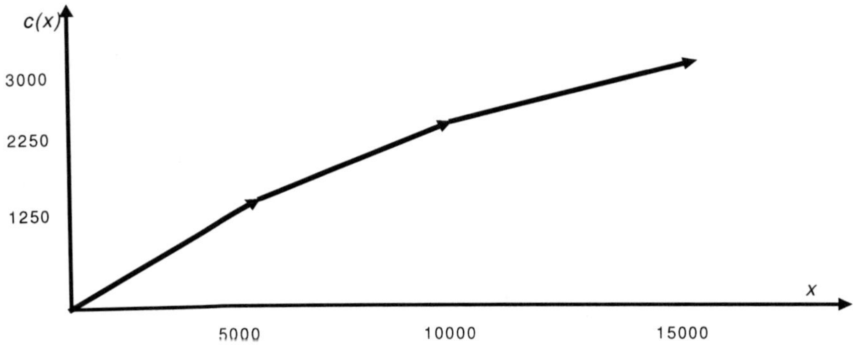

Abb. 4.5. Stückweise lineare Funktion

Dies entspricht der in der Abb. 4.5 gezeigten stückweise linearen Funktion mit den Eckpunkten: (0,0), (5000,1250), (10000,2250), (15000,3000).

Allgemein:
Gegeben ist eine stückweise lineare Funktion mit den Eckpunkten
(a_k, b_k) wobei
$k = 1, \ldots, n$
$n =$ Anzahl der Eckpunkte

Vorüberlegung:
Die Lösung wird als Linearkombination zweier nebeneinander liegender Eckpunkte dargestellt: Für $x \in [a_k, a_{k+1}]$ setzt man

$$x = a_k + z(a_{k+1} - a_k) = (1 - z)a_k + za_{k+1} \qquad (1)$$

wobei $0 \leq z \leq 1$ eine kontinuierliche Variable ist!
Mit dem gleichen z erhält man

$$c(x) = b_k + z(b_{k+1} - b_k) = (1 - z)b_k + zb_{k+1} \qquad (2)$$

Begründung: Da $c(x)$ eine lineare Funktion auf $[a_k,\ a_{k+1}]$ ist, ist die Steigung von $c(x)$ = Konstante =

$$(b_{k+1} - b_k)/(a_{k+1} - a_k) = (c(x) - b_k)/(x - a_k) \text{ für } x \in [a_k, a_{k+1}]$$

Umgeformt: $(x - a_k)/(a_{k+1} - a_k) = (c(x) - b_k)/(b_{k+1} - b_k)(= z)$

Formulierung: Führe kontinuierliche Variablen $z_1, z_2, \ldots, z_n$ für die Eckpunkte ein und setze

$$x = a_1z_1 + a_2z_2 + \ldots + a_nz_n \qquad (3)$$
$$c(x) = b_1z_1 + b_2z_2 + \ldots + b_nz_n \qquad (4)$$
$$1 = z_1 + z_2 + ... + z_n \qquad (5)$$

höchstens zwei $z_1, z_2, \ldots, z_n$sind ungleich 0;
diese beiden sind hintereinanderfolgend. (6)

Dabei übernimmt z_k die Rolle von z im Intervall $[a_{k-1},\ a_k]$ und von $(1 - z)$ im Intervall $[a_k,\ a_{k+1}]$. Weil x nur in einem Intervall stehen kann, kann z_k nur „eine der beiden Rollen" übernehmen. Mit der Deklaration (6) wird der gewünschte Effekt erreicht: alle z_k sind Null bis auf zwei aufeinanderfolgende, diese seien z_{ko} und z_{ko+1} mit $z_{ko} + z_{ko+1}$= 1 (wegen (5) und (6)). Nun setzt man $z = z_{ko+1}$ (dann ist $1 - z = 1 - z_{ko+1} = z_{ko}$). Mit den Bedingungen (5) und (6) entsprechen also (3) und (4) stets (1) bzw. (2) für ein k_0, da $x \in [a_{k0}, a_{k0+1}]$ für ein $k_0 \in \{1, 2, ..., n-1\}$ sein muss.

Beispiel: Fortsetzung Heizölkauf
Anhand des obigen Beispiels soll aufgezeigt werden, wie die Bedingung (6) mit Hilfe der Einführung zusätzlicher 0/1-Variablen dargestellt werden kann:

$x = 0z_1 + 5000z_2 + 10000z_3 + 15000z_4$
$c(x) = 0z_1 + 1250z_2 + 2250z_3 + 3000z_4$
$z_1 + z_2 + z_3 + z_4 = 1$
$z_1 \leq y_1,\ z_2 \leq y_1 + y_2,\ z_3 \leq y_2 + y_3,\ z_4 \leq y_3$ (6')
$y_1 + y_2 + y_3 = 1$ wobei y_1, y_2 und y_3 0/1-Variablen sind. (6")

Da nur eine Variable $y_{k0} \neq 0$ sein kann (6"), müssen wegen (6') alle z_k gleich 0 sein bis auf die Variablen z_{k0}und z_{k0+1}, wobei beide $\leq y_{k0}$= 1 sein müssen (wegen (6')).

Approximation nichtlinearer Ausdrücke durch stückweise lineare Funktionen:

Stückweise lineare Funktionen werden für die Approximation nichtlinearer Funktionen benutzt. Wie in der folgenden Aufgabe ersichtlich wird, ist dies für eine Funktion mit einer Veränderlichen (d. h. mit einer Variablen) leicht zu lösen.

Approximation nichtlinearer Modelle

Gegeben ist das folgende nichtlineare Modell:

$$
\begin{array}{llll}
\min & x_1^2 - 4x_1 - 2\,x_2 & & \\
\text{s.t.} & x_1 + x_2 & \leq 4 & (1) \\
 & 2\,x_1 + x_2 & \leq 5 & (2) \\
 & x_1 + 4\,x_2 & \geq 2 & (3) \\
 & x_1\ ,\ x_2 & \geq 0 & (4)
\end{array}
$$

1. Geben Sie eine möglichst gute obere Schranke für alle zulässigen Werte von x_1 unter Ausnutzung der linearen Ungleichungen an!
2. Zeichnen Sie die Restriktionskurve für $y = x_1^2$ ohne Beachtung der x_2-Dimension! (Wie sieht sie im 3-dimensionalen Raum aus?)
3. Approximieren Sie diese Kurve grafisch als stückweise lineare Funktion (3, 4 Intervalle)!
4. Formulieren Sie dann das ganze Modell als lineares Programm unter Verwendung von 0/1-Variablen und lösen Sie das resultierende MIP-Modell mit Hilfe einer MIP-Optimierungssoftware.

Separable Programme

Separable Programme sind mathematische Programme, deren Zielfunktion und/oder Restriktionen nur separable Funktionen beinhalten. Eine *separable Funktion* ist eine Funktion, die als Summe von Funktionen mit jeweils einer Variablen hingeschrieben werden kann. Beispielsweise ist die Funktion x_1^2 oder $3x_1^2+4x_1^2+5e^x$ separabel, hingegen ist $x_1x_2 + \frac{x_2}{1+x_1} + 5e^x$ nicht separabel.
Bei der Approximation jedes Summanden einer separablen Funktion zu einer stückweise linearen Funktion können separable Programme mit Hilfe von Optimierungssoftware der linearen evtl. gemischt-ganzzahligen Programmierung gelöst werden. Allerdings sollten nichtlineare Ausdrücke eher die Ausnahme bei sonst linearen Ausdrücken des separablen Programms sein.
In diesem Zusammenhang ist es sehr hilfreich, dass viele nicht-separable Programme mit Hilfe von einfachen Transformationen zu separablen Programmen umgewandelt werden können.

Beispiel: Produkt x_1x_2
Führen Sie zwei neue Variablen u_1 und u_2 ein, setzen $u_1 = \frac{1}{2}(x_1 + x_2)$ und $u_2 = \frac{1}{2}(x_1 - x_2)$ als Restriktionen und ersetzen den Ausdruck x_1x_2 durch

den separablen Ausdruck $u_1^2 - u_2^2$. So einfach geht das! Deklarieren Sie u_2 als freie Variable, da sie negativ werden kann!

4.7 Darstellung logischer Aussagen als Restriktionen

Bei Praxisaufgaben können Sachverhalte voneinander in unterschiedlicher Weise abhängen. In vielen Fällen lässt sich diese Abhängigkeit als *logische Abhängigkeit* darstellen.

Beispiel: Projekte

In einer Planungsaufgabe werden drei Projekte P1, P2 und P3 in Betracht gezogen. Aus irgendwelchen, z. B. betrieblichen, technischen oder firmenpolitischen Gründen, könnten Anforderungen an die Planung gestellt werden, z. B. der Form:

a) P1 oder P2, d. h. *mindestens eines* der beiden Projekte P1 und P2, muss durchgeführt werden.
b) P2 muss realisiert werden, wenn P1 durchgeführt wird.
c) Entweder P1 oder P2 (exklusives Oder), d. h. *genau eines* der beiden Projekte P1 und P2, muss durchgeführt werden.
d) P1 und P2 können nicht gemeinsam bearbeitet werden.
e) P2 kann nur bearbeitet werden, wenn P1 realisiert wurde.
f) P1 kann nur mit P2 oder P3 zusammen durchgeführt werden.
g) Wenn P1 und P2 beide realisiert werden, dann muss auch P3 durchgeführt werden.
h) Wenn P3 realisiert wird, dann müssen sowohl P1 als auch P2 bearbeitet werden.
i) P3 muss dann und nur dann durchgeführt werden, wenn P1 und P2 beide realisiert wurden.

Zu den Projekten P1, P2 und P3 können (atomare) logische Aussagen, etwa p_1, p_2 bzw. p_3 eingeführt werden. Dabei ist p_i genau dann *wahr* (bzgl. eines Planes), wenn p_i bei einer Realisierung dieses Planes durchgeführt wird. Jeder bestimmte Plan legt eine Bewertung der p_i als *wahr* oder *falsch* fest, und definiert somit eine konkrete Bedeutung für die logischen Aussagen p_1, p_2 und p_3.

Für einen bestimmten Plan kann man jede einzelne Anforderung, wie a) bis i) oben, testen und erkennen, ob sie für diesen Plan gültig (wahr) oder ungültig (falsch) ist. In der Planungsphase liegt aber kein fester Plan vor, es soll vielmehr einer ermittelt werden, der bestimmte Anforderungen, auch logischer Natur, erfüllt. Daher sollte man unabhängig von einem bestimmten Plan (Interpretation) obige Anforderungen als logische Aussagen (nichtatomar) unter Benutzung der atomaren logischen Aussagen p_1, p_2 und p_3 formulieren und ihre Wahrheit für den gewünschten Plan fordern.

Aussagenlogik

Eine *logische Aussage* oder *logische Formel* besteht entweder aus einem Symbol, wie p_1 (atomare Aussage/Formel), oder sie ist nicht-atomar, also zusammengesetzt nach folgender Vorschrift:

Sind F1 und F2 logische Formeln, so sind die *Negation* $\neg F1$ („nicht $F1$"), die *Konjunktion* $F1 \wedge F2$ („$F1$ und $F2$"), die *Disjunktion* $F1 \vee F2$ („$F1$ oder $F2$ oder beides", nicht-exklusives Oder), die *logische Implikation* $F1 \rightarrow F2$ („aus $F1$ folgt $F2$") und die *logische Äquivalenz* $F1 \leftrightarrow F2$ („$F1$ genau dann, wenn $F2$") auch logische Formeln.

Zum Beispiel: $F = a \rightarrow \neg(b \vee \neg c)$, wobei a, b und c atomare Formeln sind, ist eine logische Formel.

Die *Syntax* (d. h. Aufbauvorschrift) für logische Formeln bzw. für die Aussagenlogik ist somit festgelegt.

Wie am obigen Beispiel erläutert, können logische Formeln wahr oder falsch für einen bestimmten Plan sein. Fasst man alle möglichen Pläne zusammen, die für jede atomare Aussage den gleichen Wahrheitswert (wahr bzw. 1 oder falsch bzw. 0) ergeben, so spricht man von einer *Interpretation.* Eine Interpretation legt also die Wahrheitswerte für alle atomaren Formeln fest. Bei einer gegebenen Interpretation sind die Wahrheitswerte *nicht nur* für atomare *sondern auch* für zusammengesetzte Formeln festgelegt. Diese kann man effektiv nach folgender Tabelle berechnen:

$F1$	$F2$	$F1 \wedge F2$	$F1 \vee F2$	$\neg F1$	$F1 \rightarrow F2$	$F1 \leftrightarrow F2$
0	0	0	0	1	1	1
0	1	0	1	1	1	0
1	0	0	1	0	0	0
1	1	1	1	0	1	1

Somit ist auch die *Semantik* (d. h. Bedeutung) für logische Formeln bzw. für die Aussagenlogik festgelegt.

Anforderungen wie im obigen Beispiel, dass Formeln wahr in einem gewünschten Plan sein müssen, definieren also eine Menge von Interpretationen und somit eine Menge möglicher Pläne, die diese Formeln *erfüllen,* d. h. bei denen diese Formeln wahr sind. Die Forderung, dass eine Formel erfüllt sein muss, spielt also die Rolle einer Restriktion, die die Menge der erfüllenden Interpretationen einschränkt.

In der Tat können aussagenlogische Formeln in Restriktionen bei MIP-Programmen umgewandelt werden. Dabei entspricht eine atomare Formel einer 0/1-Variablen im MIP-Programm. Es bleibt zu klären, wie man zusammengesetzte Formeln in MIP-Restriktionen, also zu algebraischen Ungleichungen oder Gleichungen, übersetzen kann.

Für kleine Formeln kann dies direkt abgeleitet werden. Seien y_1, y_2 und y_3 0/1-Variablen, die den atomaren Formeln p_1, p_2 bzw. p_3 entsprechen, so bekommt man folgende Entsprechungen (aus Überlegungen mit Hilfe obiger Wahrheitstabelle):

Logische Formel	Algebraische Darstellung
p_1	$y_1 = 1$
$p_1 \vee p_2$	$y_1 + y_2 \geq 1$
$p_1 \vee p_2 \vee ... \vee p_k$	$y_1 + y_2 + ... + y_k \geq 1$
$p_1 \wedge p_2$	$y_1 + y_2 \geq 2$ (besser ($y_1 = 1$ und $y_2 = 2$))
$p_1 \rightarrow p_2$	$y_2 \geq y_1$ d. h. $y_1 - y_2 \leq 0$
$p_1 \vee p_2 \rightarrow p_3$	$y_1 + y_2 \leq 2y_3$ (besser ($y_1 \leq y_3$ und $y_2 \leq y_3$))
$\neg p_1$	$y_1 = 0$ d. h. $(1 - y_1) = 1$
$\neg p_1 \vee p_2 \vee p_3 \vee \neg\, p_4$	$(1 - y_1) + y_2 + y_3 + (1 - y_4) \geq 1$ d. h. $-y_1 + y_2 + y_3 - y_4 \geq -1$

Bei verschachtelten Formeln ist es schwieriger eine algebraische Darstellung zu finden. Außerdem gibt es manchmal verschiedene Möglichkeiten der Darstellung, z. B. kann die Formel $(p_1 \vee p_2) \rightarrow p_3$ in die zwei Ungleichungen ($y_1 \leq y_3$ und $y_2 \leq y_3$) transformiert werden. Diese Darstellung nennt man *disaggregierte Form* von $y_1 + y_2 \leq 2\, y_3$. Beide Darstellungsmöglichkeiten ergeben den gleichen Lösungsraum für das MIP-Modell. Aber wenn wir die *LP-Relaxation* des MIP-Modells betrachten (d. h. entsprechendes LP-Modell ohne Ganzzahligkeitsbedingung), dann lässt die erste Darstellung ($y_1 + y_2 \leq 2\, y_3$) mehr Lösungen zu (z. B. $y_1 = 1/3$; $y_2 = 2/3$; $y_3 = 1/2$) als die Darstellung ($y_1 \leq y_3$ und $y_2 \leq y_3$). Die Lösung von LP-Relaxationen wird zur Lösung des MIP-Modells herangezogen (vgl. Kapitel 5), so dass zur Steigerung der Effizienz der MIP-Lösung disaggregierte Darstellungen vorgezogen werden. Im Folgenden wird eine Methode angegeben, die für eine beliebige Formel direkt eine *disaggregierte* algebraische Darstellung generiert. Mehr zu solchen Themen kann man in der Literatur zu Integer Programming, z. B. [Wolsey 1998] lesen.

(!) *Ein Literal ist eine atomare Formel (z. B. a) oder eine negierte atomare Formel (z. B. ¬ a). Man nennt a ein* positives *bzw. ¬ a ein* negatives *Literal.*

(!) *Eine Klausel ist eine Disjunktion von (auch mehr als zwei) Literalen. Eine Klausel kann auch aus einem einzelnen Literal bestehen.*

(!) *Eine Formel ist in konjunktiver Normalform (KNF), falls sie eine Konjunktion von einer oder mehreren Klauseln ist. (Die letzte Formel in der obigen Tabelle ist eine Klausel. Es ist leicht zu erkennen, wie eine Klausel und somit eine Formel in KNF zu einer algebraischen Ungleichung umgewandelt wird.)*

(!) *Zwei Formeln F1 und F2 heißen genau dann (semantisch) äquivalent (F1 ≈ F2), wenn F1 und F2 denselben Wahrheitswert* für jede beliebige Interpretation *haben.*

Ohne Beweis: Jede aussagenlogische Formel lässt sich in eine semantisch äquivalente Formel (d. h. mit „gleicher Bedeutung“) transformieren, die in KNF ist, d. h. eine „und-verknüpfte“ Sammlung von Klauseln ist. Eine Methode für diese Transformation ist unten angegeben.

Algebraische Darstellung einer Formel in KNF

Die Umwandlung von Formeln in KNF zu MIP-Ungleichungen läuft nun wie folgt:

1. Man definiere für jede auftretende atomare Formel p eine 0/1-Variable, etwa y.
2. Jede Klausel in der Reihe von UND-Bedingungen muss einzeln wahr sein. Nun wird jede Klausel der KNF getrennt in eine Ungleichung umgewandelt, d. h., Summe ≥ 1. Bei dieser Summe wird jedes positive Literal p in der Klausel durch die entsprechende 0/1-Variable y und jedes negative Literal $\neg p$ in der Klausel durch $(1 - y)$ ersetzt.

Transformation einer Formel in eine äquivalente Formel in KNF

In diesem Abschnitt wird gezeigt, wie jede beliebige logische Formel in die konjunktive Normalform transformiert werden kann. Zielsetzung ist, Modelle mit logischen Variablen durch Standardsoftware für mathematische Optimierung zu lösen. Ein Modell in der konjunktiven Normalform besteht aus Klauseln, die mit UND verknüpft sind und somit gleichzeitig gelten müssen. Wir transformieren jede solche Klausel in eine Restriktion in algebraischer Form und geben diese Restriktionen in unsere Optimierungssoftware ein.
Die allgemeine Transformation läuft in drei Schritten ab. In jedem Schritt wird die Formel in eine semantisch äquivalente Formel umgewandelt. (Die Gültigkeit der benutzten Regeln kann anhand einer Wahrheitstabelle überprüft werden.)

1. Logische Äquivalenzen und Implikationen entfernen
   Es werden 2 Regeln benutzt:
   $$F1 \leftrightarrow F2 \approx (F1 \rightarrow F2) \wedge (F2 \rightarrow F1)$$
   $$F1 \rightarrow F2 \approx \neg F1 \vee F2$$
   Beispiel: $F = a \rightarrow \neg(b \vee \neg c) \approx \neg a \vee \neg(b \vee \neg c)$
2. Negationen nach innen bewegen
   Dies geschieht mittels der *De Morgan'schen Regeln.* Diese werden solange angewandt, bis alle Negationen nur vor atomaren Formeln stehen:
   $$\neg(F1 \wedge F2) \approx \neg F1 \vee \neg F2$$
   $$\neg(F1 \vee F2) \approx \neg F1 \wedge \neg F2$$
   $$\neg\neg F1 \approx F1$$
   Beispiel: $F \approx \neg a \vee \neg(b \vee \neg c)$

$$\approx \neg a \vee (\neg b \wedge \neg\neg c)$$
$$\approx \neg a \vee (\neg b \wedge c)$$

3. Disjunktionen nach innen bzw. Konjunktionen nach außen bewegen
   Zu diesem Zweck wird eine der sog. *Distributionsregeln* eingesetzt. Sie wird solange durchgeführt bis die Formel in KNF umgewandelt ist:
   $$F1 \vee (F2 \wedge F3) \approx (F1 \vee F2) \wedge (F1 \vee F3)$$
   $$\text{Beispiel: } F \approx \neg a \vee (\neg b \wedge c) \approx (\neg a \vee \neg b) \wedge (\neg a \vee c)$$

Algebraische Darstellung:

Führen Sie 0/1-Variablen y_1 für a, y_2 für b und y_3 für c ein. Die Klausel $(\neg a \vee \neg b)$ wird in die Ungleichung $(1 - y_1) + (1 - y_2) \geq 1$ und die Klausel $(\neg a \vee c)$ in die Ungleichung $(1 - y_1) + (y_3) \geq 1$ umgewandelt.
D.h.: Die Formel $a \rightarrow \neg(b \vee \neg c)$ kann durch die zwei vereinfachten Ungleichungen $y_1 + y_2 \leq 1$ und $y_3 \geq y_1$ausgedrückt werden.
Weitere Übungen zu logischen Formeln befinden sich im Internet.

www **http://dsor-lectures.upb.de/**

Bemerkung: Zu natürlichsprachlichen „Wenn-dann"-Aussagen mit „muss" und „kann": Wenn-dann-muss-Aussagen können direkt in logische Formeln umgewandelt werden, die Aussagen b), g) und h) z. B. mit logischer Implikation und i) mit logischer äquivalenz. Eine Aussage „Wenn P1, dann muss P2" wird in die Formel $p_1 \rightarrow p_2$ umgewandelt. Wenn-dann-Aussagen mit „kann" statt „muss" wie e) und f) werden anders behandelt. Die Aussage „P2 kann nur durchgeführt werden, wenn P1 durchgeführt wurde" ist nicht äquivalent zu „wenn P1 dann muss P2" und wird daher *nicht* durch die logische Formel $p_1 \rightarrow p_2$ beschrieben. Die Wenn-dann-Aussage mit „kann" fordert nämlich, dass für eine evtl. Durchführung von P2 die Durchführung von P1 notwendig ist, d. h. dass, wenn P2 durchgeführt wird, dann muss (als notwendige Voraussetzung) P1 durchgeführt werden. Die Regel ist: Die Formulierung „P2 kann nur, wenn P1" besagt das gleiche wie „Wenn P2, dann muss P1" und sollte daher mit der logischen Formel $p_2 \rightarrow p_1$ beschrieben werden. Andere Sichtweise: Die Aussage „P2 kann nur, wenn P1" besagt auch: „wenn P1 nicht durchgeführt wird, dann kann P2 nicht durchgeführt werden". D.h. „wenn P1 nicht durchgeführt wird, dann muss gelten: P2 wird nicht durchgeführt". Diese Aussage wird durch $\neg p_1 \rightarrow \neg p_2$ beschrieben, die semantisch äquivalent ist zu der Formel $p_2 \rightarrow p_1$ ist (vgl. Transformationsregeln). ($\neg p_1 \rightarrow \neg p_2$ wird *Kontraposition* der Formel $p_2 \rightarrow p_1$ genannt.)

Weitere Anwendung der Transformationsregeln

Der nichtlineare Ausdruck $y_3 = y_1 \cdot y_2$ (vgl. Abschnitt 4.5) lässt sich auch mit Hilfe der obigen Regeln auf Basis der folgenden logischen Formulierung behandeln:

$$y_3 = 1 \leftrightarrow (y_1 = 1) \wedge (y_2 = 1)$$

Dies ist äquivalent zu:

$$(y_3 = 1 \rightarrow y_1 = 1) \wedge (y_3 = 1 \rightarrow y_2 = 1) \wedge (y_1 = 1 \wedge y_2 = 1 \rightarrow y_3 = 1)$$

oder auch zu:

$$(y_3 = 0 \vee y_1 = 1) \wedge (y_3 = 0 \vee y_2 = 1) \wedge (y_1 = 0 \vee y_2 = 0 \vee y_3 = 1)$$

Man erhält die Ungleichungen:

$$\begin{aligned} -y_1 + y_3 &\leq 0, \text{ aus } (1 - y_3 + y_1 \geq 1) \\ -y_2 + y_3 &\leq 0, \text{ aus } (1 - y_3 + y_2 \geq 1) \\ y_1 + y_2 - y_3 &\leq 1, \text{ aus } (1 - y_1 + 1 - y_2 + y_3 \geq 1) \end{aligned}$$

In 4.5 kam $-y_1 + y_2 + y_3 \leq 1$ statt der Ungleichung $-y_1 + y_3 \leq 0$ heraus. Ersteres folgt aus $-y_1 + y_3 \leq 0$ durch „Hinzuaddieren“ von $y_2 \leq 1$. Umgekehrt nimmt man an, dass bei der Formulierung in 4.5 die erste Ungleichung nicht erfüllt sei, dann müsste $y_3 > y_1$ gelten, d. h. $y_3 = 1$ und $y_1 = 0$. Setzt man diese Werte hier ein, erhält man $-0 + y_2 + 1 \leq 1$ und somit $y_2 \leq 0$, d. h. $y_2 = 0$ müsste dann auch gelten. Diese Lösung wird aber durch die zweite Ungleichung als unzulässig erkannt. Also sind beide Formulierungen korrekt und zueinander äquivalent.

4.8 Optimierung bei mehrfacher Zielsetzung

In vielen Situationen, bei denen man eine Entscheidung treffen muss, sei es im Privat- oder Geschäftsleben, gibt es mehr als eine relevante Zielsetzung. Man spricht von „multi-criteria decision making“ (MCDM), also von der Entscheidungsfindung bei mehreren Zielen/Kriterien, gerade wenn diese Kriterien konkurrierend und/oder nicht adäquat in eine einzelne Zielfunktion integriert werden können.

Zielsetzungen im täglichen Leben sind oft teilweise konkurrierend. Zum Beispiel möchte man ein Auto kaufen und kann zwischen mehreren Alternativen wählen. Dabei gibt es mehrere Ziele: Größe, Benzinverbrauch, Preis und Design. Oder man hat das Glück, zwischen mehreren Jobangeboten mit verschiedenartigen Kriterien auszuwählen: Anfangsgehalt, geografische Lage, inhaltliche Zufriedenheit sowie langfristige Entwicklungs- oder Aufstiegsmöglichkeiten. Bei der Produktionsplanung verfolgt ein Unternehmen neben Gewinnmaximierung bzw. Kostensenkung auch andere konkurrierende Ziele wie Prestige, Kunden- und Mitarbeiterzufriedenheit sowie Umweltverträglichkeit.

Es wird hauptsächlich zwischen zwei Arten von Problemen bei der Entscheidungsfindung mit mehreren Zielsetzungen oder Kriterien unterschieden:

1. Eine endliche Menge von Alternativen ist gegeben, wobei für jede Alternative bekannt ist, inwieweit die Kriterien erfüllt werden. Man möchte eine der Alternativen „rational“ auswählen.

2. Man hat ein Planungsproblem mit vielen Entscheidungsvariablen, die bestimmten Restriktionen unterliegen. Jedes der verschiedenen Kriterien lässt sich als eine (lineare) Min- oder Max-Zielfunktion mit Hilfe der Entscheidungsvariablen ausdrücken. (Beispiel: das obige Produktionsplanungsproblem mit konkurrierenden Zielen.)

In den nächsten Unterabschnitten werden mögliche Modellierungsvarianten mit Hilfe der linearen Programmierung für die zweite Art von Problemen besprochen. Für die erste Art von (strukturell einfacheren) Problemen bietet sich z. B. die analytische Methode AHP (Analytic Hierarchy Process) an.

4.8.1 Gewichtungen und Mindestanteile von Zielen

Gegeben sind die linearen Restriktionen (l.R.) eines lineares Programms, die den zulässigen Bereich für die auftretenden Entscheidungsvariablen $x_j (j = 1, ..., m)$ beschreiben. Es liegt weiterhin eine mehrfache Zielsetzung vor: Für jedes Kriterium $i = 1, ..., n$ wird eine Zielfunktion

$$z_i := \sum_{j=1}^{m} a_{ij} x_j$$

definiert, wobei o.B.d.A. alle simultan maximiert werden sollen, da durch Multiplikation mit (-1) eine Min- zu einer Max-Zielfunktion umgewandelt werden kann. Man betrachtet nun mögliche (direkte) Vorgehensweisen zur Behandlung mehrfacher Zielsetzung:

Gewichtung der Ziele

Als erste Idee ist es natürlich möglich, den Zielen $z_1, z_2, ..., z_n$, je nach ihrer Wichtigkeit, Gewichte $g_1, g_2, ..., g_n$ zuzuordnen. Dann wird das lineare Programm (P^{gew}) $max \sum_{i=1}^{n} g_i z_i = (g_1 z_1 + g_2 z_2 + ... + g_n z_n)$ s.t. l.R. gelöst. Das Hauptproblem ist dann die passende Wahl der Gewichte. Oftmals sind die Ziele bzw. ihre Maßeinheiten „nicht vergleichbar". Außerdem wird manchmal auch bei einer „guten" Wahl der Gewichte der obigen Zielfunktion eine Lösung berechnet, die bezüglich mancher Ziele trotzdem nicht zufriedenstellend ist. Dies liegt teilweise an der Eigenschaft von Basislösungen, die an Ecken des zulässigen Bereichs liegen. Eine andere Basislösung (Ecke) bzw. eine Lösung irgendwo zwischen Ecken des zulässigen Bereichs mit gleichem oder sogar etwas niedrigerem Gesamtzielfunktionswert könnte bessere Eigenschaften aufweisen.

Mindestanteile von Zielen

Eine zweite Idee, die vielleicht hilft, eine Lösung „zwischen den Ecken" zu finden, beruht darauf, Mindestanteile bzgl. der Erreichung der absolut optimalen Werte der Ziele z_i mit zusätzlichen Restriktionen zu fordern. Zwei Vorgehensweisen sind hier denkbar:

Vorgehensweise 1: Man löst zunächst das Problem mehrmals jeweils mit einer der Zielfunktionen:

(P1) $max\ z_1$ s.t. l.R. liefert z_1^{opt}
(P2) $max\ z_2$ s.t. l.R. liefert z_2^{opt}
...
(Pn) $max\ z_n$ s.t. l.R. liefert z_n^{opt}

Im Allgemeinen stimmen die gefundenen Lösungen nicht überein (sonst gäbe es ja kein Problem mit mehrfacher Zielsetzung). Auf der Basis der oben berechneten Werte $z_1^{opt}, z_2^{opt}, ..., z_n^{opt}$ löst man das lineare mathematische Modell:

(P^{ma}) max z_1

s.t. $z_1 \geq \lambda_1 z_1^{opt}, z_2 \geq \lambda_2 z_2^{opt}, ..., z_{n-1} \geq \lambda_{n-1} z_{n-1}^{opt}, z_n \geq \lambda_n z_n^{opt}$
und l.R.

wobei λ_i (für $i = 1, 2, ..., n$) die Mindestanteile ($0 < \lambda_i < 1$) bezeichnen, die jeweils von den z_i^{opt} simultan durch die berechnete Lösung erfüllt werden (Mindestanforderung je Ziel sollte durch den Entscheidungsträger bestimmt werden). Das Problem ist hier die Wahl der λ_i und die Bewertung der Gesamtgüte der Lösung. Ferner muss vielleicht lange mit den Parametern λ_i experimentiert werden, im Falle dass (P) keine zulässige Lösung oder keine „gute" Lösung liefert.

Vorgehensweise 2: Eine Möglichkeit, den beschriebenen Schwierigkeiten teilweise oder ganz zu begegnen, ist nachfolgend beschrieben. Zunächst werden alle Ziele nach Wichtigkeit geordnet:

o.B.d.A. $z_1, z_2, ..., z_n$. (sonst umbenennen).

Lösen Sie dann (P1*) = (P1), das Ergebnis sei $z_1^{opt*} (= z_1^{opt})$.
Lösen Sie (P2*) $max\ z_2$ s.t. $z_1 \geq \lambda_1^* z_1^{opt*}$ und l.R. mit Ergebnis z_2^{opt*}.
Lösen Sie (P3*) $max\ z_3$ s.t. $z_1 \geq \lambda_1^* z_1^{opt*}$ und $z_2 \geq \lambda_2^* z_2^{opt*}$ und l.R. mit Ergebnis z_3^{opt*}.
Und so weiter bis man (Pn*) $\max z_n$ s.t. $z_1 \geq \lambda_1^* z_1^{opt*}$, $z_2 \geq \lambda_2^* z_2^{opt*}$, ..., $z_{n-1} \geq \lambda_{n-1}^* z_{n-1}^{opt*}$, und l.R. löst und eine optimale Lösung mit dem Wert z_n^{opt*} bzgl. der letzten Zielfunktion bekommt. Hier könnte man die Mindestanteile λ_i^* sukzessive – kontrollierter als oben – auswählen (sinnvoller Weise abnehmend, z. B. λ_1^*=0,95; λ_2^*=0,9,...) und im Laufe des Verfahrens evtl. *korrigieren* (kleiner setzen), falls ein Ziel nicht zufriedenstellend erreicht oder gar das Problem unzulässig wird!

Gewichtung und Mindestanteile von Zielen

Es wird empfohlen zunächst die Mindestanteile λ_i^* (bzw. λ_i) durch die Vorgehensweise 2 (oder 1) zu bestimmen, evtl. etwas zu relaxieren (zu verkleinern), und dann das folgende Modell mit integrierter Gewichtung der Ziele zu lösen:

(P^{gew-ma}) $max\ g_1 z_1 + g_2 z_2 + ... + g_n z_n$

s.t. $z_1 \geq \lambda_1 z_1^{opt}$, $z_2 \geq \lambda_2 z_2^{opt}$, ..., $z_{n-1} \geq \lambda_{n-1} z_{n-1}^{opt}$, $z_n \geq \lambda_n z_n^{opt}$, und l.R.

oder

($P^{gew-max*}$) $max\ g_1z_1 + g_2z_2 + ... + g_nz_n$

$$\text{s.t. } z_1 \geq \lambda_1^* z_1^{opt*},\ z_2 \geq \lambda_2^* z_2^{opt*},\ ...,\ z_{n-1} \geq \lambda_{n-1}^* z_{n-1}^{opt*},\ z_n \geq \lambda_n^* z_n^{opt*}, \text{ und l.R.}$$

Die beschriebenen Vorgehensweisen erfordern eine gute Wahl von Mindestanteilen und Gewichten. Dabei dürften sich die Werte für die Gewichte durch eine Analyse der Schattenpreise der n z_i-bezogenen Restriktionen schrittweise verbessern!

4.8.2 Goal Programming

Im letzten Abschnitt wird mit der Einführung von Mindestanteilen zur Erreichung der verschiedenen Ziele z_i eine gewisse simultane Nähe der Werte von z_i zu den absolut optimalen Zielfunktionswerten $z_i^{opt}(i = 1, 2, ..., n)$ bei einer „gemeinsamen Endlösung“ gefordert. Diese Forderung kann man auch erreichen, indem man die Abweichungen der z_i zu den z_i^{opt} minimiert.

Im allgemeinen Fall hat man verschiedene Ziele z_i, die minimiert, maximiert oder möglichst nahe an jeweils gegebene Zielwerte b_i gebracht werden sollen. Für den Fall eines max- oder min-Ziels kann man b_i auf z_i^{opt} oder auf einem gewünschten Wert in seiner Nähe setzen.

Einen gegebenen Zielwert b_i für ein Ziel $z_i = \sum_j a_{ij}x_j$ nennt man *Goal.*

Ideal wäre, dass für eine Lösung die Gleichungen $(z_i =) \sum_j a_{ij}x_j = b_i$ gelten.

Die Idee des *Goal Programming* ist es, diese unrealistisch harten Anforderungen als weiche Restriktionen zu definieren, indem für jedes Ziel eine Überschreitung $u_i$und eine Unterschreitung v_i des Goals b_i durch den Wert von z_i als neue Variablen eingeführt wird, die man dann in der Zielfunktion auf verschiedene Arten (siehe unten) minimiert.

Also werden die harten unrealistischen Anforderungen $\sum_j a_{ij}x_j = b_i$ für alle i durch die weichen Restriktionen $\sum_j a_{ij}x_j - u_i + v_i = b_i$ ersetzt.

Für das so veränderte Modell sind zwei alternative Zielfunktionen möglich:

1. Minimiere die Summe der Abweichungen der ursprünglichen Zeilenwerte $\sum_j a_{ij}x_j$ von den jeweiligen Werten der Goals b_i (Summe kann auch gewichtet sein, vgl. 4.8.1).

   Realisierung: Zielfunktion: $min\ z = \sum_i (u_i + v_i)$
2. Minimiere die maximale Abweichung eines ursprünglichen Zeilenwertes des Goals b_i. (Auch hier gilt: „minimiere die maximale gewichtete Abweichung“ ist sinnvoll.)

   Realisierung: Zielfunktion: $min\ z$, so dass zusätzlich

   $$u_i \leq z \text{ für alle } i$$
   $$v_i \leq z \text{ für alle } i$$

   erfüllt ist.

Da z eine obere Schranke aller u_i und v_i sein muss (Ungleichungen) und bei der Zielfunktion minimiert wird, ist $z_{opt} = \min \max_i(u_i, v_i)$. Dies ist eine MiniMax-Zielfunktion, die eigentlich als

$z_{opt} = \min \max(\max_i u_i, \max_i v_i)$

zu verstehen ist.

Bemerkung: Beim Goal Programming kann man bei einem max- bzw. min-Ziel z_i auf die Überschreitungsvariable u_i bzw. auf die Unterschreitungsvariable v_i verzichten, falls b_i auf z_i^{opt} gesetzt wird oder die Variablen u_i bzw. v_i nicht in die zu minimierende Gesamtzielfunktion aufgenommen werden (Die Überschreitung eines Goals bei einem max-Ziel ist letztlich nicht zu „bestrafen").

4.9 Fundierung von Modellierungstechniken – Vertiefung

In den letzten Abschnitten wurde deutlich, dass Modellierung gleichzeitig eine Kunst und eine Ingenieurtätigkeit sein kann. Bei der Modellierung kann man entsprechend eher intuitiv vorgehen, d. h. ein Modell aufstellen und sich nachher der Richtigkeit versichern. Alternativ kann man sich Regeln und Vorgehensweisen merken, die einem helfen, strukturiert von der Idee zum mathematischen Modell zu kommen. Natürlich kann man auch versuchen, möglichst viele Modelle auswendig zu lernen, was sicherlich die schlechteste Alternative ist.

In diesem Abschnitt werden Techniken und Denkmuster vorgestellt, die insbesondere denjenigen helfen können, die strukturierte Vorgehensweisen zum Umgang mit Indikatorvariablen suchen. Diese Betrachtungsweise kann helfen, weitere Techniken bei der Modellierung neuer Problemstellungen selbst herzuleiten, ohne dass viele Formeln gelernt werden müssen.

Bei der Bildung gemischt-ganzzahliger Modelle wurden im Grunde zwei Techniken für die Einführung von 0/1-Variablen (man nennt sie *Indikator-Variablen*) benutzt, die mit kontinuierlichen Variablen in Zusammenhang stehen:

1. *Indikator für eine Eigenschaft einer Variable:* Gegeben sei eine kontinuierliche Variable $x \geq 0$. Eine 0/1-Indikator-Variable y wird eingeführt, um „anzuzeigen", ob $x > 0$ oder $x = 0$ ist. Zwei verschiedene Forderungen F1 und F2 sind denkbar („$\rightarrow$" steht für „Wenn ... dann muss"):

   $$\text{F1: } x > 0 \rightarrow y = 1$$
   $$\text{F2: } y = 1 \rightarrow x > 0$$

   Die Forderung F1 ist logisch äquivalent zu:

   $$\text{F1': } y = 0 \rightarrow x = 0$$

   denn falls $y = 0$ ist, kann nach F1 $x > 0$ nicht gelten, also muss $x = 0$ sein. Umgekehrt, falls $x > 0$ ist, kann nach F1' $y = 0$ nicht gelten, also muss $y = 1$ sein, da y eine 0/1-Variable ist (F1' heißt *Kontraposition* zu F1). Ferner: da $x \geq 0$ ist, ist F1" gleichwertig zu F1' und somit äquivalent zu F1:

$$\text{F1": } y = 0 \rightarrow x \leq 0$$

Eine geschlossene Ungleichung, die F1" algebraisch modelliert, muss $x \leq 0$ für $y = 0$ erzwingen und soll für $y = 1$ den Wert von x nicht einschränken, z. B. nur $x \leq$ M ausdrücken, wobei M eine große Zahl (oder besser eine bekannte oder berechnete obere Schranke von x) ist. Diese geschlossene Ungleichung, die $x \leq 0$ für $y = 0$ und $x \leq$ M für $y = 1$ ergibt, lautet:

$$x \leq \mathrm{M}\, y \ (x \geq 0,\ y \text{ ist 0/1-Variable}) \qquad (1)$$

Diese Ungleichung modelliert natürlich auch die Forderung F1. Falls $x > 0$, wird der Wert von y auf 1 erzwungen. Um die Forderung F2: $y = 1 \rightarrow x > 0$ in eine algebraische Ungleichung umformen zu können, wird sie normalerweise „approximiert“ zu der Forderung F2':

$$\text{F2': } y = 1 \rightarrow x \geq m,$$

wobei m eine sehr kleine Zahl, z. B. 0,001 ist. m modelliert einen *Schwellenwert* für x (wenn produziert wird ($x > 0$), dann mindestens m). Eine geschlossene Ungleichung, die F2' algebraisch modelliert, muss $x \geq m$ für $y = 1$ erzwingen und soll für $y = 0$ den Wert von x nicht einschränken, z. B. nur $x \geq 0$ ausdrücken. Diese geschlossene Ungleichung, die $x \geq m$ für $y = 1$ und $x \geq 0$ für $y = 0$ ergibt, lautet:

$$x \geq my \qquad (2)$$

Falls m ausreichend klein gewählt wird, modelliert (2) die Forderung F2.

Bei Fixkostenproblemen (vgl. 4.2) ist nur die Forderung F1 notwendig, da Fixkosten in der Zielfunktion minimiert werden. Wegen … + C·y + ... (C Fixkosten) in der Min-Zielfunktion versucht der Optimierer y auf 0 zu setzen. Dies erfolgt automatisch ohne (2), falls x=0 ist (Ungleichung (1) lässt den Wert $y = 0$ für $x = 0$ zu).

Falls ein nicht stetiger Ausdruck wie $k_0 y + cx$ wie in 4.2 zusammen mit x und y in den Restriktionen benutzt, aber nicht minimiert wird, muss man auch die Forderung F2 durch (2) erzwingen. Denn $x = 0$ und $y = 0$ wäre eine zulässige Lösung, falls man F2 nicht fordert.

Bei Schwellenwerten (vgl. 4.3) muss neben der Forderung F2 durch (2) auch F1 durch (1) erzwungen werden; auch in dem Fall dass nur ein Schwellenwert und keine obere Schranke für x bekannt ist (big-M benutzen). Denn $x = m/2$ und y= 0 wäre eine zulässige Lösung, wenn man F1 nicht fordert.

Durch (1) und (2) wird die Forderung $x > 0 \leftrightarrow y = 1$ erfüllt (genau-dann-wenn).

2. *Indikator für die Wirksamkeit einer oder mehrerer Restriktionen:* Gegeben sei eine Gruppe i einer oder mehrerer Restriktionen. Eine 0/1-Indikator-Variable y_i wird eingeführt, um „anzuzeigen“, ob diese Restriktionen wirksam sind oder nicht. Falls $y_i = 1$ ist, sollen die Restriktionen der Gruppe i wirksam sein (also erfüllt werden), ansonsten unwirksam (nicht zu verwechseln mit „nicht erfüllt“, vgl. 4.4). Diese Forderung soll allgemein in eine ähnliche Form wie F1" gebracht

werden. Dazu transformiert man die Restriktionen wie folgt (als Beispiel soll die Gruppe i die Restriktionen $2x_1 - 3\ x_2 \leq 7$ und $x_1 + 2\ x_2 + x_3 = 5$ beinhalten):
Gleichung → 2 Ungleichungen:

$$x_1 + 2\ x_2 + x_3 = 5 \rightarrow x_1 + 2\ x_2 + x_3 \leq 5 \text{ und}$$
$$x_1 + 2\ x_2 + x_3 \geq 5$$

Ungleichung $\rightarrow \leq 0$ *-Ungleichung:*

$$2\ x_1 - 3\ x_2 \leq 7 \rightarrow \quad 2\ x_1 - 3\ x_2 - 7 \leq 0$$
$$x_1 + 2\ x_2 + x_3 \leq 5 \rightarrow x_1 + 2\ x_2 + x_3 - 5 \leq 0$$
$$x_1 + 2\ x_2 + x_3 \geq 5 \rightarrow \quad - x_1 - 2x_2 - x_3 \leq -5 \rightarrow - x_1 - 2\ x_2 - x_3 + 5 \leq 0$$

Die Restriktionen sind nun in der Form $\text{LHS}_{i,j} \leq 0$ ($\text{LHS}_{i,1} = 2x_1 - 3x_2 - 7$, $\text{LHS}_{i,2} = x_1 + 2\ x_2 + x_3 - 5$ und $\text{LHS}_{i,3} = -x_1 - 2x_2 - x_3 + 5$), wobei gefordert wird, dass
F3: $y_i = 1 \rightarrow \text{LHS}_{i,j} \leq 0$ für alle j
($y_i = 0 \rightarrow \text{LHS}_{i,j} \leq \text{M}_{i,j}$ für alle j, d. h. Restriktionen unwirksam)
Diese Forderung ist ähnlich zu F1", wobei statt x ein Ausdruck $\text{LHS}_{i,j}$ und statt y der Ausdruck $1 - y_i$ (für 0/1-Variablen ist $y_i = 1$ gleichwertig zu $1 - y_i = 0$). Es folgt also die Ungleichung:

$$\text{LHS}_{i,j} \leq \text{M}_i\ (1 - y_i) \text{ für alle } j \qquad (3)$$

wobei $\text{M}_{i,j}$ genügend große Zahlen sind. Wegen evtl. auftretender numerischer Probleme sollte $\text{M}_{i,j}$ nicht zu groß gesetzt werden. Z. B. wählt man für $\text{M}_{i,j}$ eine obere Schranke des Ausdrucks $\text{LHS}_{i,j}$. Durch die Ungleichungen (3) werden im Falle $y_i = 1$ die Ungleichungen $\text{LHS}_{i,j} \leq 0$ und somit die Restriktionen der Gruppe i und im Falle $y_i = 0$ nur die Ungleichungen $\text{LHS}_{i,j} \leq \text{M}_{i,j}$ erfüllt, was durch die obige Wahl von $\text{M}_{i,j}$ für die auftretenden Variablen x_1, x_2 und $x_3$keine Einschränkungen erzwingt.
Durch Einführen von Indikator-Variablen als Variableneigenschaft oder für Restriktionswirksamkeit lassen sich viele logische Aussagen ausdrücken. z. B. lassen sich geradlinig abgegrenzte aber nicht konvexe oder sogar nicht zusammenhängende Bereiche mit Hilfe eines MIP-Modells darstellen, indem konvexe (Teil-)Bereiche gebildet werden, deren Vereinigung dem gesamten zulässigen Bereich entspricht. Für jeden konvexen Teilbereich wird eine Gruppe von Restriktionen (vgl. Aufgabe 3 unten) aufgebaut und mit einer Indikator-Variablen verbunden. Die Summe der eingeführten Indikator-Variablen soll ≥ 1 sein (weitere Restriktion).

4.10 Praxisbeispiele

4.10.1 Sortimentsoptimierung von Büro- und Papierwaren

Quelle: [Suhl/U 2001]

Im Rahmen von zwei IT-Beratungsprojekten, die an der Freien Universität Berlin in Zusammenarbeit mit der Herlitz AG und der Mercoline GmbH durchgeführt wurden, ging es darum, ein entscheidungsunterstützendes System für die Sortimentsoptimierung bei Büro- und Papierwaren zu entwickeln.

Die Problematik bestand darin, ein gewinnoptimales Sortiment unter Berücksichtigung der Vielzahl der Artikel und der verschiedenartigen Verkaufsstellen zu erstellen. Herlitz vertrieb ca. 15.000 Artikel in über 8.000 Verkaufsstellen. Die Verkaufsstellen unterscheiden sich sowohl in Größe, Kundenstamm und Art des Geschäftes. So werden nicht nur Fachgeschäfte/Schreibwarenläden sondern auch SB-Märkte, Kaufhäuser usw. beliefert.

Bei der Sortimentsoptimierung müssen viele Faktoren berücksichtigt werden, wie Anzahl und Breiten der Regalböden, Kontaktstrecken der Artikel sowie Beachtung von Kompetenz- und Ausschlussartikel. In den Online-Unterlagen befindet sich eine Fallstudie, in dem zuerst ein einfaches Modell aufgestellt wird, welches nur auf wenige Beziehungen oder Einschränkungen zwischen den Artikeln eingeht. Beim erweiterten Modell kommen dann Regeln hinzu, die es ermöglichen, bestimmte Sachverhalte bezüglich der Artikel der Sortimentsoptimierung genauer zu beschreiben.

Ziel beider Modelle ist es, ein rohertragsmaximales Sortiment zu ermitteln, wobei das Grundmodell mit vielen Vereinfachungen arbeitet und das erweiterte Modell eine praxisrelevantere Lösung bietet. Dabei werden Heuristiken wie z. B. die Verbundregeln mit in das Modell aufgenommen. Die Verbundregeln berücksichtigen die Abhängigkeit zweier Artikel. Sind beispielsweise Klebefilmabroller im Sortiment platziert, dann müssen auch Klebefilmrollen platziert sein. Umgekehrt ist es jedoch zulässig, nur Rollen ohne Abroller zu führen. Das interaktive Modell im Web ermöglicht es, die Bedeutung verschiedener Ausgangslagen für das erweiterte Modell durchzuspielen und die jeweilige Lösung zu generieren.

4.10.2 Verschnittoptimierung von Rollenstahl

Quelle: [Steinzen et al. 2004]

Das Service-Center (SC) der Stahlwerk Ergste-Westig GmbH, ein Unternehmen der ZAPP-Gruppe, vertreibt hochwertigen rostfreien Federbandstahl.

Federbandstahl ist auf Rollen gewickeltes Stahlband und wird dem Service-Center als Halbfabrikat geliefert (Abb. 4.6). Aufgabe des Service-Centers ist es, Kundenaufträge durch Zuschneiden der gewünschten Breite zu bedienen.

Im Lager des Service-Centers sind begrenzte Mengen verschiedener Ausgangsbreiten (Chargen) vorrätig. Beim Zuschnitt werden jährlich mehrere hundert Tonnen Material in kleinere Breiten (längs) zerschnitten, wobei das eingesetzte Material oft nicht komplett verbraucht wird, so dass nicht weiter verwertbare Reststücke entstehen können. Ziel der Verschnittoptimierung ist es, Schnittmuster zu finden, die die Kundenaufträge erfüllen und den Verschnitt unter Berücksichtigung der Herstellkosten und fertigungstechnischen Restriktionen minimieren. Weitere Ziele sind aus Sicht des Unternehmens eine reproduzierbare Dispositionsstrategie und eine (halb)automatische Materialsuche für Aufträge über alle Lagerorte und Bestandsstufen.

Diese Planungsaufgabe wird in der Literatur als Cutting Stock Problem (CSP) behandelt. Besonderheit der Problemstellung in diesem Projekt ist ein begrenzter Lagerbestand mit sehr heterogenem Sortiment und zusätzliche Nebenbedingungen zur Materialverwendung.

Abb. 4.6. Rollen von Federbandstahl

Für das Problem wurde am DS&OR Lab der Universität Paderborn ein Entscheidungsunterstützungssystem implementiert, das aus den Auftrags- und Bestandsdaten des Systems SAP R/3 unter Verwendung von Standard-Optimierungssoftware, wie beispielsweise CPLEX, in einem dreistufigen Prozess eine Lösung errechnet. Die berechneten Schnittmuster werden übersichtlich in einer grafischen Benutzeroberfläche dargestellt und können vor der Übergabe an SAP R/3 bearbeitet werden (s. Abb. 4.7).

In einer Vergleichsrechnung anhand zweier realer Eingabesätze zur Quantifizierung des Reduzierungspotentials wurde ein realistisches Einsparpotential von mindes-

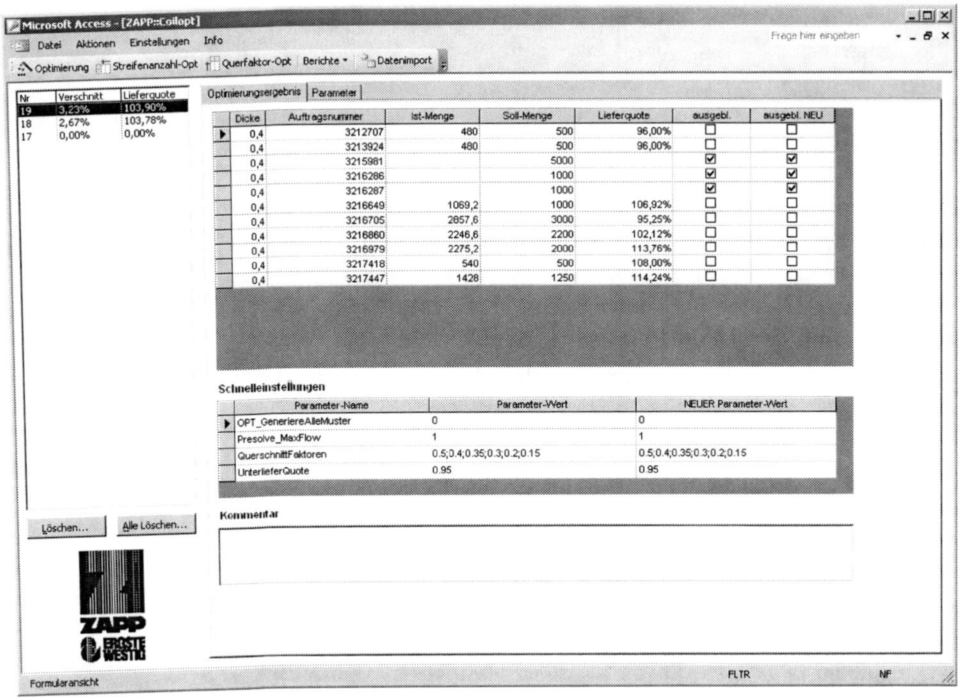

Abb. 4.7. Entscheidungsunterstützungssystem zu Verschnittoptimierung

tens einem Drittel identifiziert. Durch den geringen Zeitbedarf des Systems im Vergleich zur manuellen Disposition war weiterhin ein eindeutiges Einsparpotenzial an personellen Ressourcen erkennbar.

4.11 Übungsaufgaben

Aufgabe 4-1: Autoherstellung

Ein Autohersteller produziert drei Modelle von Autos: compact, midsize und large. Die benötigten Ressourcen und Deckungsbeiträge sind unten angegeben. Es sind 6000 Tonnen Stahl und 60000 Arbeitsstunden verfügbar. Wenn ein Modell produziert wird, müssen mindestens 1000 Autos dieses Modells produziert werden. Stellen Sie ein Modell der mathematischen Optimierung auf, das den Deckungsbeitrag maximiert. Lösen Sie das Modell mit einer Standardsoftware.

	Compact	Midsize	Large
Stahlbedarf (Tonnen)	1,5	3	5
Arbeitsstunden	30	25	40
Deckungsbeitrag (€)	2000	3000	4000

Aufgabe 4-2: Versandboxen

Ein Versandhaus produziert Versandboxen für eigene Produkte. Es gibt sieben unterschiedliche Boxgrößen mit Volumen zwischen 170 und 330 cm^2. Die variablen Kosten, um eine Box zu produzieren, sind ein Prozent der Boxgröße (Beispielsweise 1,7 € für die Boxgröße 170 cm^2). Für jede produzierte Boxgröße fallen fixe Kosten in Höhe von 2000 € an. Es ist möglich, eine Box durch irgendeine größere Box zu ersetzen.
Stellen Sie ein Modell der mathematischen Optimierung auf, das die Gesamtkosten minimiert und den Bedarf abdeckt!
Lösen Sie das Modell mit einer Standardsoftware!

	1	2	3	4	5	6	7
Größe (cm^2)	330	300	260	240	190	180	170
Bedarf (Stück)	4000	3000	5000	7000	2000	4000	2000

Aufgabe 4-3: Hausbau

Modellieren Sie die unten angegebene Aufgabenstellung als ein gemischt-ganzzahliges mathematisches Optimierungsproblem mit linearen Restriktionen und einer linearen Zielfunktion! Geben Sie das Modell und dessen Lösung als Antwort an!

Eine Baufirma hat 100.000 m^2 Bauland zur Verfügung, wovon 10% für Wege und andere gemeinnützige Flächen reserviert werden. Auf der verbleibenden 90.000 m^2 Fläche kann man Einfamilienhäuser, Doppelhäuser und/oder 3-Familienhäuser bauen. Der Deckungsbeitrag und die minimal benötigte Fläche pro Haustyp sind in der u. a. Tabelle angezeigt.

	Deckungsbeitrag (€)	Fläche (m^2)
EF-Haus	20.000	800
Doppelhaus	24.000	1000
3F-Haus	30.000	1200

a) Basismodell: Der Deckungsbeitrag soll maximiert werden, mit der Bedingung, dass mindestens 40% der zu bauenden Häuser Einfamilienhäuser sein müssen.

b) Zusätzlich: Wenn Doppelhäuser gebaut werden, müssen von ihnen mindestens 30 Stück gebaut werden.

c) Zusätzlich: Wenn die Anzahl Familien 150 oder mehr beträgt, muss die Firma den Bau einer Grundschule mit 100.000 € (ohne Zurückzahlung) unterstützen.

d) Zusätzlich: Infrastrukturkosten sollen berücksichtigt werden. Die linearen Infrastrukturkosten betragen grundsätzlich 1000 € für ein EF-Haus, 1200 € für ein Doppelhaus und 1400 € für ein 3F-Haus. Bereitstellung der Infrastruktur kostet jedoch in jedem Fall mindestens 150.000 €. (Mit anderen Worten, die Infrastrukturkosten betragen das Maximum der Summe der hausbezogenen Kosten und 150.000 €.)

Aufgabe 4-4: Studentenfutter

Ein Unternehmen mischt Walnüsse, Haselnüsse, Erdnüsse und Rosinen zu drei verschiedenen Produkten (Studentenfutter, Mitarbeiterfutter und Professorenfutter) und verkauft diese Produkte in verschiedenen Formen. Das Unternehmen kauft Walnüsse zu 3,00 €/kg, Haselnüsse zu 2,50 €/kg, Erdnüsse zu 1,00 €/kg, und Rosinen zu 2,20 €/kg ein. Die Kennzeichen der Produkte sind folgende: Professorenfutter muss zumindest 40% Walnüsse und darf höchstens 25% Erdnüsse enthalten. Mitarbeiterfutter muss zumindest 20% Walnüsse und darf höchstens 60% Erdnüsse enthalten. In Studentenfutter sollen nicht mehr Erdnüsse als das Doppelte des Haselnussgewichts sein. Schließlich darf der Anteil von Rosinen insgesamt 15% des gesamten Haselnuss- und Erdnussanteils nicht unterschreiten. Der Verkaufspreis vom Professorenfutter beträgt 4,20 €/kg, der vom Mitarbeiterfutter 3,60 €/kg und der vom Studentenfutter 2,90 €/kg. Eine weitere Einschränkung ist die, dass pro Zeitperiode nur beschränkte Mengen dieser Nüsse und Rosinen zur Verfügung stehen, nämlich 100 kg Walnüsse, 120 kg Erdnüsse, 70 kg Haselnüsse und 25 kg Rosinen.

a) Formulieren Sie ein lineares Optimierungsmodell zur Produktionsplanung für eine Zeitperiode, so dass der erzielte gesamte Deckungsbeitrag (Verkaufspreis minus Einkaufspreis) maximiert wird! Lösen Sie das Modell!

b) Ergänzen Sie das Optimierungsmodell, so dass für jedes Produkt, das produziert werden soll, fixe Kosten pro Periode in Höhe von 60€ anfallen! Lösen Sie das Modell!

c) Ergänzen Sie das Optimierungsmodell, so dass die folgende Regel berücksichtigt wird: Wenn ein Produkt produziert wird, müssen davon mindestens 30 Kilogramm produziert werden! Lösen Sie das Modell!

d) Wir nehmen an, dass die Produkte in verschiedenen Formen verkauft werden, nämlich kiloweise wie in a), in Packungen von 300 Gramm und in Familien-Kombipackungen. Die Packkosten betragen 10 Cent pro Packvorgang. Jede Kombipackung beinhaltet eine Packung aus Produkt 1, zwei Packungen aus Produkt 2 und drei Packungen aus Produkt 3. Gegeben sind noch die verschiedenen Preise sowie Maximalabsatzmengen für die Packungen und für die Kombipackung. Erweitern Sie Ihr Modell, so dass eine optimale Mischung des Verkaufs (kiloweise, Packungen und Kombipackungen) ermittelt wird!

Aufgabe 4-5: Erdgasnetz

Eine Stadt erwägt den Ausbau eines Erdgasnetzes. Das Netz kann ausgehend von der vorhandenen Zentrale, in die Gebiete A, B, C, D und E erweitert werden (s. Abb. 4.8).

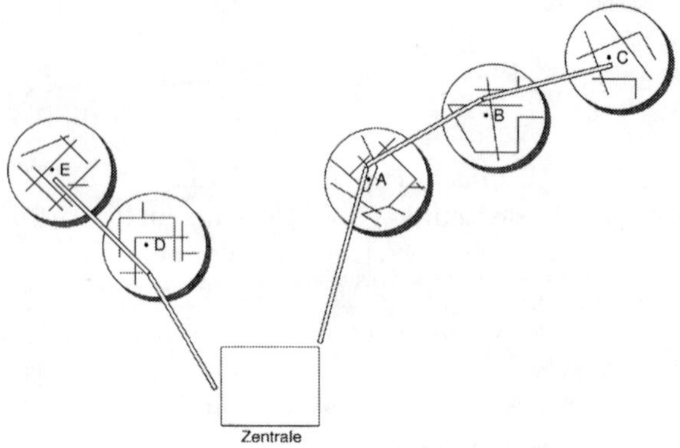

Abb. 4.8. Ein Erdgasnetz

Das Gebiet B kann nur erschlossen werden, wenn vorher das Gebiet A erschlossen wurde. Analog kann das Gebiet C nur verrohrt werden, wenn auch A und B verrohrt werden. Der Ausbau des Gebiets E kann nur erfolgen, wenn D vorher erschlossen wird. Aufgrund von Befragungen bei potentiellen Kunden sind die erwarteten Erträge pro Gebiet bekannt. Weiterhin sind die Investitionskosten und Bauzeiten für die Planungsperiode gegeben. Es stehen in der Planungsperiode 500 Tage Bauzeit zur Verfügung, die nicht überschritten werden dürfen. Es wird nach einer gewinnmaximalen Lösung gesucht.

	A	B	C	D	E
Ertrag (T€)	1100	1200	2400	1200	1300
Investitionskosten (T€)	1300	1600	1200	1000	900
Bauzeit (Tage)	80	200	110	90	70

a) Stellen Sie ein mathematisches Optimierungsmodell auf, um die o.g. Aufgabenstellung zu lösen! Lösen Sie das Modell mit Standardsoftware!

b) Erweitern Sie das Optimierungsmodell so, dass die folgende Regel berücksichtigt wird: Wenn mehr als zwei Gebiete verrohrt werden, muss in irgendeinem Knoten zusätzlich eine Verteilstation gebaut werden. Die Lage der Verteilstation ist hier unwichtig, aber die Kosten sollen berücksichtigt werden. Die Station verursacht Investitionskosten von 500 T€ in der Planungsperiode!

Aufgabe 4-6: Baugruppen

Formulieren Sie für die folgende Problemstellung ein mathematisches lineares (gemischt-ganzzahliges) Optimierungsmodell! Lösen Sie Ihr Modell mit Hilfe einer Optmierungssoftware!

Problemstellung: Ein Betrieb erwägt die Produktion von drei Produkten P1, P2 und P3.

- P1 und P2 sind Baugruppen, die sowohl verkauft als auch zur Produktion von P3 benutzt werden können.
- Für ein Stück P3 werden 2 Stück P1 und 1 Stück P2 benötigt.
- Wenn ein Produkt im Planungszeitraum produziert wird, müssen mindestens 10 Stück davon produziert werden.
- Durch den Verkauf der Produkte wird ein Ertrag pro Stück von 12 € für P1, 18 € für P2 und 50 € für P3 erreicht.
- Drei Fertigungsstufen (Teilefertigung, Vor- und Endmontage) werden durchlaufen, wobei in der betrachteten Periode 400 Maschinenstunden (MStd.) für Teilefertigung, 500 MStd. für Vormontage und 350 MStd. für Endmontage zur Verfügung stehen. Diese drei Abteilungen werden durch die 3 Produkte wie in nebenstehender Tabelle (in MStd. pro Stück) belastet (P3 braucht keine Teilefertigung):

Fertigungsstufe	P1	P2	P3
Teilefertigung	2	4	-
Vormontage	3	2	2
Endmontage	1	5	1

Es soll ein optimales Produktionsprogramm bestimmt werden, das entscheidet, welche Produkte und wie viele hergestellt werden sollen, so dass der gesamte Verkaufspreis maximiert wird und die vorhandenen Ressourcen nicht überschritten werden.

Aufgabe 4-7: Modellierung diverser Aussagen

a) Seien x_1, x_2, ..., $x_n$kontinuierliche Variablen. k sei eine gegebene Zahl ($k \leq n$).
b) *Forderung A:* höchstens k von diesen Variablen sollen > 0 sein.
Forderung B: mindestens k von diesen Variablen sollen > 0 sein.
Forderung C: genau k von diesen Variablen sollen > 0 sein.
Überlegen Sie sich gut, für welche dieser Forderungen Sie F1 und/oder F2 brauchen (nicht unbedingt die gleiche(n) für A, B und C)!
c) Gegeben sind m Restriktionen $\sum_{j=1}^{n} a_{ij}x_j \leq b_i$ sowie $k \leq m$.
Forderung D: mindestens k dieser Restriktionen sollen erfüllt werden.
Forderung E: höchstens k dieser Restriktionen sollen erfüllt werden.
Wie berechnet man gute Werte für jedes von Ihnen eingeführte big-M? Die Aufstellung der Ungleichungen für E ist etwas schwieriger als für D!
d) Betrachten wir das LP aus 2.1 (vgl. Abb. 2.1). Dort sind die Restriktionen standardmäßig als „und"-verknüpfte Forderungen anzusehen. Formulieren Sie nun das folgende Problem, in dem eine ,,oder"-Verknüpfung eingeführt wird, als ein gemischt-ganzzahliges Modell:

$$
\begin{array}{ll}
\textbf{max} & \mathrm{z} = 2\,x_1 + 1{,}5\,x_2 \\
\text{s.t.} & (2\,x_1 + x_2 \leq 1000) \text{ oder } (x_1 + x_2 \leq 800) \\
\text{(und)} & x_1 \leq 400 \\
\text{(und)} & x_2 \leq 700 \\
\text{(und)} & x_1,\, x_2 \geq 0
\end{array}
$$

4.12 Was sollte ich gelernt haben?

Modellierung

Warum ist es wichtig, die richtige Modellformulierung zu finden? Was kann passieren, wenn man dies nicht tut?

Fixkosten

Nennen Sie Beispiele von Modellen mit fixen Kosten! Welche neuen Variablen und/oder Restriktionen braucht man, um fixe Kosten in einem linearen gemischt-ganzzahligen Optimierungsmodell zu berücksichtigen? Wie ändert sich die Zielfunktion? Wie sollte der Wert von big-M gewählt werden? Warum?

Schwellenwert

Was kann man mit Schwellenwerten modellieren? Welche Variablen und Restriktionen werden dafür benötigt? Warum braucht man eine Obergrenze der betroffenen Variable? Was kann man machen, wenn keine Obergrenze gegeben ist?

Weiche Restriktionen

Was versteht man unter weichen Restriktionen (soft constraints)? Welchen Unterschied zu harten Restriktionen gibt es? Wie können weiche Restriktionen in einem Optimierungsmodell abgebildet werden? Welche neuen Variablen braucht man? Unterscheiden Sie zwischen $\leq$-, $\geq$- und $=$-Restriktionen sowie jeweils zwischen einer minimierenden und maximierenden Zielfunktion.

Stückweise lineare Zielfunktion

Nennen Sie Praxisbeispiele für Situationen, in denen die Zielfunktion stückweise linear ist! Wie modelliert man grundsätzlich eine stückweise lineare Zielfunktion? Was versteht man unter separabler Programmierung?

Aussagenlogik

Angenommen $F1$ und $F2$ sind logische Formeln, die jeweils den Wert wahr oder falsch haben können. Wie lauten die Wahrheitstabellen von der Negation $\neg F1$ („nicht $F1$"), Konjunktion $F1 \wedge F2$ („F1 und F2"), Disjunktion $F1 \vee F2$ („$F1$ oder $F2$ oder beides", nicht-exklusives Oder), der logischen Implikation $F1 \rightarrow F2$ („aus $F1$ folgt $F2$") und der logischen Äquivalenz $F1 \leftrightarrow F2$ („F1 genau dann, wenn F2")?

Definitionen

Definieren Sie die folgenden Begriffe: Literal, Klausel, KNF, Äquivalenz.

Transformation in die konjunktive Normalform (KNF)

Was versteht man unter der KNF? Warum ist sie wichtig? Durch welche drei Schritte kann man eine beliebige Formel in die KNF transformieren? Wenden Sie diese Schritte systematisch an dem folgenden Beispiel an:

$$F = (a \wedge \neg b) \rightarrow \neg(\neg c \vee d)$$

Wie erhält man daraus algebraische Ungleichungen?

Wenn-dann-Aussagen

Wie werden die folgenden Aussagen transformiert?

1. Wenn P1 wahr, dann muss P2 wahr sein.
2. Projekt P2 kann nur dann durchgeführt werden, wenn P1 realisiert wurde.

Mehrere Ziele

Nennen Sie Beispiele von Entscheidungssituationen mit mehreren Zielfunktionen. Welche grundsätzlichen Vorgehensweisen gibt es, um mehrere Ziele zu berücksichtigen?

Goal Programming

Wie kann man einen Zielwert (Goal) für eine gegebene Zielfunktion bestimmen? Wie kann man gewährleisten, dass die Lösung die Zielwerte aller gegebenen Ziele möglichst gut erreicht? Was bedeutet „möglichst gut" in diesem Fall?
Betrachten Sie im Folgenden die Zielfunktion $z_i = \sum_j a_{ij}x_j$ mit einem gewünschten Zielwert $= b_i$.
Dieser Zielwert könnte erreichbar sein, wenn es nur diese eine Zielfunktion gäbe. Es gibt aber auch andere Zielfunktionen mit ihren Goals, die unmöglich alle gleichzeitig erreicht werden können. Wie wird nun ein gegebener Zielwert „relaxiert" oder „aufgelockert"? Welche neuen Restriktionen werden aufgestellt?

Alternative Zielfunktionen in Goal Programming

Der Wunsch, alle gegebenen Ziele möglichst gut zu erreichen, beinhaltet natürlich die Ungenauigkeit, dass es nicht eindeutig definiert ist, was „gut" in diesem Zusammenhang bedeutet.
Welche zwei alternativen Möglichkeiten gibt es, um die Qualität einer möglichen Lösung im Hinblick auf die gestellten mehreren Ziele zu bewerten?
Betrachten Sie mehrere Zielfunktionen der Form $\sum_j a_{ij}x_j$, wobei i = 1,...,m der Index eines gegebenen Ziels ist. Fügen Sie die benötigten neuen Variablen für beide alternativen Möglichkeiten ein. Wie lautet jeweils die neue Zielfunktion?

5

Lösung gemischt-ganzzahliger Optimierungsmodelle

Lernziele:

- Verständnis über die Schwierigkeit gemischt-ganzzahliger Modelle
- Verständnis über Klassen von Lösungsmethoden
- Basisverständnis über die Branch&Bound-Methode
- Grundsätzliche Implementierungstechniken für Branch&Bound

Online-Lernmodule:

- Lösung harter und gemischt-ganzzahliger Optimierungsprobleme
- Bemerkungen zu MIP-Modellen und deren Formulierung

http://dsor-lectures.upb.de/

5.1 Schwierigkeitsgrad von Optimierungsmodellen

Im letzten Kapitel wurden Techniken zur Modellierung von Optimierungsproblemen vorgestellt, wobei in vielen Fällen die Nützlichkeit der Einführung diskreter Variablen für die Modellierung schwieriger Sachverhalte kennen gelernt wurde. Insbesondere kann man mit Hilfe von 0/1-Variablen „Ja/Nein"-Entscheidungen modellieren. Logische Abhängigkeiten, Fixkosten, Schwellwerte und auch nichtkonvexe Bereiche konnten als Ungleichungen mit Hilfe von 0/1-Variablen dargestellt werden. Weiterhin müssen Variablen in manchen Fällen als Integer deklariert werden, da sie nur ganzzahlige Werte annehmen konnten. Hier ist zu bemerken, dass zwar für eine hohe Anzahl eines zu produzierenden Guts (z.B. kleine Ersatzteile) die Integer-Deklaration fehlen darf, ohne die Lösungsgüte entscheidend zu verschlechtern, aber für eine kleine Anzahl einzusetzender LKWs wohl die Integer-Forderung nötig ist, da sonst die Lösung sehr viel vom wirklichen Optimum abweichen kann. Da, wo man 0/1-Variablen oder allgemeine Integer-Variablen in einem sonst linearen Modell benutzen bzw. deklarieren muss, haben wir es mit gemischt-ganzzahligen (linearen) Programmen (MIP) zu tun.

Von der Automatisierung einzelner Rechenoperationen bis hin zu komplexer Daten- und Wissensverarbeitung bei der Entwicklung von Anwendungssoftware benötigt man *Algorithmen*, die direkt in Computerprogramme überführt werden. Ein *Algorithmus* bezeichnet eine genau definierte Rechen-, Handlungs- und/oder Verarbeitungsvorschrift zur Lösung eines Problems/Problemtyps. Eigenschaften und Typen von Algorithmen werden im nächsten Abschnitt besprochen. Bei der mathematischen Programmierung sind wir in der erfreulichen Lage, nur die Eigenschaften einer Problemstellung mathematisch zu erfassen, also ein mathematisches Modell aufzustellen, wobei die eigentliche Lösungsberechnung automatisch mithilfe von speziellen Algorithmen wie dem Simplex-Verfahren zur Lösung von LP-Modellen erfolgt.

Im Abschnitt 2.5 wurde festgestellt, dass es für das LP-Problem Lösungsalgorithmen basierend auf Innere-Punkte-Methoden gibt, dessen Rechenaufwand als Funktion der Problemgröße „nur" polynomiell wächst. Somit gehört das LP-Problem zur Klasse P der in polynomieller Zeit lösbaren Probleme. Zur genaueren Beschreibung der (Worst-case-)Komplexität von Algorithmen wird die O-Notation verwendet. Beispielsweise hat der Dijkstra-Algorithmus zur Ermittlung von kürzesten Wegen in seiner Basisform die Komplexität $O(n^2)$ (vgl. Kapitel 6). Diese bedeutet, dass man im schlimmsten Fall (des Eingabegraphs mit n Knoten) im wesentlichen n^2 Schritte bis auf konstante und lineare Faktoren braucht (d. h. die genaue Anzahl der Schritte kann $4n^2 + 3n + 100$ sein). Eine sehr gute Erläuterung der O-Notation kann man in [Cormen et al. 2009] finden.

Optimierungsmodelle, für die kein polynomieller Algorithmus bekannt ist, sind in der Regel viel schwieriger zu lösen. Für das allgemeine ganzzahlige oder gemischt-ganzzahlige Optimierungsmodell ist dies der Fall. Aufgrund der sehr hohen, oft exponentiellen Zahl an möglichen Lösungen – man spricht von der kombinatorischen Explosion – würde die reine Enumeration aller möglichen Lösungen bei steigender Größe der Probleminstanz auch mit einem schnellen Rechner oft Tage, Monate, Jahre, Jahrzehnte in Anspruch nehmen.

In der Informatik definiert man neben der Klasse P die Problemklasse NP (nichtdeterministisch polynomiell). Für die schwierigen diese Modelle - die sogenannten NP-harten oder NP-vollständigen - ist kein polynomieller (deterministischer) Lösungsalgorithmus bekannt. Wenn aber eine mögliche Lösung für ein Problem aus NP gegeben ist, kann mit einem polynomiell beschränkten Aufwand getestet werden, ob die Lösung zulässig ist. Viele der in diesem Buch vorgestellten Probleme gehören zur Klasse der NP-vollständigen Probleme und sind somit mit heutigen Technologien grundsätzlich sehr schwer zu lösen. Für die Klasse der NP-vollständigen Probleme wird vermutet, dass man sie nicht polynomiell lösen kann; allerdings konnte diese Vermutung bis heute nicht bewiesen werden.

Erfreulicherweise ist aber festzustellen, dass man viele der großen Praxismodelle mit moderner Technologie optimal lösen kann. Wissenschaftler haben intelligente

Lösungstechniken entwickelt, die nicht alle möglichen Lösungen untersuchen, sondern sich aufgrund gegebener Information nur einen kleinen Teil der möglichen Lösungen anschauen. Viele der möglichen Lösungen können aus logischen Gründen ausgeschlossen werden, weil man auf Basis der Aufgabenstellung ableiten kann, dass sie nicht optimal sein können.

Bei der gemischt-ganzzahligen Optimierung handelt es sich somit um sogenannte *harte* Probleme, zu denen keine polynomielle Algorithmen bekannt sind und/oder die einen „schwierigen" kombinatorischen Charakter aufweisen. Mehrere allgemeine Lösungstechniken werden für die exakte Lösung solch schwieriger Probleme benutzt. Solche Methoden, wie Backtracking-, Branch&Bound-Verfahren, dynamische Programmierung usw., werden in diesem Kapitel kurz erläutert. Zur Lösung allgemeiner MIP-Modelle benutzt heutige Optimierungssoftware oft die Branch&Bound-Methode, kombiniert mit der Lösung reiner LP-(Unter-)Modelle. Auch diese Lösungstechnik wird in diesem Kapitel vorgestellt.

Dass man nicht alle Instanzen für die Klasse harter Probleme lösen konnte bzw. kann, zeigt die Tatsache, dass man sich in vielen Fällen mit guten heuristischen oder approximierenden Verfahren in der Praxis begnügt. Bei der Behandlung grundlegender harter Optimierungsaufgaben (wie Tourenplanungs- und Standortprobleme) werden daher in Kapitel 8 heuristische Verfahren neben der mathematischen Formulierung besprochen. Diese sind immer noch wichtig, obwohl stets leistungsfähiger werdende MIP-Software immer größere Probleminstanzen dieser Aufgaben optimal lösen kann. Dies gelingt mithilfe spezieller Techniken oder bei einer Problemstruktur ausnutzenden mathematischen Modellierung. Ein Beispiel hierfür biete in Kapitel 7 die optimale Lösung großer Probleminstanzen eines harten Umlaufplanungsproblems im ÖPV unter Praxisnebenbedingungen.

5.2 Algorithmen und allgemeine Lösungsprinzipien

Algorithmen beschreiben Problemlösungsverfahren, die für die Realisierung in Form von Computerprogrammen geeignet sind, und sind daher der „Stoff" der Informatik: sie sind zentraler Untersuchungsgegenstand in vielen, wenn nicht den meisten Bereichen dieses Fachgebiets. Algorithmen wurden mithilfe berechenbarer Funktionen auf Turing-Maschinen theoretisch erfasst. Für Wirtschaftsinformatiker sind ihre Eigenschaften sowie die Kunst, wie sie zur Lösung betriebswirtschaftlicher Probleme entwickelt werden, von größter Bedeutung.

Algorithmen müssen in einem endlichen Text beschrieben werden (Finitheit), in endlich vielen und in endlicher Zeit ausführbaren Schritten ablaufen (Ausführbarkeit/Terminierung) sowie bei gleichen Voraussetzungen das gleiche Resultat liefern (Determiniertheit). Darüberhinaus muss der Ablauf eines Algorithmus zu jedem Zeitpunkt eindeutig definiert sein (Determinismus) und nur endlichen Speicherplatz gebrauchen (dynamische Finitheit). Effiziente Algorithmen sind solche, die für die Lösung gleicher Probleme weniger Laufzeit und Speicherplatz benötigen. Beispiele von Algorithmen für die Lösung graphentheoretischer Problemstellungen werden in Kapitel 6 angegeben und analysiert.

Es werden nun allgemeine Prinzipien erläutert, die bei vielen Algorithmen bzw. Verfahren zur Lösung von Optimierungsproblemen benutzt werden. Diese gelten sowohl für „leichte" als auch für harte Probleme, für die keine effizienten polynomiellen Algorithmen bekannt sind.

Im nächsten Abschnitt werden spezielle Verfahren vorgestellt, die nur für harte Probleme anwendbar sind: Backtracking- und Branch&Bound-Verfahren. Ziel des Abschnitts ist es mehr, das nötige Verständnis für mögliche Anwendung dieser Methoden in Praxisaufgaben zu vermitteln und nicht ihre vollständige Behandlung, die speziellen Lehrbüchern bzw. Vorlesungen der Informatik überlassen wird.

5.2.1 Greedy-Methode

Bei der sogenannten Greedy-Methode (gierige Methode) wird die Lösung eines Problems schrittweise durch eine Folge von Entscheidungen aufgebaut. Getroffene Entscheidungen werden im Laufe des Verfahrens *nicht revidiert.*

Beispiel: Rucksackproblem

Die Greedy-Methode können wir beispielsweise für das folgende Knapsack-Problem anwenden: Für eine Reise soll ein Rucksack gepackt werden, so dass der Nutzwert möglichst hoch ist, aber das Gewicht eine gegebene Obergrenze nicht überschreitet. Es steht eine gegebene Menge an Gegenständen zur Verfügung.

Nach der Greedy-Methode werden Gegenstände nacheinander in den Rucksack in der Reihenfolge der absteigenden Wert/Gewicht-Relation eingepackt. Wenn kein Gegenstand mehr hineinpasst, ist die Lösung fertig.

Somit wird eine Lösung schrittweise konstruiert, die allerdings nicht immer optimal ist. Durch Vertauschungen können oft bessere Lösungen gefunden werden. Am Beispiel der Tabelle 5.1 sollen Gegenstände auf dem Flohmarkt verkauft werden. Es stehen drei Gegenstände zur Verfügung, die insgesamt 6 kg wiegen. Es passen allerdings nur maximal 4 kg in den Rucksack. Nach dem absteigenden Wert pro Kilo werden zuerst die Vase und dann die Uhr eingepackt. Das Radio passt aber nicht mehr hinein und man hat 1 kg unverbrauchte Kapazität übrig. Der Gesamtwert der Lösung beträgt 120 €.

In diesem kleinen Beispiel kann man leicht erkennen, dass die optimale Lösung aus Vase und Radio besteht, wobei der Gesamtwert 130 € beträgt. Diese Lösung wird mit dem Greedy-Algorithmus nicht gefunden!

	Vase	Uhr	Radio
Verkaufswert (in €)	70	50	60
Gewicht	1 kg	2 kg	3 kg
Wert pro Kilo (in €)	70	25	20

Tabelle 5.1. Daten zum Rucksack-Beispiel

Für bestimmte Modellklassen kann man beweisen, dass die Greedy-Methode immer die optimale Lösung findet. Eine solche Problemklasse ist z.B. die Bestimmung eines minimalen Spannbaumes in einem Graphen (vgl. Kap. 6). Das Rucksackproblem gehört offensichtlich nicht in diese Klasse. Aber man kann mit der Greedy-Methode auch für Rucksackprobleme gute Anfangslösungen generieren. In 5.3.3 wird *Backtracking* als Gegensatz zum *Greedy*-Vorgehen zur Lösung des Rucksackproblems herangezogen.

5.2.2 Divide-and-Conquer

Verfahren, die auf dem Prinzip Divide-and-Conquer (teile-und-herrsche) basieren, zerlegen das Gesamtproblem auf geeignete, leichter lösbare Teilprobleme meist kleinerer Größe. Dieses kann auch mehrmals rekursiv geschehen. Nach jedem Zerlegungsschritt werden zunächst die Teilprobleme gelöst, dann aus diesen Teillösungen die Lösung des größeren bestehenden Problems zusammengefügt, bis das Gesamtproblem gelöst ist. Dieser mehrstufige Prozess kann allerdings viel Rechenzeit in Anspruch nehmen. Mit der Speicherung aller oder ausgewählter „wichtiger" Teillösungen (Teilergebnisse, „Lemmata") kann das Divide-and-Conquer-Prinzip jedoch zu guten Lösungsalgorithmen führen.

Divide-und-Conquer wird u. a. für das Sortieren von Elementen in einer Tabelle und für die Suche eines Elements in einem nach eindeutigen Schlüsseln sortierten Feld (Binärsuche) erfolgreich angewandt.

Die *Binärsuche* verfährt wie folgt: Das gesuchte Element (eigentlich sein Schlüssel) wird mit einem Element in der Mitte des Feldes verglichen. Falls gleich, dann ist das gesuchte Element gefunden. Falls größer/kleiner, dann ist das gesuchte Element, wenn in dem Feld vorhanden, im rechten/linken Halbfeld zu finden. Dies wird soweit durchgeführt, bis das gesuchte Element gefunden wird oder das Halbfeld, in dem das Element ,,zu finden" ist, leer wird (gesuchtes Element nicht im Feld vorhanden). Diese einfache Vorgehensweise ist sehr nützlich, da man in der Regel viel weniger Vergleichsoperationen braucht, als bei einer *linearen Suche* (aufsteigend beginnend mit dem ersten Element oder absteigend beginnend mit dem letzten Element). Wo der Rechenaufwand bei einer linearen Suche proportional zur Anzahl der Elemente in der zu untersuchenden Tabelle ist, ist der entsprechende Aufwand bei der Binärsuche nur zum Logarithmus der Elementenanzahl proportional.

5.2.3 Eröffnungs- und Verbesserungsverfahren

Bei der Lösung von Optimierungsproblemen hat man manchmal mit zwei Phasen zu tun: *Phase I* dient dazu, eine zulässige Lösung für das Optimierungsproblem zu finden und *Phase II* , diese zulässige Lösung schrittweise zu verbessern, bis eine optimale Lösung gefunden wird. Diese allgemeine Vorgehensweise wurde schon beim Simplex-Verfahren für die Lösung von LP angewandt (vgl. Phase I und Phase II). Bei einigen Problemen entfällt die Suche nach einer zulässigen Lösung, da mit einer trivialen zulässigen Lösung begonnen werden kann. Dies ist der Fall beim Simplex-Verfahren, falls das Setzen aller Strukturvariablen auf Null eine zulässige Lösung liefert.

Diese grundsätzliche Vorgehensweise kann auch für Verfahren angewandt werden, die keine optimale Lösung garantieren, aber nach einer möglichst guten Lösung suchen. Solche Verfahren werden im Allgemeinen *Heuristiken* oder heuristische Lösungsverfahren genannt. Sie werden oft genutzt, wenn eine optimale Lösung aufgrund der kombinatorischen Komplexität nicht in vertretbarer Rechenzeit gefunden werden kann. Im Gegensatz zu Heuristiken haben *exakte Verfahren* die Eigenschaft, dass sie (angenommen, es ist genügend Rechenzeit verfügbar) grundsätzlich eine mathematisch optimale Lösung finden.

Im Fall von Heuristiken wird die in der Phase I gefundene Anfangslösung im Laufe der Phase II schrittweise verbessert; es kann jedoch nicht garantiert werden, dass eine (im mathematischen Sinne) optimale Lösung gefunden wird. Dabei wird der Algorithmus in der Phase I normalerweise *Eröffnungsverfahren*, und der Algorithmus in der Phase II *Verbesserungsverfahren* genannt. Ein Beispiel dazu wird in Kapitel 8, Tourenplanung, besprochen: Bei der heuristischen Lösung von Tourenplanungsproblemen wird oft zunächst mit einem Eröffnungsverfahren ein Tourenplan gebildet, der zwar zulässig, aber meist weit entfernt von einem optimalen Plan ist. Dieser zulässige Plan wird dann im Verbesserungsverfahren schrittweise verbessert: z.B. wird durch Ersetzen von zwei Kanten durch zwei andere aus einem zulässigen Tourenplan ein anderer zulässiger Plan gebildet, der den Zielfunktionswert verbessert. Das Verbesserungsverfahren führt für heuristische Verfahren zu einem Suboptimum.

5.2.4 Lokale Suche

Da gemischt-ganzzahlige und kombinatorische Optimierungsmodelle oft sehr schwer zu lösen sind, wird oft nicht einmal versucht, eine exakt optimale Lösung, sondern mit einem schnellen Verfahren eine gute Näherungslösung zu finden. Lokale Suche ist eine Bezeichnung für Suchmethoden, die ausgehend von einer Anfangslösung versuchen, in der nahen Umgebung (lokal) nach besseren Lösungen zu suchen. Es ist generell unklar, ob diese Methode eine wirklich optimale Lösung findet, da sie in einem lokalen Optimum verbleiben kann, obwohl weiter weg im Suchraum noch bessere Lösungen existieren.

Zu jeder zulässigen Lösung L (Punkt im Suchraum) wird eine Umgebung $\omega(\mathrm{L})$ definiert. Diese Umgebung beinhaltet alle zulässigen Lösungen, die durch genau *eine* (als atomar angesehene) Transformation aus Lösung L gebildet werden können. *Lokale Suche im weiteren Sinne* ist also ein Sammelbegriff für Verfahren, in denen man im Suchraum aller Lösungen sich „lokal“ bewegt. Eine wichtige Eigenschaft, die bei der Anwendung lokaler Suche gelten muss, ist, dass aus der Anfangslösung durch mehrmalige lokale Bewegungen zu jeder anderen Lösung (und auch zu einer optimalen Lösung) übergegangen werden kann; mit anderen Worten der Suchraum aller Lösungen mit ω-Übergängen (als Graph angesehen) muss zusammenhängend sein.

Lokale Suche *im engeren Sinne* ist ein Verfahren, bei dem wie oben lokal gesucht wird, jedoch wird von einer Lösung L nur zu einer derjenigen Lösungen in der Umgebung $\omega(L)$ übergegangen, die *eine Verbesserung des Zielfunktionswertes* induzieren. (Also können Verbesserungsverfahren als lokale Suche angesehen werden.) Überdies werden Entscheidungen des Übergangs zu einer bestimmten benachbarten Lösung nicht revidiert: somit wird die Greedy-Vorgehensweise angewandt.

Den Suchraum für ein Optimierungsproblem mit einer zu maximierenden Zielfunktion kann man im dreidimensionalen Raum als das *Äußere einer Bergkette* veranschaulichen, wobei die *Spitze des höchsten Berges* gesucht wird (Optimum). Die Bergkette besteht aus lauter kleinen Felsen und erstreckt sich der Einfachheit halber nur über eine begrenzte Erdfläche. Bei der lokalen Suche beginnt man mit irgendeinem Felsen im Äußeren der Bergkette und bewegt sich quasi blind von Fels zu (benachbartem) Fels. Einziges benutzbares Kriterium, ist bedingt durch die Wahrnehmung der Schwere, also, ob man sich nach oben oder nach unten bewegt (nach oben gehen $\equiv$ Verbesserung des Zielfunktionswertes). Es ist klar, dass man bei einer lokalen Suche im engeren Sinne zu der Spitze eines kleinen Berges (oder, im schlimmsten Fall, eines Hügels) geraten kann, von dem man nicht entkommen kann.

5.2.5 Metaheuristiken und naturanaloge Verfahren

Metaheuristik ist eine Bezeichnung für heuristische Verfahren, die nicht auf spezielle Problemtypen beschränkt sind (vgl. z. B. [Michalewicz u. Fogel 2004], [Reeves 1995]). Vielmehr bezeichnen sie Verfahren, die durch Setzen von vielen Parametern und Trainieren mit Beispielen in die Lage versetzt werden, relativ gute Lösungen für bestimmte Problemklassen zu finden.

Verbesserungen der lokalen Suche, die zu guten heuristischen Algorithmen in den letzten Jahren geführt haben, versuchen Mechanismen dafür zu schaffen, von kleinen Hügeln zu großen Bergen zu entkommen, um möglichst einen Berg zu erwischen (und auch seine Spitze), dessen Höhe nicht sehr viel kleiner als die des höchsten Berges der Kette ist. Solche Verfahren, die der Leser bei Interesse der Literatur entnehmen kann, basieren auf *Simulated Annealing* oder *Tabu Search*. Diese beiden Verfahren zählen zu den Metaheuristiken.

Weitere verwandte Verfahren, die lokale Suche in anderer Weise verbessern, sind unter den Stichworten *genetische Algorithmen* und *Ant systems* (Ameisensysteme) bekannt. Die genetischen Algorithmen versuchen, eine gesamte „Population" von Lösungen insgesamt zu verbessern. Die Ameisensysteme bilden ameisentypische Laufmuster nach, um zu einer optimalen Lösung zu gelangen.

Weil die prinzipiellen Ideen der oben genannten Verfahren Analogien zu Naturphänomenen aufweisen, spricht man oft von *naturanalogen* Verfahren. Damit sind insbesondere genetische Algorithmen, neuronale Netze, Simulated Annealing und Ameisensysteme gemeint.

5.2.6 Backtracking und Branch&Bound

Das *Backtracking*-Verfahren bezeichnet eine zum allgemeinen Greedy-Vorgehen gegensätzliche Methode: Entscheidungen, die während des Ablaufs des Verfahrens getroffen wurden, können revidiert werden, indem man zur Stelle, bei der die Entscheidung getroffen wurde, zurückkehrt (Backtracking), eine der alternativ dazu möglichen Entscheidungen trifft und das Verfahren weiterführt. In Abb. 5.1 ist ein Backtracking-Beispiel für das Rucksackproblem dargestellt.

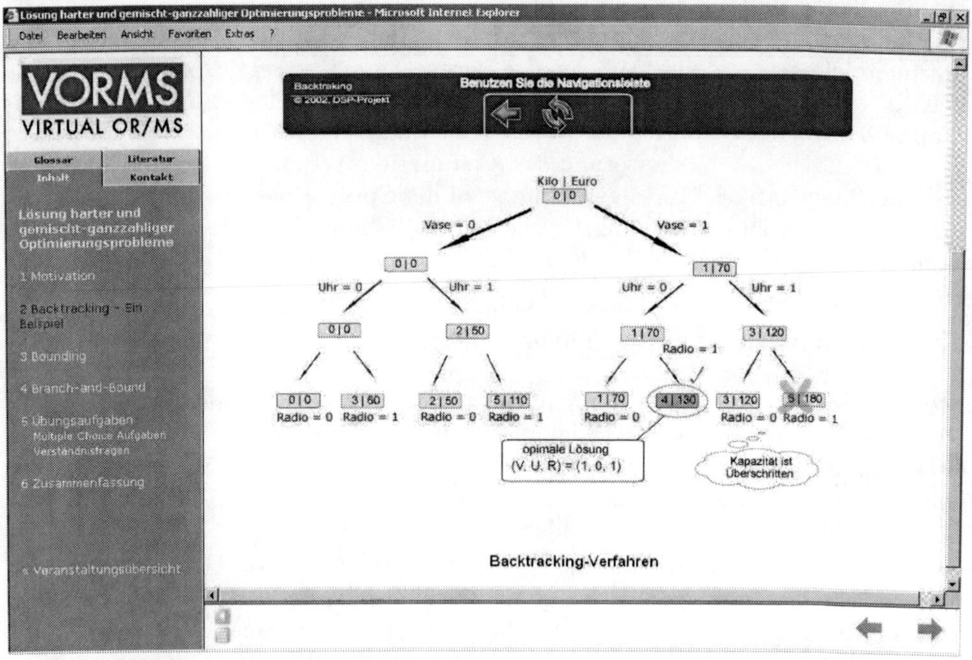

Abb. 5.1. Backtracking am Rucksack-Beispiel

Bounding im Zusammenhang mit Backtracking ist eine ganz wichtige Technik, da man durch das Ableiten von Schranken (bounds) für optimale Lösungen viele Bereiche des Suchbaumes von vornherein ausschließen kann. Abb. 5.2 zeigt ein Beispiel zu Bounding. Eine optimale Lösung mit dem Wert 130 € wurde bereits gefunden. Man kann für den linken Teilbaum aber eine obere Schranke von 90 € ableiten. Somit kann es im linken Teil keinen besseren Lösungswert als 130 € geben. Man braucht somit den linken Teilbaum gar nicht durchzusuchen. Bei großen Modellen kann so ein entscheidend großer Teil der potenziellen Sucharbeit vermieden werden.

Das Branch&Bound Verfahren kombiniert intelligente Techniken für Branching mit den Bounding-Techniken. Unter Branching verstehen wir die Auswahl des als nächstes zu untersuchenden Teilproblems, so dass eine Variable als Branching-Variable ausgewählt wird.

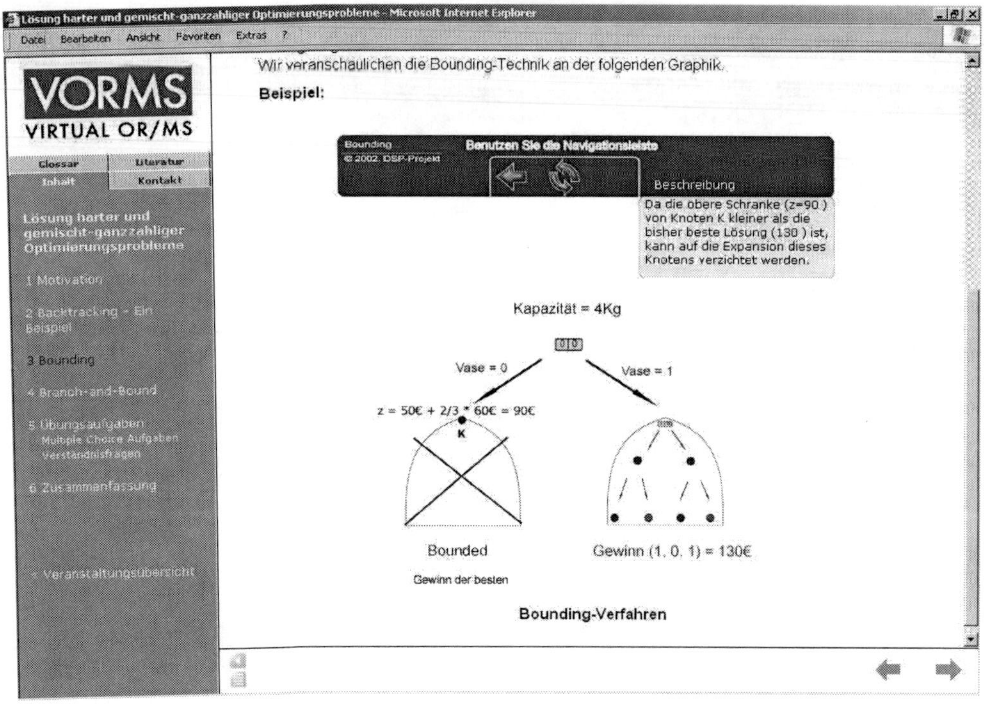

Abb. 5.2. Bounding am Rucksack-Beispiel

Backtracking und Branch&Bound-Verfahren sind die wichtigsten Verfahren zur exakten Lösung von gemischt-ganzzahligen Optimierungsmodellen und werden daher im nächsten Abschnitt genauer erläutert.

5.3 Backtracking und Branch&Bound-Verfahren

5.3.1 Backtracking-Verfahren und Hamilton-Kreise

Dieser Abschnitt widmet sich dem Backtracking-Verfahren anhand eines harten Standardproblems, und zwar der Ermittlung von Hamilton-Kreisen (auch Rundreisen genannt).

Hamilton-Kreise

Ein Reiseveranstalter möchte Rundreisen veranstalten, bei denen jeweils n Städte je genau einmal besucht werden. Dabei sollen nur bestimmte Städteverbindungen benutzt werden. Für seine Planung möchte er zunächst alle Möglichkeiten solcher Rundreisen bestimmen.

Allgemeiner: Gegeben ist ein ungerichteter zusammenhängender Graph G = (N, E). N ist die Menge der Knoten 1,2, ..., n (Knoten $\equiv$ Stadt) und E ist die Menge der Kanten (≡ Städteverbindungen). Gesucht sind alle Hamilton-Kreise von G. Dabei ist ein Hamilton-Kreis eine Abfolge von Knoten und verbindenden Kanten (abwechselnd), die alle Knoten aus G genau einmal betrachtet. Diese Abfolge kann auch als Rundreise bezeichnet werden, wobei alle Städte genau einmal besucht werden.

Beispiel: Hamilton-Kreis

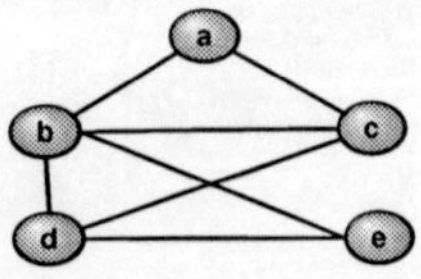

N = {a, b, c, d, e} ist eine Menge von 5 Städten. HK1 = {a, c, d, e, b, a} ist ein Hamilton-Kreis.

Zur Bestimmung aller Hamilton-Kreise kann man mit einem festen Knoten, z.B. a, anfangen, da es sich bei einem Hamilton-Kreis wie HK1' := {c, d, e, b, a, c} um den gleichen Hamilton-Kreis wie HK1 handelt (nur mit einer anderen Stadt beginnend). Ausgehend von Knoten a kann man das Backtracking-Prinzip benutzen.

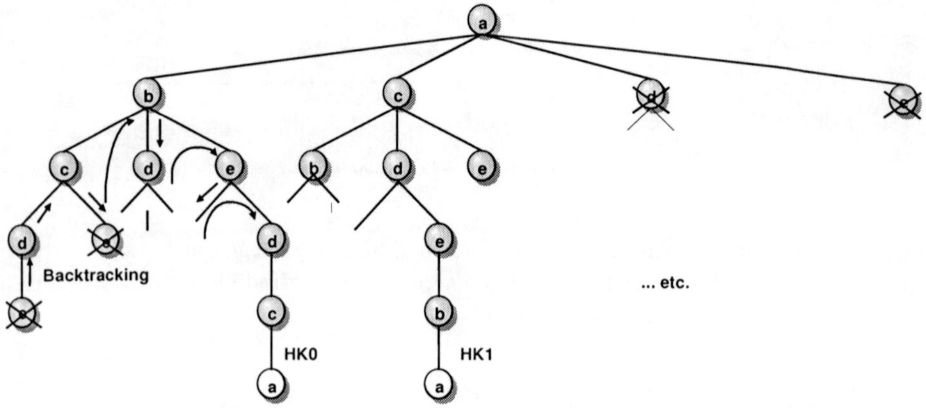

Abb. 5.3. Backtracking-Baum für obiges Beispiel

Backtracking-Verfahren

Typisch bei der Anwendung dieser Methode ist, dass eine Lösung des Problems sich als ein n-Tupel $(x_1, x_2, ..., x_n)$ darstellen lässt, wobei die x_i aus einer festen Menge N (i.A. endlicher Zustandsraum) stammen. Das Problem ist, ein solches (oder alle) n-Tupel zu bestimmen, das ein bestimmtes Kriterium $P(x_1,x_2,....,x_n)$ erfüllt, maximiert oder minimiert.

Die n-Tupel können in manchen Anwendungen verschiedene Längen haben. Für folgende Betrachtungen wird angenommen, n sei fest. Wie bei dem vorliegenden Problem können Knoten (Zustände) nur einmal in einem n-Tupel vorkommen. Ein *Aufzählungs-* oder *Enumerationsverfahren* würde alle Permutationen der Menge $\{1,2,...,n\}$ generieren. Das sind $n!$ n-Tupel – eine sehr hohe Zahl!

Werden all diese n-Tupel als Baum organisiert, in dem ein Knoten der Tiefe i ein i-Tupel (x_1, x_2, ..., x_i) darstellt, so durchforstet Backtracking die Knoten dieses Baumes in einer strukturierten Reihenfolge: Es wird zuerst in die „Tiefe“ des Baumes gegangen, so dass die Entscheidungsvariablen eine nach dem anderen auf einen festen Wert gesetzt werden, ohne eine bisher getroffene Entscheidung zu revidieren.

Wenn man (aus welchen Gründen auch immer) nicht mehr tiefer kann oder muss, wird die zuletzt getroffene Entscheidung (möglichst tief im Baum) revidiert und das Gegenteil untersucht (s. Abb. 5.3). Diese strukturierte Vorgehensweise wird in der Informatik Depth-First-Search (DFS, Tiefe zuerst) genannt. Die Implementierung eines solchen Suchverfahrens kommt mit relativ wenig Speicherplatz aus: man braucht keine Tabelle für wartende Knoten zu speichern, weil der nächste zu untersuchende Knoten auf Basis des gerade zu untersuchenden Knotens direkt bestimmt werden kann.

Bei Erreichen eines Knotens wird geprüft, ob das i-Tupel zu einem kompletten Lösungs-n-Tupel ergänzt werden kann; wenn nein, erübrigt sich das weitere Durchforsten des Teilbaumes mit dieser Wurzel. Das Backtracking-Verfahren generiert in einer DFS-weise im Allgemeinen nur einen kleinen Teil dieses Baumes, da man in der Regel viele Teilbäume, die sich nicht zu einem Hamilton-Kreis vervollständigen lassen nicht untersuchen muss.

Im obigen Beispiel ist die Anzahl aller Permutationen 120 ($= 5! > 2^5$), aber im Endeffekt werden beim Backtracking-Verfahren nur 23 Knoten besucht.

Jeder mit i beschriftete Knoten im Backtracking-Baum stellt ein i-Tupel (x_1, x_2, ..., x_i) dar, wobei x_1, x_2, .., x_i die Beschriftungen der Knoten des Astes von der Wurzel bis zum Knoten i sind. Da bei der Speicherung eines Baumes jeder Knoten mit seinem Vater direkt verbunden ist, wird ein i-Tupel bei Bedarf rückwärts von i über Vater-Beziehungen bis hin zur Wurzel gebaut.

Für die Realisierung des Backtracking-Verfahrens braucht man immer nur die Knoten des aktuellen Astes zu kennen, und für jeden dieser Knoten einen Verweis auf (den ersten) der Liste seiner noch nicht betrachteten Söhne. Für die Implementierung von Backtracking bietet sich eine Prozedur an, die *rekursiv* die Söhne eines Knotens generiert und *nur* Knoten des aktuellen Astes als *besucht* markiert. Damit kann das Mehrfachvorkommen desselben Knotens in einem Tupel in effizienter Weise verhindert werden. Diese Markierungen erübrigen sich bei Aufgabenstellungen, wo der Suchraum an sich ein kreisloser Graph oder ein gerichteter azyklischer Graph ist. Dies ist auch der Fall, wenn kein Problemgraph vorliegt, sondern ein Entscheidungs-(teil)-baum von Zustandsknoten generiert wird.

Im nächsten Kapitel wird bei der Behandlung von Tourenplanung das Traveling Salesman Problem eingeführt, bei dem nach ganz bestimmten Rundreisen (Hamilton-Kreise) gesucht wird, und zwar nach denen, die über alle möglichen Rundreisen die minimale Länge besitzen.

5.3.2 Das Rucksackproblem und Job Sequencing

Im vorigen Abschnitt wurde das Backtracking für das Rucksackproblem beispielhaft demonstriert (s. Abb. 5.1). In diesem Abschnitt wird dieses Problem mit seinen „leichten“ und „harten“ Varianten sowie verwandten Problemen, wie Job Sequencing auf einer Maschine allgemein eingeführt. Im nächsten Unterabschnitt wird das Rucksackproblem herangezogen, um nicht offensichtliche Abschneidungen des Backtrackingbaumes mittels Bounding-Technik aufzuzeigen.

Im Allgemeinen handelt es sich beim Rucksackproblem um eine Menge I = $\{1,2,...,n\}$ von Gütern, die in einen Rucksack (bzw. Transportmittel) geladen werden können. Sei G die maximale Kapazität des Rucksacks (bezüglich Gewicht). Jedes Gut $i \in I$ hat ein Gewicht g_i und bringt einen Nutzen p_i, falls es in den Rucksack geladen wird. (G, g_i , p_i sind positiv.)

Es soll eine Teilmenge J $\subseteq$ I von Gütern bestimmt werden, die in den Rucksack (ohne G zu überschreiten) mit maximal erzielbarem Gesamtgewinn geladen werden können.

In der Praxis sind viele Varianten des Rucksackproblems verbreitet, zum Beispiel:

Rucksackproblem mit Mehrfachgütern

Bei Beladung eines Transportmittels (z.B. LKW) ist es oft in der Praxis möglich, ein Gut mehrfach auch mit mehrmaligen Nutzen zu beladen. Dieses Problem ist einfacher als das Standardproblem, aber immer noch ein hartes Problem.

Rucksackproblem mit Teilgütern

Manchmal ist es möglich, beliebige Anteile eines Gutes zu laden. Es gibt hier zwei mögliche Varianten (beide sind „leicht“):

- Falls hier Mehrfachgüter zugelassen sind, ist das Problem trivial, da man einfach den ganzen Rucksack mit dem Gut i mit maximalem Wert p_i/g_i (maximaler durchschnittlicher Nutzen pro Gewichteinheit) belädt. Es werden dann genau G/g_i Einheiten von diesem Gut i geladen mit dem Nutzen $(G/g_i) \cdot p_i = G \cdot (p_i/g_i)$.
- Auch falls Mehrfachgüter nicht zugelassen sind, kann man alle Güter i nach p_i/g_i absteigend sortieren, dann zunächst Güter i mit höchsten p_i/g_i beladen, bis ein Gut nicht mehr in den Rucksack passt. Davon würde man nur einen noch in den Rucksack passenden Anteil laden. Dies entspricht einem Greedy-Verfahren.

Eine Anwendung (und zugleich kleine Erweiterung) des Rucksackproblems ist:

Job Sequencing auf einer Maschine

Gegeben ist eine Menge I = $\{1,2,...,n\}$ von Aufträgen (Jobs), die auf einer Maschine M bearbeitet werden können. Sei D ZE (Zeiteinheiten) die insgesamt verfügbare Zeit.

Die Bearbeitung soll am Zeitpunkt $d_0 := 0$ anfangen. Jeder Auftrag $i \in$ I braucht t_i ZE auf M zu seiner Bearbeitung. Aufträge können auf M nur sequenziell nacheinander bearbeitet werden. Wird der Auftrag i bis zu seinem Schlusstermin $d_i \leq$ D bearbeitet, wird ein Gewinn p_i GE erzielt. Es soll eine Teilmenge J $\subseteq$ I von Aufträgen bestimmt werden, die auf Maschine M bis Zeitpunkt D mit maximal erzielbarem Gesamtgewinn bearbeitet werden können.

Ein Auftrag kann nur ganz und höchstens einmal bearbeitet werden, so dass wir hier eine Entsprechung zum Standard-Rucksackproblem haben. Maschine und Zeit entsprechen Rucksack und Gewicht und ein Auftrag i einem Gut i. (D $\equiv$ G und $t_i \equiv g_i$.) Falls beim Job-Sequencing-Problem alle Aufträge den gleichen Schlusstermin haben, d. h. d_i= D für alle Aufträge i, erhalten wir eine genaue Entsprechung zum Rucksackproblem, ansonsten handelt es sich um eine kleine Erweiterung desselben.

Was macht das Standard-Rucksackproblem (und Job Sequencing) und die erste Variante mit Mehrfachgütern „hart"unter der Kenntnis, dass die gleichen Probleme mit Teilgütern „leicht" sind? Eine plausible Begründung ist wiederum der Unterschied zwischen kontinuierlichen und ganzzahligen (bzw. gemischt-ganzzahligen) Modellen: Die zu maximierende Zielfunktion beim Rucksackproblem kann man als $\sum_{i\in I} p_i x_i$ darstellen, unter der Nebenbedingung $\sum_{i\in I} g_i x_i \leq$ G. Dabei sind die x_i's für das Standard-Problem (diskrete) 0/1-Variablen und für das Problem mit Teilgütern kontinuierliche Variablen!

5.3.3 Anwendung von Backtracking mit Bounding

Zurück zur Besprechung von Backtracking und Branch&Bound: Das Rucksackproblem kann mit Hilfe des Backtracking-Verfahrens gelöst werden. Dabei stellt der Backtracking-Baum einen binären Entscheidungsbaum dar. Ein Knoten der Tiefe i stellt eine Teilentscheidung (Zustand) darüber dar, welche von den ersten i Gütern 1, 2, ..., i im Rucksack hinzu genommen wurden und welche nicht.

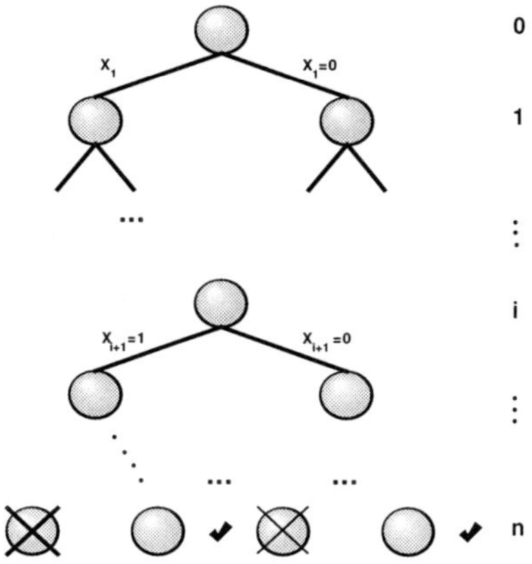

Die zwei Kanten, die aus einem Knoten der Tiefe i hinausgehen, stellen jeweils die Zusatzentscheidungen $x_{i+1} = 1$ bzw. $x_{i+1} = 0$ dar, und gehen zu Zustandsknoten der Tiefe i+1 über.

Ein Blattknoten (der Tiefe n) stellt eine mögliche Lösung, die zulässig oder unzulässig sein kann. Es gibt genau 2^n Blätter (mögliche Entscheidungsketten).

Wie kann der Teilbaum, der vom Backtracking-Verfahren durchsucht (bzw. generiert) werden muss, kleingehalten werden? – Angelehnt an das Rucksackproblem mit Teilgütern werden alle Güter i nach p_i/g_i absteigend sortiert. Dies hat den Grund, dass viele der Güter mit hohem p_i/g_i wahrscheinlich in den Rucksack genommen werden und es deswegen sinnvoll erscheint, sie als erste im Backtracking-Prozess zu beachten. Der linke (zuerst zu bearbeitende) Zweig nimmt das Gut hinzu (x_{i+1}= 1), um möglichst schnell eine Lösung zu bekommen (Rucksack wird schneller voll). Natürlich kann man, falls der Rucksack voll wird, den linken Zweig abschneiden und nur den rechten Zweig weiterführen (Gut nicht hinzunehmen). Dies ist eine erste Möglichkeit, den Suchraum einzuschränken. Wird eine Lösung gefunden (Tiefe n), so speichern wir diese Lösung als bisher beste.

Der Leser mag folgendes Beispiel fürs Rucksackproblem durchrechnen und dabei die Diskussion weiterverfolgen: Es seien 6 Güter mit jeweils den Gewichten $(g_i) := (15, 20, 25, 30, 50, 70)$ *und den Nutzen* $(p_i) := (135, 140, 300, 330, 400, 700)$ *gegeben. Die Kapazität des Rucksacks sei* $G := 115$.

Um den Suchraum weiter einzuschränken, kann die *Bounding*-Technik benutzt werden:

Bei einem Knoten K der Tiefe i im Backtracking-Baum kann man eine *obere Schranke* der Zielfunktionswerte (*untere Schranke* für den Fall einer Min- Zielfunktion) aller möglichen Lösungen bestimmen, die man im Teilbaum mit Wurzel K noch erreichen kann. Wichtig ist, dass die dazu erforderlichen Berechnungen *effizient* durchgeführt werden (weit unter dem Aufwand für das vollständige Durchsuchen des Teilbaumes). Falls diese obere (untere) Schranke den Zielfunktionswert der bisher besten Lösung unterschreitet (oder überschreitet im Falle der Minimierung), kann man diesen Knoten K mit dem Vermerk „bounded“ versehen und auf weiteres Durchsuchen des Teilbaumes mit Wurzel K verzichten (Bounding).

Wie kann eine obere (bzw. untere) Schranke in effizienter Weise ermittelt werden? Sei g(K) die Summe der Gewichte der Güter, die bis zum Knoten K in den Rucksack genommen wurden. Ab Knoten K liegt eigentlich ein Rucksackproblem kleinerer Größe vor: Die Güter sind $i+1, i+2, ..., n$; die Kapazität ist G - g(K) (Restkapazität des ursprünglichen Rucksacks). Um eine obere Schranke zu bestimmen, kann hier speziell die effiziente Berechnung der optimalen Lösung des Rucksackproblems mit Teilgütern herangezogen werden (Greedy-Vorgehensweise):

Die restlichen Güter sind schon nach p_i/g_i absteigend sortiert. Man nimmt nun zunächst die Güter $j := i+1, i+2, ...$ mit höchsten p_j/g_j, bis ein Gut nicht mehr in den Rucksack passt; Kapazität G - g(K). Von diesem wird noch ein in den Rucksack passender Anteil genommen.

Diese Berechnung liefert eine obere Schranke der Zielfunktionswerte aller möglichen Lösungen, die man im Teilbaum mit Wurzel K erreichen kann. Dies liegt daran, dass eine mögliche ganzzahlige Lösung von der berechneten Teilgüter-Lösung sich nur dadurch unterscheiden kann, dass Güter mit kleineren p_j/g_j geladen werden und/oder insgesamt weniger geladen wird.

Falls die Teilgüter-Lösung ganzzahlig für alle Variablen sein sollte, so haben wir schon die beste erreichbare Lösung im Teilbaum bestimmt und man kann außer dem entsprechenden Ast alle anderen Alternativen beschneiden.

Abgesehen von den Feinheiten für die Lösung des Rucksackproblems, die teilweise besprochen wurden, können an dieser Stelle verallgemeinerte Aussagen über die Bestimmung oberer/unterer Schranken für MIP-Modelle mit max/min-Zielfunktion gewonnen werden:

Das Rucksackproblem lässt sich mathematisch als ein MIP-Modell beschreiben (speziell liegt hier ein rein ganzzahliges Modell vor, ein IP-Modell):

$$\begin{aligned} \max \quad & \sum_{j \in I} p_j x_j \\ \text{s.t.} \quad & \sum_{j \in I} g_j x_j \leq G \\ & x_j \in \{0,1\} \qquad \text{für alle } j \in I. \end{aligned}$$

Bei einem Knoten K im Backtracking-Baum betrachtet man eigentlich ein einfacheres MIP-Modell (MIP(K)), da die Variablen x_1, x_2, ..., x_i schon auf 0 oder auf 1 gesetzt sind (wie die Beschriftungen der Kanten von der Wurzel bis K):

$$\begin{aligned} \max \quad & \sum_{j \in I} p_j x_j \\ \text{s.t.} \quad & \sum_{j \in I} g_j x_j \leq G \\ & x_1, x_2 \ldots x_i \qquad \text{gesetzt auf 0 oder 1,} \\ & x_j \in \{0,1\} \qquad \text{für alle } j \in I \text{ und } j \geq i+1. \end{aligned}$$

Die MIP-Modelle für die zwei Söhne K1 und K2 von K im Backtracking-Baum sind:

$$\begin{aligned} \text{MIP(K1):} \max \quad & \sum_{j \in I} p_j xj \\ \text{s.t.} \quad & \sum_{j \in I} g_j xj \leq G \\ & x_1, x_2 \ldots x_i \qquad \text{gesetzt auf 0 oder 1,} \\ & x_{i+1} = 1 \\ & x_j \in \{0,1\} \qquad \text{für alle } j \in I \text{ und } j \geq i+2. \end{aligned}$$

$$\begin{aligned} \text{MIP(K2):} \max \quad & \sum_{j \in I} p_j xj \\ \text{s.t.} \quad & \sum_{j \in I} g_j xj \leq G \\ & x_1, x_2 \ldots x_i \qquad \text{gesetzt auf 0 oder 1,} \\ & x_{i+1} = 0 \\ & x_j \in \{0,1\} \qquad \text{für alle } j \in I \text{ und } j \geq i+2. \end{aligned}$$

In einem Entscheidungsknoten K der Tiefe i wird immer nach x_{i+1}=1 und x_{i+1}=0 verzweigt, wobei das (i+1)-te Gut (bzgl. nach p_i/g_i geordneter Liste) diejenige

Variable festsetzt, nach der das Branching geschieht. Diese Variable nennt man allgemein die *Branching-Variable.* Sie ist nicht immer wie hier festgesetzt.

Bei einem Knoten K kann eine obere Schranke berechnet werden, in dem das vereinfachte MIP(K) Modell mit Teilgütern gelöst wird. Dabei werden eigentlich nur die im MIP-Modell enthaltenen Integer-Forderungen aufgehoben. Ein aus solch einer *Relaxation* der Forderungen resultierendes LP nennt man eine *LP-Relaxation* von MIP(K):

$$\begin{aligned} \text{MIP(K2): max } & \sum_{j \in I} p_j xj \\ \text{s.t. } & \sum_{j \in I} g_j xj \leq G \\ & x_1, x_2 ... x_i \quad \text{gesetzt auf 0 oder 1,} \\ & 0 \leq x_j \leq 1 \quad \text{für alle } j \in I \text{ und } j \geq i + 1. \end{aligned}$$

D. h., die optimale Lösung einer LP-Relaxation eines MIP-Modells bietet eine obere/untere Schranke des optimalen Wertes der Max-/Min-Zielfunktion. Falls die bisher beste Lösung größer/kleiner als diese obere/untere Schranke ist, kann ein *Bounding* an dem jeweiligen Knoten erfolgen, da bei allen Knoten des darunter liegenden Teilbaumes kein besserer Zielfunktionswert als die berechnete Schranke (und der bisher beste Zielfunktionswert) erreicht werden kann.

5.3.4 Branch&Bound-Verfahren für allgemeine MIP-Modelle

Branch&Bound ist ähnlich dem Backtracking, indem im gleichen Entscheidungsbaum gesucht wird. Während Backtracking jedoch nur in einer vorher festgelegten Weise den Entscheidungsteilbaum generiert, ist Branch&Bound flexibler: Die Bestimmung des als nächsten zu untersuchenden Knotens unterliegt einer Strategie, die i.A. nicht stur ist, sondern vorhandene Informationen ausnutzt.

Bei der Branch&Bound-Methode speichert man die aktiven Entscheidungsknoten, d. h. Knoten des Entscheidungsbaumes, die generiert wurden, aber noch nicht *bearbeitet* sind (Knoten bearbeitet ≡ Knoten ist schon „expandiert", d. h. seine Söhne sind als Knoten generiert), in einer Liste, der sogenannten Priority-Queue. In dieser Priority-Queue sind die Knoten gemäß ihrer unteren/oberen Schranken aufsteigend/ absteigend geordnet, je nachdem, ob eine Min- oder Max-Zielfunktion vorliegt. Da der erste Knoten der Liste die kleinste/höchste untere/obere Schranke über alle Knoten der Priority-Queue besitzt, verspricht er am ehesten die besten Lösungen. Deswegen wird beim Standard Branch&Bound-Verfahren immer der erste Knoten der schon nach den Schranken geordneten Priority-Queue genommen. (Für die Steigerung der Effizienz nimmt man für eine Priority-Queue statt einer Liste einen Heap - eine aus der Informatik bekannte Datenstruktur.)

Mit Hilfe dieser Priority-Queue, die am Anfang nur die Wurzel des Entscheidungsbaumes enthält, können nun die zwei Hauptkomponenten von Branch&Bound erklärt werden:

Branch(ing): Der aus der Priority-Queue gewählte Knoten K wird expandiert, d. h. seine Söhne K1 und K2 werden generiert. Für das Rucksackproblem kann somit die Branching-Variable x_{i+1} festgelegt sein (vgl. 5.4.2) oder nach einer Strategie berechnet werden (vgl. unten). Es kann mehr als zwei Söhne geben und/oder die benutzten Kanten können aus einem Problemgraphen stammen (vgl. Hamilton-Kreise in 5.3.1).

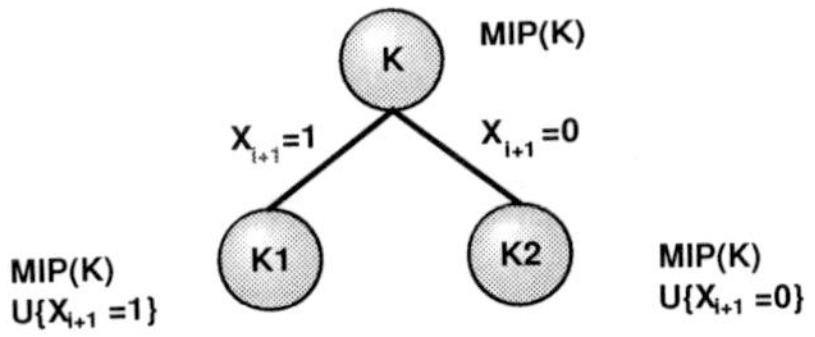

Wesentlich für Branching ist es, dass die Söhne Unterprobleme darstellen, deren jeweils induzierte Lösungsmengen möglichst disjunkt sind und eine der Lösungsmenge von K gleiche Vereinigung besitzen.

Bound(ing): Für generierte neue Knoten (Söhne) K_i werden untere Schranken (für Minimierungsprobleme) bzw. obere Schranken (für Maximierungsprobleme) berechnet. Für MIP-Modelle bietet es sich an, eine Schranke durch die Lösung der entsprechenden LP-Relaxation von MIP(K_i) zu bestimmen, d. h. man „relaxiert“ die Ganzzahligkeitsbedingungen. Es ist intuitiv klar, dass die Lösung einer LP-Relaxation nicht schlechter sein kann als die entsprechende Lösung mit den Ganzzahligkeitsbedingungen. Somit hat man eine Schranke bestimmt.

Falls die Lösungsmenge für ein K_i leer ist, besitzt auch MIP(K_i) keine Lösung. In diesem Fall kommt der Knoten K_i nicht in die Priority-Queue: K_i kann mit Markierung „*infeasible*“ als untersucht im Baum abgeschlossen werden. Sonst liegt eine optimale Lösung der LP-Relaxation vor (lower bound). Oft wird unter Benutzung dieser Berechnung festgestellt, ob eine die Ganzzahligkeitsforderungen des MIP-Modells erfüllende Lösung schon vorliegt (für jeden neu generierten Knoten K_i):

1. falls ja, wird festgestellt, ob der erreichte Zielfunktionswert z besser als der bisher beste z_{ip}, einer schon gefundenen MIP-Lösung, ist ($z < z_{ip}$ für Minimierung und $z > z_{ip}$ für Maximierung). Nur dann wird eine neue bisher beste MIP-Lösung (also $z_{ip} := z$) gespeichert und ein *Bounding* durchgeführt: Es werden alle Knoten aus der Priority-Queue gestrichen, deren untere/obere Schranken den Wert z_{ip} überschreiten ($lb(z) \geq z_{ip}$) bzw. unterschreiten ($ub(z) \leq z_{ip}$).
2. Falls nein, wird geprüft, ob (für ein Minimierungsproblem) die berechnete untere Schranke $lb(z) < z_{ip}$ ist. Nur dann wird der Knoten in die Priority-Queue gemäß Schranke $lb(z)$ eingeordnet. (Sonst ist der Knoten schon als „bounded“ erkannt.)

Bemerkung: Backtracking vs. Branch&Bound:

1. Falls die Priority-Queue bei Branch&Bound mit dem LIFO-Prinzip verwaltet wird, ohne lower-bound-Information auszunutzen, hat man eine Tiefensuche des Entscheidungsbaumes ähnlich dem Vorgehen von Backtracking. Eine Ordnung der Söhne eines Knotens bei der Backtracking-Tiefensuche von links nach rechts entspricht dem Einfügen dieser Söhne in umgekehrter Reihenfolge in die Priority-Queue (äquivalent zu einem Stack bei LIFO) für Branch&Bound.

2. Backtracking realisiert also das Vorgehen von Branch&Bound mit LIFO-Strategie mit weniger Speicheraufwand: Statt alle aktiven Knoten (noch nicht fertige Söhne von expandierten Knoten) zu generieren und in der Priority-Queue zu speichern, werden nur Knoten des aktuellen Astes gespeichert, wobei jeweils Verweise auf erste noch nicht bearbeitete Söhne die nächsten zu bearbeitenden Knoten angeben. Dieses Vorgehen kann einfach rekursiv realisiert werden, s. o.
3. Backtracking kann also für das rapid prototyping und zum Vergleich als Vorstufe zu einem Branch&Bound-Vorgehen genutzt werden. Für Branch&Bound ist es noch notwendig, eine geeignete „lower bound"-Funktion zu bestimmen und die Priority-Queue und das Bounding zu realisieren. Hat man ein Branch&Bound-Verfahren realisiert, so kann man auch zum Vergleich eine FIFO-Strategie für die Priority-Queue (Queue oder Warteschlange im engeren Sinn) testen.
4. Zusammengefasst ist Backtracking nützlich, nicht als Ersatz für Branch& Bound, sondern als Komplement. Branch&Bound bietet natürlich für viele harte Probleme bessere Erfolgsaussichten. Es ist auch denkbar, dass ein Branch&Bound-Verfahren bei einer *vollen* Priority-Queue einen *Backtracking-Modus* einschalten kann, da viel weniger Speicherplatz gebraucht wird, bis die Priority-Queue sich abbaut.

Anwendung von Branch&Bound auf die Lösung allgemeiner MIP-Modelle

Heutige Optimierungssoftware benutzt für die Lösung von MIP-Modellen oft die Branch&Bound-Methode, kombiniert mit der Lösung von LP-Relaxationen. Wie oben angedeutet, wird bei jedem generierten Knoten K des Entscheidungsbaumes die LP-Relaxation von MIP(K) gelöst. Falls die Lösungsmenge leer ist, ist MIP(K) *infeasible*, sonst bestimmt der Wert der Min-/Max-Zielfunktion die untere/obere Schranke, wonach der Knoten K in die Priority-Queue eingeordnet wird.

1. Falls alle Werte der ganzzahlig deklarierten Variablen bei der optimalen Lösung der LP-Relaxation von MIP(K), d. h. des Modells MIP(K) ohne Ganzzahligkeitsbedingung, ganzzahlig sind, haben wir schon eine Lösung zu MIP(K): Kein weiteres Branching ab K nötig. Ferner falls die gefundene Lösung besser ist als die bisher beste, wird sie als neue bisher beste gespeichert und Bounding (gemäß oben) streicht evtl. einige Elemente aus der Priority-Queue. Dieses Bounding bewirkt für ein Minimierungsproblem, dass alle Knoten ignoriert werden, deren LP-Relaxation einen optimalen Min-Wert liefern (lower bound) größer oder gleich als die bisher gefundene ganzzahlige Lösung; Der ganzzahlige optimale Zielfunktionswert kann schließlich im Teilbaum eines ignorierten Knotens nicht mehr verbessert werden.
2. Sonst sind diejenigen als ganzzahlig deklarierten Variablen, die jedoch in der optimalen Lösung der LP-Relaxation von MIP(K) noch nicht ganzzahlig sind, mögliche Branching-Variablen. Als Beispiel habe eine solche Variable x den Wert 4,356 bei der optimalen Lösung der LP-Relaxation von MIP(K). Da x

in einer Lösung für MIP(K) integer sein muss, kann man sagen $x \neq 4{,}356$. Damit dies (und somit die gefundene LP-optimale Lösung) für weitere LP-Berechnungen verhindert wird, fordert man, dass "$x \leq 4$ oder $x \geq 5$" gelten muss. Also ergibt sich für die Söhne K1 und K2 von K: MIP(K1) := MIP(K) ∪ $\{x \leq 4\}$ und MIP(K2) := MIP(K) ∪ $\{x \geq 5\}$. Da x im MIP-Modell ganzzahlig sein muss, wird der Suchraum (Lösungsmenge) lediglich aufgespalten, aber *nicht* eingeschränkt (eingeschränkt nur für LP-Relaxationen!!).

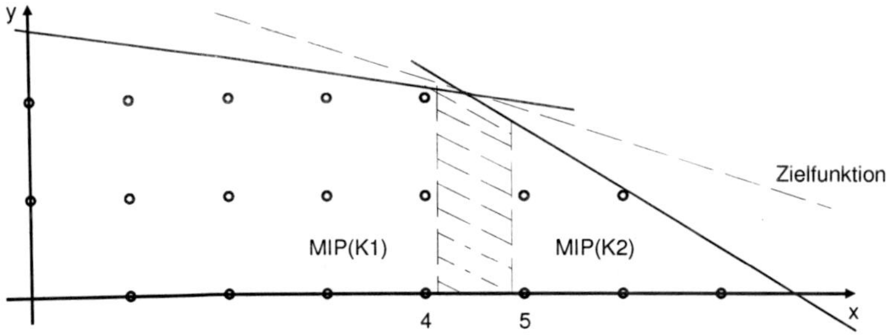

Abb. 5.4. Qualitative Veranschaulichung (Aufspaltung des Lösungsraumes)

Bei manchen Branching-Methoden für spezielle Probleme können die Branching-Variablen anders festgesetzt werden (vgl. benutzte Branching-Strategie für das Rucksackproblem, auch anwendbar für Branch&Bound).

5.3.5 Beispiel zu Branch&Bound

Man betrachtet das folgende ganzzahlige Optimierungsmodell mit zwei Variablen:

$$\text{Max} \quad z = 17y_1 + 12y_2,$$

$$\begin{aligned} \text{s.t. } 10y_1 + 7y_2 &\leq 40 \\ y_1 + y_2 &\leq 5 \\ y_1, y_2 &\geq 0 \text{ und ganzzahlig.} \end{aligned}$$

Abb. 5.5 veranschaulicht den Lösungsraum sowie die optimale LP-Lösung des oben genannten Beispiels. Wenn die Ganzzahligkeitsbedingungen weggelassen werden, haben beide Variablen in der optimalen Lösung fraktionelle Werte: $y_1 = 5/3$, und $y_2 = 10/3$, wobei der optimale Zielfunktionswert $205/3 = 68{,}33$ beträgt.
Eine Rundung der Variablen ($y_1 = 2$ und $y_2 = 3$) ergibt eine nicht zulässige Lösung, da die Restriktion $10y_1 + 7y_2 \geq 40$ nicht eingehalten wird.
Eine Rundung nach unten ($y_1 = 1$ und $y_2 = 3$) ergibt eine zulässige ganzzahlige Lösung mit dem Zielfunktionswert $z = 53$. Dies ist jedoch keine optimale Lösung.
Eine optimale Lösung kann mit dem Branch&Bound-Verfahren bestimmt werden. Im Folgenden wird dessen Ablauf skizziert.

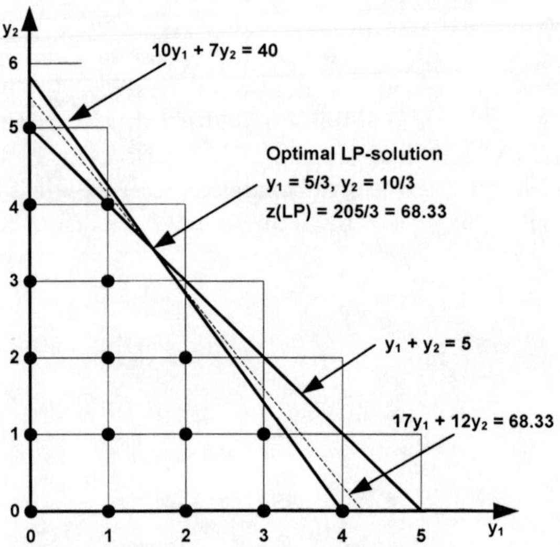

Abb. 5.5. Grafische Veranschaulichung des Beispiels zu Branch&Bound

Initialisierung:

In einer Initialisierungsphase wird das Anfangs-LP unter „Vergessen" aller Ganzzahligkeitsrestriktionen gelöst. Lösung des LP lautet: $y_1 = 5/3$, und $y_2 = 10/3$, $z = 205/3 = 68{,}33$ (Vgl. Abb. 5.5).
Es ist jetzt klar, dass der optimale Zielfunktionswert nicht besser als 68,33 (genau gesagt 68) sein kann – warum? Auf der anderen Seite ist der optimale Lösungswert mindestens 53, weil bereits eine ganzzahlige Lösung mit diesem Wert bekannt. Es geht nun darum, die Spanne zwischen beiden Grenzen möglichst zu verkleinern, so dass zum Schluss der optimale Zielfunktionswert mit den entsprechenden Variablenwerten eindeutig bestimmt werden kann.
Die Liste der zu bearbeitenden Knoten (L, Prioritätenliste) wird mit dem Anfangsknoten 0 initialisiert:
L = {0}.
Als erstes wird natürlich der einzige Knoten 0 aus der Prioritätenliste gewählt.

Knoten 0:

Wahl der Branching-Variable: Willkürlich wird y_1 mit einem gebrochenen LP-Wert ($y_1 = 5/3 = 1,66$) gewählt, d. h. es werden zwei Knoten generiert, wobei im Knoten 1 die zusätzliche Restriktion $y_1 \leq 1$ und im Knoten 2 die Restriktion $y_1 \geq 2$ gilt. Damit werden alle Lösungen mit $1 < y_1 < 2$ außer Acht gelassen, da sie keine ganzzahlige Lösungen beinhalten. Die LP-Relaxation wird in beiden neuen Knoten gelöst, mit dem Ergebnis (vgl. Abb. 5.6). Dabei kann die optimale LP-Lösung des Knotens 0 nicht wieder herauskommen:
Knoten 1: $z(LP) = 65$ mit den Variablenwerten $y_1 = 1$ und $y_2 = 4$.

Knoten 2: $z(LP) = 68{,}29$ mit den Variablenwerten $y_1 = 2{,}00$ und $y_2 = 2{,}86$.

Da die Lösung des relaxierten Problems im Knoten 1 ganzzahlig ist, ist dieser Knoten vollständig bearbeitet und braucht nicht weiter untersucht zu werden. (Es gibt keine fraktionellen Variablen mehr.) Die bisher beste MIP-Lösung wird zusammen mit $z_{ip} := 65$ gespeichert.

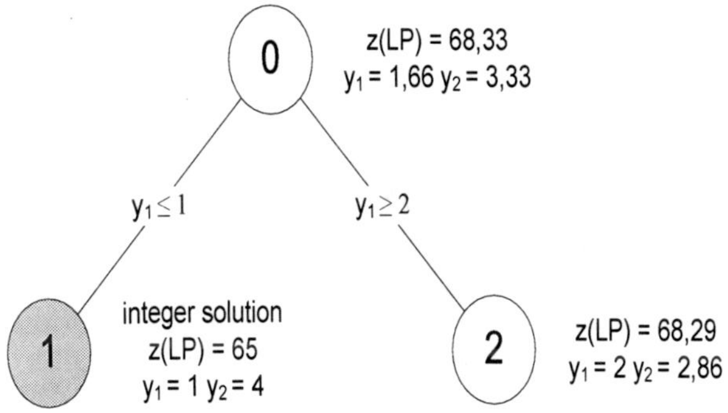

Abb. 5.6. Bearbeitung von Knoten 0 am Beispiel zu Branch&Bound

Aktualisierung der Prioritätenliste: Im Knoten 2 hat Variable y_2 einen fraktionellen Wert, so dass dieser Knoten in die Prioritätenliste eingefügt wird. Nach Entfernung von Knoten 0 ist die Prioritätenliste:

L = {2}

Wahl des nächsten Knotens: Aus der Liste wird Knoten 2 ausgewählt.

Knoten 2:

Wahl der Branching-Variable: Im Knoten 2 hat die Variable y_2 als einzige einen fraktionellen Wert, so dass sie ausgewählt wird. Wenn es mehrere fraktionelle Variablen gibt, kann z. B. die Regel der „most fractional", „least fractional" oder „bester Zielfunktionswert" angewandt werden.

Es gibt zwei neue Knoten:

- Knoten 3 ($y_2 \leq 2$) mit dem optimalen LP-Zielfunktionswert von 68,20 und entsprechenden Variablenwerten $y_1 = 2{,}60$ und $y_2 = 2{,}00$, sowie
- Knoten 4 ($y_2 \geq 3$), dessen relaxierte LP allerdings keine zulässigen Lösungen besitzt.

Knoten 4 braucht somit nicht weiter betrachtet zu werden.

Aktualisierung der Prioritätenliste: Wegen des fraktionellen Wertes von y_1 im Knoten 3 wird dieser Knoten in die Prioritätenliste eingefügt. Nach Entfernung von Knoten 2 ist die Prioritätenliste somit: L = {3}

Wahl des nächsten Knotens: Auch diesmal ist die Wahl einfach: Nur Knoten 3 steht zur Auswahl und wird als nächstes untersucht.

Knoten 3:

Wahl der Branching-Variable: Im Knoten 3 hat die Variable y_1 als einzige einen fraktionellen Wert (2,6), so dass sie ausgewählt wird. Es gibt zwei neue Knoten:

- Knoten 5 ($y_1 \leq 2$) mit dem optimalen LP-Zielfunktionswert von 58.
- Knoten 6 ($y_1 \geq 3$), mit dem optimalen LP-Zielfunktionswert von 68,14 und entsprechenden Variablenwerten $y_1 = 3$ und $y_2 = 1{,}43$

Der Knoten 5 wird mit der Bounding-Technik als bearbeitet markiert, da 58 kleiner (oder gleich) als z_{ip} (= 65) ist. Der LP-Zielfunktionswert 58 im Knoten 5 stellt eine obere Schranke der möglichen MIP-Lösungen, die in einem Teilbaum mit Knoten 5 als Wurzel gefunden werden können. Somit trägt die Bounding-Technik in entscheidendem Maße zur Effizienzsteigerung von Branch&Bound bei.
Nun steht wieder nur Knoten 6 in der Prioritätsliste. Auch im Knoten 6 werden die Schritte „Wahl der Branching-Variable", „Aktualisierung der Prioritätenliste" und Wahl des nächsten Knotens durchgeführt. Einzelheiten sind in Abb. 5.7 dargestellt.

Weitere Knoten:

Wie Abb. 5.7 zeigt, wird im Knoten 9 wieder die Bounding-Technik angewandt, da $63 \leq z_{ip}$ (= 65) ist. Schließlich wird im Knoten 10 eine bessere ganzzahlige Lösung mit dem Zielfunktionswert 68 und Variablenwerten $y_1 = 4$ und $y_2 = 0$ gefunden und z_{ip} auf 68 gesetzt. Branch&Bound bricht ab, da die Prioritätenliste leer wird. Somit stellt die zuletzt gefundene ganzzahlige Lösung im Knoten 10 eine optimale ganzzahlige Lösung des Ursprungsmodells dar.
Selbst an diesem kleinen Beispiel sieht man, dass (ohne die zweidimensionale Grafik) das Raten einer optimalen Lösung sehr schwer sein kann. Viel schwieriger wird das Raten, wenn das Modell Tausende von Variablen hat und nicht geometrisch fassbar ist.
Weitere Beispiele zu Branch&Bound befinden sich im Internet:

www **http://dsor-lectures.upb.de/**

5.4 Bemerkungen zu MIP-Modellen und deren Formulierung

In diesem Abschnitt werden gemischt-ganzzahlige Modelle und deren Formulierung anhand einiger Bemerkungen diskutiert. Zunächst wird auf einen entscheidenden Unterschied zu LP-Modellen bezüglich Eigenschaften der optimalen Lösung eingegangen (Dualität), dann werden einige Hinweise zur effizienten MIP-Modellierung angegeben.

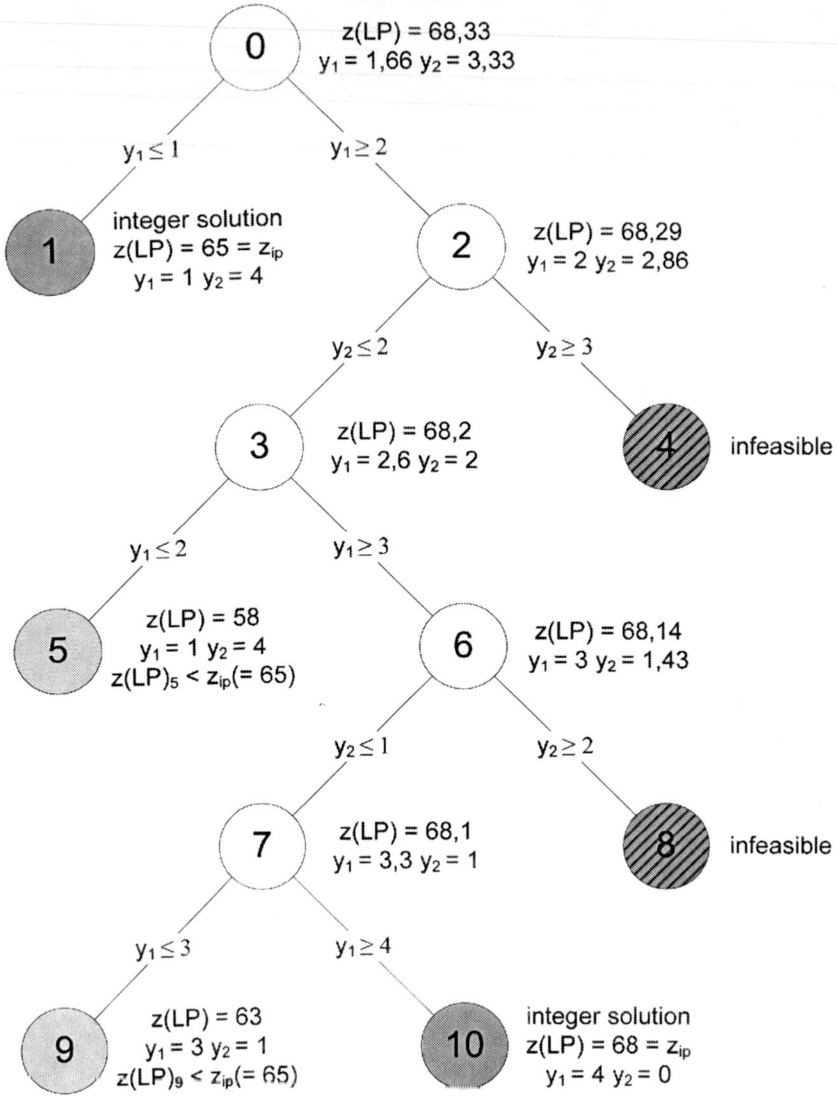

Abb. 5.7. Der Branch&Bound-Suchbaum für das Beispiel

5.4.1 Duality Gap

Eine Dualitätstheorie wie bei der Linearen Programmierung gibt es bei der MIP-Optimierung nicht.

Es gibt i.d.R. eine Lücke (duality gap) zwischen der optimalen LP- und IP-Lösung (vgl. Abb. 5.8). Auch Informationen über reduzierte Kosten und Schattenpreise für MIP-Modelle ergeben keinen Sinn: Obwohl manche Optimierungssoftware solche

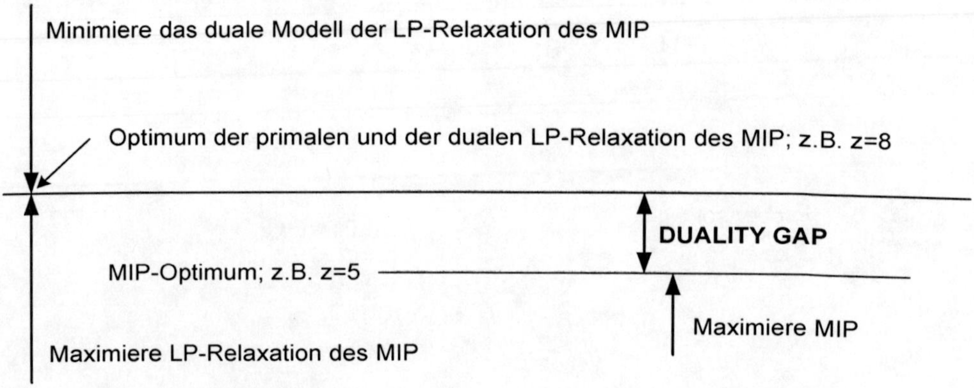

Abb. 5.8. Beziehung zwischen LP- und IP-Lösung (vgl. Beispiel unten)

Informationen möglicherweise von dem zuletzt gelösten LP im Branch&Bound--Verfahren angibt, führt ihre Interpretation oft zu Fehlschlüssen.

Es ist zu beachten, dass die Lösung eines MIP-Modells unterschiedlich weit von der Lösung der Relaxation desselben MIP-Modells sein kann.

Insbesondere entspricht die „Ab- bzw. Aufrundung“ der Lösung der LP-Relaxation i.s.R. nicht der MIP-Lösung. Manchmal bringt uns eine Rundung sogar zu einer unzulässigen Lösung des MIP-Modells (vgl. Abb. 5.9). Eine „richtige Rundung“ (durch eine effiziente Prozedur) kann es auch für den allgemeinen Fall (wahrscheinlich) nicht geben, da wir dann ein hartes Problem (MIP) mit Hilfe eines „leichten“ Problems (LP) lösen könnten.

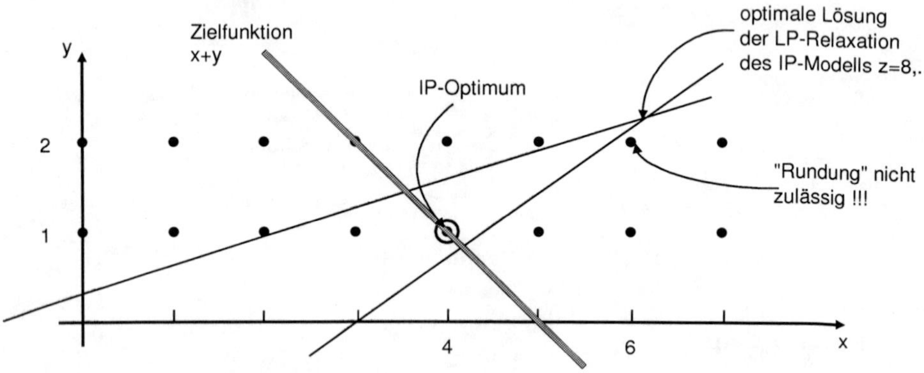

Abb. 5.9. Ganzzahlige vs. kontinuierliche optimale Lösung

5.4.2 (Um-)Formulierung ganzzahliger Modelle – total unimodulare Matrizen

Weil MIP- und IP-Probleme meistens schwer zu lösen sind, ist ihre richtige Formulierung sehr wichtig. Es gibt oft mehrere Möglichkeiten, wie ein gemischt-ganzzahliges Optimierungsproblem formuliert werden kann – daher gibt es auch große Unterschiede beim Lösungsaufwand. Der *Lösungsaufwand* von LP-Modellen korreliert stark mit der Anzahl der Variablen und Restriktionen im Modell. Für gemischt-ganzzahlige Modelle stimmt dies nicht – andere Aspekte sind wichtiger, insbesondere werden oft Restriktionen eingefügt, um die Lösung zu erleichtern.

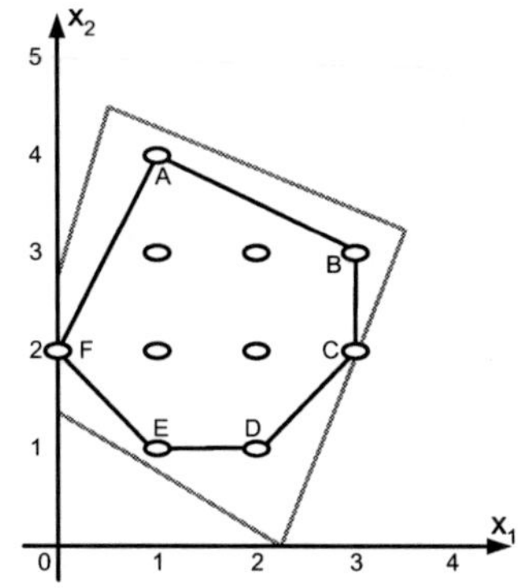

Abb. 5.10. Konvexe Hülle einer gegebenen IP-Lösungsmenge

Die optimale Lösung eines LP-Modells wird immer in einem Eckpunkt des zulässigen Bereichs gefunden. Die optimale Lösung eines gemischt-ganzzahligen Problems kann im internen Bereich liegen!

In Abb. 5.10 sind die zulässigen Lösungen eines IP-Modells als Punkte dargestellt. Die konvexe Hülle der zulässigen ganzzahligen Lösungen ist die Strecke ABCDEF. Wenn der zulässige Bereich des LP so beschränkt werden kann, dass er ABCDEF ist, ist die LP-Lösung gleichzeitig die IP- oder MIP-Lösung! Leider ist das Finden der konvexen Hülle ein genauso schwieriges Problem wie das ganzzahlige Optimierungsproblem selbst.

In einigen Fällen gelingt es mit Hilfe spezieller Techniken, das Problem so umzuformulieren, dass die LP-Relaxation entweder identisch oder möglichst nahe der konvexen Hülle der ganzzahligen Lösungen ist.

Einige, auf den ersten Blick ganzzahlige Optimierungsmodelle, haben die Eigenschaft, dass die LP-Lösung schon die ganzzahlige Lösung ist (z. B. das Transportproblem und das Min-Cost-Flow-Problem, vgl. Kapitel 6).

Totale Unimodularität einer Matrix:

Eine Matrix ist total unimodular, wenn die Determinante jeder quadratischen Untermatrix von A gleich 0, 1 oder -1 ist.

Die LP-Lösung eines Problems mit einer total unimodularen Koeffizientenmatrix ist gleichzeitig die optimale ganzzahlige Lösung!

Die folgenden Eigenschaften garantieren die totale Unimodularität von A (hinreichend, aber nicht notwendig):

1. Jedes Element von A ist 0, 1 oder -1,
2. In jeder Spalte sind höchstens zwei Elemente und

3. Die Zeilen können in zwei Gruppen P_1 und P_2 aufgeteilt werden, so dass
   a) Wenn eine Spalte zwei Nichtnullelemente mit dem gleichen Vorzeichen hat, gehören die Elemente zu unterschiedlichen Gruppen;
   b) Wenn zwei Elemente einer Spalte unterschiedliche Vorzeichen haben, gehören sie zur selben Gruppe.

Beispiel: P_1 ist leer; alle Zeilen gehören zu P_2. Dann hat jede Spalte entweder ein Element +1 oder -1, oder zwei Elemente +1 und -1.

Bemerkung: Unimodularität ist nur für reine IP-Modelle (nicht MIP) definiert. Wenn möglich, sollte ein IP-Problem so umformuliert werden, dass eine unimodulare Koeffizientenmatrix entsteht:

$$\text{z. B. } y_1 + y_2 + \ldots + y_n - ny \leq 0 \qquad (1)$$

Dieser Fall kommt häufig vor und entspricht der logischen Bedingung

$$(y_1 = 1) \vee (y_2 = 1) \vee \ldots \vee (y_n = 1) \rightarrow (y = 1) \qquad (2)$$

Dies entspricht der Aussage: „wenn $y = 0$, dann $y_1 = y_2 = ... = y_n = 0$“ (*Kontraposition*).

Allgemein gilt: Kontraposition von $\alpha \rightarrow \beta$ (wobei α und β beliebige Formeln sind) ist: $\neg\beta \rightarrow \neg\alpha$ ($\approx \neg\neg\beta \vee \neg\alpha \approx \neg\alpha \vee \beta \approx \alpha \rightarrow \beta$) also äquivalent zur Implikation $\alpha \rightarrow \beta$ selbst.

Transformation gemäß den Regeln in 4.7 ergibt n Restriktionen (*Disaggregation*)

$$y_1 - y \leq 0, y_2 - y \leq 0, ..., y_n - y \leq 0 \qquad (3)$$

Das duale Problem dieses Problems hat die drei oben geforderten Eigenschaften, daher ist die Koeffizientenmatrix total unimodular.

Ein weiterer Effekt der Disaggregation lautet:

(1) und (3) sind äquivalent, aber nicht im Sinne des LP.

(1) erlaubt fraktionelle Lösungen, die (3) nicht erlaubt, z. B. $y_1 = 1/2$, $y_2 = y_3 = 1/4$, $y = 1/n$, alle anderen $y_i = 0$.

Es ist zu beachten, dass die in Kapitel 4 angegebene Transformation von Formeln zur konjunktiven Normalform (KNF) den Effekt der Disaggregation fördert.

5.5 Spezielle Techniken und Software

In diesem Kapitel wurde gelernt, dass gemischt-ganzzahlige und kombinatorische Modelle grundsätzlich sehr viel schwieriger zu lösen sind als reine LP-Modelle. Alle Softwarepakete zur Lösung von allgemeinen MIP-Modellen basieren auf der Branch&Bound-Methode, wobei in jedem Knoten ein LP gelöst wird und eine astronomisch hohe Anzahl von Knoten erforderlich sein kann, um eine optimale Lösung zu finden. Weil wegen der Härte vieler solcher Probleme das Finden einer optimalen Lösung in einer vertretbaren Zeit nicht garantiert werden kann, beinhalten

MIP-Solver in der Regel auch integrierte Heuristiken, um möglichst eine zulässige Lösung zu finden – allerdings kann auch dies nicht garantiert werden.

Seit den 60er Jahren haben Wissenschaftlerinnen und Wissenschaftler im Bereich des angewandten Operations Research und der angewandten Mathematik kontinuierlich an der ganzzahligen Optimierung gearbeitet und dabei spezielle Methoden entwickelt, die es möglich machen, viele Praxismodelle heute zu lösen, für die noch vor einigen Jahren keine Lösung möglich war.

Heute steht uns preiswerte, sehr leistungsfähige Hardware zur Verfügung, die es erlaubt, neue spezielle Techniken zu entwickeln, wodurch viele der Praxismodelle optimal gelöst werden können, auch wenn sie zur Problemklasse NP gehören.

Einige der wichtigsten Techniken sind (s. [Nemhauser u. Wolsey 1988] bzw. [Wolsey 1998] sowie [Suhl/U. 2000]):

- Preprocessing
- Effizient implementierte LP-Solver
- Generierung von Schnittebenen
- Heuristiken
- spezielle Branching-Regeln
- spezielle Knoten-Auswahlregeln

Preprocessing

Eine Preprocessing-Phase ist für die Lösbarkeit schwieriger Modelle sehr wichtig. Ziel des Preprocessing ist es, das Modell so zu vereinfachen und zu modifizieren, dass es leichter lösbar ist. Man kann z. B. redundante Variablen und Restriktionen beseitigen und Koeffizienten ändern, ohne dass die optimale Lösung sich ändert. Das Preprocessing für ganzzahlige Modelle ist fundamental anders als das LP-Preprocessing: Bei Modellen mit ganzzahligen Variablen darf man den zulässigen Bereich verkleinern, wenn man nur nicht den optimalen ganzzahligen Lösungswert abschneidet. Der optimale LP-Wert kann dabei abgeschnitten werden. Diese Erkenntnis führt in eine sehr wichtige Preprocessing-Technologie: Generierung von Schnittebenen (Cuts, siehe unten).

Beim Preprocessing werden insbesondere für 0/1-Variablen auch Konsequenzen bestimmter Variablenwerte abgeleitet und gespeichert. Es kann beispielsweise sein, dass das Setzen einer bestimmten Variable auf 0 oder 1 das Problem unzulässig macht, so dass dieser Fall ausgeschlossen werden kann. Weiterhin kann das Setzen einer Variable weitgehende Implikationen für die Werte anderer Variablen haben, die beim Lösungsprozess zu entscheidenden Verbesserungen der Anzahl der zu untersuchenden Knoten haben und somit die gesamte Lösungszeit signifikant reduzieren kann.

Generierung von Schnittebenen

Es wird ein ganzzahliges Optimierungsmodell betrachtet, z. B. das Modell in Abb. 5.10. Wenn man es schafft, den zulässigen Bereich durch Geraden (im Allgemeinen Hyperebenen) so abzugrenzen, dass nur die *konvexe Hülle* der ganzzahligen

Lösungspunkte übrig bleibt, ist die optimale LP-Lösung dieses modifizierten Modells gleich der optimalen IP-Lösung. Weil das LP in der Regel sehr viel einfacher zu lösen ist als das IP, ist dies ein wünschenswerter Zustand.

Es ist jedoch vorteilhaft, durch das Einfügen von Schnittebenen in Form von gültigen Ungleichungen („valid inequalities“) jeweils einen Teil des zulässigen Bereichs abzuschneiden, so dass man schrittweise der konvexen Hülle näher kommt (auch wenn man diese nicht erreicht). Es gibt in der Regel eine extrem hohe Anzahl von möglichen Schnittebenen, so dass es keinen Sinn hat zu versuchen, diese alle ins Modell zu integrieren. Besonders günstig ist es aber, solche Schnittebenen einzufügen, die das LP-Optimum, aber keine zulässigen ganzzahligen Punkte abschneiden. Nach einem nochmaligen Lösen des LP hat man einen besseren Bound für den entsprechenden Suchbaum bekommen, was sich wiederum für das weitere Bounding günstig auswirkt.

Bereits in den 50er und 60er Jahren hat Gomory einige Verfahren zur Generierung von Schnittebenen vorgestellt (Gomory-Cuts). Man hat diesen zunächst eine große theoretische, aber kaum praktische Bedeutung zugemessen. Erst in den 90er Jahren, mit schneller und preiswerter Hardware, haben die Schnittebenen von Gomory zusammen mit vielen anderen Schnittebenen-Verfahren Einzug in kommerzielle Software gefunden. Viele Modelle sind ohne solche Verfahren überhaupt nicht lösbar. Interessierte Leserinnen und Leser können neben der Originalliteratur in [Wolsey 1998] sowie [Nemhauser u. Wolsey 1988] dazu mehr lesen.

Integration von Heuristiken

Man kann versuchen, die fraktionellen Werte der ganzzahligen Variablen bei der Lösung eines Anfangs-LP zu runden: allerdings erreicht man somit nur selten eine zulässige oder sogar optimale ganzzahlige Lösung. „Intelligentes Raten“ in Form von Heuristiken kann jedoch in einigen Fällen zu guten ganzzahligen Anfangslösungen führen, wodurch der Lösungsprozess signifikant beschleunigt werden kann. Heuristiken gehören heute als Pflicht zu einem MIP-Solver, der den Stand der Technik implementiert.

Effiziente LP-Solver

In diesem Kapitel war ersichtlich, dass man bei der Lösung von gemischt-ganzzahligen Modellen in der Regel sehr viele LP hinter einander lösen muss. Es gibt heute drei grundsätzliche Algorithmen, um LP zu lösen: der primale Simplex, der duale Simplex und die Interior-Point-Methode. Keine dieser Methoden ist den anderen generell überlegen, es gibt für jede Methode Praxismodelle, für die sie am schnellsten läuft. Allerdings kann man sagen, dass für die meisten sehr großen Modelle die Interior-Point-Methode am schnellsten ist. Es gibt aber heute keine Möglichkeit, den Interior-Point-Algorithmus zur Reoptimierung in Branch&Bound-Knoten zu nutzen; schon aus diesem Grund sind der primale und der duale Simplex notwendig. Allerdings erfordern diese Implementationen heute sehr komplexe Spezialalgorithmen und Datenstrukturen, deren Realisierung nur in einer jahrzehntelangen Implementierungsarbeit möglich ist.

Spezielle Branching-Regeln

Unter einer Branching-Regel versteht man das Prinzip, wonach die Variable gewählt wird, deren Wert die nächsten zwei zu untersuchenden Teilprobleme bestimmt. Es muss sich um eine Variable handeln, die ganzzahlig sein soll, aber in der optimalen LP-Lösung einen fraktionellen Wert hat.

Neben den einfachen Regeln (am meisten fraktionell oder am wenigsten fraktionell) sind auch problembasierte Regeln möglich: Der Benutzer kann die Wichtigkeit einiger Variablen angeben, weil zu erwarten ist, dass einige von der Bedeutung her „wichtige“ Variablen den Suchbaum nach den Regeln von „Divide-and-Conquer“ effizient aufteilen.

Weiterhin kann man das Prinzip von „Strong Branching“ implementieren, wobei für mehrere Kandidaten der Branching-Variable die entsprechenden zwei LP-Modelle gelöst werden. Die LP-Werte werden miteinander verglichen, und die Variable mit dem günstigsten Wert wird schließlich zur Branching-Variable gewählt.

Spezielle Knoten-Auswahlregeln

Auch bei der Auswahl des als nächstes zu untersuchenden Knotens können spezielle Regeln genutzt werden. Ein Optimierer muss neben der Depth-First-Suche standardmäßig mehrere Regeln zur Auswahl haben: diese basieren meistens auf dem LP-Wert oder auf der Anzahl und den Werten der fraktionellen Variablen.

Durch die rasante Entwicklung von Software zusammen mit Hardware können heute viele MIP-Modelle optimal gelöst werden, für die eine Lösung noch vor wenigen Jahren vollkommen unmöglich war. Solche Modelle gehören oft zur Klasse NP-hart – natürlich kann nicht jedes Modell aus einer solchen Problemklasse gelöst werden, aber für immer mehr Praxismodelle ist dies der Fall.

Oft wird die Sicht verbreitet „das Modell ist NP-hart, also nicht lösbar“. Es stimmt zwar für einen speziellen NP-harten Problemtyp, dass man immer große Modelle konstruieren kann, die mit der heutigen Technologie nicht optimal lösbar sind. Allerdings sollte man immer versuchen, Praxismodelle zu lösen, weil Probleme mit speziellen, individuellen Daten oft lösbar sind (auch wenn sie in die Klasse NP-hart gehören).

Fortschritte beim Lösen von schweren MIP-Modellen

Tabelle 5.2 demonstriert die Entwicklung der Lösungszeit für das Modell „Oil“ mit der MOPS-Software[1]. Die Verbesserungen sind etwa zu gleichen Anteilen durch die schnellere Hardware und schnellere Algorithmen erzielt worden.

[1] MOPS (Mathematical OPtimization System) war ein MIP-Solver, der von 1990 bis 2012 von Prof. Dr. Uwe H. Suhl entwickelt worden ist.

Jahr	Version	Oil (5563 x 6181)	Sek.
1994	2.0	PII (500 MHz) LIFO-MIP	1794,3
1995	2.5	PII (500 MHz) general node selection	450,1
1999	4.0	PIV (2,2 GHz) IPM for initial LP	75,2
2003	6.3	PIV (2,2 GHz) various improvements	39,6
2005	7.9	PIV (3,0 GHz) Gomory cuts, dual in B&B	12,9

Tabelle 5.2. Fortschritte in der IP-Optimierung mit MOPS[1] am Beispiel des Modells Oil

5.6 Was sollte ich gelernt haben?

Komplexität von Problemklassen

Wie charakterisiert man Probleme aus der Klasse P bzw. NP? Zu welcher Klasse gehört das LP-Problem? Und das MIP-Problem?

Grundsätzliche Lösungsmethoden für MIP

Auf welcher Idee basieren die folgenden Lösungsverfahren:

- Greedy-Methode
- Divide-and-Conquer
- Backtracking
- Depth-first-Search
- Branch&Bound
- Heuristiken
- Metaheuristiken

LP-basierte Branch&Bound-Methode

- Welche Operationen sind in jedem Knoten notwendig?
- Was heißt Branching konkret?
- Nach welchen Kriterien kann die Branching-Variable gewählt werden?
- Nach welchen Kriterien kann der nächste zu bearbeitende Knoten gewählt werden?
- Warum wird i.d.R. nur ein kleiner Teilbaum des gesamten riesigen Suchbaumes untersucht?
- In welchen Fällen muss ein Teilbaum nicht weiter untersucht werden?

Entwicklung von MIP-Software

Charakterisieren Sie die Entwicklung der Lösungsgeschwindigkeit in den letzten 15 Jahren! Welche speziellen Methoden und Techniken wurden angewandt, um die Lösbarkeit zu verbessern?

6

Netzwerkorientierte Optimierungsmodelle

Lernziele:

- Typische Optimierungsmodelle in Netzwerken
- Grundbegriffe der Graphentheorie
- Minimal spannende Bäume
- Kürzeste-Wege-Algorithmen
- Min-cost-flow-Problem und dessen Umformung

Online-Lernmodule:

- Minimale Spannbäume
- Kürzeste Wege
- Transportproblem
- Umladeproblem

http://dsor-lectures.upb.de/

6.1 Typische Optimierungsmodelle in Netzwerken

Viele Optimierungsmodelle besitzen naturgemäß eine Netzwerkstruktur, z. B. Transport-, Fluss- und Distributionsmodelle sowie Modelle der Versorgungsnetz-, Touren- und Standortplanung. In diesem und den nächsten Kapiteln werden solche Probleme definiert, ihre Praxisbedeutung verdeutlicht und effiziente Algorithmen für ihre Lösung behandelt.
Netzwerkmodelle können als lineare Programme dargestellt werden, lassen sich jedoch wegen ihrer speziellen Struktur meist mit Hilfe spezieller Algorithmen effizienter als unter Benutzung von allgemeiner Optimierungssoftware lösen.

Formulierungen von Netzwerkmodellen als mathematische Programme sind dennoch sehr wichtig, weil vielen Praxisoptimierungsaufgaben zwar eine Netzwerkstruktur zu Grunde liegt, aber dazu noch zusätzliche Restriktionen aufweisen, die nicht direkt in ein Standardnetzwerkproblem zu integrieren sind. Durch Formulierung dieser zusätzlichen Restriktionen entstehen mathematische Programme, die man mittels Standardoptimierungssoftware lösen kann. In manchen Fällen lassen sich diese Probleme auch in Teilprobleme zerlegen, die mit speziellen Netzwerkalgorithmen gelöst werden können.

Schließlich bezeichnen wir mit *Netzwerk-Optimierung* den Zweig der mathematischen Optimierung zur Lösung betriebswirtschaftlicher Optimierungsprobleme, deren Struktur effizient mithilfe von Graphen und Netzwerkflüssen erfasst werden kann. Vorteile sind eine anschauliche Modellierung sowie eine effiziente Verarbeitung durch spezialisierte netzwerkwerkbasierte Optimierungsverfahren oder Nutzung von Optimierungssoftware.

Im Folgenden werden einpaar Standardprobleme auf Netzwerke vorgestellt:

Das Transportproblem

Das klassische Transportproblem (TPP) kann wie folgt beschrieben werden: Von mehreren Anbietern (in Angebotsorten) A_i $(i = 1,...,m)$ werden jeweils a_i ME (Mengeneinheiten) eines bestimmten Gutes angeboten; bei Nachfragern (in Nachfrageorten) B_j $(k = 1,...,n)$ besteht ein Bedarf von jeweils b_j ME an diesem Gut. Das Gesamtangebot ist gleich dem Gesamtbedarf. Die Kosten für den Transport einer ME von A_i nach B_j betragen c_{ij} GE. Gesucht ist ein kostenminimaler Transportplan.

Bestimmung minimaler Spannbäume (Minimum-Spanning-Tree-Problem)

Für n Orte ist ein Versorgungsnetz (z. B. Wasser-, Gas- oder Telefonleitungen) so zu planen, dass je zwei verschiedene Orte – direkt oder über andere Orte – durch Leitungen miteinander verbunden sind und sich Verzweigungspunkte des Netzes nur in den Orten befinden. Gesucht ist ein Versorgungsnetz, dessen *Gesamtkosten* (Baukosten oder Summe aus Bau- und Betriebskosten für einen bestimmten Zeitraum) *minimal* sind. Ein kostenminimales Netz hat die Struktur eines Baumes: d. h. jeder Knoten ist evtl. über andere Knoten mit einer Wurzel verbunden, und der Graph ist kreisfrei. Eine Kante von einer Kreisverbindung zu entfernen, senkt die Gesamtkosten.

Bestimmung kürzester Wege (Shortest-Path-Problem)

Die Bestimmung *kürzester Wege* in Transport- oder Kommunikationsnetzwerken ist meist eines der grundlegenden Probleme. In bestimmten Netzwerken (z. B. Netzpläne für Projekte) können auch verschiedene Sachverhalte, wie die Bestimmung der Durchlaufzeit eines Projektes, mit Hilfe kürzester Wege gelöst werden. Ferner treten „Kürzeste Wege"-Probleme häufig im Rahmen der Lösung komplexer Optimierungsprobleme auf, z. B. beim Traveling Salesman Problem, beim Tourenplanungsproblem, beim Briefträgerproblem und beim Min-Cost-Flow-Problem (siehe unten).

Bestimmung maximaler Flüsse (Maximum-Flow-Problem)

Das Maximalflussproblem tritt im Rahmen von Kapazitätsuntersuchungen für Transportnetze auf. Es wird die maximale Gütermenge bestimmt, die von allen Anbietern (Quellen) zu allen Nachfragern (Senken) transportiert werden kann.

Bestimmung kostenminimaler Flüsse (Min-Cost-Flow-Problem)

Das Min-Cost-Flow-Problem stellt einen allgemeinen Rahmen für Distributions-, Transport- und Flussprobleme dar. Hier wird in einem Netzwerk mit Kapazitätsrestriktionen der Fluss (Transportplan oder Distributionsplan) von Anbieterknoten zu Nachfrageknoten mit allen Routen eventuell über einen oder mehrere Umladeknoten bestimmt, so dass die Summe der Kosten für die Transporte (durch den Fluss verursachte Kosten auf Kanten) minimiert wird. Das Problem ist in der Literatur auch bekannt als *Umladeproblem* (engl. transshipment problem).

Traveling Salesman Probleme

Ein Handlungsreisender möchte eine Anzahl von Kunden in verschiedenen Orten besuchen und nach Abschluss der Besuche in seinen Ausgangsort zurückkehren. Welchen Weg soll er wählen, damit die dabei insgesamt zurückzulegende Entfernung so gering wie möglich ist?

Briefträgerproblem (Chinese-Postman-Problem)

Ein Briefträger hat die Häuser eines Stadtteils mit Post zu beliefern. Dabei muss er jede Straße einmal oder (bei breiten Straßen) zweimal durchlaufen. Ein geschlossener Weg minimaler Länge soll bestimmt werden, der jede zu bedienende Straße (oder Straßenseite) mindestens einmal enthält. Dabei soll die Länge der unproduktiven Strecken minimiert werden.

Probleme der Tourenplanung

Beispiel der Tourenplanung: Eine Anzahl von Kunden, deren Bedarfe und Standorte bekannt sind, soll mit einer Anzahl von Fahrzeugen mit bestimmten Kapazitäten von einem Depot aus mit einem bestimmten Gut beliefert werden. Welche Fahrten sind durchzuführen, damit unter Einhaltung bestimmter Nebenbedingungen (z. B. Zeit- und Kapazitätsrestriktionen) die Gesamttransportkosten minimiert werden?

Probleme der Standortplanung

Ein typisches Beispiel der Standortplanung ist die Situation, in der ein Unternehmen n Kunden beliefert, die pro Periode $b_1,...,b_n$ ME der von ihm angebotenen Güter nachfragen. Das Unternehmen möchte seine Distributionskosten senken, indem es Auslieferungslager einrichtet und betreibt. Hierfür stehen m potenzielle Standorte zur Verfügung. Wird am potenziellen Standort i ein Lager errichtet, so entstehen Fixkosten der Lagerhaltung in Höhe von f_i GE pro Periode. Die Trans-

portkosten betragen c_{ij}, falls der Kunde j voll (mit b_j ME) durch ein am Standort i eingerichtetes Lager beliefert wird.
Wie viele Lager sind vorzusehen und an welchen der potenziellen Standorten sind sie einzurichten, wenn bei voller Befriedigung der Kundennachfrage die Summe aus (fixen) Lagerhaltungskosten und Transportkosten minimiert werden soll?

Lösungskomplexität von Netzwerk-Modellen

Für die Leserin und den Leser ist es wichtig, ein Gefühl über die Lösungskomplexität der vorgestellten Modelle zu entwickeln. Im Gegensatz zu den gemischtganzzahligen Modellen aus den Kapiteln 4 und 5 sind die meisten der oben erwähnten Modelle relativ einfach, sprich auch im schlechtesten Fall mit einem polynomiellen (manchmal linearen oder noch weniger aufwendigen) Algorithmus, lösbar. Dies gilt für die folgenden Modelle:

- Transport-Problem
- Minimum-Spanning-Tree-Problem
- Kürzeste-Wege-Problem
- Maximum-Flow-Problem
- Min-Cost-Flow-Problem
- Chinese-Postman-Problem mit vollständig gerichteten bzw. ungerichteten Kanten

In diesem Kapitel werden wir zeigen, dass viele der genannten Modelle Spezialfälle des Min-Cost-Flow-Problems sind und somit polynomiell lösbar (s. Abschnitt 6.6.2). Es kann gezeigt werden, dass die Koeffizientenmatrix des Min-Cost-Flow-Problems (wenn als IP mit ganzzahligen Parametern und Variablen dargestellt) die Eigenschaft totale Unimodularität besitzt, so dass es reicht, das Modell als LP zu lösen – auch wenn es als ganzzahlig definiert wird (vgl. 5.4.2).
Die folgenden Modelle dagegen leiden unter der kombinatorischen Explosion und gehören der Klasse NP-vollständigen Probleme an, wofür (für alle Datenkonstellationen) keine effizienten Algorithmen bekannt sind.

- Traveling Salesman Problem
- Chinese-Postman-Problem mit einer Mischung von gerichteten und ungerichteten Kanten
- Tourenplanungsproblem
- Warehouse-Location-Problem

Bei der Lösung dieser schwierigen Modelle haben ambitionierte Forscher in den letzten Jahren viele wichtige Fortschritte erreicht, auch wenn große Instanzen aus der Praxis meistens (noch) nicht optimal gelöst werden können. Diese Modelle werden nicht in diesem, sondern in Kapitel 8 besprochen.
Die Briefträgerprobleme sind nur für Graphen mit gemischten gerichteten und ungerichteten Kanten schwierig zu lösen. Diese entsprechen durchaus allgemeinen Straßennetzen mit gemischten beidseitig befahrbaren und Einbahn-Straßen. Wie

in diesem Fall ersichtlich ist es nicht immer leicht, die Grenze zwischen effizient lösbaren und schwierigen Problemformulierungen zu ziehen und somit die passende netzwerkorientierte Modellierung zu wählen.

In manchen praktischen Fällen können Problemstruktur-Eigenschaften aufgedeckt werden, deren Ausnutzug eine Problemstellung effizienter lösen lässt. Ein Beispiel dafür bildet die Ähnlichkeit des Tourenplanungsproblems (Vehicle Routing Problem) mit dem Umlaufplanungsproblem im öffentlichen Verkehr (Vehicle Scheduling Problem). Bei dem ersten Problem müssen alle Kunden in Touren und bei dem zweiten müssen alle Planfahrten in Umläufen bedient werden. Da aber planmäßige Fahrten und deren Verknüpfungsmöglichkeit nicht nur eine örtliche sondern auch eine zeitliche Abhängigkeit aufweisen, die zu einem azyklischen Netzwerk resultieren, können reine Netzwerkflussmodelle herangezogen werden und somit Umlaufplanungsprobleme effizienter gelöst werden, und zwar direkt mithilfe von MIP-Optimierungssoftware (vgl. Kapitel 7).

6.2 Grundbegriffe der Graphentheorie

In diesem Abschnitt werden Begriffe im Bereich der Graphentheorie erläutert. In den nachfolgenden Abschnitten werden diese Begriffe für einzelne Algorithmen benutzt.

Gerichteter Graph

Ein *gerichteter Graph* (directed graph, auch Digraph genannt) G = (N,A) ist eine Struktur, bestehend aus zwei Mengen: eine Knotenmenge N (nodes) und eine Menge gerichteter Kanten oder Pfeile A (arcs). Eine gerichtete Kante vom Knoten i zum Knoten j, wobei $i \neq j$ immer vorausgesetzt ist, wird als Paar (i, j) dargestellt.

Beispiel (vgl. Abb. 6.1):
$N = \{1, 2, 3, 4\}$ und $A = \{(1,2), (2,3), (3,4), (4,3), (4,1)\}$.

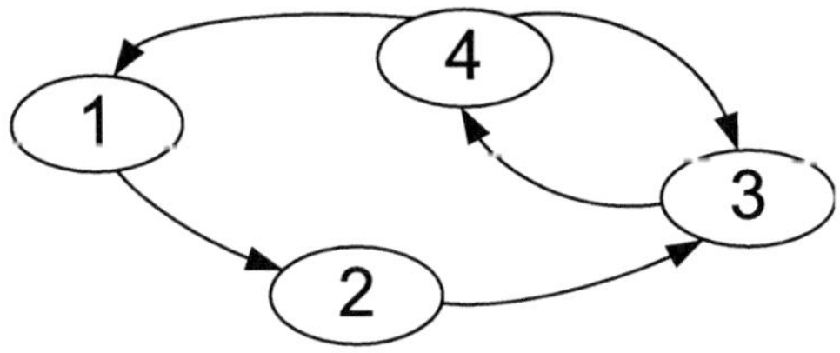

Abb. 6.1. Ein gerichteter Graph

Ungerichteter Graph

Bei einem *ungerichteten Graphen* G = (N,E) sind die Kanten aus E (edges) ungerichtet. Eine ungerichtete Kante aus E verbindet ohne Pfeilrichtung zwei Knoten

i und j aus N. Sie wird (1) als 2-elementige Menge $\{i,j\}$ oder auch (2) als (i,j) und/oder (j,i) dargestellt.

Bipartiter Graph

Ein Graph wird ein *bipartiter Graph* genannt, wenn seine Knotenmenge N in zwei *disjunkte* Teilmengen N_1 und N_2 *zerlegbar* (d. h. $N_1 \cup N_2 = N$ und $N_1 \cap N_2 = \emptyset$) ist, und Kanten ausschließlich Knoten aus N_1 mit Knoten aus N_2 verbinden (mit anderen Worten: keine zwei Knoten nur aus N_1 (oder nur aus N_2) sind miteinander verbunden).

Dem Transportproblem liegt *ein bipartiter gerichteter Graph* $G = (N_1 \cup N_2, A)$ mit $A \subseteq N_1 \times N_2$ zugrunde. Dabei repräsentiert N_1 die Menge der Anbieter und N_2 die Menge der Nachfrager. (vgl. Abb. 6.8).

Kette

Eine *Kette* ist eine Folge $[e_1,e_2,...,e_t]$ von Kanten aus E (bzw. A) eines ungerichteten (bzw. gerichteten) Graphen G ($t \geq 1$), die in der gegebenen Reihenfolge durch Knoten verbunden sind; d. h. für $t + 1$ Knoten etwa $i_0,i_1,...,i_t$, gilt: $e_k = (i_{k-1}, i_k)$ oder $e_k = (i_k, i_{k-1})$ für alle $k = 1,...,t$. Für gerichtete Graphen spielt somit die Richtung der Pfeile keine Rolle.

Für ungerichtete Graphen wird eine Kette auch als Knotenfolge $[i_0,i_1,...,i_t]$ dargestellt. Für gerichtete Graphen ist dies nicht eindeutig. Zum Beispiel sind im gerichteten Graphen von Abb. 6.1. die Ketten [(2,3),(3,4),(4,1)] und [(2,3),(4,3),(4,1)] nicht gleich.

Weg

Ein Weg in einem gerichteten Graphen ist eine Kette $[e_1,e_2,...,e_t]$, wobei die Pfeile nur in eine Richtung zeigen, genauer gesagt es existieren $t + 1$ Knoten, z. B. $i_0,i_1,...,i_t$, so dass $e_k = (i_{k-1}, i_k)$ für alle $k=1,...,t$. Somit wird ein Weg durch die Knotenfolge $[i_0,i_1,...,i_t]$ eindeutig dargestellt. Die Kette [(2,3),(3,4),(4,1)] im gerichteten Graphen von Abb. 6.1. ist ein Weg ($\cong$ [2,3,4,1]), aber die Kette [(2,3),(4,3),(4,1)] ist kein Weg.

Bemerkung: Für Ketten und Wege wird meist stillschweigend vorausgesetzt, dass sie *elementar* sind, d. h. abgesehen von der eventuellen Gleichheit des Anfangs- und Endknotens ist kein wiederholtes Knotenauftreten in Ketten und Wegen erlaubt.

Kreis/Zyklus

In einem ungerichteten Graphen heißt eine (elementare) Kette $[i_0,i_1,...,i_t]$ ein *Kreis*, falls Anfangsknoten = Endknoten ($i_0 = i_t$) gilt.

In einem gerichteten Graphen heißt ein Weg $[i_0,i_1,...,i_t,]$ mit $i_0 = i_t$ ein *Zyklus.*

Zusammenhängender Graph

Ein ungerichteter oder gerichteter Graph G heißt *zusammenhängend* genau dann, wenn in G je zwei beliebige verschiedene Knoten i und j (evtl. über andere Knoten) *miteinander verbunden* sind (d. h. es existiert eine Kette zwischen i und j).

Stark zusammenhängender Graph

Ein *gerichteter* Graph G heißt *stark zusammenhängend* genau dann, wenn für je zwei beliebige verschiedene Knoten i und j in G sowohl Knoten j von i aus *erreichbar* (d. h. es existiert ein Weg von i nach j) als auch Knoten i von j aus erreichbar ist.

Teilgraph/Komponente

Ein Graph G' = (N',E') heißt *Teilgraph* von G = (N,E), falls N' $\subseteq$ N und E' $\subseteq$ E ist.

Ein maximaler zusammenhängender Teilgraph von G heißt eine *Komponente* von G. Jeder Graph ist in eindeutiger Weise in (Zusammenhangs-)Komponenten zerlegbar.

Ein maximaler stark zusammenhängender Teilgraph von einem gerichteten Graphen G heißt eine *starke Zusammenhangskomponente* (SZK) von G.

Baum/Wald

Ein zusammenhängender, ungerichteter, kreisloser Graph heißt *Baum*.

Ein ungerichteter kreisloser Graph heißt *Wald* (da seine Komponenten Bäume sind).

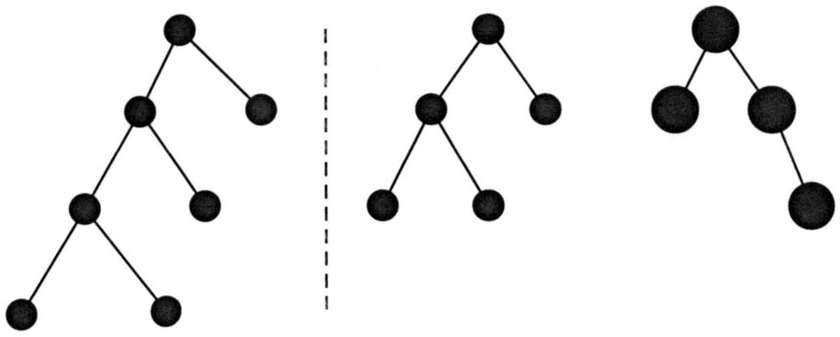

Abb. 6.2. Baum (links), Wald (rechts)

Directed Acyclic Graph

Ein gerichteter *azyklischer* Graph (d. h. ohne Zyklen) heißt Directed Acyclic Graph (DAG). Diese Eigenschaft ist sehr wichtig, da viele Netzwerkstrukturen, wie Netzpläne für Projektabhängigkeiten, als DAG dargestellt werden können und Algorithmen auf DAG meist viel schneller als auf allgemeinen Graphen mit Zyklen durchführbar sind.

Bemerkung: Eigenschaften von Graphen wie Zusammenhang, Kreisfreiheit und Baumstruktur lassen sich effizient testen und Zusammenhangskomponenten effizient ermitteln. Solche Verfahren finden sich in Grundlagenbüchern zu Graphen und effizienten Algorithmen. Eine wichtige benutzte Technik ist *Depth-First-Search auf*

Graphen, die u. a. ein effizientes Durchlaufen der Knoten und Kanten eines Netzwerks erlaubt. Diese Verfahren sind auch für das Testen von Voraussetzungen für allgemeinere Probleme, die im Folgenden behandelt werden, wichtig.
Zum Testen des Vorliegens einer DAG-Struktur sowie zur effizienten Behandlung von Problemen auf DAG ist die Technik der *topologischen Sortierung* (der Knoten) eines DAG von großer Bedeutung. Dabei heißt ein Graph *topologisch sortiert*, wenn seine Knoten so nummeriert sind, dass für jede Kante $(i,j) \in$ A die Beziehung $i < j$ gilt. Jeder DAG lässt sich in effizienter Weise topologisch sortieren (in $O(m)$, d. h. in linearer Zeit bezüglich der Anzahl der Kanten m).

6.3 Minimale Spannbäume

Spannbaum

Sei G = (N,E) ein zusammenhängender ungerichteter Graph. Ein ebenfalls zusammenhängender Teilgraph T von G, der dieselbe Knotenmenge N besitzt und Baum ist, heißt *Spannbaum* von G.

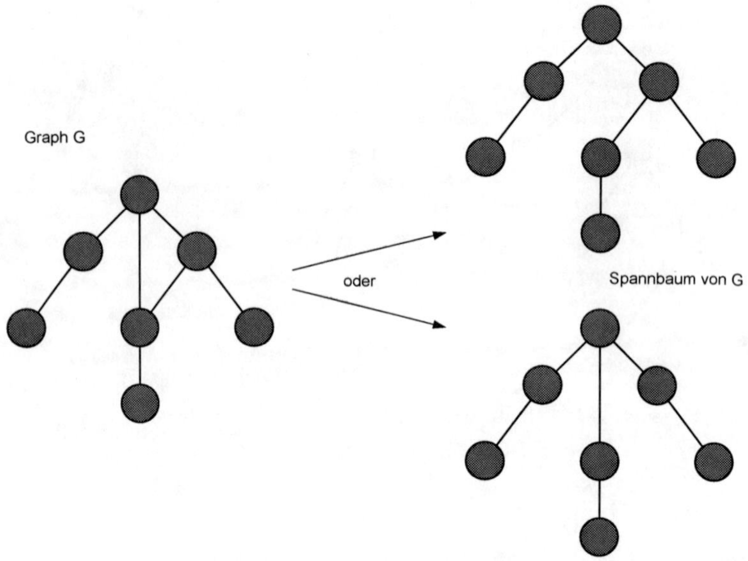

Abb. 6.3. Spannbäume

Problem MSB (Minimale Spannbäume)

Gegeben: Ein zusammenhängender ungerichteter Graph G = (N,E) zusammen mit einer Gewichtsfunktion w: $E \rightarrow \Re$, die jeder Kante e $\in$ E eine relle Zahl als Gewicht w(e) zuordnet.

Gesucht: Ein Spannbaum T von G mit minimalem Gesamtgewicht w(T) = Summe der Gewichte w(e) für alle Kanten e ∈ T. D. h.: für alle spannenden Bäume T' von G muss gelten: w(T) ≤ w(T').

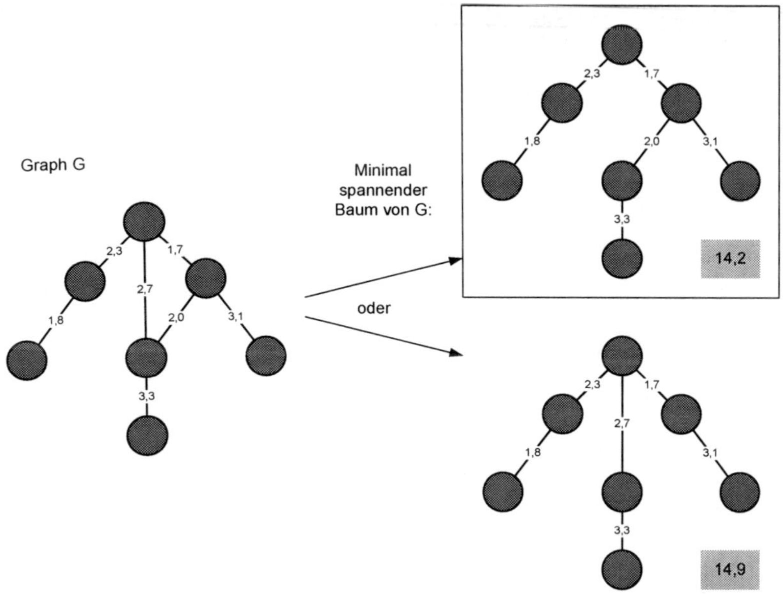

Abb. 6.4. Minimaler Spannbaum

Anwendung: Das MSB-Problem findet bei der Planung von Versorgungsnetzen (z. B. Wasser-, Gas- oder Telefonleitungen) Anwendung. Dabei stellt N die Menge der Verzweigungspunkte bzw. Knotenvermittlungsstellen des Netzes und w(e) > 0 die Entfernung für jede mögliche Verbindung e ∈ E im Netz dar. Gesucht ist eine Verknüpfung aller Knoten mit minimaler Leitungsgesamtlänge (bzw. Gesamtkosten). Diese Verknüpfung muss einen Baum darstellen, da aus jeder Kreisverbindung zur Senkung der Gesamtkosten eine Kante entfernt werden kann.

Algorithmen zur Lösung von MSB-Problemen

Zur Lösung des MSB-Problems kann die oben genannte *Greedy-Methode* angewendet werden. Diese Methode ist anwendbar, wenn eine (Schleifen-)Invariante formuliert werden kann, die beim Treffen von Entscheidungen bis zur Lösungsfindung erhalten bleibt.

Im genannten Beispiel wird ein minimaler spannender Baum T Kante für Kante aufgebaut. Angefangen mit einer leeren Teillösung wird bei jedem Entscheidungsschritt entweder eine Kante kleinen Gewichts *blau gefärbt* (gehört zu T) oder eine Kante großen Gewichts *rot gefärbt* (gehört nicht zu T). Die Invariante lautet: Es existiert ein MSB, der alle blauen Kanten und keine roten Kanten enthält. Zulässige

Färberegeln, die diese Invariante erhalten, werden nach folgender Definition angegeben:

(!) *Eine Zerlegung der Menge der Knoten N eines Graphen $G = (N,E)$ in zwei* disjunkte *Teilmengen S und S^- (d. h. mit $S \cap S^- = \emptyset$ und $S \cup S^- = N$) definiert einen* Schnitt *(*cut*) $[S, S^-]$ von G als die Menge der Kanten aus E, von denen je ein Endknoten in S und ein Endknoten in S^- liegt.*

Regel für Blaufärbung: Wählen Sie einen Schnitt ohne blaue Kanten. Wählen Sie weiter aus den ungefärbten Kanten dieses Schnittes eine mit minimalem Gewicht und färben Sie diese blau.

Regel für Rotfärbung: Wählen Sie einen Kreis ohne rote Kanten. Wählen Sie weiter aus den ungefärbten Kanten dieses Kreises eine mit maximalem Gewicht und färben Sie diese rot.

Der Färbeprozess versucht den Zusammenhang und die Kreisfreiheit der Lösung durch die erste bzw. zweite Regel zu gewährleisten und terminiert mit der Färbung aller Kanten in G, ohne die obige Invariante zu verletzen (ohne Beweis). Ferner ist der Färbeprozess *nichtdeterministisch*, da es Freiheitsgrade bei der Regelauswahl bzw. -anwendung und bei der Kantenauswahl gibt. Durch Festlegung der Reihenfolge, in der Kanten bis zur Lösungsfindung gefärbt werden, erhält man verschiedene MSB-Algorithmen, von denen zwei bekannte aufgeführt werden sollen:

Kruskal (1956)

Die Kanten werden in der Reihenfolge nichtfallender Gewichte gefärbt. Eine Kante, deren Endknoten beide im selben blauen Baum liegen, wird rot gefärbt; alle anderen werden blau gefärbt. Kruskals Algorithmus neigt dazu, kleine blaugefärbte Bäume zu bilden, die nach und nach zu einem größeren MSB-Lösungsbaum zusammengefügt werden. Für die Implementierung des Kruskal-Algorithmus werden effiziente *Heap-* und *Union-Find-*Datenstrukturen angewandt, die eine Reduzierung der Laufzeit bis auf das für das Sortieren Notwendige reduzieren. Ein anderes Vorgehen zur Lösung von MSB-Problemen bietet Prims Algorithmus, der den MSB als alleinigen Baum schrittweise aufbaut.

Prim (1957)

Ausgehend von einem festen Knoten *s* wird ein einziger blaugefärbter Baum schrittweise aufgebaut. Ist T dieser blaugefärbte Baum, so färbt der nächste Schritt eine Kante mit minimalem Gewicht blau, die T mit einem Knoten $i \notin$ T (außerhalb von T) verbindet.

Zur Systematisierung des Vorgehens von Prim werden die Knoten des Graphen G in drei Teile aufgeteilt: die Knotenmenge N_T von T, die Menge G (Grenze von T) der Knoten, die mit T durch eine Kante verbundenen sind, und die Restmenge R der übrigen Knoten. Bei jedem Schritt wird einer der Knoten der Grenze G zu N_T hinzugefügt, der von T aus mit einer Kante minimalen Gewichts erreichbar ist (entspricht der Blaufärbung der letzteren Kante). Das Verfahren endet, wenn

$|N_T| = n$ (d. h. $N_T = N$). Hier werden zur effizienten Implementierung ebenfalls Heaps verwendet. Im Allgemeinen erreicht man ein besseres Laufzeitverhalten als bei Kruskal. Falls aber die Kanten nach Gewicht sortiert vorliegen, erreicht man mit Kruskal ein besseres Laufzeitverhalten.

6.4 Kürzeste-Wege Probleme und Algorithmen

Bestimmung kürzester Wege ausgehend von einer festen Quelle

In diesem Abschnitt werden kürzeste Wege von einem gegebenen Knoten zu anderen Knoten (single source shortest path problem) betrachtet.

Gegeben: Ein gerichteter Graph G = (N,A) sowie eine Entfernungs- bzw. Kostenfunktion c: $A \to \Re$, die jeder Kante $e \in A$ die Entfernung c(e) dieser Kantenverbindung bzw. die Kosten des Transports über diese Kante – als reelle Zahl – zuordnet.

Gesucht: Ein kürzester bzw. preisgünstigster Weg ausgehend von einer Quelle s zu einem bestimmten Zielknoten z (bzw. zu jedem der Knoten des Netzes). Ein *kürzester Weg* vom Knoten s zum Knoten z ist einer, der unter allen Wegen von s nach z die kürzeste (kleinste) Entfernung (Länge) besitzt. Dabei wird die Länge eines Weges $P = [i_0, i_1, \ldots, i_t]$ von $s = i_0$ nach $z = i_t$ als c(P) = Summe der Entfernungen $c(i_{k-1}, i_k)$ über alle Kanten (i_{k-1}, i_k) dieses Weges (d. h. Summe über $k = 1, \ldots, t$) definiert.

Ermitteln Sie einen kürzesten Weg von Stadt 1 bis 6 im Graphen von Abb. 6.5.

Anwendungen: Sende „Dinge“ (z. B. Fahrzeuge, Telekom-Anrufe, Datenpakete in Computernetzen) zwischen zwei vorgegebenen Punkten in einem Netzwerk (Transport- oder Telekommunikationsnetzwerk) so schnell/günstig/zuverlässig wie möglich.

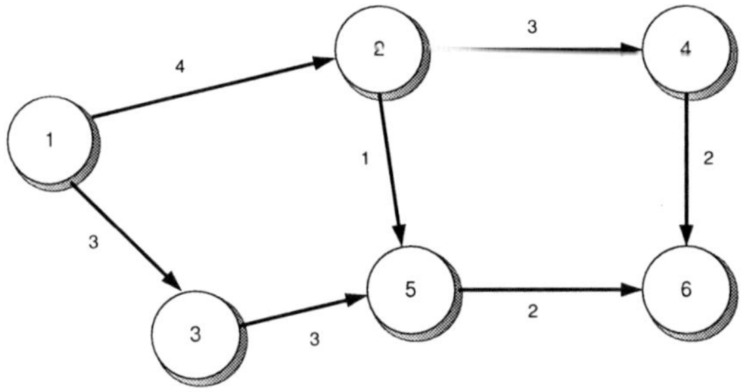

Abb. 6.5. Sechs Städte mit möglichen Verbindungen

Das Kürzeste-Wege-Problem ist eines der einfachsten Netzwerkprobleme, besitzt einfache Lösungsmethoden und taucht als Teilproblem bei der Lösung kombinatorischer und netzwerkorientierter Optimierungsprobleme auf. Die Begriffe *Länge einer Kette* und *kürzeste Kette* in ungerichteten Graphen lassen sich analog definieren und die folgenden Algorithmen (evtl. mit Anpassungen) erweitern.

6.4.1 Der Dijkstra-Algorithmus

Von Dijkstra stammt der wohl berühmteste Algorithmus zur Ermittlung kürzester Wege in Graphen.
Gegeben: Alle Längen der Kanten sind *nichtnegativ.* Zyklen sind zulässig, aber Zyklen negativer Länge können nicht auftreten, da keine negativ bewerteten Kanten im Graphen vorkommen dürfen.
Gesucht: Kürzeste Wege von einem festen Knoten s zu allen anderen Knoten.
Der Dijkstra-Algorithmus verfährt ähnlich wie die Greedy-Vorgehensweise der Prim-Methode zur Ermittlung minimaler Spannbäume. Für die Ermittlung kürzester Wege werden hier die Knoten von G ebenfalls in drei Teilmengen unterteilt:

1. Die Menge A der Knoten von G, zu denen schon kürzeste Wege bekannt sind. Diese Knoten werden mit der jeweiligen kürzesten Entfernung *permanent gelabelt.* Anfangs wird nur der Knoten s mit dem permanenten Label 0 markiert.
2. Die Menge B der Knoten von G, zu denen Wege bekannt sind, für die noch nicht feststeht, ob sie kürzeste Wege sind oder nicht. Diese Knoten werden mit der jeweiligen bisher bekannten Entfernung *temporär gelabelt.* Anfangs werden alle direkten Nachfolger i von Knoten s mit dem temporären Label $c(s,i)$ markiert. Die Menge B bildet die Grenze (vgl. Prim-Algorithmus) zur Menge A, d. h. die Menge der direkten Nachfolger von permanent gelabelten Knoten (aus A), die selbst nicht permanent gelabelt sind.
3. Die Menge C der Knoten von G, zu denen noch keine Wege von Knoten s aus bekannt sind. Diese Knoten werden mit dem Label $+\infty$ markiert. In C sind anfangs alle Knoten außer s und dessen direkte Nachfolger. Nach und nach werden diese Knoten erst temporär, dann permanent gelabelt.

Bei jedem Schritt wird ein Knoten i aus B mit kleinstem temporären Label gewählt und sein Label als permanent erklärt (zu A hinzugefügt). Der Knoten i ist somit überprüft und ein kürzester Weg vom Knoten s zu ihm ist nun endgültig bekannt. Alle seine direkten Nachfolger werden dann temporär gelabelt bzw. ihre temporären Labels werden korrigiert. D. h. wenn es einen Pfeil vom Knoten i zu j gibt, wird ein (neues) temporäres Label von j berechnet als:

MIN {jetziges temporäres Label (von j), permanentes Label von i + Länge der Kante (i,j)}.

Das neue temporäre Label von Knoten j ist die Länge des bis jetzt bekannten kürzesten Weges von s bis j, der nur Knoten mit einem permanenten Label enthält.

Der Prozess wird wiederholt, bis keine Knoten mehr temporär gelabelt (d. h. in B) sind.

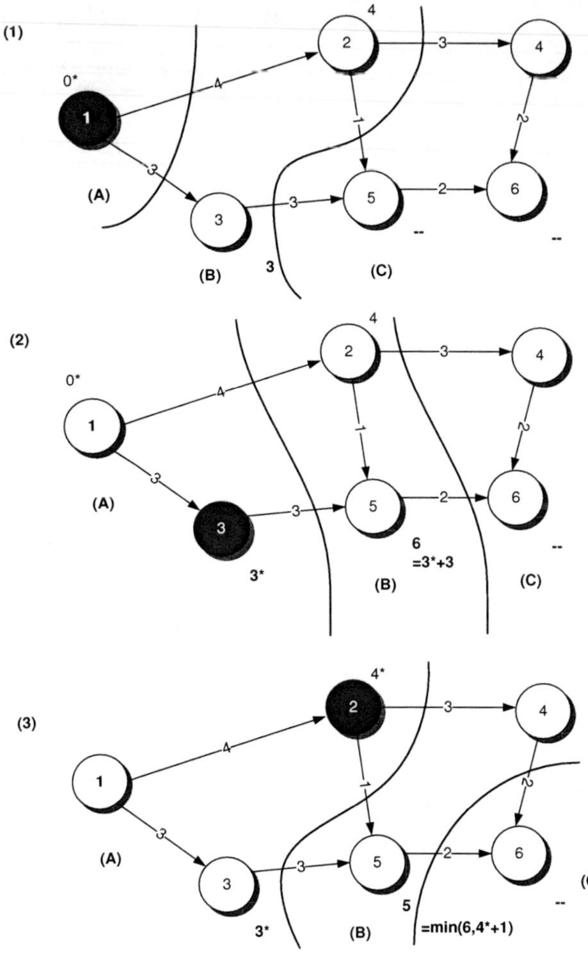

Abb. 6.6. Ein Beispiel für den Dijkstra-Algorithmus 1/2

Beispiel: Dijkstra-Algorithmus

Die Anwendung des Dijkstra-Algorithmus auf obiges Beispiel ergibt folgende 6 Schritte (i-te Zahl ist das Label des Knotens i; * bedeutet: das Label ist permanent, sonst temporär):

(1) [0* 4 3 $\infty\infty\infty$]	(4) [0* 4* 3* 7 5* 7]
(2) [0* 4 3* ∞ 6 ∞]	(5) [0* 4* 3* 7* 5* 7]
(3) [0* 4* 3* 7 5 ∞]	(6) [0* 4* 3* 7* 5* 7*]

Der ermittelte kürzeste Weg von 1 bis 6 (Länge 7) ist P = [1,2,5,6] (= [(1,2),(2,5),(5,6)]). Die Grafiken in Abb. 6.6 und 6.7 sollen den Lösungsweg noch einmal anschaulich verdeutlichen.

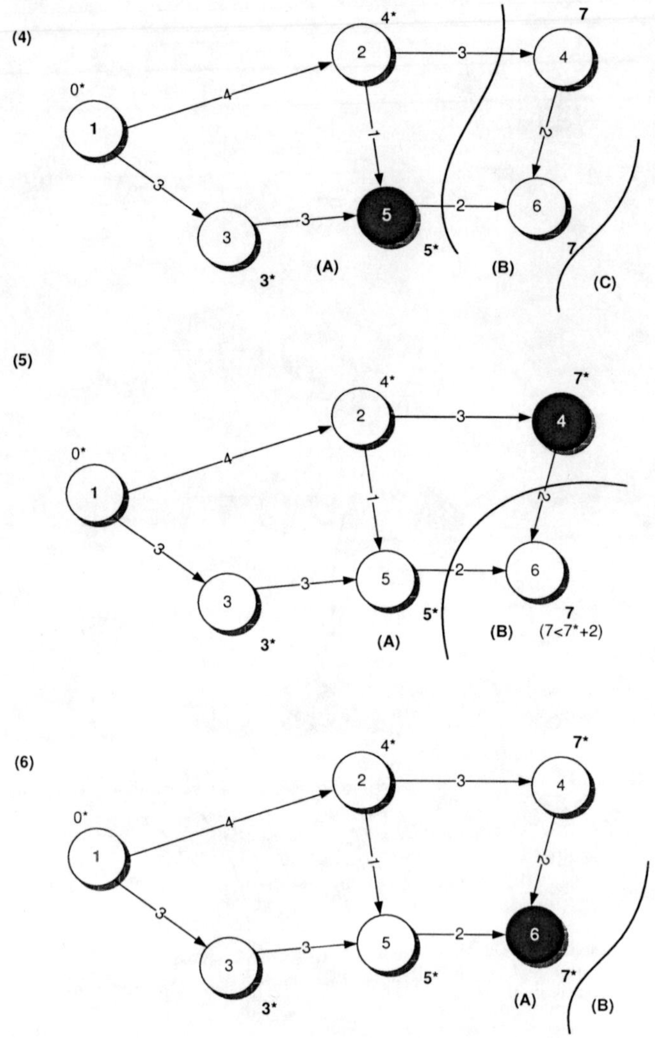

Abb. 6.7. Ein Beispiel für den Dijkstra-Algorithmus 2/2

In der Grafik sieht man deutlich, wie sich die Mengen A, B der permanent bzw. temporär markierten Knoten und C der nicht markierten Knoten im Laufe des Algorithmus verändern. Man kann sich begnügen mit der Speicherung der temporär markierten Knoten (Menge B), da sich dann die anderen Knoten leicht in markierte (also zu A gehörende) und nicht markierte (also zu C gehörende) aufteilen lassen. Außerdem baut Dijkstra schrittweise eine *Baumstruktur* auf, die ausgehend von der Quelle alle bisher bekannten kürzesten Wege zu den bis dahin erreichten Knoten aufzeigt. Die Kanten des Baumes zwischen Knoten von A werden nicht mehr verändert, aber die Kanten des Baumes von Knoten aus A zu Knoten aus B können sich verbessern. Im Beispiel wurde im Schritt 3 für Knoten 5 das temporäre Label verbessert und dadurch die Baumstruktur geändert.

Die Ausgabe des kürzesten Weges kann also effizient realisiert werden, wenn man für jeden Knoten i seinen Vorgänger V[i] in dem aktuell bekannten kürzesten Weg während des Dijkstra-Algorithmus aktualisiert. (Das Feld V[1..n] speichert die oben angesprochene Baumstruktur.) Der kürzeste Weg wird anschließend unter Benutzung von V ausgehend von Knoten j rückwärts durch eine rekursive Prozedur gebildet.

Es wird nun der Algorithmus von Dijkstra in Pseudo-Code angegeben. Dabei benutzt man die beiden n-elementigen Felder (oder Arrays) d (kürzeste Entfernungen) und V (Vorgänger).

Dijkstra-Algorithmus

Algorithmus 1 Dijkstra-Algorithmus

```
Voraussetzungen wie oben: B := {s}; d[s] := 0; V[s] := 0;
 1: forall i ∈ N − {s} do
 2:     d[i] := ∞                                  ▷ Initialisierung
 3: end forall
 4: while B ≠ ∅ do                                 ▷ so lange B nicht leer ist
 5:     Wähle i ∈ B mit d[i] = min{d[j] |j ∈ B}
 6:     Eliminiere i aus B
 7:     forall j ∈ N(i) do
 8:         if j ∉ B ∧ d[j] = ∞ then
 9:             d[j] := d[i] + c(i,j)
10:             V[j] := i
11:             B:= B ∪ {j}
12:         end if
13:         if j ∈ B ∧ d[i] + c(i,j) < d[j] then
14:             d[j] := d[i] + c(i,j)
15:             V[j] := i
16:         end if
17:     end forall
18: end while
```

Zeile 5 stellt die Durchsuchung aller Elemente aus B sicher. Die in Zeile 7 angegebene Menge N(i) mit N(i) = {j| (i,j) ∈ E} beschreibt die Menge der nächsten Nachfolger von i. Wenn in Zeile 8 j von s aus noch nicht erreicht wurde, wird j temporär markiert und zu B hinzugefügt. Ist j bereits temporär markiert, wird das temporäre Label falls nötig korrigiert (vgl. Zeile 13ff.). Für den Fall, dass j schon permanent markiert ist, ist nichts zu tun.

Ergebnis: Ist Knoten i von s aus erreichbar, so enthält d[i] die kürzeste Entfernung von s nach i (w = [s,...,V[V[i]], V[i], i] ist ein kürzester Weg), ansonsten ist d[i] = ∞.

Bei Dijkstra wird nach dem Prinzip der Greedy-Methode eine getroffene Entscheidung zur Markierung mit permanentem Label nicht revidiert. Dijkstra wird deswegen als *Label-Setting(LS)-Verfahren* bezeichnet. Bei sog. *Label-Correcting(LC)-Verfahren* wird ein Knoten eventuell mehrfach überprüft, aber es entsteht kein Rechenaufwand für die Auswahl eines Knotens. Dabei bezeichnet der *Repetierfaktor RF* die Anzahl der im Durchschnitt für jeden Knoten des Graphen erforderlichen Überprüfungen.

Allgemein erlauben LC-Verfahren, die als nächstes behandelt werden, auch die Verarbeitung von Graphen mit negativ bewerteten Kanten.

Bei Dijkstra wird jeder Knoten nur einmal überprüft (bei LS-Methoden ist RF = 1), es entsteht jedoch ein Rechenaufwand für die Suche eines entfernungsminimalen temporär markierten Knotens. Im schlimmsten Fall dauert diese Suche $O(n)$ für jeden Knoten, der permanent markiert wird. Das Worst-Case-Laufzeitverhalten von Dijkstra beträgt somit $O(n^2)$.

Beachten Sie, dass der Gesamtaufwand für alle Durchläufe der forall-Schleife (Zeile 6) $O(m)$ ist, wobei m die Anzahl der Kanten im Graphen darstellt, also weniger als $O(\mathrm{n}^2)$. Wenn man also den Aufwand für die Suche nach dem permanent zu markierenden Knoten sparen könnte, würde man einen linearen Algorithmus bezüglich m erhalten [$O(m)$]. In diesem Falle hat man ein LC-Verfahren mit RF=1. Dies ist z. B. möglich, wenn der Graph zyklenfrei ist (DAG-Struktur) oder wenn alle Kanten des Graphen dieselbe Bewertung haben (Algorithmus wird gleichbedeutend mit einer Breadth-First-Suche).

Daher sind LC-Methoden den LS-Methoden vorzuziehen, wenn ihr Repetierfaktor RF in der Nähe von 1 liegt.

6.4.2 LC-Verfahren für kürzeste Wege

Folgend werden nun LC-Verfahren für kürzeste Wege behandelt, die auch negativ bewertete Kanten verarbeiten können, aber Zyklen negativer Länge nicht erlauben. Der Worst-Case-Rechenaufwand wird sich auf $O(nm)$ für eine FIFO-Variante des LC-Verfahren von Ford und Moore erhöhen.

Beim Vorliegen von Zyklen negativer Länge kann man theoretisch beliebig kleine Entfernungen (abfallend in Richtung $-\infty$) erhalten. Dabei werden auch nichtelementare Wege beachtet. Will man sich auf elementare Wege beschränken, so wird das Kürzeste-Wege-Problem für Graphen mit Zyklen negativer Länge viel schwieriger.

Das Erkennen, dass ein Zyklus negativer Länge im vorliegenden Graphen existiert, kann jedoch mit Hilfe einer kleinen Erweiterung des Ford/Moore-Algorithmus realisiert werden.

vgl. Übungen auf: http://dsor-lectures.upb.de/

Hat man dagegen überhaupt keine Zyklen im Graphen (DAG-Struktur), so lässt sich ein sehr effizienter Algorithmus (lineare Zeit) formulieren. Kürzeste Wege in

DAG-Strukturen haben viele Anwendungen, z. B. Ermittlung sog. *kritischer Pfade* beim Projektmanagement.

LC-Verfahren für kürzeste Wege

Gegeben: Kanten können auch negativ bewertet sein. *Aber:* Zyklen negativer Länge dürfen im Graphen nicht auftreten.

Gesucht: Kürzeste Wege von einem festen Knoten s zu allen anderen Knoten.

Idee: Verfahre wie beim Dijkstra-Algorithmus; nur markiere hier keine Knoten permanent, sondern betrachte alle Labels als temporär. Wird das Label eines Knotens zum ersten Mal gesetzt oder verbessert, so wird er in eine Liste, die hier mit B bezeichnet wird, eingetragen. Die Bearbeitung eines Knotens dieser Liste B erfolgt dann, indem das (temporäre) Label eines jeden seiner nächsten Nachfolger gesetzt bzw. – falls möglich – verbessert wird. Das Verfahren endet, sobald B leer wird.

Verschiedene LC-Verfahren bekommt man, wenn man die Strategie der Listenverwaltung variiert. So führt eine FIFO-Strategie (d. h. First-In First-Out: Liste als *Schlange* oder *Queue*) zum folgenden Algorithmus:

Ford/Moore-Algorithmus

Algorithmus 2 Ford/Moore-Algorithmus

```
B := [s]; d[s] := 0; V[s] := 0;
 1: forall i ∈ N − {s} do d[i] := ∞                  ▷ Initialisierung
 2: end forall
 3: while B ≠ ∅ do
 4:     i := first(B)                  ▷ wähle erstes Element aus B (FIFO)
 5:     B := B \ {i}                                  ▷ Eliminiere i aus B
 6:     forall j ∈ N(i) do
 7:         if d[i] + c(i,j) < d[j] then
 8:             d[j] := d[i] + c(i,j)
 9:             V[j] := i
10:             if j ∉ B then
11:                 insert_tail(j, B)
12:             end if
13:         end if
14:     end forall
15: end while
```

Die Menge $N(i)$ in Zeile 6 ist die Menge der nächsten Nachfolger von i. Falls in Zeile 7ff. das Label von j zum ersten Mal markiert wird oder verbessert werden kann, dann wird korrigiert. In Zeile 11 wird j zu B als letztes Element hinzugefügt, falls j nicht schon in B ist.

Ergebnis: Ist Knoten i von 1 aus erreichbar, so enthält $d[i]$ die kürzeste Entfernung von 1 nach i ($w = [1,...,V[V[i]], V[i], i]$ ist ein kürzester Weg), sonst ist $d[i] = \infty$.

Rechenaufwand: Um das Laufzeitverhalten für dieses FIFO-LC-Verfahren abzuschätzen, wird folgende ganz allgemeine LC-Vorgehensweise betrachtet:

```
Initialisierung wie oben
Wiederhole bis kürzeste Wege berechnet wurden:
forall (i,j) ∈ A do                          ▷ Für alle Kanten des Graphen
    if d[i] + c(i,j) < d[j] then
        d[j] := d[i] + c(i,j)
        V[j] := i
    end if
end forall
```

Wie oft muss diese forall-Schleife wiederholt werden? Man kann induktiv zeigen: Nach dem k-ten Durchlauf entsprechen die berechneten Entfernungen den kürzesten Entfernungen in Bezug auf alle Wege mit k oder weniger Kanten. Dies bedeutet, dass höchstens n - 1 forall-Schleifendurchläufe für die Berechnung kürzester Wege nötig sind. Jede forall-Schleife durchsucht alle Kanten. Also sind insgesamt O(nm) Schritte nötig. Es brauchen nicht alle Kanten (i,j) bei einem forall-Schleifendurchlauf untersucht zu werden. Das FIFO-LC-Verfahren ist nichts anderes als eine Realisierung der wiederholten forall-Schleife, bei der nur Kanten (i,j) betrachtet werden, bei denen das Label des Knotens i in dem vorherigen Durchlauf gesetzt oder korrigiert wurde.

Bemerkung: Falls ein Knoten k mehr als n-mal in die Liste B aufgenommen werden musste, dann beinhaltet der vorgegebene gerichtete Graph einen Zyklus, der durch k geht.

Ändern Sie den FIFO-LC-Algorithmus so, dass negative Zyklen erkannt und ausgegeben werden können.

Dequeue-Strategie für LC-Verfahren

Die FIFO-Strategie war maßgeblich für die Bestimmung des Worst-Case-Laufzeitverhaltens O(nm). Für eine andere Strategie muss eine erneute Untersuchung durchgeführt werden. Merkwürdigerweise führt die folgende Strategie (Kombination von FIFO und LIFO) von d'Esopo und Pape zu einem guten Laufzeitverhalten in der Praxis, obwohl ihr Worst-Case-Verhalten nicht polynomiell ist.

Ein gerade markierter Knoten i wird nur dann am Ende der Liste angefügt, wenn er *erstmals* markiert wurde. Falls i bereits zum wiederholten Male markiert (und damit mindestens einmal überprüft) wurde, so wird er am Anfang der Liste eingefügt, daher wird i schnell wieder überprüft. Dieses sogenannte *Dequeue*-LC-Verfahren (dequeue steht für double-ended-queue) aus der Gruppe der LC-Verfahren hat folgende intuitive Rechtfertigung, die beim Einsatz für praktische Probleme bestätigt wurde:

Geht man davon aus, Knoten i sei in der Liste schon erschienen und seine direkten oder indirekten Nachfolger, etwa i_1, i_2, ..., i_k, seien noch in der Liste, wenn das Label von i, d(i), nochmals aktualisiert wird. In diesem Fall ist es *vorteilhafter*, die Labels der Knoten i_1, i_2, ..., i_k mit Hilfe des neuen Labels d(i) zu korrigieren, als die Knoten i_1, i_2, ..., i_k zu bearbeiten und sie dann nochmals zu bearbeiten, wenn ihre Labels aufgrund der Verbesserung von d(i) sinken. Also bewirkt das

Hinzufügen von Knoten i am Anfang der Liste das frühere Korrigieren der Labels von i_1, i_2, ..., i_k, was die Reduzierung der nochmaligen Untersuchung von Knoten zur Folge hat.

Implementierung von Queues (Schlangen) und Dequeues:

Doppelt verkettete Listen mit Aktualisierungen der Head- und Tail-Elemente erlauben es, die benötigten Operationen bei Queues und Dequeues in konstanter Zeit durchzuführen. Da nicht mehr als n Elemente in der Schlange stehen, lässt sich eine Queue auch als (n+ 1)-elementiges Feld [0..n] realisieren. Schlangenanfang (Head) auf erstem Element und Schlangenende (Tail) direkt nach dem letzten Element schreiten immer „zyklisch" fort (beachte: Head=Tail bedeutet: Queue ist leer). Für den $n + 2$-ten gebrauchten Speicherplatz wird wieder der des ersten Feldelements benutzt (mod (n + 2)).

6.4.3 Kürzeste Wege zwischen allen Paaren von Knoten

Will man kürzeste Entfernungen zwischen allen Paaren von Knoten bestimmen, so bietet sich natürlich an, ein LC-Verfahren oder auch Dijkstra ausgehend von jedem der Knoten des Graphen wiederholt zu benutzen, je nachdem, ob negativ bewertete Kanten im Graphen vorkommen oder nicht. Der Worst-Case-Zeitaufwand ist dann $O(n^2m)$ für wiederholtes FIFO-LC-Verfahren bzw. $O(n^3)$ für wiederholtes Dijkstra. Der folgende Algorithmus von Floyd und Warshall wird nicht nur behandelt, weil er auch bei Graphen mit negativ-bewerteten Kanten in $O(n^3)$ läuft, sondern auch, weil er leicht realisierbar ist und eine einfache Speicherung der kürzesten Entfernungen und der kürzesten Wege zwischen allen Paaren von Knoten in einem Graphen anbietet.

Floyd/Warshall-Verfahren

Gegeben: Im Graphen dürfen keine Zyklen negativer Länge auftreten. *Aber:* Kanten können auch negativ bewertet sein.

Gesucht: Kürzeste Wege zwischen allen Paaren von Knoten im Graphen.

Idee: In einer ($n \times n$)-Distanzmatrix D soll an der Stelle (i,j) die kürzeste Entfernung von i nach j gespeichert werden. Diese Distanzmatrix stimmt anfangs mit der *($n \times n$)-Adjazenzmatrix* überein, in der an der Stelle (i,j) die Länge der Kante (i,j) gespeichert wird. Diese Länge stellt zugleich den kürzesten Weg von i nach j über alle Wege dar, die keine Zwischenknoten benutzen. Im k-ten Schritt des Algorithmus wird versucht, die bisher ermittelten kürzesten Wege dadurch zu verbessern, dass Wege über den Knoten k betrachtet werden. Dies führt zu einer schrittweisen Verbesserung der Distanzmatrix. Das Verfahren endet nach n Schritten.

Die nötige Information für die Generierung kürzester Wege wird in einer sogenannten Vorgängermatrix V (auch Routenmatrix genannt) gespeichert:

$$V[i,j] := \begin{cases} 0, \text{ falls } j \text{ von } i \text{ aus nicht erreichbar ist} \\ i, \text{ falls } i = j \text{ ist} \\ k, \text{ falls } k \text{ der Vorgänger von } j \text{ auf einem kürzesten Weg} \\ \quad \text{von } i \text{ nach } j \text{ ist} \end{cases}$$

Generierung kürzester Wege:

Sei k_1 := V[i,j] (k_1 ist der Vorgänger von j auf einem kürzesten Weg von i nach j). Sei k_2 := V[i, k_1], k_3 := V[i, k_2], ... bis ein $k_x = i$ wird. Dann ist [i, k_{x-1}, ..., k_2, k_1, j] ein kürzester Weg der Länge D[i,j] von i nach j.

Floyd/Warshall-Algorithmus (all-pairs shortest path problem)

Algorithmus 3 Floyd/Warshall-Algorithmus

```
1: forall Knotenpaare (i,j) ∈ N × N do
2:     D[i,j] := ∞
3:     V[i,j] := 0
4: end forall
5: forall Knoten i ∈ N do
6:     D[i,i] := 0
7:     V[i,i] := i
8: end forall
9: forall Kanten (i,j) ∈ A do
10:     D[i,j] := c(i,j)
11:     V[i,j] := i
12: end forall
13: for k := 1 to n do
14:     forall Knotenpaare (i,j) ∈ N × N do
15:         if D[i,k] + D[k,j] < D[i,j] then
16:             D[i,j] := D[i,k] + D[k,j]
17:             V[i,j] := V[k,j]
18:         end if
19:     end forall
20: end for
```

In den Zeilen 1 bis 12 werden die Distanz- und Vorgängermatrix initialisiert. Die Schleife ab Zeile 14 wird eigentlich simultan durchgeführt. Falls möglich, wird in Zeile 15ff. der kürzeste Weg von i nach j über Knoten k verbessert mit: [i,..., V[i,k], k ,..., V[k,j], j].

Der Floyd/Warshall-Algorithmus heißt auch **Tripel-Algorithmus** wegen folgender Vorgehensweise: Beim k-ten Schritt kann man die k-te Spalte und die k-te Zeile der Distanzmatrix markieren. Dann betrachtet man die Stelle (i,j) in der Distanzmatrix D und prüft, ob die Summe ihrer Projektion auf die k-te Spalte, D[i,k], und ihrer Projektion auf die k-te Zeile, D[k,j], kleiner ist als der Inhalt dieser Stelle, D[i,j]. Falls ja, verbessert man D[i,j], sonst bleibt D[i,j] unverändert.

Eigentlich bildet man beim Tripel-Algorithmus eine Folge von Distanzmatrizen D_0, D_1, ..., D_k, ..., D_n. Nach dem k-ten Schritt sind alle Unterprobleme der Ermittlung kürzester Wege unter Benutzung der Knoten 1, 2, ..., k gelöst. Unter Benutzung der Lösungen für Unterprobleme „bis k“ werden dann Lösungen für Unterprobleme „bis $k+1$“ usw. ermittelt, bis das Gesamtproblem gelöst wird. Diese Vorgehensweise ist eine Instanz der allgemeinen algorithmischen Methode *Dynamische Programmierung.*

Für den Tripel-Algorithmus braucht man nur eine Distanzmatrix zu speichern, denn falls D[i,j] schon berechnet wurde, so kann statt des alten Werts $D_{alt}[i,j]$ auch der neue Wert $D_{neu}[i,j]$ für die Berechnung der anderen Matrixelemente verwendet werden. Beachtet man noch die Bemerkung, dass, falls der alte Wert D[i,k] $= \infty$ ist, die i-te Zeile im k-ten Schritt unverändert bleibt, so gelangt man zur folgenden Verbesserung der Hauptschleife des Tripel-Algorithmus:

```
for k := 1 to n do
    for i := 1 to n do
        if D[i,k] < ∞ then
            for j := 1 to n do
                if D[k,j] < ∞ ∧ D[i,k] + D[k,j] < D[i,j] then
                    D[i,j] := D[i,k] + D[k,j]
                    V[i,j] := V[k,j]
                end if
            end for
        end if
    end for
end for
```

Falls der Graph einen Zyklus negativer Länge beinhaltet, so kann dieser auch mit Hilfe einer einfachen Erweiterung des Tripel-Algorithmus aufgefunden werden.

Realisieren Sie diese Erweiterung. (Hinweis: *Überprüfen Sie die Zahlen auf der Matrix-Diagonale.)*

6.4.4 Ermittlung längster Wege

Will man längste Wege statt kürzeste Wege in einem Graphen bestimmen, so kann man die Kantenbewertungen mit umgekehrten Vorzeichen im Graphen behaften und nach kürzesten Wegen im modifizierten Graphen suchen, die dann den längsten Wegen im ursprünglichen Graphen entsprechen. Dazu eignen sich aber nur LC-Verfahren, da negativ bewertete Kanten entstehen. Ohne Transformation könnte man auch eine leichte Modifikation für das Ford/Moore-LC-Verfahren vornehmen: Die Initialisierung wird **forall** $i \in N-\{s\}$ **do** d[i] := $-\infty$ **endforall** und die if-Abfrage direkt am Anfang der forall-Schleife wird **if** d[i]+c(i,j) > d[j] **then** d[j]:=d[i]+c(i,j); V[j]:=i; ....
Zu beachten ist jedoch, dass der Graph keine „positiven Zyklen" enthalten darf. Ferner kann der Dijkstra-Algorithmus nicht analog umgewandelt werden. Wenn man zum Permanent-Labeln das Maximum (statt Minimum) der temporär markierten Labels nimmt, so ist es nicht sicher, ob es einen endgültig längsten Weg gibt, da ein längerer Weg über noch nicht permanent markierte Knoten existieren könnte.

6.5 Das Transportproblem

6.5.1 Das einstufige Transportproblem

Das klassische Transportproblem (TPP) kann wie folgt beschrieben werden (siehe Abb. 6.8 für ein Beispiel):

Von mehreren Anbietern (in Angebotsorten) A_i ($i = 1,...,m$) werden jeweils a_i ME (Mengeneinheiten) eines bestimmten Gutes angeboten; bei Nachfragern (in Nachfrageorten) B_j ($j = 1,...,n$) besteht ein Bedarf von jeweils b_j ME an diesem Gut. Das Gesamtangebot ist gleich dem Gesamtbedarf. Die Kosten für den Transport einer ME von A_i nach B_j betragen c_{ij} GE.

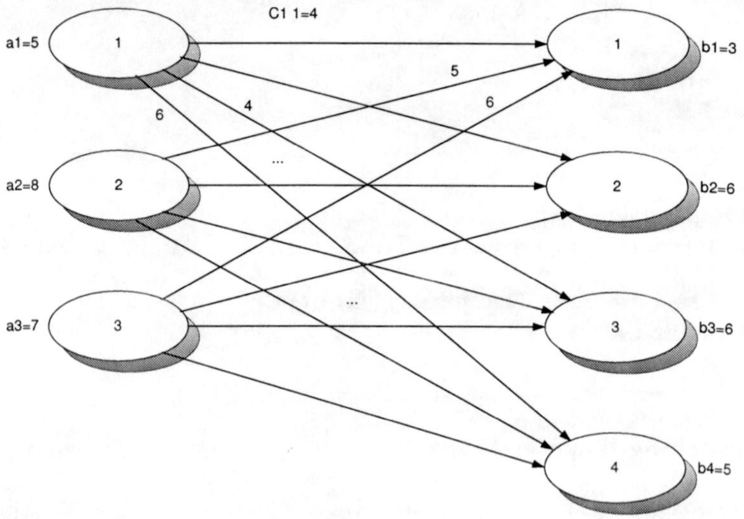

Abb. 6.8. Ein Transportproblem

Gesucht ist ein Transportplan $x = (x_{11}, x_{12}, ..., x_{mn})$, so dass bei voller Befriedigung der Nachfrage die Summe der Transportkosten minimiert wird. (Annahme: jeder Nachfrager kann von jedem Anbieter auch teilweise beliefert werden.)

Die mathematische Formulierung lautet dann:

$$\text{Min } z = \sum_{i=1}^{m} \sum_{j=1}^{n} c_{ij} x_{ij}$$

$$\text{s.t.} \quad \sum_{j=1}^{n} x_{ij} = a_i \text{ für } i = 1, ..., m$$

$$\sum_{i=1}^{m} x_{ij} = b_j \text{ für } j = 1, ..., n$$

$$x_{ij} \geq 0 \text{ für alle } i \text{ und } j.$$

Allgemein betrachtet liegt dem Transportproblem ein bipartiter Graph zugrunde, d. h. die Knotenmenge N ist in zwei disjunkte Teilmengen N_1 und N_2 zerlegt, wobei

N_1 die Menge der Anbieterknoten (z. B. Werke eines Unternehmens, wo ein Gut produziert wird) und N_2 die Menge der Bedarfsknoten (Kunden oder Kundenzonen desselben Unternehmens) darstellt. Eine Kante (i,j) aus A ($\subseteq N_1 \times N_2$) entspricht einem Distributionskanal von Werk i zu Kunde oder Kundenzone j mit den Kosten c_{ij} GE pro ME. Falls jeweils die obere und untere Flussschranke für Kante (i,j) auf $u_{ij} = \infty$ und $l_{ij} = 0$ gesetzt wird (d. h. keine Beschränkungen auf die ohnehin nichtnegative Transportmenge), dann liegt ein Standard-Transportproblem, das *unkapazitierte Transportproblem*, sonst (d. h. mit Flussschranken) ein *kapazitiertes Transportproblem* vor.

Das klassische Transportproblem gehört heute zu den leicht lösbaren Modellen und kann i.d.R. problemlos mit Standardsoftware gelöst werden. Daher wird hier auf eine Beschreibung der speziellen Lösungsmethoden für das Transportproblem, wie z. B. die MODI- und die Stepping-Stone-Methode verzichtet (vgl. Standardliteratur zu Operations Research, z. B. [Domschke u. Drexel 2011] und [Ellinger et al. 2003]).

6.5.2 Das mehrstufige Transportproblem

Bei mehrstufigen Transportproblemen ist die Menge der Knoten N in drei Teile zerlegt: $N = N_s \cup N_t \cup N_d$, wobei N_s die Menge der Supplier-/Angebotsknoten, N_d die Menge der Demand-/Nachfrageknoten und N_t die Menge der Transshipment--Knoten bezeichnet. Letztere bilden evtl. mehrere Schichten zwischen Supplier- und Demand-Knoten.

Bei null Zwischenschichten liegt ein (einstufiges) Transportproblem, bei einer einzigen Zwischenschicht ein *zweistufiges* Transportproblem (s.u.) vor. Letzteres tritt in der Praxis oft auf, wobei ein Transshipment-Knoten einem Auslieferungslager für die Umladung und Aufteilung der aus produzierenden Werken kommenden Ware zu verbrauchenden Kunden(-zonen) oder zu (Einzel-) Verkaufshäusern entspricht.

6.6 Das Transshipment-Modell

6.6.1 Das allgemeine Basismodell

In diesem Abschnitt behandeln wir weitere Optimierungsprobleme, die mit Hilfe von Flüssen in Netzwerken modelliert werden können. Solche Modelle sind in der Praxis sehr wichtig und können zum Beispiel für Distributions-, Transport- und Umlade- (Transshipment-) Probleme sowie Kapazitätsuntersuchungen von Transportnetzen angewandt werden. In solchen Anwendungen ist ein Fluss von transportierter Ware, Wasser, Gas oder auch von Transportfahrzeugen in einem Netzwerk zu modellieren. (Fluss-)Netzwerke bestehen somit im Allgemeinen aus einem gerichteten Graphen mit oder ohne Kostenbewertung für Kanten und zusätzlich aus Angaben für die Zulässigkeit eines zu bestimmenden Flusses. Diese sind obere (und evtl. untere) Flussschranken, die die maximal (bzw. minimal) zugelassenen Flusseinheiten durch jede Kante des Netzwerks festlegen.

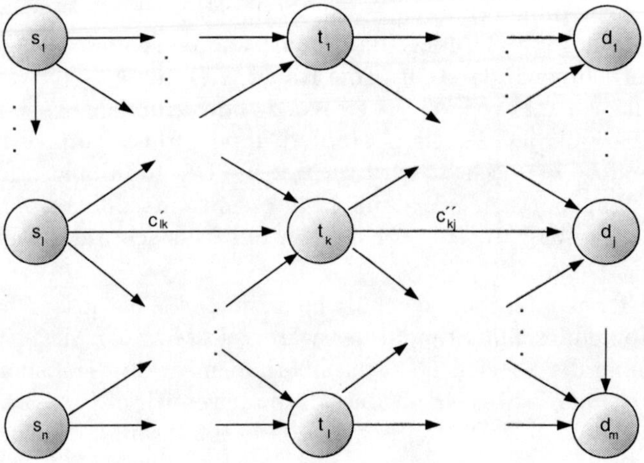

Abb. 6.9. Mehrstufiges Transportproblem

In diesem Abschnitt wird ein allgemeines Netzwerkmodell für das Min-Cost-Flow-(Transshipment-) Problem diskutiert, das als Spezialisierungen viele andere Probleme als einfachere Fluss- und Transportprobleme beinhaltet.

Beim Transshipment-Problem geht es um die Verschiffung eines Gutes mit minimalen Kosten durch ein Netzwerk, wobei die Nachfrage an bestimmten Bedarfsknoten aus dem Angebot von Anbieterknoten eventuell über Umlade-Orte erfüllt werden muss.

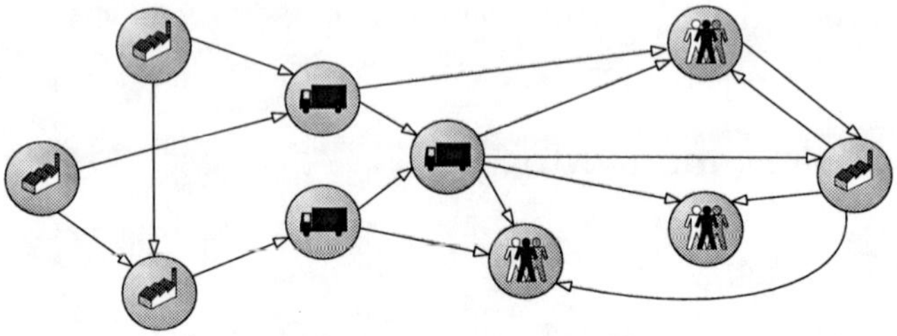

Abb. 6.10. Beispiel für ein Transshipment-Problem

Beispiel: Transshipment-Problem

Im Problem in Abb. 6.10 wird ein Netzwerk der Transportwege für die Distribution der Waren eines Unternehmens mit vier Angebotsorten (Werke), drei im Inland (links), einer im Ausland (rechts), drei Bedarfsorten (rechts) und drei weiteren Umlade-Orten dargestellt. Beachten Sie, dass auch bei Angebots- und Bedarfsknoten umgeladen werden kann.

Modellierung durch ein Netzwerk

Ein *(Fluss-)Netzwerk* wird definiert als gerichteter Graph G = (N,A), wobei N die Menge der Knoten (nodes) und A die Menge der Kanten (arcs) darstellt, zusammen mit folgenden Bewertungen:

Für jede Kante $(i,j) \in$ A $\longmapsto c_{ij}$ Kosten pro Flusseinheit durch die Kante (i,j)

Für jede Kante $(i,j) \in$ A $\longmapsto u_{ij}$ obere Flussschranke durch die Kante (i,j)
l_{ij} untere Flussschranke durch die Kante (i,j)

Für jeden Knoten $i \in$ N $\longmapsto b(i)$, integer, für Angebot bzw. Bedarf des Knotens i

u_{ij} (upper) und l_{ij} (lower flow bound) werden auch als *Maximal-* bzw. *Minimalkapazität* des Flusses an der Kante (i,j) bezeichnet und stellen die maximal mögliche bzw. minimal zulässige Menge an Flusseinheiten (FE) dar, die durch (i,j) fließen kann.
Die Zahl $b(i)$ bedeutet im Einzelnen:

- $b(i) > 0$: Knoten i ist ein Anbieterknoten (supply node) mit Angebotsmenge $b(i)$ FE
- $b(i) < 0$: Knoten i ist ein Bedarfsknoten (demand node) mit Nachfragemenge -$b(i)$ FE
- $b(i) = 0$: Knoten i ist ein (reiner) Umladeknoten (transshipment node): Umladung und evtl. Aufteilung von eingehenden Sendungen zum Weitertransport in verschiedene Richtungen möglich.

Zu beachten ist, dass Umladung und evtl. Aufteilung und Weitertransport auch bei Angebots- und Bedarfsknoten in dem Netzwerkmodell zugelassen sind.
Die *Entscheidungsvariablen* in diesem Netzwerkmodell sind: Für jede Kante $(i,j) \in$ A $\rightarrow x_{ij}$ (variable) Größe des Flusses durch Kante (i,j).
Durch die Variablen x_{ij} für alle Kanten von A wird der *Fluss* x im Netzwerk abgebildet.

Mathematische Formulierung als allgemeines Min-Cost-Flow-Problem

Das Min-Cost-Flow-Problem kann folgendermaßen als mathematisches Optimierungsmodell dargestellt werden:

$$\min \sum_{(i,j)\in A} c_{ij}x_{ij} \qquad (1)$$

s.t.

$$\sum_{\{j:(i,j)\in A\}} x_{ij} - \sum_{\{j:(j,i)\in A\}} x_{ji} = b(i) \quad \text{für alle Knoten } i \in N \qquad (2)$$

$$l_{ij} \leq x_{ij} \leq u_{ij} \quad \text{für alle Kanten } (i,j) \in A, \ (3)$$

wobei $\sum_{(i\in N)} b(i) = 0$ gilt.

Die Zielfunktion (1) drückt die durch den Fluss x entstehenden Gesamtkosten aus, die minimiert werden sollen. Die Restriktionen (2) entsprechen den verallgemeinerten Balance-Gleichungen für das Flusserhaltungsgesetz. Für einen reinen Umladeknoten i bedeutet die Gleichung, dass die in den Knoten i hineingehende Flussmenge (*inflow*(i)) gleich der aus dem Knoten i hinausgehenden Flussmenge (*outflow*(i)) ist, d. h. es gilt outflow(i) - inflow(i) = 0 für Umladeknoten i.
Falls outflow(i) > inflow(i), so entsteht ein Angebotsknoten und die Differenz ist gleich $b(i)$. Im anderen Fall outflow(i) < inflow(i) handelt es sich um einen Bedarfsknoten. Die Differenz ist negativ und entspricht wieder $b(i)$. Also ergibt sich insgesamt (2), nämlich outflow(i) - inflow(i) = $b(i)$ für alle Knoten i. Die Restriktionen (3) legen die Schranken für den zulässigen Fluss durch jede Kante (i,j) fest.
Vereinbarung: Falls die l_{ij} in einem Netzwerk nicht angegeben sind, dann gilt l_{ij} = 0 für alle Kanten (i,j) ∈ A. Es wird weiterhin angenommen, dass die Größen u_{ij}, l_{ij} ganzzahlige und c_{ij} rationale Werte haben. Dies bietet in manchen Fällen vereinfachte Untersuchungen an, stellt aber in der Praxis keine Einschränkung dar, da irrationale Werte (z. B.$\sqrt{2}$) für numerische Computer-Berechnungen durch rationale Werte approximiert werden (z. B. 1,141). Rationale Werte wiederum können durch Multiplikation und Benutzung hinreichend kleiner Einheiten als Integer dargestellt werden (z. B. 1,141 als 1141 darstellen, wobei die Einheit Tausend mal kleiner ist).

6.6.2 Spezialfälle des Transshipment-Modells

Eine Stärke des im letzten Unterabschnitt aufgestellten Transshipment-Modells ist seine Allgemeinheit.
Viele praxisrelevante Netzwerkprobleme, wie z. B. das Transportproblem, lassen sich als Spezialfälle dieses Modells beschreiben. In diesem Abschnitt werden die wichtigsten weiteren Spezialfälle kurz vorgestellt.

Das s-t-Flussproblem (klassisches Min-Cost-Flow-Problem)

Es existiere nun eine Quelle s und eine Senke t (single source, single target); d. h. nur ein Anbieter bzw. ein Nachfrageknoten, und alle anderen Knoten sind Umladeknoten i, wobei inflow(i) = outflow(i) oder outflow(i) - inflow(i) = 0. Dieser Spezialfall des allgemeinen Min-Cost-Flow-Transshipment-Problems wird manchmal als das (klassische) Min-Cost-Flow-Problem betrachtet. Interessanterweise lässt sich das allgemeine Problem auf das letztere s-t-Flussproblem reduzieren.

Das Kürzeste-Wege-Problem

In Abschnitt 6.4 wurden Kürzeste-Wege-Probleme ausführlich behandelt. An dieser Stelle sei bemerkt, dass es sich hierbei um einen Spezialfall des s-t-Min-Cost-Flow-Problems handelt, wobei die Kosten wichtig sind, aber Flusskapazitäten keine Rolle spielen.
Gesetzt sei (in der allgemeinen Formulierung des Min-Cost-Flow-Problems):

$$b(s) := 1;\ b(t) := \text{-}1;\ \text{und}\ b(i) := 0\ \text{für alle anderen Knoten}\ i \in \mathrm{N} \setminus \{s,t\}.$$

Ein kostenminimaler Fluss ist nichts anderes als eine Lösung des Min-Cost-Flow-Problems, die eine Flusseinheit von s nach t über einen *kürzesten Weg* schickt. Falls umgekehrt ein Min-Cost-(s-t-)Flow-Problem auf einem unkapazitierten Netzwerk (d. h. $u_{ij} = \infty$ und $l_{ij} = 0$ für alle Kanten (i,j)) vorliegt, so kann es mit Hilfe kürzester-Wege-Algorithmen in folgender Weise gelöst werden: Schicke $b(s)$ Flusseinheiten auf einem kürzesten Weg von s nach t.

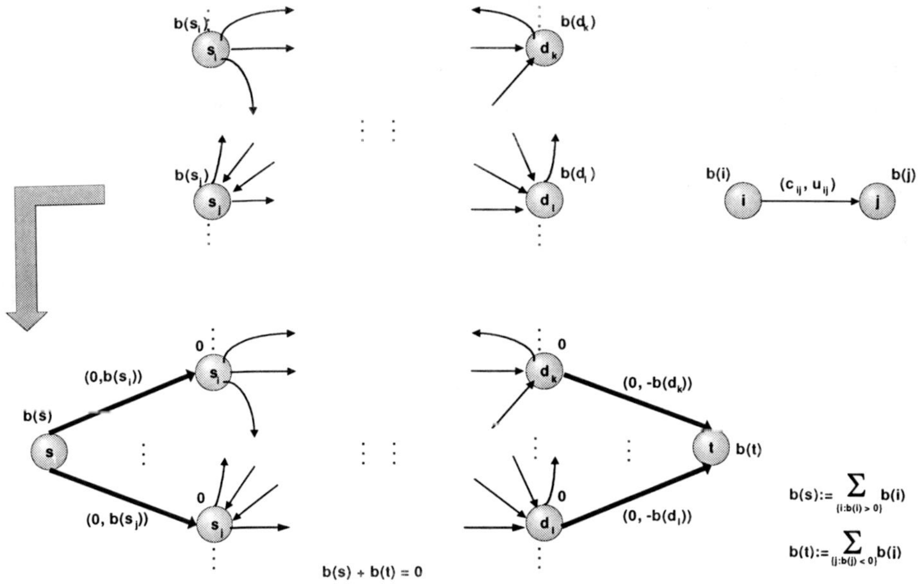

Abb. 6.11. Reduktion Transshipment-Problem → s-t-Flussproblem

Das Zuordnungsproblem

Bei Zuordnungsproblemen (assignment problems) wird wie beim Standard-Transportproblem ein bipartiter Graph G = (N,A) zugrundegelegt; $A \subseteq N_1 \times N_2$. Hier ist aber speziell $|N_1| = |N_2|$; d. h. die Teilmengen N_1 und N_2 von N haben die gleiche Größe. Die Elemente von N_1 (z. B. Mitarbeiter, Jobs, ...) sollen zu den Elementen von N_2 (z. B. Projekte, Maschinen, ...) zugeordnet werden. Jede Kante $(i,j) \in A$ stellt eine mögliche Zuordnung des Elements i zu dem Element j dar, wobei c_{ij} die mit dieser Zuordnung verbundenen Kosten sind. Beim Zuordnungsproblem wird jedem Element i aus N_1 genau ein Element N_2 zugeordnet (bijektive Zuordnung), wobei die damit verbundenen Gesamtkosten minimal sind.
Als spezielles Min-Cost-Flow-Problem lässt sich das Zuordnungsproblem wie folgt beschreiben. Die Kosten c_{ij} für alle Kanten $(i,j) \in A$ seien gegeben.
Setze

$$\begin{aligned} b(i) &= 1 \text{ für alle Knoten } i \in N_1; \\ b(j) &= -1 \text{ für alle Knoten } j \in N_2; \\ u_{ij} &= 1 \text{ für alle Kanten } (i,j) \in A; \end{aligned}$$

Eigentlich müsste man nun noch die Forderung $x_{ij} \in \{0,1\}$ hinzufügen, aber wegen der speziellen Netzwerkstruktur ist eine Integer-Lösung mit den meisten Netzwerkalgorithmen sowie mit simplex-basierten LP-Optimierern gewährleistet. Da ferner der Fluss auf den Kanten durch die $b(i)$ auf höchstens 1 beschränkt ist, kann man genauso gut $u_{ij} = \infty$ für alle Kanten $(i,j) \in A$ setzen. Mit diesen Bemerkungen ergibt sich, dass das Zuordnungsproblem ein Spezialfall des (unkapazitierten) Standard-Transportproblems ist, wobei alle Angebote und Nachfragen gleich 1 sind.

Das Matchingproblem

Gegeben sei ein ungerichteter Graph G = (N,E). Ein Matching in G wird definiert als eine Menge von Kanten, so dass jeder Knoten mit höchstens einer Kante des Matching *inzident* ist. Dabei heißt ein Knoten an einer Kante inzident, falls er einer ihrer Endknoten ist. Somit ist ein Matching eine Paarung von einigen (oder allen) Knoten von G unter Benutzung von Kanten aus E. Ein typisches Problem ist die Bestimmung eines größten Matchings, d. h. eines Matchings maximaler Größe.
Standard-Matching-Probleme setzen einen bipartiten Graphen voraus, wobei N_1 und N_2 ($N_1 \cup N_2 = N$) nicht die gleiche Größe haben müssen. Somit ist hier ein größtes Matching eine Zuordnung möglichst vieler Elemente aus N_1 und N_2. Dieses Problem lässt sich als spezielles Max-Flow-Problem darstellen, nachdem die Reduktion des Problems auf ein s-t-Flussproblem erfolgt.

Das Zirkulationsflussproblem

In einem Zirkulationsfluss sind alle Knoten Umladeknoten, also gibt es keine Anbieter- und keine Nachfrageknoten. Die so entstehenden Netzwerke werden für manche Min-Cost-Flow-Algorithmen als Hilfsnetzwerke genutzt. Sie könnten aber auch praktisch von Bedeutung sein, z. B. zur Modellierung periodischer Sachverhalte oder von „unabhängig von äußeren Einflüssen funktionierenden Netzwerken". s-t-Flussprobleme und somit auch allgemeine Transshipment-Probleme lassen sich auf Zirkulationsflussprobleme reduzieren.

Das Max-Flow-Problem

Das Max-Flow-Problem ist das Standard-Flussproblem (für Netzwerke mit Quelle s und Senke t), bei dem keine Kosten, sondern nur Flusskapazitätsrestriktionen betrachtet werden. Also ist dieses Problem in gewissem Sinne komplementär zum Kürzeste-Wege-Problem.

Im Transshipment-Modell, das zu einem s-t-Flussproblem transformiert werden kann, sucht das Max-Flow-Problem die maximale Gütermenge, die von Quellen zu Senken über Umlade-Orte transportiert werden kann. Dabei wird u_{ij} als maximal mögliche Transportkapazität angesehen, mit der über (i,j) in einer betrachteten Periode transportiert werden kann. Im Rahmen von Kapazitätsuntersuchungen von Netzwerken sucht das Max-Flow-Problem den maximal möglichen beständigen Flussstand, den ein Netzwerk von s nach t pro Zeiteinheit fließen lassen kann. Dabei wird u_{ij} als maximal mögliche Flussrate angesehen, mit der der Fluss von i nach j über (i,j) fließen kann. Beispiel: Ermittlung des maximal möglichen beständigen Flussstandes von (1) Petroleum-Produkten in Pipeline-Netzwerken, (2) Autos in einem Verkehrsnetzwerk oder (3) Nachrichten bzw. Datenpaketen in einem Telekommunikationsnetzwerk. Ferner dient das Max-Flow-Problem als Hilfsmittel zur Bestimmung zulässiger Flüsse, die auch als Anfangslösungen für Algorithmen benutzt werden.

Das Max-Flow-Problem lässt sich durch die folgende mathematische Formulierung beschreiben (z stellt die Größe oder den Wert des Flusses x dar):

$$\text{Max } z \tag{1}$$

$$\text{s.t.} \quad \sum_{\{j:(i,j)\in A\}} x_{ij} - \sum_{\{j:(j,i)\in A\}} x_{ji} = \begin{cases} z & \textit{für} \quad i = s \\ 0 & \textit{für} \quad i \in N - (s,t) \\ -z & \textit{für} \quad i = t \end{cases} \tag{2}$$

$$l_{ij} \leq x_{ij} \leq u_{ij} \text{ für alle Kanten } (i,j) \in \text{A} \tag{3}$$

Ferner lässt sich das Max-Flow-Problem als Spezialisierung des Min-Cost-Flow-Problems wie folgt beschreiben:

Setze $b(i) := 0$ für alle Knoten $i \in$ N; $c_{ij} := 0$ für alle Kanten $(i,j) \in$ A;
Führe zusätzliche Kante (t,s) ein mit $c_{ts} :=$ -1 und u_{ts} hinreichend groß.

Das Min-Cost-Flow-Problem maximiert den Fluss über die Kante (t,s). Jeder Fluss durch (t,s) muss aber über Kanten von A (d. h. im Ausgangsnetzwerk) von s nach t fließen.

In diesem Abschnitt wurde die Vielfältigkeit von Problemen aufgezeigt, die als Spezialfälle des allgemeinen Min-Cost-Flow-Problems angesehen werden können. Wegen ihrer Wichtigkeit gibt es fast zu jedem dargestellten Problem spezielle Algorithmen, die immer effizienter werden. Ihre Behandlung würde den Rahmen dieses Buches sprengen. In den verbleibenden Abschnitten werden Min-Cost-Flow- und Max-Flow-Probleme in begrenzter Form behandelt.

6.7 Umformung des Transshipment-Modells

Im allgemeinen Fall kann das Transshipment-Modell mehrere Senken und Quellen sowie obere und untere Flussschranken auf Kanten beinhalten. In diesem Abschnitt wird gezeigt, wie man jedes Modell dieser Art in ein Basismodell überführen kann, das nur eine Quelle und eine Senke beinhaltet (s-t-Flussmodell) sowie keine positiven unteren Flussgrenzen hat. Positive obere Flussgrenzen sind natürlich möglich und stellen die Kapazitäten der Kanten dar. Somit ist der Nullfluss von der Quelle zur Senke eine mögliche Lösung und kann zur Anfangslösung gewählt werden, die schrittweise verbessert wird.

Beim Transshipment-Modell geht es darum, die geforderte Menge von den Quellen in die Senken mit minimalen Kosten zu transportieren. Somit ist der Nullfluss in dem Sinne nicht zulässig, da es die geforderte Menge nicht transportieren würde. Allerdings ist er sehr gut als Anfangslösung geeignet, weil er ein in der Praxis realisierbarer Fluss ist.

Weiterhin wird in diesem Kapitel diskutiert, wie man gegebene Kapazitätsrestriktionen auf Knoten sowie ungerichtete Kanten in dieser Standardform darstellen kann.

6.7.1 Transformation der unteren Schranken

Es ist nun das s-t-Flussproblem für Netzwerke mit $l_{ij} \neq 0$ für einige Kanten $(i,j) \in$ A zu betrachten. In diesem Fall ist es nicht-trivial, einen möglichen Fluss als Anfangslösung zu finden, weil der Nullfluss nicht zulässig ist. Man kann jedoch mit relativ einfachen Techniken das Netzwerk so transformieren, dass alle Untergrenzen der Flüsse = 0 sind. Allerdings können dabei neue Quellen und Senken entstehen. Dieses Prozedere wird im Folgenden beschrieben:

Sukzessiv wird für jede Kante mit einer positiven Fluss-Untergrenze die folgende Transformation durchgeführt:

$$\begin{aligned} &\text{Setze } x_{ij} =: x'_{ij} + l_{ij}. \\ &l_{ij} \leq x_{ij} \leq u_{ij} \\ \Rightarrow \quad &0 \leq x'_{ij} \leq u_{ij} - l_{ij} \end{aligned}$$

Eingesetzt in die Balance-Constraints bekommt man als neue Werte für $b(i)$ und $b(j)$ jeweils $b(i)$ - l_{ij} und $b(j) + l_{ij}$.

Diese Vorgehensweise beinhaltet zwei Phasen, die folgendermaßen interpretiert werden können:

1. Schicke l_{ij} Flusseinheiten über Kante $(i{,}j)$, also verringert sich $b(i)$ um l_{ij} und $b(j)$ steigt um l_{ij}.
2. Messe (durch x'_{ij}) den über l_{ij} hinaus zu schickenden Fluss.

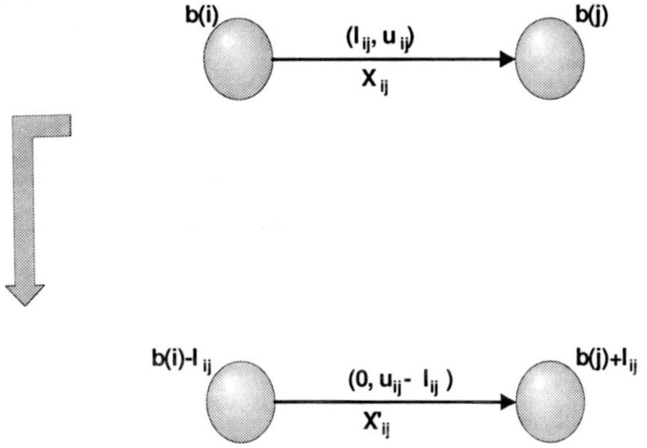

Abb. 6.12. Transformation der unteren Schranken

Nach *allen* Transformationsschritten seien u'_{ij} und l'_{ij} für $(i{,}j) \in$ A sowie $b'(i)$ für $i \in$ N die neuen Werte. Die $b'(i)$ für alle Knoten $i \in$ N können auch direkt ermittelt werden:

$$\sum_{\{j:(i,j)\in A\}} x_{ij}$$

$$b'(i) := b(i) + \sum_{\{(j:(j,i)\in A\}} l_{ji} - \sum_{\{(j:(i,j)\in A\}} l_{ij}$$

Somit sind alle Untergrenzen auf Kanten = 0, und eine Lösung mit dem Nullfluss auf allen Kanten kann als Anfangslösung bestimmt werden (s. Abb. 6.12).

Bemerkung: Der Zielfunktionswert unter Benutzung von x' ändert sich nur um eine Konstante vom entsprechenden Zielfunktionswert unter Benutzung von x. Somit entspricht ein kostenminimaler Fluss x' einem kostenminimalen Fluss x, der mit der Vorschrift $x_{ij} := x'_{ij} + l_{ij}$ für alle $(i{,}j) \in$ A konstruiert werden kann.

6.7.2 Transformation in ein s-t-Flussproblem

In Abschnitt 6.6.2 wurde erwähnt, dass jedes Transshipment-Modell in ein s-t-Flussproblem mit nur einer Quelle und einer Senke transformiert werden kann. Dies basiert auf einer einfachen Technik (s. Abb. 6.11):

Zunächst wird eine neue „Superquelle“ und „Supersenke“ eingeführt. Zu jeder Quelle s_i wird dann eine neue Kante von dieser Superquelle konstruiert, mit einer Fluss-Untergrenze = 0 und -Obergrenze = $b(s_i)$. Somit wird die Möglichkeit eingeräumt, die benötigte Flussmenge aus der Superquelle in Quelle s_i zu „holen“.

Entsprechend wird von jeder Senke t_k eine Kante in die Supersenke eingeführt, deren Fluss-Untergrenze = 0 und -Obergrenze = $-b(t_k)$. Dadurch wird der in der Senke t_k gelandete Fluss „virtuell“ in die Supersenke weitergeleitet.

6.7.3 Bestimmung von Zirkulationsflüssen

Jedes s-t-Flussproblem kann in ein Zirkulationsflussproblem transformiert werden. Diese Form ist für manche Lösungsalgorithmen günstig und wird daher im Folgenden kurz skizziert.

Idee: Eine neue Kante wird von der Senke t zur Quelle s eingeführt. Die Parameterwerte werden modifiziert wie in Abb. 6.13 dargestellt. (Falls eine Kante (t,s) schon existiert, dann wird zuerst ein neuer Knoten ts eingeführt und (t,s) durch (t,ts) und (ts,s) ersetzt. Dabei gelten die gleichen Kapazitäten wie für (t,s), und $c_{t,ts}$:=0; $c_{ts,s}$:= $c_{t,s}$.)

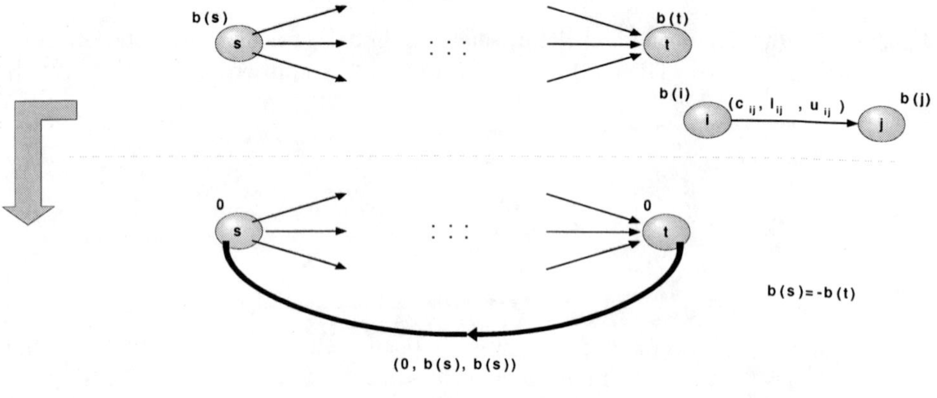

Abb. 6.13. Reduktion: s-t-Flussproblem ⇒ Zirkulationsflussproblem

6.7.4 Kapazitätsrestriktionen auf Knoten

Manchmal hat man in einem Netzwerk Forderungen, dass auf Knoten (z. B. Kreuzungen eines Verkehrsnetzes) höchstens eine bestimmte Anzahl an Flusseinheiten fließen darf. Dies kann man als eine Erweiterung des Netzwerkmodells mit Flussschranken auf Knoten verstehen. Diese Situation kann in praktischen Modellierungsaufgaben auftreten, z. B. kann beim „Vehicle Scheduling“ eine Fahrt durch einen Knoten dargestellt werden. Flusseinheiten sind Fahrzeuge, die diese Fahrten bedienen sollen. Die Forderung, dass jede Fahrt mit einem Fahrzeug gefahren werden muss, wird mit einer oberen und einer unteren Flussschranke auf Knoten (beide gleich 1) modelliert.

Erfreulicherweise kann dieses Problem mit dem Standardmodell beschrieben werden, wenn man das sog. *Node-Splitting* (Knotenaufspaltung) für Knoten mit Flussschranken vornimmt (vgl. Abb. 6.14):

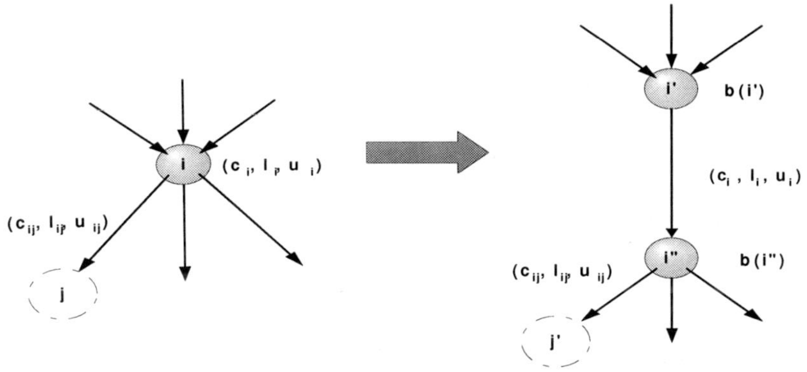

Abb. 6.14. Node-Splitting

Jeder Knoten i mit Flussschranken wird durch zwei Knoten i' und i'' ersetzt, die durch eine Kante (i',i'') verbunden sind. Der Knoten i' übernimmt die Input-Funktion und i'' die Output-Funktion des Knotens i. Falls $b(i) = 0$, wird $b(i')= b(i'') = 0$ gesetzt; falls $b(i) > 0$: $b(i') = b(i)$ und $b(i'') = 0$; und falls $b(i) < 0$: $b(i') = 0$ und $b(i'') = b(i)$.

6.7.5 Ungerichtete und symmetrische Kanten

Bisher sind nur Flussnetzwerke mit gerichteten Kanten betrachtet worden. Bei praktischen Problemen könnten jedoch ungerichtete Kanten benötigt werden, z. B. zum Modellieren von Rohren, in denen Wasser in beide Richtungen fließen kann. Netzwerke mit sowohl gerichteten als auch ungerichteten Kanten sind ebenfalls sinnvoll (zum Beispiel in einem städtischen Straßennetz). Für eine ungerichtete Kante $\{i,j\}$ kann der Fluss sowohl von i nach j als auch von j nach i fließen. Die Kosten pro Flusseinheit betragen in beiden Richtungen c_{ij}. Betrachtet man hier nur den (sinnvollen) Fall $l_{ij} = 0$ und $c_{ij} \geq 0$, so erhält man:

> $0 \leq x_{ij} + x_{ji} \leq u_{ij}$ als neue Ungleichung für Flussbeschränkung und die Zielfunktion: ..... $+ c_{ij}x_{ij}+$ .... $+ c_{ij}x_{ji}+$ ....

Da aber $c_{ij} \geq 0$, muss für jede existierende optimale Lösung $x_{ij} = 0$ oder $x_{ji} = 0$ gelten. Man nennt solche Lösungen *nicht überlappend*. Denn falls $x_{ij} > 0$ und $x_{ji} > 0$ gälten, sei x* wie x definiert, wobei von x_{ij} und x_{ji} jeweils $\min(x_{ij}, x_{ji})$ abgezogen wird. Wegen des Flusserhaltungsgesetzes wäre x* auch ein zulässiger

Fluss, der kostengünstiger als Fluss x ist. Dies führt aber zum Widerspruch, da x kostenminimal ist.

Somit bietet sich also an, die ungerichtete Kante $\{i,j\}$ durch zwei gerichtete Kanten (i,j) und (j,i) zu ersetzen, wobei $u_{ji} := u_{ij}$ und $c_{ji} := c_{ij}$ gesetzt werden. Ein optimaler Fluss x lässt sich aus einem optimalen Fluss x' im geänderten Netzwerk wie folgt bestimmen: $x_{ij} = x_{ij}$' oder $x_{ij} = x_{ji}$' je nachdem ob x_{ij}' > 0 oder x_{ji}' > 0 ist.

Für Lösungsalgorithmen ist es jedoch manchmal ungünstig, wenn zwischen zwei Knoten zwei Kanten in entgegengesetzte Richtungen fließen können. Daher wird eine weitere Reduktionstechnik eingeführt, die ein gegebenes Netzwerk in ein *antisymmetrisches* Netz umwandelt.

Der Begriff *Antisymmetrie* bedeutet, dass zwischen zwei Knoten nur eine Kante in eine Richtung, aber nicht zwei Kanten in beide Richtungen, existieren darf; formal dargestellt: falls $(i,j) \in$ A dann ist $(j,i) \notin$ A.

Wenn das ursprüngliche Netz Kanten zwischen zwei Knoten in beide Richtungen beinhaltet, also Knoten $\{i,j\}$, so dass $(i,j) \in$ A und $(j,i) \in$ A, dann wird ein neuer Knoten *ji* eingefügt und (j,i) durch (j,ji) und (ji,i) ersetzt. Dabei haben die neuen Kanten die gleichen Kapazitäten wie (j,i); für die Kosten wird $c_{j,ji} := 0$; $c_{ji,i} := c_{i,j}$ gesetzt.

6.7.6 Netzwerke mit negativen Kantenbewertungen

Wenn ein Transshipment-Modell negative Kantenbewertungen besitzt, kann es ohne Einschränkung in eine Basisform mit nur nichtnegativen Bewertungen auf Kanten überführt werden.

Dabei wird jede Kante $(i,j) \in$ A mit $c_{ij} < 0$ „umgekehrt“, also durch die Kante (j,i) mit $c_{ji} :=$ - c_{ij} und $u_{ji} := u_{ij}$ ersetzt. Entsprechend muss das Netzwerk folgendermaßen modifiziert werden (vgl. Abb. 6.15):

Falls $u_{ij} = \infty$, dann setze zunächst u_{ij} auf eine sinnvolle große Konstante M (s.u.):

$$\text{Setze } x_{ij} =: u_{ij} - x'_{ji}.$$
$$0 \leq x_{ij} \leq u_{ij} \Rightarrow -u_{ij} \leq -x'_{ji} \leq 0$$
$$\Rightarrow 0 \leq x'_{ji} \leq u_{ij}$$

Eingesetzt in die Balance-Constraints bekommt man als neue Werte für $b(i)$ und $b(j)$ jeweils $b(i)$ - u_{ij} und $b(j) + u_{ij}$.

Diesen Vorgang kann man in folgender Weise intuitiv als zwei Schritte verstehen:

1. Schicke u_{ij} Flusseinheiten über Kante (i,j), also verringert sich $b(i)$ um u_{ij} und $b(j)$ steigt um u_{ij}. Ersetze Kante (i,j) durch Gegenkante (j,i) mit $c_{ji} :=$ - c_{ij} und $u_{ji} := u_{ij}$.
2. Messe (durch x'_{ji}) den Fluss, den man aus dem „Vollkapazitäts“-Fluss der Größe u_{ij} aus Schritt 1 abziehen kann.

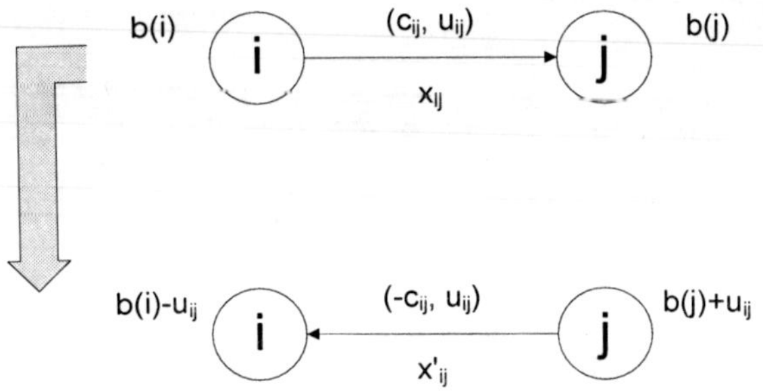

Abb. 6.15. Umkehrung einer Kante negativer Kosten

(Falls das Netzwerk keine Zyklen negativer Länge besitzt, dann setze M := Summe der Kapazitäten aller Kanten plus die Summe der Angebote aller Angebotsknoten.
Bemerkung: Bei der letzteren Transformation ändert sich der Zielfunktionswert unter Benutzung von x' nur um eine Konstante vom entsprechenden Zielfunktionswert unter Benutzung von x. Denn $c_{ij}\ x_{ij} = c_{ij}\ (u_{ij} - x'_{ji}) = c_{ij}u_{ij} - c_{ij}\ x'_{ji} = c_0 + c_{ji}x'_{ji}$, wobei die Konstante $c_0 := c_{ij}u_{ij}$. Somit entspricht ein kostenminimaler Fluss x' einem kostenminimalen Fluss x, der mit der Vorschrift $x_{ij} := u_{ij} - x'_{ji}$ für alle $(i,j) \in$ A konstruiert werden kann.

6.8 Lösung des Min-Cost-Flow-Modells

6.8.1 Standardformat des Min-Cost-Flow-Modells

In diesem Abschnitt wird grundsätzlich die Lösung des allgemeinen Transshipment-Modells betrachtet. Wie in Abschnitt 6.6.1 vorgestellt, kann das Modell mehrere Quellen und Senken, positive untere Grenzen und ungerichtete Kanten beinhalten. Für die Lösung wird das Modell zunächst in das klassische Min-Cost-Flow-Modell (s-t-Netzwerk) überführt, das nur eine Quelle und eine Senke besitzt. Darüber hinaus kann das Modell nach den oben beschriebenen Transformationsregeln in eine Art Standardformat gebracht werden, das als Basis für die unten vorgestellten Lösungsalgorithmen dient:
Das *Standardformat des Transshipment-Modells* hat die folgenden Eigenschaften (vgl. Abb. 6.16):

- alle Flussuntergrenzen sind = 0
- nur eine Quelle und eine Senke
- alle Kantenbewertungen sind nichtnegativ
- Asymmetrie
- keine expliziten Kapazitäten auf Knoten.

Formal kann das Standardmodell wie folgt dargestellt werden:

$$\text{Min} \sum_{(i,j)\in A} c_{ij}x_{ij} \quad (1)$$

$$\text{s.t.} \quad \sum_{\{j:(i,j)\in A\}} x_{ij} - \sum_{\{j:(j,i)\in A\}} x_{ji} = \begin{cases} z & \textit{für} \quad i = s \\ 0 & \textit{für} \quad i \in N-(s,t) \\ -z & \textit{für} \quad i = t \end{cases} \quad (2)$$

$$0 \leq x_{ij} \leq u_{ij} \text{ für alle Kanten (i,j)} \in \text{A} \quad (3)$$

$$z \geq b(s) \quad (4)$$

Die Restriktion (4) erzwingt, dass die Größe des Flusses x (definiert wie beim Max-Flow-Problem) letztendlich mindestens $b(s)$ beträgt, d. h. dass mindestens die Nachfrage $b(t)$ = -$b(s)$ am einzigen Nachfrageknoten t vom Angebot $b(s)$ des einzigen Angebotsknotens s erfüllt wird.

Weiterhin wird vorausgesetzt, dass das Netzwerk G = (N,A) *keine Zyklen negativer Länge mit nur Kanten unendlicher Kapazität* besitzt, da sonst eine beliebige Vergrößerung des Flusses über diese Zyklen die Zielfunktion des Min-Cost-Flow-Problems beliebig (in Richtung -∞) verkleinern kann.

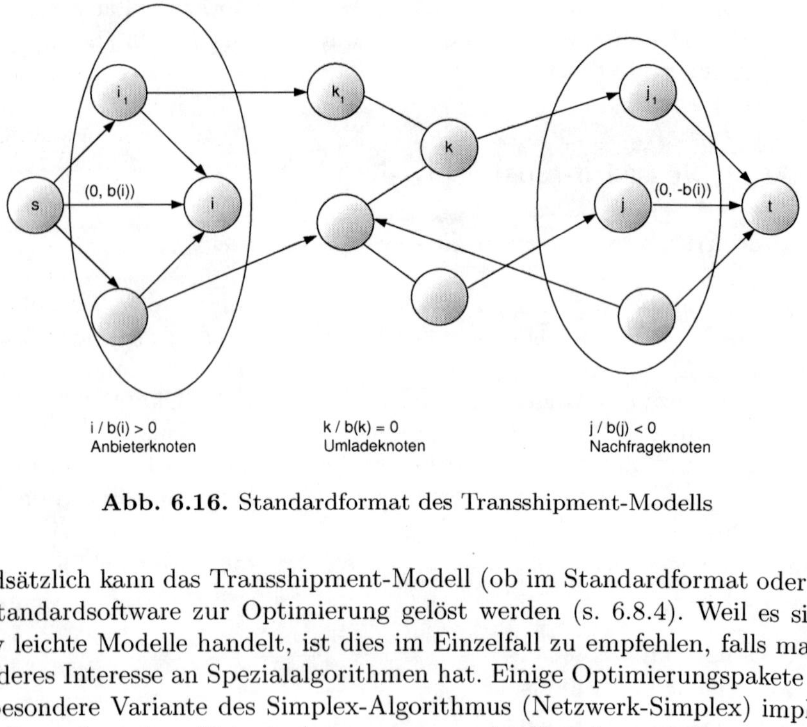

Abb. 6.16. Standardformat des Transshipment-Modells

Grundsätzlich kann das Transshipment-Modell (ob im Standardformat oder nicht) mit Standardsoftware zur Optimierung gelöst werden (s. 6.8.4). Weil es sich um relativ leichte Modelle handelt, ist dies im Einzelfall zu empfehlen, falls man kein besonderes Interesse an Spezialalgorithmen hat. Einige Optimierungspakete haben eine besondere Variante des Simplex-Algorithmus (Netzwerk-Simplex) implementiert, die nach einigen Untersuchungen sogar schneller als speziell zugeschnittene Algorithmen ist.

Wenn man das Transshipment-Modell sehr oft, zum Beispiel als Unterproblem eines komplizierteren Modells lösen muss, dann lohnt es sich, dafür spezielle Algorithmen (oder den Netzwerk-Simplex-Algorithmus) einzusetzen. In diesem Abschnitt werden einige solche Algorithmen vorgestellt und verglichen. Es handelt sich dabei um wichtige Entwicklungen des Operations Research, die der Leser und die Leserin schon aus diesem Grunde kennen sollte.

Die grundsätzliche Aufgabenstellung beim Min-Cost-Flow-Problem ist es, eine gegebene Menge an einem Gut von der Quelle in die Senke kostenminimal zu transportieren. Dies ist verwandt mit dem Max-Flow-Problem, das die Höhe des maximalen Flusses von der Quelle zur Senke bestimmt. Weil die Algorithmen für maximale Flüsse in der Regel konstruktiv arbeiten und nicht nur die Höhe, sondern auch den Fluss selbst bestimmen, ergibt eine solche Lösung in natürlicher Weise eine zulässige Anfangslösung für das Min-Cost-Flow-Problem. Damit ist gemeint, dass ein Fluss gegeben ist, der die geforderte Menge von der Quelle zur Senke transportiert; allerdings besitzt diese im Allgemeinen nicht die minimalen Kosten. Wenn die Höhe des maximalen Flusses aber kleiner ist als die geforderte zu transportierende Menge, hat das ursprüngliche Modell keine zulässige Lösung.

Daher wird im Folgenden zuerst das Max-Flow-Problem besprochen, um die Ergebnisse dann auf das Min-Cost-Flow-Problem anwenden zu können.

6.8.2 Bestimmung maximaler Flüsse

Das Max-Flow-Problem hat als Ziel, einen möglichst großen Fluss von der Quelle zur Senke zu bestimmen, egal mit welchen Kosten. Für das Standardnetzwerk ist der Nullfluss im strengen Sinne zulässig und kann als Anfangslösung genutzt werden. Im Folgenden zeigen wir einen konzeptionell einfachen Algorithmus von Ford und Fulkerson aus den 60er Jahren.

Der maximal mögliche Fluss im transformierten Netzwerk (s. Abb. 6.16) kann höchstens genau die zu transportierende Menge von Quelle zu Senke sein; dies ergibt sich aus den Flussobergrenzen auf den Kanten, die aus der Quelle abgehen bzw. in der Senke enden. Wenn es also gelingt, einen maximalen Fluss in dieser Höhe zu finden, kann der Fluss als eine zulässige Anfangslösung für das Min-Cost-Flow-Problem dienen.

Das Verfahren fängt mit dem Nullfluss an, und vergrößert den Fluss schrittweise, solange es geht. Die Idee der Flussvergrößerung besteht darin, Wege (eigentlich Ketten) von s nach t zu finden, bei denen es möglich ist, noch Fluss von s nach t zu schicken. Auf solchen *flussvergrößernden Ketten* wird der Fluss erhoht. Das Verfahren endet, wenn keine solche Kette mehr existiert.

Für die Gewährleistung der Terminierung des Ford&Fulkerson-Verfahrens wird vorausgesetzt, dass alle Kapazitäten ganzzahlig sind (dies ist keine praktische Einschränkung, vgl. Vereinbarung am Ende von 6.6.1) und dass das Netzwerk keinen Weg von s nach t auf Kanten mit nur unendlicher Kapazität beinhaltet. Ferner sieht man das Netzwerk als *zu einem symmetrischen Netzwerk aufgefüllt* an, d. h. falls $(i,j) \in$ A, aber $(j,i) \notin$ A, dann füge (j,i) mit $u_{ji} = l_{ji} := 0$ in A ein. O.B.d.A. ist also G symmetrisch. (Beachten Sie, dass diese Technik nur funktioniert, wenn das ursprüngliche Netzwerk antisymmetrisch war, daher mussten zuerst die symmetrischen Kantenkombinationen aufgelöst werden (s. Abschnitt 6.7.5).)

Um den entscheidenden Schritt der Suche nach flussvergrößernden Ketten einfach zu gestalten, wird ein Hilfsnetzwerk eingesetzt, das bei gegebenem Fluss die Information über das weitere Vorgehen angibt. Dieses Netzwerk gibt *Restflusskapazitäten* an, d. h. Kapazitäten des Restflusses. Es wird also die Frage beantwortet, bei welchen „unerschöpften" Kanten es die Kapazitäten noch erlauben, einen „Restfluss" zu schicken. Somit wird das Residuum- oder Restproblem für das Finden maximaler Flüsse beschrieben. Deswegen nennen wir es: *Restflussnetzwerk* oder *Residuum-Netzwerk.*

Restflussnetzwerk

Auf einem Netzwerk G = (N, A) sei ein Max-Flow-Problem gegeben und sei x ein zulässiger Fluss von s nach t auf dem Netzwerk G.
Die *Restkapazität* r_{ij} für jede Kante $(i,j) \in$ A (A symmetrisch, vgl. oben) ist die maximale Größe des zusätzlichen Flusses, der von i nach j unter Benutzung der Kanten (i,j) und (j,i) geschickt werden kann. Dabei induziert der Abbau eines Flusses durch (j,i) eine Flussvergrößerung von i nach j.

$$(*)\ r_{ij} := (u_{ij} - x_{ij}) \qquad + (x_{ji} - l_{ji})$$
$$\uparrow \text{Rest auf } (i,j) \quad \uparrow \text{Fluss auf } (j,i)\text{, den man „canceln" kann}$$

Das *Restflussnetzwerk bezüglich des Flusses* x, bezeichnet durch G(x), wird als das Netzwerk definiert, das aus den Knoten von G zusammen mit nur Kanten strikt positiver (oberer Fluss-) Restkapazität r_{ij} besteht (d. h. es enthält nur Kanten mit $r_{ij} > 0$).
Somit enthält das Restflussnetzwerk G(x) genau diejenigen Kanten, über die man einen Fluss positiver Größe schicken kann. Gelingt es also, einen Weg von s nach t in G(x) zu finden, so kann der Fluss x auf diesem Weg vergrößert werden. Da der zusätzliche Fluss aus s herausgeht, so erhöht sich auch die Größe des Flusses. Das Ford&Fulkerson-Verfahren nutzt dieses Vorgehen sukzessive aus, bis das aktuelle Restflussnetzwerk keinen Weg mehr von s nach t besitzt. Aus diesem End-Restflussnetzwerk wird dann ein maximaler Fluss gewonnen (siehe unten).

Der Augmenting-Path-Algorithmus

Der Augmenting Path ($\equiv$ flussvergrößernder Weg) ist ein gerichteter Weg von s nach t im Restflussnetzwerk.
P sei ein flussvergrößernder Weg. Dann wird die Restkapazität dieses Weges definiert als:

$$\text{Restkap(P)} := \min_{(i,j)\in P} r_{ij}$$

Da alle Kanten eines Restflussnetzwerks per Definition $r_{ij} > 0$ haben, ist Restkap(P) > 0.

Ein flussvergrößernder Weg P auf dem Restflussnetzwerk entspricht einer *flussvergrößernden Kette K* mit gleicher Knotenfolge auf dem ursprünglichen Netzwerk, da durchaus Kanten auf P „Gegenkanten" auf K entsprechen können.

Der Algorithmus wird unten als Algorithmus 5 zusammengefasst. Dabei ist zunächst ein zulässiger Fluss x^0 von s nach t auf G gegeben.

Algorithmus 4 Augmenting-Path-Algorithmus

1: **forall** $(i,j) \in A$ **do**
2:     $r_{ij} := (u_{ij} - x^0_{ij}) + (x^0_{ji} - l_{ji})$
3: **end forall** ▷ vgl. (*) oben
4: **while** G(x) hat gerichtete Wege von s nach t mit Kanten $(i,j) \mid r_{ij} > 0$ **do**
5:     identifiziere einen solchen, etwa P ▷ z. B. durch BFS auf G(x)
6:     sei $\delta :=$ Restkap(P) $:= \min_{(i,j) \in P} r_{ij}$
7:     **forall** $(i,j) \in P$ **do**
8:         $r_{ij} := r_{ij} - \delta$
9:         $r_{ji} := r_{ji} + \delta$
10:     **end forall**
11: **end while**
12: **forall** $(i,j) \in A$ **do**
13:     **if** $u_{ij} - r_{ij} > l_{ij}$ **then**
14:         $x_{ij} := u_{ij} - r_{ij}$
15:     **else**
16:         $x_{ij} := l_{ij}$
17:     **end if**
18: **end forall**

In Zeile 2 wird die Initialisierung durch Bildung des Restflussnetzwerks $G(x^0)$ bezüglich des Ausgangsflusses x^0 vorgenommen. Ab Zeile 4 beginnt die Hauptschleife des Algorithmus, die den Fluss so lange vergrößert, wie flussvergrößernde Wege gefunden werden. Ab Zeile 6 wird der Fluss auf P um δ (die Restkapazität von P) FE erhöht. Anschließend wird das Restflussnetzwerks G(x) entsprechend aktualisiert. Die Veränderungen des Flusses werden im Restflussnetzwerk „eingearbeitet", so dass sie nicht explizit aufgeführt werden müssen. In Zeile 13ff. wird der maximale Fluss x auf G, ausgehend von dem End-Restflussnetzwerk und G, gebildet.

Ergebnis: maximaler Fluss x auf G von s nach t der Größe z = outflow(s) - inflow(s)

Bildung eines Flusses aus dem Restflussnetzwerk

Es soll der letzte Schritt des Augmenting-Path-Algorithmus genauer betrachtet werden. Mit der Ausnutzung der Gleichung (*) wurde ein Restflussnetzwerk bzgl. eines zulässigen Flusses gebildet. Die Updates im Restflussnetzwerk während des Verfahrens erfolgen derart, dass diese Gleichung (*) immer (als Invariante) bzgl. des aktuellen Flusses gilt. Insbesondere gilt sie für das End-Restflussnetzwerk und den (maximalen) Ergebnisfluss x auf G. Es gilt also:

$$(*)\quad r_{ij} = (u_{ij} - x_{ij}) + (x_{ji} - l_{ji}) \Leftrightarrow x_{ij} - x_{ji} = u_{ij} - r_{ij} - l_{ji}$$
$$(**)\quad \Leftrightarrow (x_{ij} - l_{ij}) - (x_{ji} - l_{ji}) = u_{ij} - r_{ij} - l_{ij}$$

Also folgt aus $u_{ij} - r_{ij} > l_{ij}$, d. h. rechte Seite strikt positiv, dass

$$(x_{ij} - l_{ij}) - (x_{ji} - l_{ji}) > 0. \text{ D. h. } x_{ij} - l_{ij} > x_{ji} - l_{ji} \geq 0$$

(beide Seiten sind nichtnegativ, da Fluss zulässig sein muss). Nun können x_{ij} und x_{ji} evtl. mehrere Lösungen haben, aber man wählt sinnvollerweise die Lösung, bei der kein Fluss von i nach j und dann wieder nach i fließt. Im Fall $u_{ij} - r_{ij} > l_{ij}$ wird also $x_{ji} := l_{ji}$ gesetzt (dies ist für (i,j) nicht möglich, da $x_{ij} - l_{ij} > 0$ gilt). Eingesetzt in (**) ergibt sich $x_{ij} := u_{ij} - r_{ij}$. Für den else-Zweig des letzten Schrittes, d. h. für den Fall $u_{ij} - r_{ij} \leq l_{ij}$, bekommt man $x_{ji} - l_{ji} \geq x_{ij} - l_{ij} \geq 0$ und aus analogen Überlegungen sollte für diesen Fall: $x_{ij} := l_{ij}$ gesetzt werden.

Korrektheit des Augmenting-Path-Algorithmus – Vertiefung

Für die Korrektheit des Augmenting-Path-Verfahrens von Ford&Fulkerson muss man zeigen, dass der Ergebnisfluss x maximal ist, d. h. maximale Größe hat.
Als wichtiges Hilfskonstrukt definiert man einen *s-t-Schnitt (s-t-cut)* $[S, S^-]$ von G als eine Zerlegung der Knotenmenge N in zwei disjunkte Teilmengen S und S^- (d. h. mit $S \cap S^- = \emptyset$ und $S \cup S^- = N$), wobei $s \in S$ und $t \in S^-$ ist.
Die (obere) Kapazität eines Schnittes $[S,S^-]$ wird definiert als die *Summe* der oberen Kapazitäten für alle Vorwärtskanten des Schnittes (Kanten, die von S zu S^- gehen) *minus* die *Summe* der unteren Kapazitäten für alle Rückwärtskanten des Schnittes (Kanten, die von S^- zu S gehen).
Nun zeigt man, dass die Größe z eines Flusses x gleich der „Größe des durch x induzierten Flusses durch jeden s-t-Schnitt" des Netzwerks G ist. Also muss die Flussgröße z kleiner oder gleich der Kapazität eines jeden s-t-Schnittes des Netzwerks G sein. Also zeigt das Finden eines s-t-Schnittes mit einer Kapazität, die gleich der Flussgröße eines Flusses x ist, dass dieser s-t-Schnitt minimale Kapazität und der Fluss x maximale Größe besitzt.
Ein solcher „minimaler" s-t-Schnitt wird konstruktiv mit dem obigen Ford&Fulkerson Algorithmus geliefert:
Setze $S :=$ Menge der aus s erreichbaren Knoten im Restflussnetzwerk bzgl. des Ergebnisflusses und $S^- := N - S$. So erhält man einen s-t-Schnitt $[S,S^-]$ mit einer Kapazität, die gleich der Größe des Ergebnisflusses ist.
Als Resultat wurde also gezeigt, dass der Ergebnisfluss beim Ford&Fulkerson Algorithmus maximal ist.

Das Max-Flow-Min-Cut-Theorem

Das Max-Flow-Min-Cut-Theorem stellt ein ganz wichtiges Ergebnis der Kombinatorik dar, das besagt:
Maximale Größe eines Flusses in einem Netzwerk G von s nach t = Minimale Kapazität über alle s-t-Schnitte von G.

Da man einen minimalen s-t-Schnitt, also ein Minimum *aller* s-t-Schnitte, mit Hilfe maximaler Flüsse finden kann, können einige *kombinatorische* Probleme durch Reduktion auf das Max-Flow-Problem effizient gelöst werden.

Heutzutage gibt es sogar polynomielle Algorithmen für das Max-Flow-Problem, z. B. den Preflow-Push-Algorithmus, der mit einer FIFO-Strategie in $O(n^3)$ läuft. Bei diesem Verfahren wird versucht, den Fluss nicht über Wege, sondern lokal über *Kanten* „mit bestimmten Eigenschaften" zu vergrößern. Durch dieses trickreiche Vorgehen vermeidet man die Ineffizienz des Ford&Fulkerson-Verfahrens, das wegen der Anzahl wiederholter Flussvergrößerungen, die von den Größen der Kapazitäten im Problem und nicht nur von der Größe des Problems abhängt, ein sogenanntes *pseudo-polynomielles* (jedoch kein polynomielles) Worst-Case-Zeitverhalten hat.

6.8.3 Bestimmung kostenminimaler Flüsse

Nach den Ausführungen in den vorigen Abschnitten liegt es auf der Hand, einen Algorithmus für das Min-Cost-Flow-Netzwerk zu formulieren. Es werden einige konzeptionell einfache Algorithmus-Varianten besprochen. Dies dient dem Grundverständnis der Problemstrukturen und als Vorarbeit für die Behandlung effizienter Algorithmen, die aber den Rahmen dieses Buches sprengen würde.

Weiterhin wird vorausgesetzt, dass das Netzwerk im Standardformat definiert ist und somit insbesondere keine Zyklen negativer Länge besitzt.

Da ein Netzwerk ohne untere Schranken (d. h. mit $l_{ij} = 0$ für alle $(i,j) \in$ A) vorliegt *und* alle Kosten auf den Kanten nichtnegativ ($c_{ij} \geq 0$ für alle $(i,j) \in$ A) sind, stellt der Nullfluss (d. h. x mit $x_{ij} := 0$ für alle $(i,j) \in$ A) einen kostenminimalen Ausgangsfluss der Größe 0 dar.

Das Ziel ist es nun durch „geschickte" schrittweise Vergrößerung dieses Flusses einen ebenfalls kostenminimalen Fluss der Größe $b(s)$ zu bekommen.

Dabei kann der folgende Satz ausgenutzt werden (ohne Beweis):

Negative-Cycle-Optimalitätskriterium: Sei x* ein zulässiger Fluss auf G.

Der zulässige Fluss x* ist eine optimale Lösung des Min-Cost-Flow-Problems

$$\Leftrightarrow$$

Das Restflussnetzwerk G(x*) bzgl. x* beinhaltet keine Zyklen negativer Länge

Bereits in den 50er und 60er Jahren wurden die ersten Algorithmen für das Min-Cost-Flow-Problem vorgestellt. Es gab dabei zwei Grundvarianten:

1. Man bestimmt mit dem Ford&Fulkerson-Algorithmus irgendeinen Anfangsfluss mit der geforderten Gesamthöhe des Flusses. Weil dabei Kosten nicht beachtet werden, sind die Kosten dieses Flusses im Allgemeinen nicht minimal. In der nächsten Phase werden dic Kosten schrittweise gesenkt, ohne die Zulässigkeit zu verlieren. Dies geschieht mit dem so genannten „Cycle-Canceling-Algorithmus" von Klein (1967), der Zyklen mit negativer Länge identifiziert und zur Verminderung der Kosten ausnutzt.

2. Der zweite Ansatz (der *Successive-Shortest-Path-Algorithmus*) wurde unabhängig voneinander von Jewell (1958), Iri (1960) und Busacker&Gowen (1961) vorgestellt; er basiert auf einer wiederholten Anwendung des Kürzeste-Wege-Algorithmus: Man fängt mit dem Nullfluss an und schickt über den kürzesten Weg so viele Flusseinheiten wie möglich (bzw. bis zur geforderten Flussgröße). Das darauf konstruierte Restflussnetzwerk besagt nun, wieviele Kapazitäten jeweils auf den Kanten übrig sind. Es wird wiederholt ein kürzester Weg gebildet und ausgenutzt, bis die geforderte gesamte Flussgröße erreicht wird (oder es wird festgestellt, dass die Kapazität insgesamt nicht reicht). Diese Vorgehensweise basiert auf der Erkenntnis (ohne Beweis), dass die Flussvergrößerung über einen kürzesten Weg nie einen Zyklus negativer Länge im Restflussnetzwerk produzieren kann.

Beide Algorithmen benutzen den Begriff eines Restflussnetzwerks, das wegen dem Kostenfaktor leicht verändert zu dem für das Max-Flow-Problem gebildet wird.

Restflussnetzwerk für das Min-Cost-Flow-Problem

Ein Min-Cost-Flow-Problem sei auf einem (antisymmetrischen) Netzwerk G = (N, A) gegeben. x sei ein zulässiger Fluss von s nach t auf dem Netzwerk G.
Sei $A_{sym} := A \cup \{(j,i) | (i,j) \in A\}$ (Netzwerk „symmetrisch aufgefüllt").
Die *Restkapazität* r_{ij} für jede Kante $(i,j) \in A$ ist die maximale Größe des zusätzlichen Flusses, der von i nach j unter Benutzung der Kante (i,j) geschickt werden kann:

$$r_{ij} := u_{ij} - x_{ij} \text{ ; Für diese Kanten } (i,j) \text{ setze: } c_{ij}' := c_{ij}.$$

Die *Restkapazität* r_{ji} für jede „Gegen"-Kante (j,i) mit $(i,j) \in A$ ist die maximale Größe des Flusses, der von dem Fluss auf (i,j) abgebaut werden kann:

$$r_{ji} := x_{ij} - l_{ij} \text{ ; Für diese Kanten } (j,i) \text{ setze: } c_{ji}' := -c_{ij}.$$

Das *Restflussnetzwerk bezüglich des Flusses* x, bezeichnet durch G(x), wird als das Netzwerk definiert, das aus den Knoten von G zusammen mit nur Kanten strikt positiver Restkapazität r_{ij} besteht (d. h. es enthält nur Kanten mit $r_{ij} > 0$). Zu jeder Kante (i,j) in G(x) werden neben der oberen Flussschranke r_{ij} die Kosten c_{ij}' zugeordnet.
Im Folgenden wird eine Grundversion des „Successive-Shortest-Path-Algorithmus" gegeben. Interessierte Leserinnen und Leser können sich beispielsweise in den Büchern [Ahuja et al. 1993] und [Chvátal 2003] über den Cycle-canceling-Algorithmus sowie weitere Min-Cost-Flow-Algorithmen, wie den Primal-Dual-Algorithmus, Out-Of-Kilter-Algorithmus, Relaxationsalgorithmus und Netzwerk-Simplex, informieren.

Der Successive-Shortest-Path-Algorithmus

Restflussnetzwerk $G(x^0)$ bzgl. dem Nullfluss x^0 der Größe $z^0 = 0$ stimmt mit G überein. Folgender Algorithmus ist allgemeiner formuliert und läuft auch in dem

Falle, dass man auf einem Netzwerk mit unteren Schranken arbeiten will und ein kostenminimaler Ausgangsfluss x^0 (auch verschieden vom Nullfluss) der Größe z^0 vorliegt.

Algorithmus 5 Successive-Shortest-Path-Algorithmus

```
 1: forall (i,j) ∈ A do
 2:     r_ij := u_ij − x^0_ij
 3:     r_ji := x^0_ij − l_ij
 4:     c_ji := −c_ij
 5:     z := z^0
 6: end forall
 7: while G(x) hat ger. Wege von s nach t mit (i,j) | r_ij > 0 ∧ z < b(s) do
 8:     identifiziere einen kürzesten solchen flussvergrößernden Weg, etwa P
 9:     Sei δ := min_{(i,j)∈P} r_ij                    ▷ Restkapazität von P
10:     if z + δ > b(s) then
11:         δ := b(s) − z
12:         z := b(s)                                  ▷ Größe b(s) überschritten!
13:     else
14:         z := z + δ
15:     end if
16:     forall (i,j) ∈ P do
17:         r_ij := r_ij − δ
18:         r_ji := r_ji + δ
19:     end forall
20: end while
21: forall (i,j) ∈ A do
22:     x_ij := u_ij − r_ij
23: end forall
24: if z < b(s) then
25:     print(Es existiert kein Fluss der Größe b(s); x ist maximal)
26: end if
```

In der Hauptschleife ab Zeile 7 wird folgendermaßen vorgegangen: solange flussvergrößernde Wege in G(x) existieren und die Flussgröße z von x die gewünschte Größe $b(s)$ noch nicht erreicht hat, dann vergrößere den Fluss über einen kürzesten Weg von s nach t. Ab Zeile 16 wird das Restflussnetzwerk nach der Erhöhung des Flusses auf P entsprechend aktualisiert. Die Veränderungen des Flusses werden im Restflussnetzwerk „eingearbeitet", so dass sie nicht explizit aufgeführt werden müssen. Ab Zeile 21 wird, ausgehend von dem End-Restflussnetzwerk und G, der Ergebnis-Fluss x auf G gebildet. Dieser ergibt sich aus $r_{ij} = u_{ij} - x_{ij}$.

Ergebnis: Kostenminimaler Fluss x auf G von s nach t der Größe $b(s)$, falls existiert.

Bemerkung: Um einen kostenminimalen Fluss *maximaler Größe* zu bestimmen, kann man obigen Algorithmus leicht verändert benutzen: Streiche {**and** $z < b(s)$} aus der while-Bedingung und die ganze {**if** ... }-Anweisung in der while-Schleife.

Bemerkung: Benutze ein LC-Verfahren für kürzeste Wege (vgl. 6.4.2), nicht Dijkstra, da Kanten mit negativen Kosten im Restflussnetzwerk vorkommen können.

Ermitteln Sie einen kostenminimalen Fluss der Größe 11 FE für das Netzwerk in Abb. 6.17!

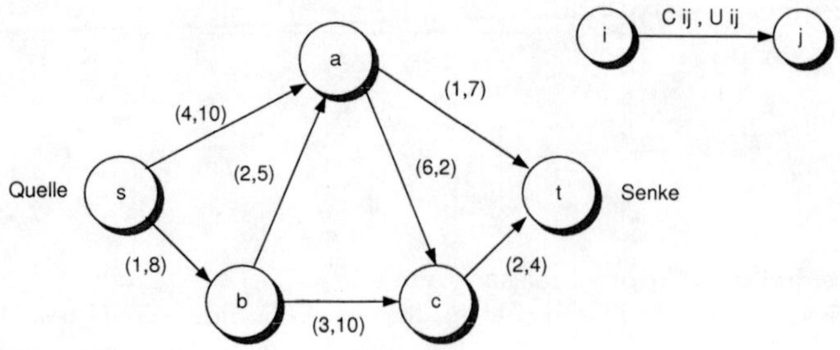

Abb. 6.17. Beispielnetzwerk für kostenminimalen Fluss

Beispiel: Successive-Shortest-Path-Algorithmus

Abb. 6.18 zeigt die Schritte zur Lösung des Min-Cost-Flow-Problems vom Beispiel mit Hilfe des Successive-Shortest-Path-Algorithmus.

Resultat: Aus dem End-Restflussnetzwerk (5) lässt sich ein kostenminimaler Fluss x wie folgt konstruieren:

x_{sa} := 10 - 7 = 3; x_{sb} := 8 - 0 = 8; x_{bc} := 10 - 6 = 4; x_{ba} := 5 - 1 = 4; x_{ac} := 2 - 2 = 0; x_{at} := 7 - 0 = 7; x_{ct} := 4 - 0 = 4 (z = $x_{sa} + x_{sb}$ = 3 + 8 = 11).

6.8.4 Lösung mit Hilfe von Standard-Optimierungssoftware

In diesem Kapitel wurden verschiedene mathematische Formulierungen für Netzwerkmodelle angegeben. Für die behandelten Basisprobleme sind die Modelle immer lineare Programme. Hier kommt der Einsatz von LP-Software als Alternative zur Realisierung eines speziellen effizienten Verfahrens in Frage.

Manche praktische Fragestellungen haben außer der Netzwerkstruktur auch weitere Anforderungen, die bei den Basismodellen nicht „passen". Beispielsweise werden bei der Standortplanung Transportmodelle mit 0/1-Variablen kombiniert. Hier wird außer der Bestimmung eines optimalen Transportplans auch entschieden, welche Auslieferungslager an potenziellen Standorten errichtet werden sollen. Auch für allgemeinere Min-Cost-Flow-Probleme gibt es entsprechende Erweiterungen, wie das Netzwerkdesign-Problem, bei welchem zusätzlich zu den variablen Flusskosten Fixkosten für die Benutzung von Kanten des Netzwerks zugeordnet werden. In der Praxis trifft man selten auf reine „Lehrbuchprobleme", trotzdem sollte man diese kennen. Netzwerke haben vielfältige Anwendungen (vgl. nächsten Abschnitt und [Ahuja et al. 1993]), die meist mit erweiterten bzw. abgewandelten Verfahren oder direkt mit Hilfe von Optimierungssoftware lösbar sind.

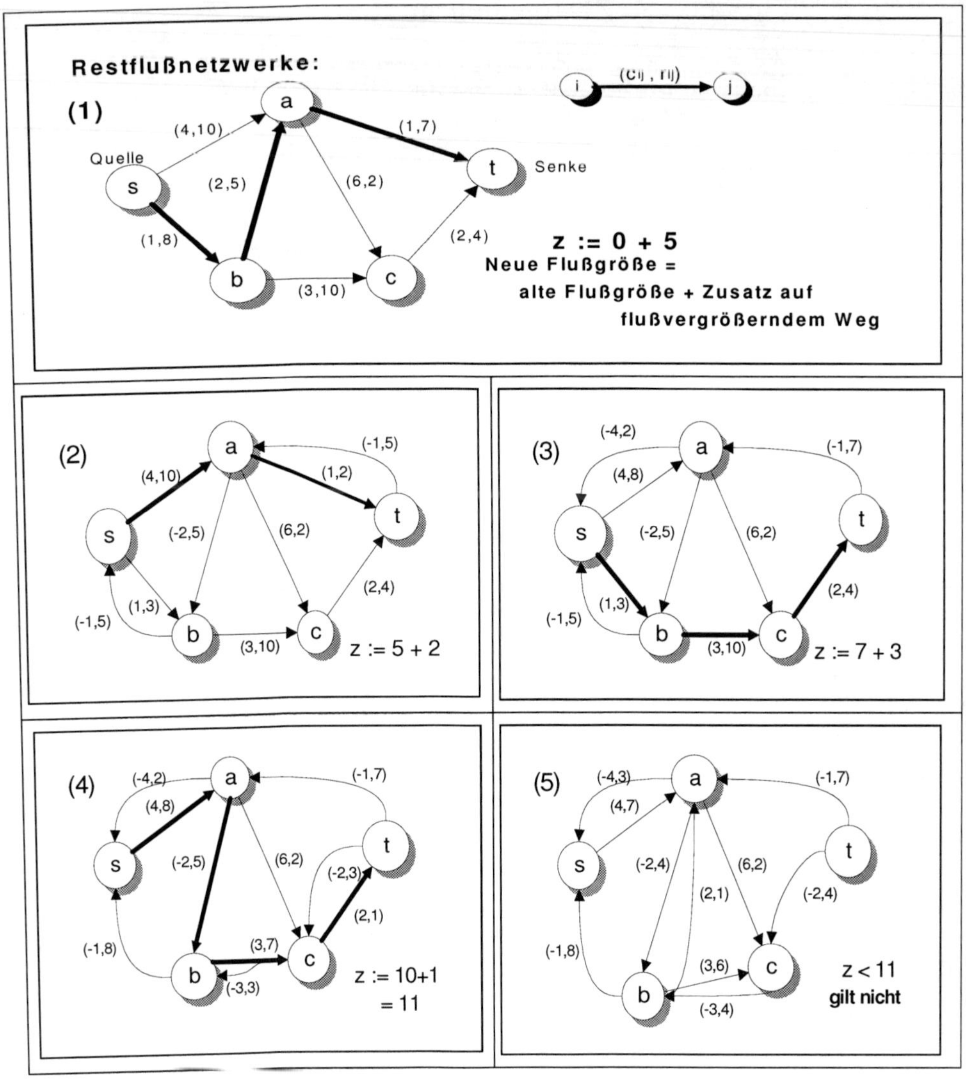

Abb. 6.18. Berechnung eines kostenminimalen Flusses

Bei der Lösung der resultierenden Modelle ist der Einsatz von MIP-Software gerade bei mäßigen Problemgrößen einfacher als die Entwicklung und Realisierung einer speziellen exakten Methode. Für manche Problembereiche lassen sich auch sehr große praxisrelevante Problemgrößen mit Hilfe von Flussnetzwerken modellieren und mittels Einsatz von state-of-the-art Optimierern optimal lösen. Ein solcher Problembereich, der ausführlich in Kapitel 7 dargestellt wird, ist die Ressourcen-Einsatzplanung im öffentlichen Personenverkehr.

Spaltenweise Eingabe von Flussmodellen:

Bei einem Matrixgenerator (vgl. Kapitel 3) zur Eingabe von Netzwerkflussmodellen bietet sich eine spaltenweise Vorgehensweise an. Flussvariablen für Kanten stellen Spalten des Modells dar. Bei Knoten gelten ja die Balance-Gleichungen der Form *inflow* = *outflow* bzw. *outflow* – *inflow* = 0 (Modellzeilen). Da eine Kante aus genau einem Knoten stammt und zu genau einem Knoten führt, setzt man bei einer spaltenweisen Formulierung für jede durch eine Kante und Flussvariable definierte Spalte den Koeffizienten +1 bei der Balance-Gleichung des Knotens, von dem die Kante stammt (*outflow*) und den Koeffizienten –1 bei der Balance-Gleichung des Knotens, zu dem die Kante führt (*inflow*).

6.9 Praxisbeispiele

6.9.1 Netzwerkflussmodell für Helsinki Wasserwerke

Quelle: Prof. Dr. L. Suhl, Universität Paderborn

Das Trinkwasser für die Stadt Helsinki kommt aus den finnischen Seen und wird in mehreren Reinigungsanlagen gereinigt, für den Verbrauch vorbereitet und in das städtische Rohrleitungsnetz eingeführt (Abb. 6.19). Das Wassernetz beinhaltet weitere Pumpanlagen, durch die der Druck im Netz erhöht werden kann; das Stadtgebiet ist nach Höhenlage in mehrere Druckgebiete eingeteilt, zwischen denen Ventile und Pumpanlagen eingerichtet sind. In Pumpstationen stehen i.d.R. mehrere Pumpen zur Verfügung, die unterschiedliche Energieverbräuche haben und in Gruppen ein- und ausgeschaltet werden können. Der Energieverbrauch einer Pumpanlage ist dabei nichtlinear von der gepumpten Wassermenge abhängig.

Bei den Helsinki Wasserwerken wurde ein Entscheidungsunterstützungssystem entwickelt, dessen Zielsetzung es ist, die prognostizierte Nachfrage in jedem (aggregierten) Verbrauchsknoten für jede Zeitperiode (im Modell ca. 3 Std.) mit minimalen Pump- und Reinigungskosten zu befriedigen. Die Pump- und Reinigungskosten variieren je nach Anlage und Tageszeit; z. B. ist Nachtstrom preiswerter als Strom während des Tages. Im Vorrat gepumptes Wasser kann in Speicheranlagen (u. a. in sieben Wassertürmen, die obere und untere Grenzen der Füllhöhe haben) für den späteren Verbrauch gelagert werden.

Im Rahmen einer rollierenden Planung soll für jede Woche ein Betriebsplan unter Einhaltung aller Restriktionen erstellt werden. Das entwickelte System basiert grundsätzlich auf einem Min-Cost-Flow-Netzwerk, wofür der Successive-Shortest-Path-Algorithmus implementiert wurde. Allerdings ist das Netzwerkflussmodell wegen der Nichtlinearitäten nur approximativ korrekt. Die nichtlinearen Energie-Mengenrelationen wurden stückweise linearisiert, und die Parameter durch iteratives Lösen des Modells immer genauer bestimmt.

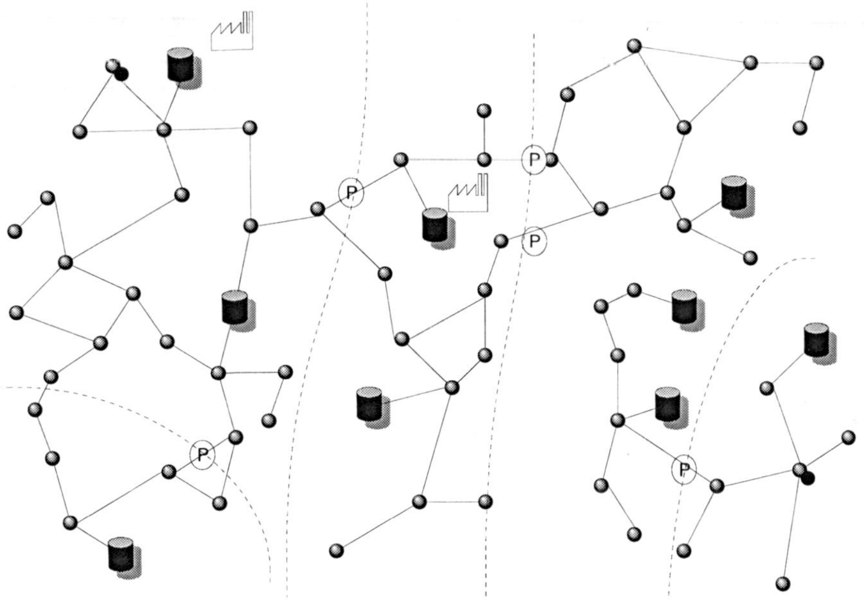

Abb. 6.19. Wassernetz der Stadt Helsinki (schematisch)

6.9.2 Netzausbauplanung im Gasnetz

Quelle: [Suhl/U. u. Hilbert 1998]

Lieferanten von Erdgas sind daran interessiert, in Neubaugebieten ein Gasnetz auszubauen, wenn es genügend potenzielle Kunden gibt. In einem Gebiet wird somit für alle Straßenabschnitte geschätzt, wie profitabel eine Verrohrung mit Gas wäre – was davon abhängt, wie hoch der Anteil der an einer Gasheizung interessierten Bewohner ist. Das Netz muss dabei zusammenhängig verrohrt werden – ansonsten kann kein Erdgas fließen.

Bei der E.ON-Ruhrgas AG werden Gasnetz-Ausbauprobleme mit Hilfe der mathematischen Optimierung gelöst: Das Ausbauplanungsproblem lässt sich als ein so genanntes generalisiertes Steiner-Tree-Problem mit mehreren Perioden formulieren, das wegen vieler logischer Restriktionen NP-hart ist. Solche Modelle können somit nicht mit reinen Netzwerk-Algorithmen gelöst werden. Sie lassen sich aber in der Praxis unter Nutzung des Standardoptimierers MOPS[1] im Regelbetrieb lösen.

6.9.3 Flugnetzoptimierung bei UPS

Quelle: [Butchers et al. 2004]

Dieses Praxisbeispiel will verdeutlichen, wie UPS mit Hilfe der Optimierungssoftware VOLCANO seine Flugrouten verbessern und somit einige Millionen US Dollar

[1] MOPS (Mathematical OPtimization System) war ein MIP-Solver, der von 1990 bis 2012 von Prof. Dr. Uwe H. Suhl entwickelt worden ist.

einsparen konnte. United Parcel Service, besser bekannt als UPS, ist der weltweit führende Express- und Paketzustelldienst. Sie transportieren im Durchschnitt mehr als 13 Millionen Packungen täglich zu ungefähr 8 Millionen Kunden in über 200 Ländern. UPS ist die elftgrößte Fluggesellschaft der Welt, zu ihnen zählen 256 Flugzeuge. Bei Bedarf wird die Flotte durch gemietete Flugzeuge erweitert. Die

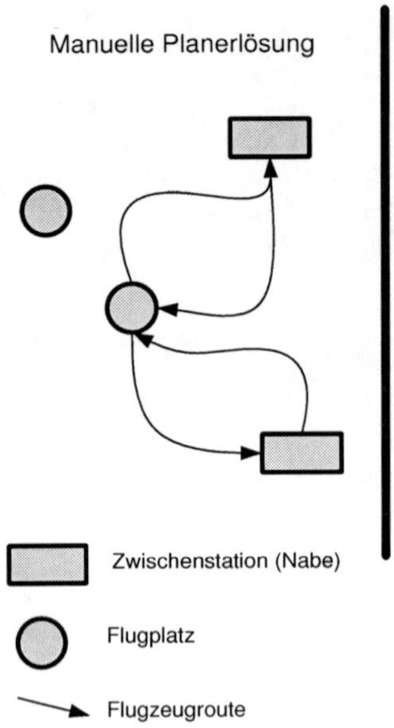

Abb. 6.20. Beispielnetz von VOLCANO

Fluggesellschaft ist die Schlüsselinfrastruktur, die es ermöglicht, spezielle Lieferungsdienstleistungen anzubieten, z. B. die Zustellungen am gleichen oder nächsten Tag.

Zur Unterstützung des Nächsten-Tag-Zustellungsservices entwickelte und implementierte UPS mit Hilfe des Massachusetts Institute of Technology (MIT) einen Flugzeug-Netz-Optimierter (VOLCANO). Das System optimiert gleichzeitig Flugzeugstrecken und Flottenzuweisungen.

Durch den Einsatz von VOLCANO, basierend auf der Linearen Programmierung mit zusammengesetzten Variablen, konnten die Betriebskosten herabgesetzt und Millionen US-Dollar eingespart werden. Das Modell bewirkt eine Einsparung der eingesetzten Flugzeuge von 10,7%. VOLCANO benötigt eine Laufzeit von ca. zwei Stunden, um ein optimales Flugnetz für den Nächsten-Tag-Zustellungsservice zu generieren. Im Vergleich dazu benötigen Planer sechs bis neun Monate. Bedeutend ist auch, dass das Modell das grundsätzliche Design des Netzes verändert. In den manuellen Lösungen neigen Planer dazu, spiegelbildliche Routen zu schaffen, VOLCANOs Lösung beinhaltet auch nichtintuitive Flugzeugstrecken (s. Abb. 6.20). Bezogen auf die Lösungen der Planer erlaubt das Modell eine bedeutende

Herabsetzung der Kosten und eingesetzten Flugzeuge. Insgesamt sind die Lösungen mit VOLCANO weniger kostspielig als die manuellen Lösungen. Die Netz- und die Spitzenplaner setzen VOLCANO seit 2000 ein. Betriebskosten (hauptsächlich Treibstoff und Besatzungskosten), Besitz-Kosten (Kosten von gekauften Flugzeugen), Pacht-Kosten (typisch während der Hauptsaison, wenn UPS zusätzliche Kapazitäten durch Leasingflugzeuge schafft) werden auf Grund der Optimierung reduziert. Diese Ergebnisse befähigen die Planer und Finanzanalytiker, dazu kommende Einsparungen der Betriebskosten für das nächste Jahrzehnt von über *189 Millionen US Dollar* vorherzusagen.

6.10 Übungsaufgaben

Aufgabe 6-1: Netzwerk-Transformation

Das Netzwerk in Abb. 6.21 beinhaltet sowohl positive obere als auch untere Grenzen der Kantenflüsse. Bestimmen Sie zuerst einen zulässigen, dann einen maximalen Fluss von s nach t.

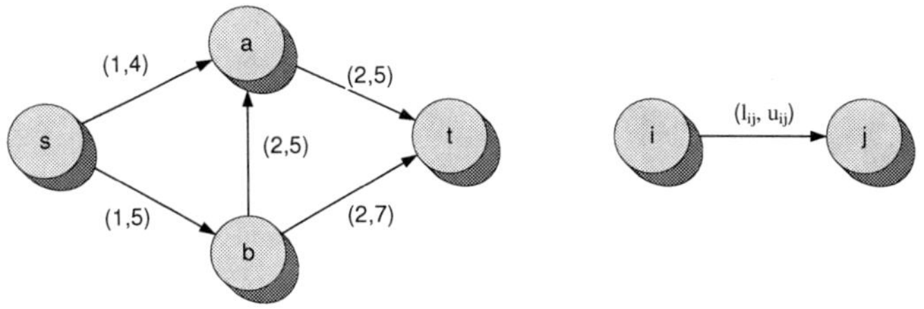

Abb. 6.21. Netzwerk mit positiven unteren Flussgrenzen

Aufgabe 6-2: Wasserversorgungsnetz

Im folgenden Wasserversorgungsnetz (s. Abb. 6.22) sollen innerhalb eines Tages 10 Tm^3 Wasser von s nach t transportiert werden. Neben jedem Pfeil sind zuerst die Einheitskosten (in 10 €), dann die Kapazität [in Tm^3] angegeben. Untere Flussgrenze ist stets 0.

Um welchen Modelltyp handelt es sich? Stellen Sie für die Aufgabenstellung ein mathematisches Optimierungsmodell auf! Lösen Sie das Modell mit einer Standardsoftware und geben Sie die Lösung als Handlungsempfehlung ab!

Weitere Übungen und Lösungen befinden sich im Internet.

http://dsor-lectures.upb.de/

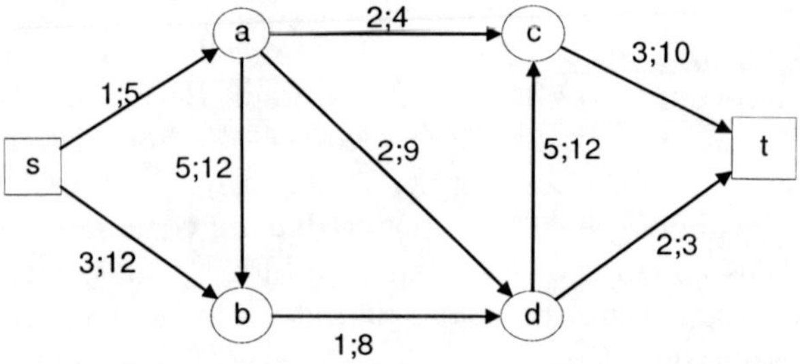

Abb. 6.22. Wasserversorgungsnetz

6.11 Was sollte ich gelernt haben?

Typische Netzwerkprobleme

Was versteht man unter den folgenden bekannten Optimierungsproblemen:

- Das Transportproblem
- Minimale Spannbäume
- Das Kürzeste-Wege-Problem
- Das Max-Flow-Problem
- Das Min-Cost-Flow-Problem
- Das Traveling Salesman Problem
- Das Chinese-Postman-Problem
- Das Tourenplanungsproblem
- Das Standortplanungsproblem

Welche der Probleme sind mit einem polynomiellen Algorithmus lösbar?

Grundbegriffe der Graphentheorie

Sie sollten die folgenden Begriffe verstehen und definieren können:

- Graph (gerichtet, ungerichtet, bipartit)
- Kette, Weg
- Kreis, Zyklus
- (stark) zusammenhängender Graph
- Baum/Wald
- DAG

Minimale Spannbäume

Wie kann man die Greedy-Methode zur Bestimmung von einem minimal spannenden Baum in einem Graphen anwenden?
Ergibt die Greedy-Methode in diesem Fall eine exakt optimale Lösung? Warum?
Welche zwei Varianten wurden vorgestellt? Erläutern Sie jeweils die Grundidee.

Das Kürzeste-Wege-Problem

Welche drei Algorithmen wurden vorgestellt?
Welche unterschiedlichen Zwecke bzw. Voraussetzungen haben diese?
Wie lautet jeweils das Grundprinzip der Algorithmen?
Welcher Zusammenhang existiert zwischen dem Prim-Algorithmus für minimale Spannbäume und dem Dijkstra-Algorithmus für kürzeste Wege?
Welche Komplexität haben diese Algorithmen?
Was verstehen wir unter einem LS- und LC-Algorithmus? Geben Sie Beispiele!
Warum nennt man den Floyd/Warshall-Algorithmus auch den Tripel-Algorithmus?

Transshipment-Netze

Was versteht man unter einem Transshipment-Netz?
Was ist ein Min-Cost-Flow-Netzwerk?
Wie lautet die mathematische Formulierung des allgemeinen Min-Cost-Flow-Problems?
Welche bekannten Modelle sind dessen Spezialfälle?
Wie lautet das Max-Flow-Min-Cut-Theorem?

Transformation des Transshipment-Netzes

Wie lautet das Standardformat des Min-Cost-Flow-Problems?
Durch welche Schritte kann ein allgemeines Transshipment-Modell ins Standardformat überführt werden?
Wie werden genau genommen Untergrenzen der Kantenflüsse auf 0 transformiert?
Was ist ein s-t-Flussnetzwerk?
Wie wird die Transformation in ein s-t-Flussnetzwerk durchgeführt?

Lösung von Min-Cost-Flow-Modellen

Auf welchem Theorem basieren die ersten Algorithmen für das Min-Cost-Flow-Modell? Wie nennt man diese Methoden?
Was ist ein Restflussnetzwerk?
Erklären Sie das Prinzip des Successive-Shortest-Path-Algorithmus und wenden Sie es an einem Beispiel an!

Warum braucht man die negativ bewerteten Kanten im Restflussnetzwerk für das Min-Cost-Flow-Problem? Was heißt es, wenn eine solche Kante bei der Lösung traversiert wird?

Unter welchen Bedingungen terminiert der Successive-Shortest-Path-Algorithmus?

Warum macht es oft Sinn, Min-Cost-Flow-Modelle mit Standard-Optimierungssoftware zu lösen?

Welchen Kürzeste-Wege-Algorithmus sollte man als Sub-Algorithmus bei der Implementierung des Successive-Shortest-Path-Algorithmus nutzen? Warum?

7

Fallstudie Transportlogistik im ÖPV: Netzwerkbasierte Modellierung und Optimierung

Lernziele:

- Praxisanwendung netzwerkbasierter Modellierung und Optimierung
- Prozess der Produktionsplanung und -steuerung am Beispiel des öffentlichen Personenverkehrs
- Ressourcen-Einsatzplanung und das Umlaufplanungsproblem
- Modellierung des Umlaufplanungsproblems mit Hilfe kostenminimaler Flüsse
- Anwendung und Nutzen von Netzwerktransformationen
- Lösung gemischt-ganzzahliger Optimierungsmodelle mit hunderttausenden Variablen unter Benutzung mathematischer Optimierungssoftware

7.1 Motivation

Anbieter von öffentlichem Personenverkehr (ÖPV), seien es Bus-, Bahn- oder Fluggesellschaften, sind angesichts der Privatisierung und der Globalisierung der Märkte einem hohen Wettbewerbsdruck unterworfen. Um aus ihrer ehemals meist monopolistischen zu einer effizienzsteigernden, marktorientierten Stellung zu gelangen, setzen Verkehrsbetriebe vermehrt auf

- Kundenzufriedenheit durch besseren Service und Informationsfluss,
- Mitarbeitermotivation,
- Abstimmung des Flug- oder Fahrplans und Varianz der einzusetzenden Transportmittel gemäß Nachfrage (Rightsizing des Angebots),
- einen effizienteren Einsatz von immer teurer werdenden Ressourcen: Transportmittel oder Vehicles (Flugzeuge, Zugwagen, Busse) und Crews (Piloten, Fahrer, Besatzungen).

Computergestützte Informations- und Entscheidungsunterstützungssysteme spielen dabei eine entscheidende Rolle. Unternehmen des öffentlichen Verkehrs müssen sich mit komplexen Produktionsplanungs- und Steuerungsprozessen, wie Nachfrageprognose, Fahrplanung, Ressourceneinsatzplanung und dispositive Kontrolle

(Operations Control), auseinandersetzen. Beim Auftreten von Verspätungen in der Durchführungsphase des Fahrplans werden die Passagieranschlüsse zeitlich abgestimmt sowie Veränderungen in den Passagierrouten und Ressourceneinsatzplänen vorgenommen. Ein wichtiger Schritt der Planungsphase ist die Umlaufbildung für Vehicles und Crews, die gewissen Praxisanforderungen genügen muss. Hier können die Handlungsvorbereitung und die Entscheidungsfindung mit Hilfe von Methoden des Operations Research unterstützt werden.

Zu Beginn wird in diesem Kapitel der Prozess der Produktionsplanung und -steuerung eingeführt sowie die Besonderheiten dieses Prozesses am Fallbeispiel des öffentlichen Personenverkehrs erläutert. Als Beispiel von Ressourcenzuordnungsproblemen bei der Produktionsplanung wird das Umlaufplanungsproblem für Transportmittel im öffentlichen Personenverkehr näher betrachtet.

Dieses Kapitel erläutert exemplarisch die Anwendung netzwerkbasierter Modellierung und mathematischer Optimierung in der Praxis. Am Beispiel des Umlaufplanungsproblems wird die Modellierung mit Hilfe kostenminimaler Flüsse erläutert und die Transformation in eine äquivalente Problemformulierung als „Quasi-Assignment-Problem“ dargestellt. Hier wird Schritt für Schritt das Umlaufplanungsproblem definiert und als Netzwerkflussmodell dargestellt, worauf dann bekannte Netzwerktransformationen aus Kapitel 6 angewandt werden können.

In einem weiteren forschungsorientierten Teil dieses Kapitels werden neue netzwerkbasierte Modelle für die Umlaufplanung vorgestellt, die in der Habilitationsschrift [Mellouli 2003] entwickelt und in mehreren Projekten am DS&OR Lab der Universität Paderborn in Kooperation mit Unternehmen, wie der Deutschen Bahn AG und PTV AG, erfolgreich eingesetzt wurden (vgl. [Mellouli u. Suhl 2003], [Kliewer 2005]). Hierbei wird gezeigt, wie die Ausnutzung der durch zeitliche und örtliche Faktoren bedingten Problemstruktur der Ressourceneinsatzplanung im ÖPV in ein effektives Netzwerkflussmodell integriert werden kann, das somit für große Problemstellungen aus der Praxis mit Hilfe von State-of-the-Art-Optimierern, wie z. B. CPLEX und Gurobi, gelöst wird.

7.2 Produktionsplanung und -steuerung (PPS)

Ein wichtiges Anwendungsfeld für OR-Methoden inklusive Optimierung stellen (Teil-)Aufgaben des betriebswirtschaftlichen Prozesses der Produktionsplanung und -steuerung (PPS) dar. Es existieren eine Reihe computergestützter Systeme zur Lösung dieser Aufgaben, die auf Techniken des Operations Research beruhen. Dass die Begriffe „Produkt“ und „Produktion“ nicht nur im Sinn typischer Produktions- oder Fabrikationsfirmen (z. B. in der Lebensmittel- oder Autoindustrie) zu sehen sind, wird anhand des Fallbeispiels „öffentlicher Verkehr“ als Industriezweig gezeigt.

7.2.1 Hauptschritte eines PPS-Prozesses

Im Folgenden werden die Hauptschritte des PPS-Prozesses kurz erläutert. Diese Schritte sind in Abb. 7.1 veranschaulicht und für das Fallbeispiel „öffentlicher Verkehr“ angewandt (vgl. nächster Unterabschnitt).

Produktplanung: Zunächst wird nach einer eingehenden Nachfrageanalyse und -prognose entschieden, welche Produkte zu fertigen sind. Auch eine Marktanalyse kann helfen, neue Produkte oder Produkttypen zu entwerfen oder weiterzuentwickeln, die auf dem Markt eine Erfolgschance haben.

Produktionsplanung und -scheduling: Hier wird der Produktionsprozess grob bis mittelfein geplant. D. h. unter Beachtung verfügbarer Ressourcenkapazitäten (Maschinen und Personal) soll möglichst genau berechnet werden, wann und wieviel von jedem Produkt hergestellt werden kann und soll. Hier sollte man bei den Ressourcen Pufferzeiten für eventuelle Ausfälle oder Engpässe einplanen.

Ressourcenzuordnung: Die Feinplanung des Produktionsprozesses erfolgt in diesem letzten Schritt der Planungsphase. Einige Zeit vor der eigentlichen Produktion wird eine Zuordnung der Ressourcen zu den einzelnen Produktionsschritten vorgenommen. Hier könnte eine Korrektur der Produktionsplanung für die nächsten Perioden (z. B. Tagen) erfolgen, falls man mehr (bei freien Kapazitäten) oder weniger (bei Engpässen) produzieren kann, als im vorherigen Schritt grob berechnet wurde.

Produktionssteuerung bzw. dispositive Kontrolle (Operations Control): Bei der eigentlichen Durchführung des Produktionsprozesses besteht nun die Aufgabe eines Disponenten darin, den Produktionsprozess zu kontrollieren und ein Rescheduling der Produktionsschritte bei Ressourcen-Ausfällen zu berechnen. Rescheduling bedeutet, dass planmäßige Produktionszeitpunkte für einzelne Produkte zeitlich verschoben werden und/oder dass manchen Produktionsschritten andere Ressourcen zugeordnet werden. Die Erfahrung des Disponenten kann dabei zwecks einer besseren Produktionsplanung für spätere Perioden herangezogen werden, beispielsweise können Pufferzeiten dadurch genauer ermittelt werden.

7.2.2 Produktionsplanung und dispositive Kontrolle im öffentlichen Verkehr

Im öffentlichen Verkehr stellt die „Fahrt“ oder der „Flug“ das Produkt dar. Dieses Produkt ist – im Gegensatz zu konventioneller industrieller Produktion – kein Gegenstand, der an einer oder mehreren Stätten produziert wird. Es kann nicht geteilt, montiert, (zwischen-)gelagert oder transportiert werden, vielmehr ist es selbst ein Transportleistungsangebot mit festgelegten Abfahrts- und Ankunftszeiten und -orten, die die Verfügbarkeit der (beweglichen) Ressourcen – in Zeit und Ort – bestimmen und verändern. Somit ergeben sich bei der Produktionsplanung im öffentlichen Verkehr spezielle Optimierungsaufgaben, die die Autoren in Praxisprojekten mit Bus-, Bahn- und Fluggesellschaften erforscht haben. Es handelt sich um Probleme der Planung von Umläufen für Transportmittel und von Diensteinsätzen für Crew, beide unter komplexen Nebenbedingungen wie Wartungsanforderungen für Züge und Arbeitszeitregelungen für Crew-Personal. In weiteren Projekten wird auch Simulation als eine zentrale Technik eingesetzt, um Disponenten im Bereich Operations Control im Bahnverkehr zu unterstützen.

In Abb. 7.1 sind die Hauptschritte des PPS-Prozesses veranschaulicht; auf der linken Seite werden sie allgemein angegeben; rechts werden Teilaufgaben für das Beispiel „öffentlicher Verkehr" spezifiziert. Diese Teilaufgaben werden im Folgenden erläutert.

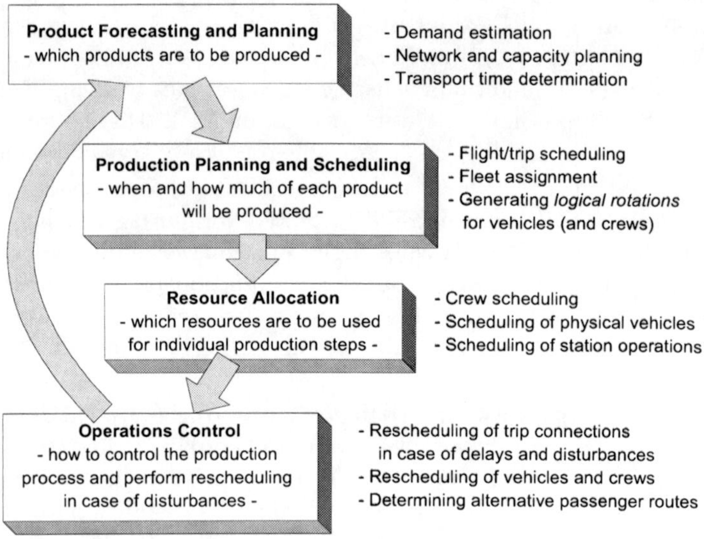

Abb. 7.1. Prozess der Produktionsplanung und -steuerung

Produktplanung: Bei der Bedarfsprognose werden anhand von früheren Belegungsdaten, z. B. aus Platzreservierungssystemen, und Trendanalysen das Passagieraufkommen in der Planungsperiode prognostiziert. Darauf basierend wird das Transportnetzwerk entworfen, und zwar als eine Menge von Linien mit Kapazitäten (für Anzahl Passagiere) und Takt der Bedienung (der Fahrten/Flüge auf der Linie). Die Fahrt- oder Flugzeiten auf diesen Linien werden bestimmt. Anschließend werden die Produkte, jedes als eine Untermenge von Fahrten/Flügen mit gleicher Startzeit auf der gleichen Linie in einem/mehreren/allen Tag(en) einer Kalenderwoche für z. B. Sommer- oder Wintersaison geplant (mit möglichen Abweichungen z. B. in den Schulferien). Üblicherweise werden Startzeiten der Fahrten bzw. Flüge am Ende der Produktplanungsphase festgelegt. Für manche Airlines wird der Flight-Scheduling-Schritt mit späteren Produktionsplanungsschritten kombiniert und mit Hilfe gemischt-ganzzahliger Programmierung gelöst (vgl. Suhl 1995).

Produktionsplanung und -scheduling: Kernschritte bei der Produktionsplanung und -scheduling sind die Flottenzuordnung, die Generierung logischer Umläufe für Vehicles (Busse, Züge oder Flugzeuge) und eine Vorbereitung für die Diensteinsatzplanung für Crews (Crew Scheduling). Bei der Flottenzuordnung geht es darum, die Fahrten/Flüge auf die Vehicle-Typen zuzuordnen, wobei Anforderungen der Fahrten/Flüge bezüglich Sitzkapazität und verfügbarer Vehicles bei jeder Flotte (Vehicles gleichen Typs) berücksichtigt werden. Fahrten/Flüge werden dann sogenannten logischen Umläufen für Vehicles verkettet. Klassischer Weise werden hier die technischen Anforderungen der Züge/Flugzeuge, wie reguläre Wartung, noch nicht berücksichtigt. Wie für Vehicles können im Vorfeld der eigentlichen Zuordnung von Fahr-/Flugpersonal logische Dienststücke gebildet werden. Diese können eintägige Dienste für Busfahrer oder bis zu 5-tägige Flugketten mit Auswärtsübernachtungen für Flugpersonal sein, wobei alle Fahrten/Flüge des Fahr-/Flugplans abgedeckt werden müssen.

Ressourcenzuordnung: Fahrten/Flüge werden auf individuelle Ressourcen (physische Vehicles bzw. einzelne Crew-Mitglieder) zugeordnet. Beim Crew Scheduling werden Diensteinsatzpläne für Crew-Mitglieder über die Planungsperiode gebildet, wobei vorbereitete Dienststücke unter Beachtung der Verfügbarkeit von Crew (Urlaub, andere Tätigkeiten) zusammengestellt werden. Beim „Physical Vehicle Scheduling“ geht es darum, Umlaufstücke für Vehicles so zusammenzustellen, dass z. B. Wartungsanforderungen der einzelnen Vehicles erfüllt werden.

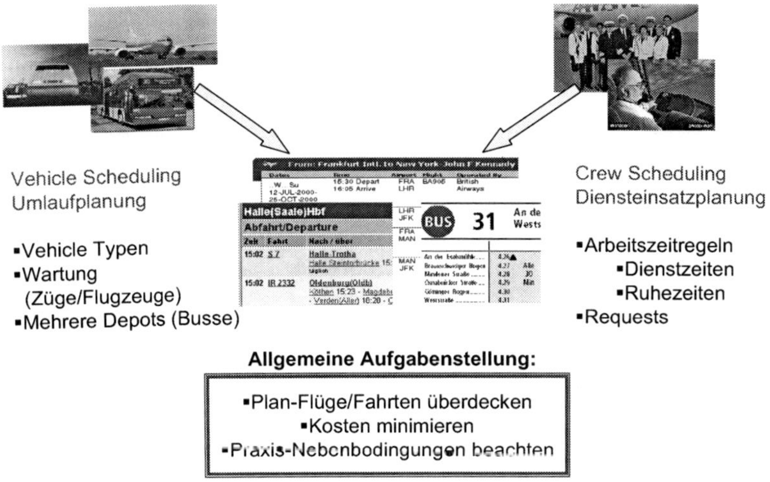

Abb. 7.2. Ressourcen-Einsatzplanung im öffentlichen Personenverkehr

Die Ressourcen-Einsatzplanung (vgl. Abb 7.2) erfolgt in den Schritten Produktionsplanung und -scheduling sowie Ressourcenzuordnung. Eine Integration der Bildung von logischen Umläufen und der Beachtung von regulären Wartungsanforderungen wird in [Mellouli 2000] für Bahn- und Flugverkehr diskutiert, wobei ein effizient lösbares MIP-Modell vorgestellt wird. Eine solche Integration beim Crew Scheduling für den Flugverkehr wird auch vorgeschlagen, wobei bei der Zusammenstellung von Flugketten für bestimmte Crew-Mitglieder deren vorher geplante Aktivitäten, wie Flugsimulator-Tage, Bürotage, Urlaub etc., gleich mit berücksichtigt werden.

Dispositive Kontrolle (Operations Control): Verkehrsunternehmen müssen den geplanten Fahrplan in bestmöglicher Qualität durchführen, da deren Kundenakzeptanz durch Verspätungen und verpasste Anschlüsse negativ beeinflusst wird. Im öffentlichen Verkehr können viele Typen von extern beeinflussten Störungen nicht verhindert werden, die primäre Verspätungen verursachen. Wenn eine größere Störung eintritt, muss der Disponent unter sehr hohem Zeitdruck über Veränderungen im Fahrplan (z. B. Verzögerungen von Anschlüssen) entscheiden, um induzierte Verspätungen und Nachteile für die Passagiere zu reduzieren. Die Anforderungen einer Computerunterstützung auf diesem Gebiet werden in [Suhl u. Mellouli 1999] diskutiert, wobei eine Architektur für ein Disponentenunterstützungssystem vorgeschlagen wird. Dieses System soll Disponenten verschiedener Transportleitzentralen bei u. a. folgenden Aufgaben unterstützen:

- Bewertung der Ist-Situation im Netz insbesondere bei mehreren gleichzeitig auftretenden Verspätungen
- Anwendung globaler und lokaler Vorschriften, z. B. (Wartezeit-)Regeln
- Erkennen der von ihnen zu bearbeitenden Konflikte (z. B. verpasste Anschlüsse für mehrere Passagiere oder Ausfall einer Strecke) im Netz
- Durchführung der zur Auflösung des Konflikts notwendigen Aufgaben, die – unterschieden nach Konflikttypen – meist aus einer „Checkliste“ stammen
- Bearbeitung aufwendiger What-If-Analysen möglicher Handlungen
- Auswertung der Analysen und Ausarbeitung einer Entscheidung zur Konfliktlösung

Unsere Systemarchitektur für die Computerunterstützung der dispositiven Kontrolle integriert vielfältige Problemlösungs-, Simulations- und Analysekomponenten mit wissensbasierter Verarbeitung von Wartezeit- und Expertenregeln (für weitere Ausführung vgl. [Suhl und Mellouli 1999]).

7.3 Das Umlaufplanungsproblem

Bei der Ressourcen-Einsatzplanung im öffentlichen Verkehr handelt es sich um die effiziente Nutzung der Ressourcen (Vehicles und Crew). Ausgehend vom Fahrt- oder Flugplan werden Umläufe bzw. Diensteinsatzpläne für die vorhandenen knappen Ressourcen gesucht, wobei jede(r) Fahrt/Flug genau einmal bedient wird und die dabei enstehenden Kosten minimiert werden (vgl. Abb. 7.3). Ein Umlauf ist dabei eine Aneinanderreihung von Fahrten, die zeitlich und örtlich nacheinander bedient werden können. Dabei können gerade im Busverkehr (aber auch bei Flotten des Zugverkehrs) *Leerfahrten* benutzt werden, um die Anzahl der benötigten Ressourcen zu minimieren. Leerfahrten sind Bewegungen von Transportmitteln ohne Beförderung von Personen. Auf den ersten Blick verursachen diese Leerfahrten nur Kosten, da nur die Bedienung von Planfahrten profitabel erscheinen. Die betriebswirtschaftliche Notwendigkeit von Leerfahrten kann man jedoch anhand eines

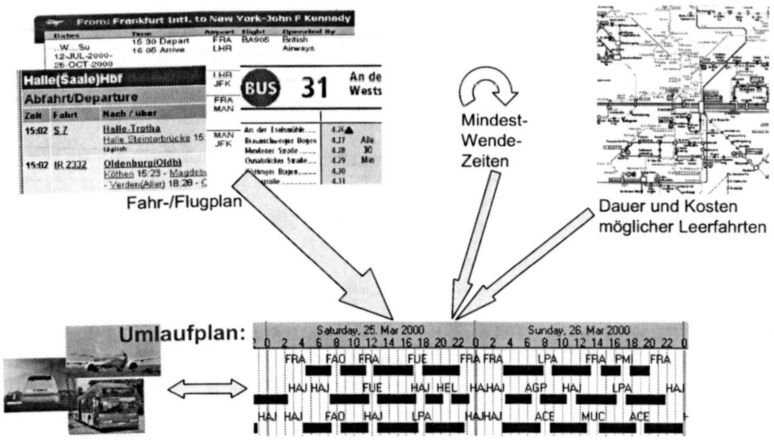

Abb. 7.3. Umlaufplanung im öffentlichen Personenverkehr

kleinen Beispiels erklären. Ein kleines Taxiunternehmen hat Aufträge für drei Fahrten erhalten:

- Fahrt F1 vom Stadtzentrum Z mit Abfahrtszeit 7:30 zu einer bestimmten Schule S mit einer berechneten Ankunftszeit 8:00
- Fahrt F2 von einem Krankenhaus K mit Abfahrtszeit 8:30 zum Stadtzentrum Z (8:50).
- Fahrt F3 von Stadtzentrum Z mit Abfahrtszeit 9:00 zum Krankenhaus K (9:20).

Würde man keine Leerfahrten zulassen, wäre der Einsatz von 2 Taxen erforderlich, eines für F1 ($Z \to S$) und eines für F2 gefolgt mit F3 ($K \to Z \to K$). Mit einer Leerfahrt von S nach K zwischen 8:00 und 8:30 muss lediglich ein einziges Taxi und ein einziger Fahrer eingesetzt werden, da die Planfahrten F1 und F2 mit einer Leerfahrt verknüpft werden können. Zwei Arten von Fahrtverknüpfungen, die bei Umlaufplanungsproblemen zu bestimmen sind, sind hier ersichtlich:

1. Anschlüsse am gleichen Ort, wie die Verknüpfung der Fahrten F2 und F3, wobei $Ankunftsort(F2) = Abfahrtsort(F3)$ und $Endzeit(F2) + Wendezeit(Ankunftsort(F2)) \leq Startzeit(F2)$ gelten
2. Verknüpfungen mit Leerfahrten, wie die Verknüpfung der Fahrten F1 und F2, wobei gilt $Endzeit(F1) + Wendezeit(Ankunftsort(F1)) +$ $Dauer(Leerfahrt(Ankunftsort(F1), Abfahrtsort(F2))) \leq Startzeit(F2)$

Beim Umlaufplanungsproblem („Vehicle Scheduling“, vgl. Abb. 7.2 und 7.3) werden also, ausgehend von einem gegebenen Fahr-/Flugplan, Umläufe für Vehicles (Umlaufplan) gebildet. Dabei sind simultan

- alle Plan-Fahrten/-Flüge zu bedienen,
- alle Praxis-Nebenbedingungen zu erfüllen,
- die Gesamtkosten zu minimieren (Optimierung).

Als Kern-Entscheidungsproblem sind hier aus allen möglichen Anschlüssen und Leerfahrten solche als Fahrtverknüpfungen in Umläufen auszuwählen, dass Anzahl Vehicles (Fixkosten) sowie Kosten für Leerfahrten (variable Kosten) minimiert werden.

7.4 Netzwerkbasierte Modellierung des Umlaufplanungsproblems

Im Folgenden wird das Umlaufplanungsproblem mit Hilfe von Flussnetzwerken (vgl. Kapitel 4) modelliert. Für die Modellierung als Flussmodell stellen wir uns vor, dass Fahrzeuge in unserem Modellnetzwerk „fließen“ sollen und dabei die Planfahrten in irgendeine Weise überdecken. Um dies zu erreichen, bietet es sich an, Planfahrten als Knoten oder Kanten darzustellen. Fahrtverknüpfungen müssen auch modelliert werden, damit der Ergebnisfluss in Pfade zerlegt werden kann, die gültigen Umläufen entsprechen.

Fahrtverknüpfungen für Fahrzeuge an einer Station (Vehicle-Anschlüsse) sind analog zu Passagieranschlüssen (vgl. Abb. 7.4): Ein Passagier benutzt Teilfahrten und ein Vehicle bedient ganze (Plan-)Fahrten, wobei je zwei aufeinderfolgende (Teil-)Fahrten einen gültigen Anschluss darstellen müssen.

Unter Benutzung dieser Analogie werden alle möglichen Anschlüsse an einer Station in Abb. 7.4 mit Hilfe der bekannten weiß-grauen Ankunftspläne (links) und der gelben Abfahrtspläne (rechts) der Deutschen Bahn veranschaulicht. Die dargestellten Anschlüsse kann man als gerichtete Kanten – von Ankünften zu Abfahrten – darstellen. Auf dieser Sicht basieren klassische Netzwerkmodelle für die Umlaufplanung, wobei Planfahrten selbst oder Planfahrtereignisse (Ankünfte und Abfahrten) als Knoten dargestellt werden. Man erhält Formulierungen des Umlaufplanungsproblems als Min-Cost-Flow- bzw. als „Quasi-Assignment“-Problem, das dem Zuordnungsproblem (Assignment) ähnlich ist. Nachdem wir die Formulierung präzisiert haben, werden durch Netzwerktransformationen die Äquivalenz dieser Sichtweisen aufzeigt.

Um das Min-Cost-Flow-Problem genauer zu betrachten und zu erklären, wird folgendes Fahrplanbeispiel betrachtet:

Fahrt	Ab-Ort	An-Ort	Ab-Zeit	An-Zeit
F1	A	B	8:00	9:30
F2	C	B	8:15	9:15
F3	B	A	10:00	11:30
F4	C	A	11:45	12:45
F5	A	C	12:00	13:00

Im Modellnetzwerk von Abb. 7.5 haben wird für jede dieser fünf Fahrten einen Knoten gezeichnet und zusätzlich eine Quelle und eine Senke, damit der Vehicle-

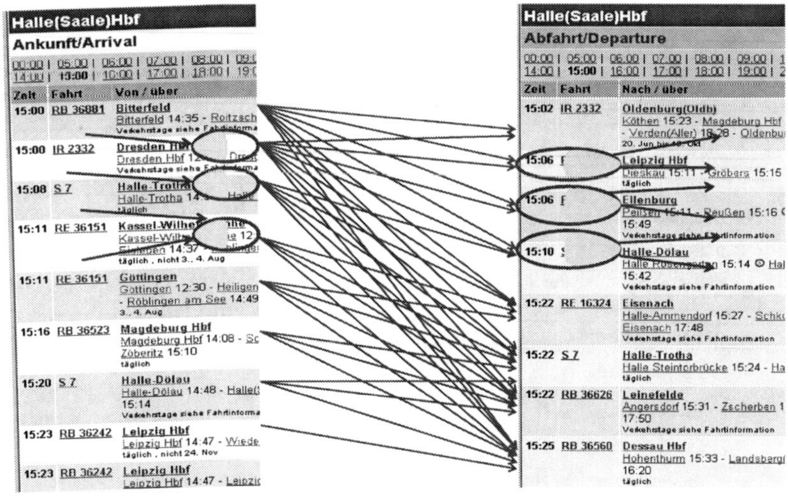

Abb. 7.4. Mögliche Anschlüsse, Motivation Netzwerkmodell

„Fluss“ einen Ursprung und ein Ziel hat. Außerdem sind Kanten mehrerer Typen im Netzwerk integriert:

- für Anschlüsse an der gleichen Station, wie (F1,F3), (F2, F3) und (F3,F5)
- für Planfahrtverknüpfungen mit Leerfahrten, wie (F1,F4) und (F2,F5)
- von Quelle zu jeder Planfahrt, um Umläufe beginnen zu können
- von jeder Planfahrt zu der Senke, um Umläufe beenden zu können

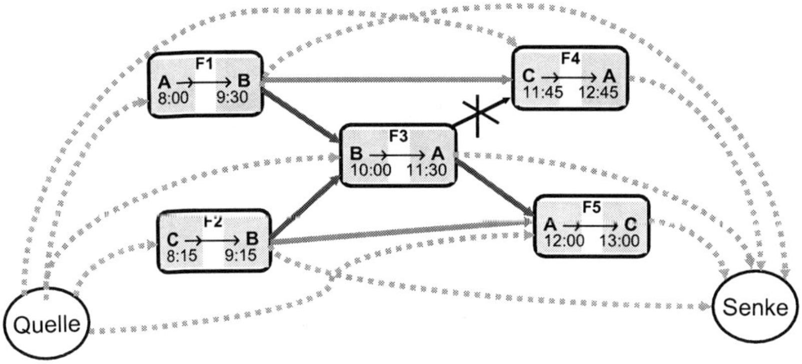

Abb. 7.5. Beispiel Klassisches Flussmodell

Dabei ist zu beachten, dass z. B. keine Kante zwischen F3 und F4 vorhanden ist, da die Dauer einer nötigen Leerfahrt beispielsweise zwischen A und C (die 30 min ohne Zwischenstops beträgt) länger als die verfügbare Dauer zwischen Ankunftszeit von F3 und Abfahrtszeit der nächsten Fahrt F4 ist.

Fehlt noch etwas in diesem Flussnetzwerkmodell?

Zumindest wurde vergessen, auch mögliche Leerfahrten zwischen F1 und F5 bzw. zwischen F2 und F4 zu zeichnen. Diese sind zusammen mit anderen fehlenden Komponenten in Abb. 7.6 integriert. Zunächst sind die Kosten der Leerfahrten (als variable Kosten) auf die Fahrtverknüpfungskanten gesetzt.

Für die Benutzung von Bussen können Fixkosten auf die Kanten von der Quelle, auf die Kanten zur Senke oder jeweils zur Hälfte auf beide Typen gesetzt werden. Eine andere Möglichkeit ist es, eine neue Kante von Senke zu Quelle einzuführen und den Fluss durch gedankliche Rückführung zur Quelle durch das Netzwerk „zirkulieren“ zu lassen. Dann können ausschließlich auf diese Rückkante die Fixkosten für Busse gesetzt werden, da jede Flusseinheit durch das Netzwerk durch diese Kante fließen muss.

Warum gilt diese Eigenschaft unter der Kenntnis, dass ein Fluss in einem allgemeinen Netzwerk sich sowohl in s-t-Wegeflüssen (von Quelle zur Senke) als auch in Zyklusflüsse dekomponieren lässt?

Die Antwort ist: unser Modellnetzwerk für die Umlaufplanung ist – bedingt durch die Fortschreitung der Zeit bei Anschluss- oder Leerfahrtverknüpfungen – *azyklisch.* Diese Eigenschaft ist entscheidend für die Lösung des Umlaufplanungsproblems durch ein Flussmodell. Eine ähnliche Formulierung des Traveling Salseman Problems (TSP, vgl. Kapitel 8) zur Tourenbildung funktioniert nicht direkt, da man zusätzlich „Subtour-Breaking-Constraints“ braucht. Genau dieser Unterschied macht das Umlaufplanungsproblem in seiner Grundform im Gegensatz zum NP-harten TSP polynomiell lösbar. Im transformierten Netzwerk geht also jeder Zyklus

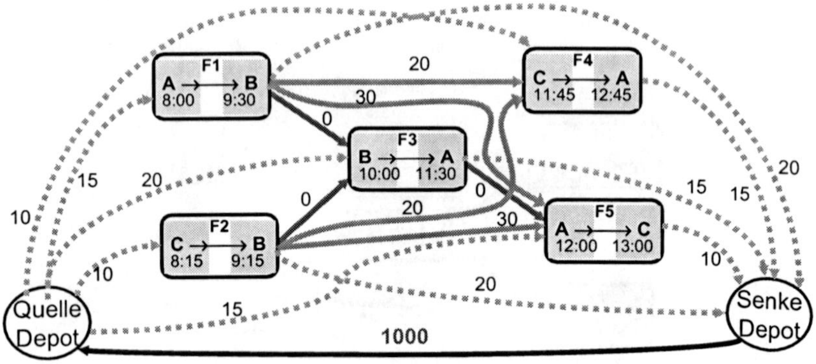

Abb. 7.6. Beispiel Klassisches Flussmodell

notwendigerweise durch die Rückkante von Senke zur Quelle und stellt somit einen Umlauf dar. So stellt z. B. der Pfad/Zyklus von/durch Quelle zu Senke (zurück) durch die Fahrten F2, F3 und F5 einen Umlauf dar. Wir sehen hier noch einmal, dass ohne Zulassung von Leerfahrten zwei weitere Vehicles zur Überdeckung von F1 und F4 nötig sind, wo hingegen diese zwei Fahrten durch eine Leerfahrtverknüpfung durch ein einziges zusätzliches Vehicle bedient werden können.

Seien c_{ij} die Kosten der entsprechenden Leerfahrt auf Kante (i,j) bzw. die Fixkosten für Busse auf die (t,s)-Rückkante von der Senke t zur Quelle s. Die Variable X_{ij} bezeichnet die Flussgröße auf jeder Kante (i,j) des Netzwerks. Bis auf die Kante (t,s) ist die Flussgröße $X_{ij} = 0$ oder $= 1$. In einer Ergebnislösung bedeutet $X_{ij} = 1$, dass Fahrt i direkt nach Fahrt j in einem der gebildeten Umläufe zu verknüpfen ist. Die mathematische Formulierung des erhaltenen Netzwerkmodells lautet:

$$\min \sum\nolimits_{Kanten(i,j)} c_{ij} X_{ij} \qquad \text{(inklusive} \quad Fixkosten * X_{t,s})$$

subject to:

$$0 \le X_{ij} \le 1 \qquad \text{für alle Kanten } (i,j) \text{ außer } (t,s)$$

$$\sum\nolimits_{i \in V(j)} X_{ij} = \sum\nolimits_{i \in N(j)} X_{ji} = 1 \text{ für alle Fahrt-Knoten } j$$

wobei $V(j)$ die Vorgänger und $N(j)$ die Nachfolger des Knotens j darstellen. Die letzte Bedingung, dass für alle Fahrt-Knoten j: $inflow(j) = outflow(j) = 1$ gilt, stellt sicher, dass alle Fahrten bedient werden müssen.

7.5 Standard-Flussproblem und Netzwerktransformationen

Frage: Entspricht das gebildete Netzwerkfluss-Modell im letzten Abschnitt mit der angegeben mathematischen Formulierung einem Standard-Flussproblem?

Es sieht so aus, dass schon ein Min-Cost-Flow-Problem definiert wurde, bis auf eine Kleinigkeit, und zwar die Forderung „$= 1$" in der letzten Fluss-Balance-Bedingung. Die Forderung, dass jede Fahrt bedient werden muss, stellt eine Flusskapazität auf Knoten dar, die in einem Standard-Flussmodell nicht vorgesehen ist. Um sich der Flussschranken auf Knoten zu entledigen, gibt es eine Netzwerktransformationstechnik, die bereits in Kapitel 6 behandelt wurde – „Node-Splitting". Wenn diese Technik auf das Netzwerk angewendet wird, erhält man das Ergebnis in Abb. 7.7.

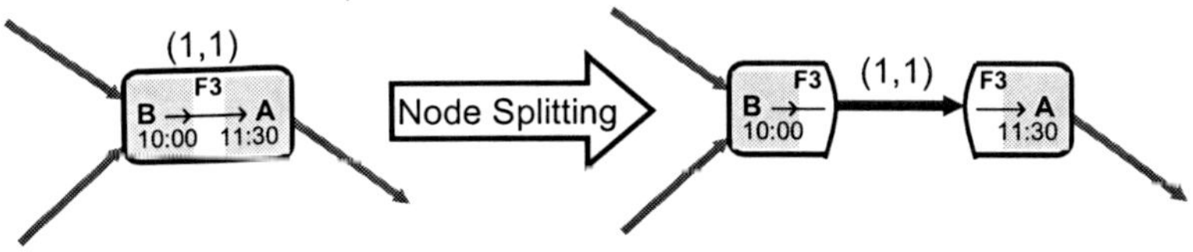

Abb. 7.7. Netzwerktransformation: Anwendung von „Node Splitting"

Nun besteht ein Standard-Min-Cost-Flow-Problem. Es können aber weiter bekannte Netzwerktransformationen aus Kapitel 6 angewandt werden. Der unteren Flussschranken kann man sich dadurch entledigen, dass man einen Fluss der Größe der unteren Schranke gedanklich vorabschickt und dadurch diese Größe bei den Angeboten/Bedarfe der Knoten (im Sinne des Transshipment-Modells aus Kapitel 6) verrechnet. Nach dieser Transformation sind alle unteren Schranken gleich

0, und die neue obere Schranke einer Kante ist gleich der Differenz zwischen der ursprünglichen oberen und unteren Schranke.

In dem speziellen Modell sind beide (obere und untere) Flusschranken auf Node-Splitting-Fahrtkanten gleich 1, somit reduziert sich die Restschranke auf 1-1 = 0 wie in Abb. 7.8 dargestellt wird. Dabei wird ersichtlich, dass die Node-Splitting-Fahrtkanten überflüssig werden, da kein Fluss auf diesen Kanten im resultierenden Netzwerk fließt. Stattdessen sind Angebote +1 auf Fahrt-Ankunftsknoten und Bedarfe -1 auf Abfahrtsknoten entstanden.

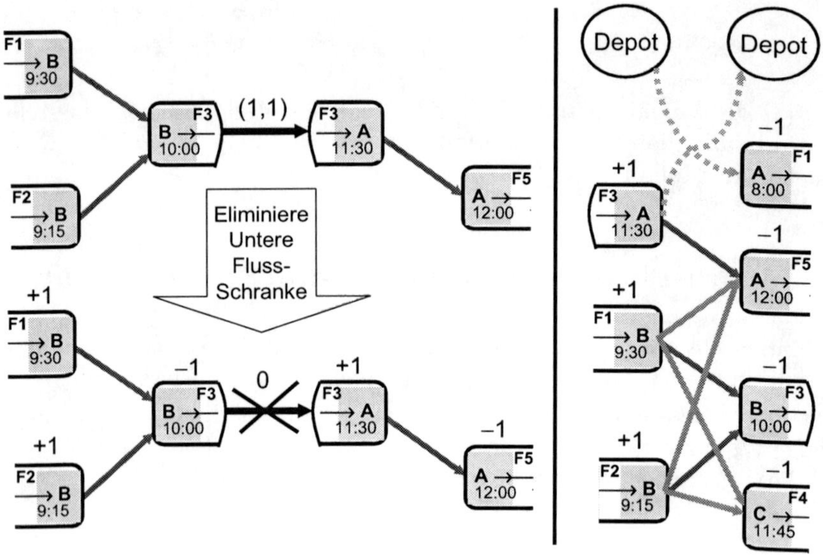

Abb. 7.8. Netzwerktransformation „Lower Flow Bound Elimination" und Quasi-Assignment

Ordnet man alle Ankunftsknoten nach links und alle Abfahrtsknoten nach rechts, so erhält man „quasi" ein Zuordnungsproblem, das einem Ankunftsereignis ein Abfahrtsereignis zuweist. Diese Formulierung des Umlaufplanungsproblems ist in der Literatur unter den Namen „Quasi-Assignment" bekannt, da nicht „jedem" sondern „quasi" jedem Ankunftsereignis ein Abfahrtsereignis zugewiesen wird. Die restlichen Abfahrtsereignisse entsprechen Anfängen von Umläufen und die restlichen Ankunftsereignisse entsprechen Enden von Umläufen. Deswegen ist beim Quasi-Assignment noch zusätzlich jeder Ankunftsknoten mit einem zusätzlichen Senke-Knoten verbunden, die zusätzliche Quelle ist mit jedem Abfahrtereignis verbunden. Beide Formulierungen des Umlaufplanungsproblem als Min-Cost-Flow und als Quasi-Assignment liefern Verfahren in etwa der gleichen Komplexitätsklasse $O(n^3)$.

7.6 Praxisanwendung – Probleme klassischer Modellierungsansätze

Im DS&OR Lab wurden in den letzten Jahren mehrere Projekte mit Unternehmen des öffentlichen Personenverkehrs sowie deren Dienstleistern durchgeführt. Als Beispiel seien hier zwei Kooperationen genannt.

Nach dem erfolgreichen Abschluss einer Testserie schwieriger Umlaufplanungsprobleme der Deutschen Bahn AG hat das DS&OR Lab in Zusammenarbeit mit dem Optimierungssoftwareanbieter ILOG Deutschland GmbH (http://www.ilog.de) eine Komponente für die Umlaufoptimierung von Triebfahrzeugen und Reisezugwagen entwickelt. Neben der Planung von Instandhaltungsoperationen wird der Einsatz von Wagengruppen mit mehreren Typen und ihre Zusammensetzung in Zugverbänden optimiert (vgl. [Mellouli u. Suhl 2003]). Für umfangreiche Daten der Deutschen Bahn AG konnten optimale Umlaufpläne unter Minimierung der Flottengrößen und Leerfahrtskosten gebildet werden.

In Zusammenarbeit mit der PTV AG (http://www.ptv.de) werden Busumlaufplanungsprobleme mit mehreren Depots und verschiedenen Fahrzeugtypen behandelt. Das DS&OR Lab hat eine Optimierungskomponente für diese Problemstellung entwickelt und mit umfangreichen Praxisdaten getestet. Dabei wurden Schnittstellen zu den PTV Produkten INTER-PLAN und VISUM erstellt und ein Pilotprojekt mit einem Busunternehmer in einer deutschen Großstadt durchgeführt (vgl. [Mellouli u. Kliewer 2002], [Kliewer 2005]).

Umlaufplanungsprobleme werden mit Hilfe von Flussnetzwerken mathematisch modelliert, die einen gegebenen Fahrplan erfassen. Dabei entsprechen Flüsse den Fahrzeugen (Busse oder Züge bzw. Wagengruppen). Das Umlaufplanungsproblem mit mehreren Depots und Fahrzeugtypen ist komplexer: Bei der Modellierung legt man mehrere Schichten des Flussnetzwerks an, damit Fahrzeuge verschiedener Typen oder Herkunftsdepots im Flussmodell nicht „vermischt" werden (siehe Abb. 7.9). Nichtflussrestriktionen (Summe der Y_i^t's = 1, wobei Y_i^t den Flusswert für die

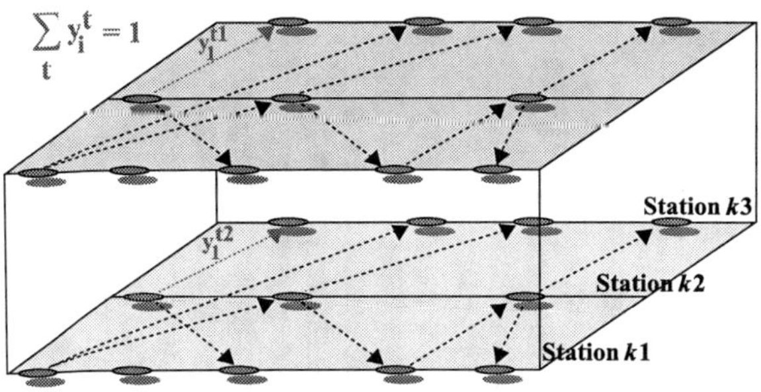

Abb. 7.9. Multi-Layer-Flussnetzwerk

mögliche Bedienung der Fahrt i mit Vehicle-Typ t bezeichnet) sorgen dafür, dass Fahrten von exakt einer Schicht „überdeckt" werden.

Die daraus resultierenden mathematischen Modelle können von der einen Seite nicht mehr mit herkömmlichen Netzwerkflussalgorithmen aus Kapitel 6 gelöst werden. Von der anderen Seite entstehen unter Benutzung der klassischen Netzwerkmodelle aus dem letzten Abschnitt für praktische Problemstellungen mit mehreren Tausend Fahrten und mehreren Wagentypen bzw. Depots sehr große mathematische Modelle, die nicht direkt mit Hilfe heutiger mathematischer Optimierer gelöst werden können. Das entscheidende Problem hierbei liegt darin, dass klassische Netzwerkmodelle einen quadratischen Anstieg von Kanten für potenzielle Leerfahrten verursachen, die in Erweiterungen, wie dem Multi-Layer-Netzwerkflussmodell zur Lösung von Multi-Wagentypen oder Multi-Depot-Problemen, noch stärker ausfallen. Im nächsten Abschnitt stellen wir eine neue optimalitätserhaltende Aggregation potentieller Leerfahrten vor, die in Projekten des DS&OR Lab erfolgreich eingesetzt wurde. Diese Aggregation ermöglicht es, große Praxismodelle optimal direkt mit Hilfe vorhandener State-of-the-Art-Optimierer zu lösen.

Bevor das neue Modell dargestellt wird, wird anhand einer Flotte aus der Praxis aufgezeigt, wie die Rechenergebnisse aus der Umlaufplanung für die Entscheidungsunterstützung herangezogen werden können. Variiert man in einer What-If-Analyse die Fixkosten für Vehicles und/oder schränkt man deren Anzahl im Modell ein, so erhält man beispielsweise eine Vergleichsanalyse wie in der Grafik von Abb. 7.10. Hier sieht man, dass das tatsächliche Kostenminimum mit den realen Fixkosten (58 Vehicles) nicht unbedingt mit einer Lösung minimaler Flottengröße (53 Vehicles) übereinstimmt, da die Kosten für Leerfahrten sehr hoch werden. Nach unserer Erfahrung kann mit manueller Planung wegen der extrem hohen Anzahl der Varianten für die Bildung von Umläufen nur eine sub-optimale Lösung erreicht werden (in diesem Praxisfall um mehrere Vehicles).

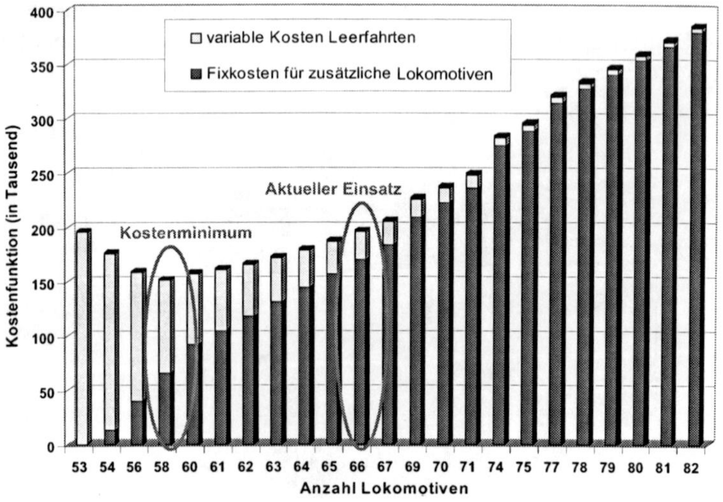

Abb. 7.10. What-If-Analyse Umlaufplanung in der Praxis

7.7 Aggregiertes Netzwerkflussmodell

Das Produkt „Fahrt“ oder „Flug“ im ÖPV ist ein Transportleistungsangebot mit festgelegten Abfahrts-/Ankunftszeiten und -orten, die die Verfügbarkeit der (beweglichen) Ressourcen – in Zeit und Ort – bestimmen und verändern. Die Kernprobleme der Ressourceneinsatzplanung im öffentlichen Personenverkehr, nämlich die Planung von Umläufen für Transportmittel und von Diensteinsätzen für Crews, weisen somit eine spezielle Struktur auf, die mit zeitlichen und örtlichen Faktoren eng zusammenhängt. Eine eingehende mathematische Analyse dieser speziellen Struktur und eine diese Struktur ausnutzende Modellierung der Produktionsplanungsprozesse im öffentlichen Verkehr bringt einen entscheidenden Vorsprung bei der effizienten Lösung von Problemen praktischer Komplexität und Größe mit Hilfe mathematischer Standard-Optimierungssoftware. Dies gilt auch im Bereich des Operations Control, um z. B. sehr effiziente Verfahren für die Berechnung der netzweiten Auswirkung von Verspätungen und zeitlichen Anschlussverschiebungen auf Passagierrouten zu entwickeln (vgl. [Mellouli 2003]).

7.7.1 Netzwerkflussmodell mit Anschlusslinien

In der Tat kann man in der folgenden Abb. 7.11 erkennen, dass man den „Zeit-Faktor“ gut ausnutzen kann. Alle Anschlüsse von Abb. 7.4 kann man mit Hife der Einführung einer sogenannten Anschlusslinie (connection line), die aus Wartekanten (waiting arcs) in die Richtung fortschreitender Zeit besteht, nur noch mit linear vielen Kanten darstellen. Beispielsweise lässt sich der Anschluss von Fahrt Bitterfeld → Halle (15:00) nach Fahrt Halle (15:22) → Leinefelde indirekt über acht Wartekanten innerhalb der Anschlusslinie von Halle (Saale) erreichen. Die

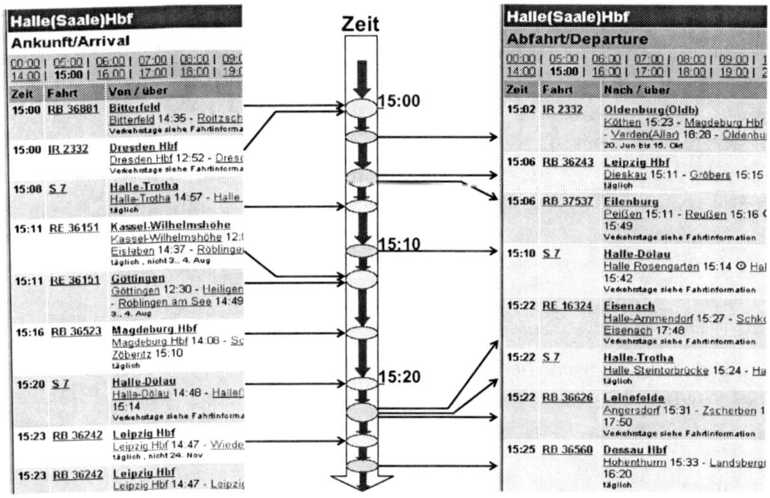

Abb. 7.11. Anschlusslinie – Connection Line

Idee (vgl. Abb. 7.11) besteht darin, dass zunächst ein Knoten für jede Ankunft und ein Knoten für jede Abfahrt in einer gedanklichen Anschlusslinie chronologisch sortiert (hier von oben nach unten) und mit Wartekanten verbunden wird. Jeder Ankunftsknoten ist mit jedem zeitlich nächsten Abfahrtsknoten über eine oder mehrere Wartekanten erreichbar, so dass die Direktverbindungen, vgl. Abb. 7.4, nicht explizit als Kanten dargestellt werden müssen.

Anwendung findet hier eine schöne Netzwerktransformation, die in Kapitel 6 nicht vorgestellt wurde, aber recht allgemein verwendbar ist: die sogenannte *Node Consolidation*: Haben zusammenhängende Knoten nur eingehende Kanten, so dass der

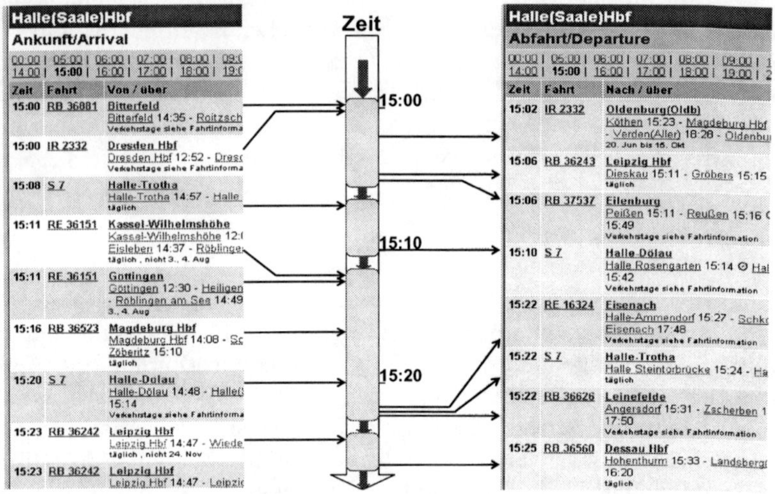

Abb. 7.12. Node Consolidation in Anschlusslinien

Fluss bis zu einem dieser Knoten „gesammelt“ wird (ohne einschränkende Flusskapazitäten), können diese Knoten zusammenschrumpfen. Das gleiche gilt, wenn zusammenhängende Knoten nur ausgehende Kanten haben, so dass der Fluss von einem dieser Knoten stammt bzw. durch einen Knoten fließt und verteilt wird. Bei dem vorliegenden Netzwerkmodell kann man somit beide Arten der „Node Consolidation“ bei jedem Block ankommender Fahrten und dem nächsten Block startender Fahrten simultan durchführen, d. h., für diese beiden Blöcke wird nur noch ein Knoten im Flussmodell benötigt (vgl. Abb. 7.12).

Um ein Gesamtbild über das resultierende Netzwerkflussmodell zu gewinnen, wurden in Abb. 7.13 mehrere zusammenhängende Connection Lines für mehrere Stationen eingezeichnet, wobei die dritte Anschlusslinie von Halle (Saale) der von Abb. 7.11-7.12 entspricht und nun waagerecht gezeichnet ist. Bei diesem Netzwerkmodell werden also Planfahrten als Kanten dargestellt und Knoten entsprechen Zeitpunkten in Stationen, die durch die Knotenkonsolidierung für jede Station berechnet worden sind.

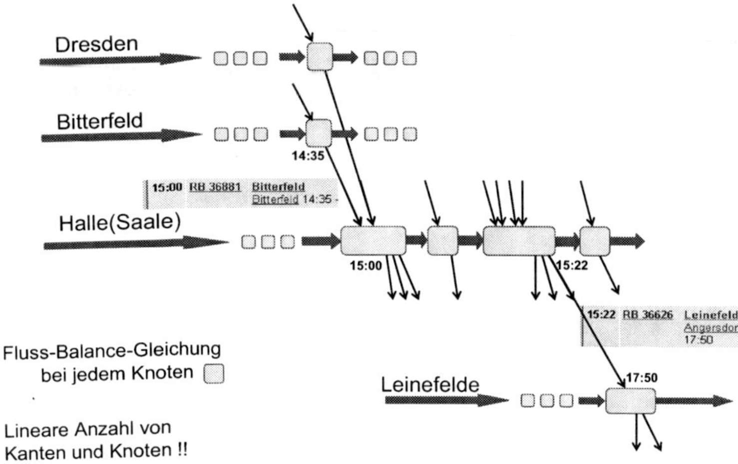

Abb. 7.13. Netzwerkflussmodell mit Anschlusslinien

7.7.2 Neue Aggregationsmethode für potentielle Leerfahrten

Im Netzwerk mit den Anschlusslinien für jede Station können Umlaufplanungsprobleme ohne Leerfahrten sehr effizient behandelt werden; in ihrer Grundform sind sie sogar in linearer Zeit lösbar. Die minimale Anzahl der erforderlichen Vehicles lässt sich dabei analytisch in einer geschlossenen Formel aus diesem Netzwerkflussmodell herleiten (vgl. [Mellouli 2003]).

Will man – wie im letzten Abschnitt erläutert – Umlaufplanungsprobleme unter Praxisbedingungen lösen, so eignet sich dieses Netzwerk aufgrund seiner linearen Anzahl von Kanten und Knoten hervorragend für Erweiterungen (etwa als mehrschichtiges Netzwerkflussmodell (multi layer)), die für Praxisproblemstellungen lösbar bleiben. Erste Erkenntnisse mit der Effizienz solcher Erweiterungen bietet ein zustandsexpandiertes Flussnetzwerk für das Umlaufplanungsproblem für Bahn- und Flugverkehr unter Beachtung periodisch wiederkehrender Instandhaltungsereignisse (vgl. [Mellouli 2000]).

Bei den im letzten Abschnitt angesprochenen Projekten handelt es sich aber um Umlaufplanungsprobleme mit Leerfahrten. Benutzt man das Netzwerkflussmodell mit Anschlusslinien, hat man zwar eine lineare Anzahl von Kanten für Anschlüsse an Stationen, aber immer noch einen quadratischen Anstieg potentieller Leerfahrten zwischen verschiedenen Stationen. Um die resultierenden gemischt-ganzzahligen Netzwerkmodelle bei Praxisprojekten der Autoren mit heutiger Optimierungssoftware direkt lösen zu können, wurde eine neue hierfür entscheidende optimalitätserhaltende Aggregationsmethode der Flüsse auf Leerfahrten entwickelt. Dabei wird die quadratische Anzahl potentieller Leerfahrts-Verbindungen (Matches) zwischen Planfahrten wie folgt drastisch in zwei Aggregationsstufen reduziert (vgl. Abb. 7.15):

Aggregation 1. Stufe: Für jede in Station s ankommende Planfahrt i werden in allen anderen Stationen $k \neq s$ jeweils die ersten mit i kompatiblen abfahrenden

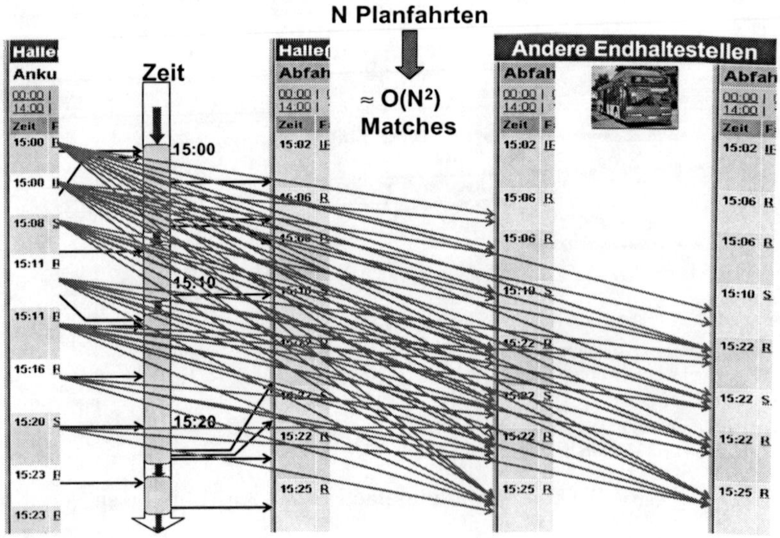

Abb. 7.14. Netzwerkflussmodell mit Anschlusslinien: Zwischenbilanz

Planfahrten berechnet. Diese Fahrten nennen wir *first-match(i,k)*. Integriert man im obigen Netzwerk neue Kanten nur für First-Matches, deren Anzahl viel kleiner als die der möglichen Verbindungen (Matches) ist (siehe gerechnete Zahlen für DB- und Busfahrpläne in Abb. 7.15), so bleiben dennoch alle möglichen Verbindungen erhalten. Jede zu einer Planfahrt i kompatible Planfahrt j ist nun über den *first-match(i, Startstation(j))* – eventuell über Wartekanten in *Startstation(j)* – im Modellnetzwerk erreichbar.

Aggregation 2. Stufe: Zu jedem Paar von Stationen s und k ($k \neq s$) betrachten wir alle *first-match(i,k)* für alle in Station s ankommenden Fahrten i. Falls *first-match(i,k)* $\neq$ *first-match(i',k)* ist, wobei i' die direkt nach i in s ankommende Planfahrt bezeichnet, so wird der *first-match(i,k)* als ein Latest-First-Match bezeichnet. Integriert man im obigen Netzwerk neue Kanten nur für Latest-First-Matches, so bleiben alle möglichen Verbindungen weiterhin erhalten. Jede zu einer Planfahrt i kompatible Planfahrt j ist nun über einen Latest-First-Match zur *Startstation(j)* und eventuell über Wartekanten in einer oder beiden Anschlusslinien erreichbar.

Betrachtet man alle Matches zwischen endenden Planfahrten einer Station s und startenden Planfahrten einer Station k (zeitlich sortiert), dann stellt man fest, dass nur jeweils die erste Verbindung (*First-Match*) gebraucht wird, falls die Warte-Kanten in Station k eingeführt werden. Über alle First-Matches braucht man nur die jeweils letzten darzustellen, da auch über Warte-Kanten der Station s (neben denen von k) alle Matches erreicht werden können.

Diese Aggregationsmethode wurde in [Mellouli 2003] entwickelt und eingehend untersucht. Für das grundlegende Busumlaufplanungsproblem wurde eine neue Worst-Case-Komplexität errechnet, und zwar $O(N^2 * (K + logN))$ im Gegensatz zur bestbekannten Schranke von $O(n^3)$ unter Benutzung klassischer Netzwerke vom vorigen

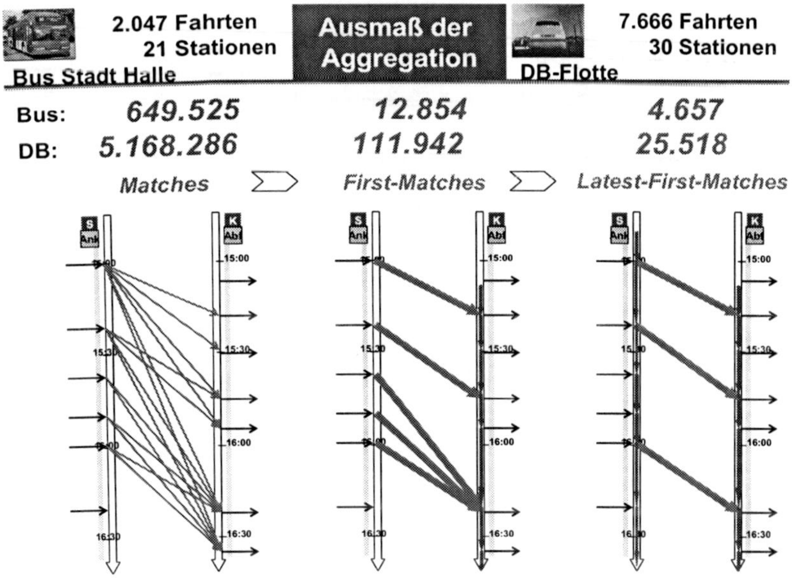

Abb. 7.15. Aggregation der Leerfahrten mittels Latest-First-Matches

Kapitel, wobei K Anzahl der Stationen und N Anzahl der Fahrten ist. Man beachte, dass $logN$ kleiner als 10 für $N = 10.000$ ist und dass die Anzahl von Fahrten N um ein Hundertfaches größer als Anzahl Stationen K für Fahrpläne der Praxis dieser Größenordnung ist. Das Netzwerk hat höchstens $O(K * N)$ Knoten, und die geschickte Berechnung von Latest-First-Matches verläuft in $O(K * N)$.

Dass diese Worst-Case-Behandlung nicht einmal das volle Ausmaß der Reduktion der Anzahl der Kanten berücksichtigt, zeigen die Zahlenbeispiele in Abb. 7.15. Rechenergebnisse zeigen, dass etwa 5 Millionen Matches mit Hilfe von nur 25.000 Latest-First-Matches aggregiert dargestellt werden können.

7.8 Umsetzung mit Optimierungssoftware in der Praxis

7.8.1 Realisierung und Rechenergebnisse

Zur softwaregestützten Lösung von Praxisproblemen auf Basis des vorgestellten Modells unter Ausnutzung der Technologie der netzwerkbasierten mathematischen Programmierung sind mehrere Schritte notwendig, die in Abb. 7.16 aufgezeigt werden:

- *Aufbereitung der Daten:* Gemäß der Aufgabenstellung (Umlaufplanung) werden nötige Eingabedaten (Fahrplan mit Angaben zu den Leerfahrtskosten, Depots und Vehicle-Typen) eingelesen und aufbereitet.
- *Bildung des Netzwerkmodells:* Für jeden Vehicle-Typ (bzw. für jedes Paar Depot-Bustyp) werden die Latest-First-Matches für den gegebenen Fahrplan

berechnet, wobei nur die mit dem jeweiligen Vehicle-Typ bedienbaren Fahrten berücksichtigt werden. Daraus werden die Netzwerkschichten für die verschiedenen Vehicle-Typen gebildet.

- *Erstellung des mathematischen Modells und Übergabe an eine Optimierungssoftware:* Das aus dem Multi-Layer-Flussnetzwerk resultierende mathematische Modell wird an eine Optimierungssoftware übergeben. Dies kann z. B. über eine DLL-Schnittstelle geschehen (s. Abschnitt 3.4.4). Für Flussmodelle wird für jede Kante eine (Fluss-)Variable und für jeden Knoten eine Balance-Restriktion (Inflow=Outflow) deklariert. Die Nicht-Null-Elemente der entsprechenden Modellmatrix können spaltenweise übergeben werden (s. Abschnitt 6.8.4).
- *Aufbereitung der berechneten Lösung für den Planer:* Das resultierende mathematische Modell wird dann mit Hilfe eines Standard-Optimierers der mathematischen linearen gemischt-ganzzahligen Programmierung gelöst. Dabei wird auf State-of-the-Art-Optimierer, wie z. B. Gurobi und ILOG CPLEX, zurückgegriffen, die sehr große Modelle lösen können. Aus der berechneten optimalen Lösung wird ein Umlaufplan extrahiert, der dem Planer grafisch zur weiteren Verarbeitung zur Verfügung gestellt wird.

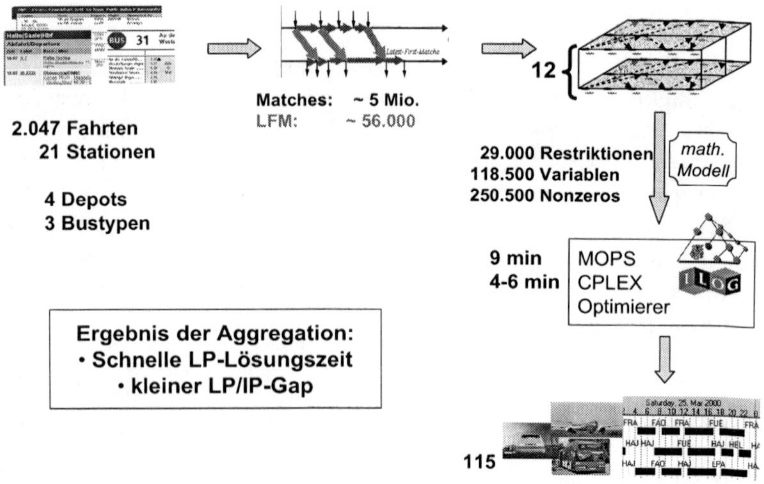

Abb. 7.16. Rechenergebnisse Stadt Halle (Saale)

In den schon erwähnten Projekten des DS&OR Lab bei Bahn- und Busunternehmen wurde gezeigt, dass mit Hilfe der aggregierten Flussformulierung sehr große Modelle mit hunderttausenden Variablen aus der Praxis direkt mit Hilfe von Standard-Optimierungssoftware in annehmbarer Zeit gelöst werden können (vgl. auch Abb. 7.16). Weitere Ergebnisse zur Lösung von Umlaufplanungsproblemen im Bahnverkehr mit mehreren Typen von Wagengruppen unter Berücksichtigung gemeinsamer Wagenkapazitäten werden in [Mellouli u. Suhl 2005] präsentiert. Eine Weiterentwicklung des Netzwerkflussmodells für Umlaufplanungsprobleme im Busverkehr mit neueren Rechenergebnissen wird in [Kliewer 2005] vorgestellt.

7.8.2 Kombination Heuristik/mathematische Optimierung

In der Praxis werden Optimierungssysteme u.a. für What-If-Analysen verwendet (vgl. Abb. 7.10). In diesem Fall sind kurze Antwortzeiten auch für große Modelle erwünscht. Ferner können sehr große praktische Probleminstanzen auftreten, die nicht in annehmbarer Zeit optimal gelöst werden können.

Eine interessante Frage lautet daher: Wie kann man solche großen Modelle schnell und dennoch „praktisch optimal“ lösen, ohne auf völlig heuristische Verfahren zurückgreifen zu müssen?

Zur Beantwortung dieser Frage werden Erfahrungen beim Einsatz des vorgestellten Netzwerkflussmodells an einem Mehrdepot-Busumlaufplanungsproblem einer Deutschen Großstadt mit 3.776 Fahrten und 6 Depots (s. [Mellouli u. Kliewer 2002]) herangezogen. Bei den ersten Experimenten dauerte die exakte optimale Lösung der resultiernden Modellinstanz 2 Std. 55 min mit dem MOPS-Solver[1].

Eine Analyse zeigte, dass die Lösungszeit für den gleichen Fahrplan mit abnehmender Anzahl betrachteter Depots stark abnimmt: Für 5 Depots 1 Std. 13 min Lösungszeit, für 4 Depots 50 min, ... und für 1 Depot weniger als eine Minute.

Die praktische Erfahrung zeigt, dass im Busverkehr Fahrtpaare vorkommen, die fast in jeder optimalen Lösung nacheinander in einem Umlauf vorzufinden sind. Dies wurde in der folgenden verallgemeinernden Heuristik ausgenutzt:

- Man löse zunächst 6 Ein-Depot-Probleme für jedes der gegebenen Depots.
- Die resultierenden Umlaufpläne untersucht man auf *stabile Fahrtketten*. Eine stabile Fahrtkette bezeichnet eine Folge von Fahrten, die in jedem der Umlaufpläne – egal, welches Depot angenommen wird – in einem Umlauf nacheinander bedient werden.
- Für die Lösung des eigentlichen 6-Depot-Problems werden statt der ursprünglichen 3.776 Fahrten die resultierenden 1.211 Fahrtketten benutzt. Ein derart modifiziertes Mehrdepot-Modell wird in nur 3 min gelöst.

Mit dieser Vorgehensweise wird in insgesamt 7 min (statt etwa 3 Std.) Rechenzeit ein Ergebnis erzielt, das nur 0,06% mehr operative Kosten aufweist.

7.9 Was sollte ich gelernt haben?

Produktionsplanung im ÖPV

Welche Schritte gehören zur Produktionsplanung und -steuerung im ÖPV?

[1] MOPS (Mathematical OPtimization System) war ein MIP-Solver, der von 1990 bis 2012 von Prof. Dr. Uwe H. Suhl entwickelt worden ist.

Das Umlaufplanungsproblem

Was versteht man unter dem Umlaufplanungsproblem im ÖPV? Wie wird das Problem als klassisches Flussmodell formuliert? Was stellen die Kanten und Knoten dar?

Netzwerktransformationen

Welche Netzwerktransformationen werden am Flussmodell für das Umlaufproblem vorgenommen? Warum?

Leerfahrten

Was sind Leerfahrten im ÖPV? Warum ist ihre Durchführung betriebswirtschaftlich relevant? Wie groß ist die Anzahl potenzieller Leerfahrten bei angegebener Anzahl der Planfahrten und Stationen?

Aggregiertes Netzwerkflussmodell

Wie lautet die Idee

- des aggregierten Flussmodells für Umlauplanung ohne Leerfahrten?
- der Reduktion der Anzahl Kanten durch Aggregation der Leerfahrten mittels Bildung von Latest-First-Matches?

Wie verhält sich die Modellgröße im Vergleich zum klassischen Modell? Und die Lösungszeit?

8

Touren- und Standortplanung

Lernziele:

- Basisprobleme der Tourenplanung
- Das Traveling Salesman Problem
- Eröffnungs- und Verbesserungsverfahren
- Dynamische Tourenplanung
- Das Warehouse-Location-Problem

Online-Lernmodule:

- Tourenplanung: Einführung in die Problematik
- Das Traveling Salesman Problem: Mathematische Modellierung und exakte Verfahren
- Heuristische Verfahren für die Tourenplanung
- Standortbestimmung
- ADD- und DROP-Algorithmus

www **http://dsor-lectures.upb.de/**

8.1 Motivation – Transportlogistik im Güterverkehr

Im letzten Kapitel wurde die netzwerkbasierte Modellierung und Optimierung anhand einer Fallstudie im Bereich der Transportlogistik im Personenverkehr aufgezeigt. Dieses Kapitel behandelt den klassischen Bereich der Transportlogistik im Güterverkehr, insbesondere Standort- und Tourenplanungsprobleme. Die in Kapitel 6 behandelten Transport-, Distributions- und Umladeprobleme (Transshipmentprobleme) gehören auch dem Bereich der Transportlogistik im Güterverkehr an, da Gütermengen als Flussmengen modelliert werden und so optimale Distributionspläne von Werken/Lägern zu Kunden ermittelt werden können. Zwei wichtige Aspekte der Transportlogistik im Güterbereich werden bei diesen Modellen noch nicht abgebilet, wenn man beispielsweise den Güterverkehr per LKW betrachtet und die Möglichkeit der Errichtung von Lagerstandorten in der Nähe von Kunden betrachtet:

- LKWs haben eine bestimmte Aufnahmekapazität und Fahrer unterliegen bestimmten Arbeitszeitregeln, so ist es sinnvoll bei gegebenen Bedarfsmengen der Kunden nicht wie beim Transportproblem jeden Kunden direkt aus dem Werk/Lager jeweils in einer Pendeltour zu bedienen, sondern zu versuchen, Kundenaufträge in Touren zusammenzufassen, so dass die gesamten operativen Kosten minimiert werden.
- Falls bei der Gewinnung neuer Kunden, die Wege von Werken/Lägern zu Kunden lang werden, so entstehen erhebliche operative Kosten bei der Durchführung von Transporten mittels langer Touren. Hier kann die Errichtung neuer Läger für ein Unternehmen sinnvoll sein. Auch bei neuen Unternehmen besteht ein Problem der Bestimmung günstiger Standorte zu den anvisierten Kundenkreisen.

Bei der mathematischen netzwerkbasierten Modellierung der Touren- und Standortplanungsprobleme werden Kenntnisse aus Kapitel 4 und 6 angewandt und vertieft. Beispielsweise ist die Modellierung des grundlegenden Warehouse-Location-Problem der Standortplanung eine Erweiterung des Transportproblems um die Einführung von 0/1-Indikatorvariablen, deren Zusammenspiel mit kontinuierlichen Variablen (hier für Gütermengen) bei den Modellierungstechniken von Kapitel 4 behandelt wurde.

Bei dem grundlegenden Traveling-Salesman-Problem der Tourenplanung werden ähnliche Netwerkflussmodelle wie im letzten Kapitel angewandt, da hier aus dem Depot Kunden statt Fahrten bedient werden, die wegen der fehlenden Zeitkomponente bei Kunden erweitert werden müssen, um gültige Touren aus der Lösung des mathematischen Modells extrahieren zu können. Die Verwandschaft zwischen den beiden Problemen Umlaufplanung (*vehicle scheduling*) und Tourenplanung (*vehicle routing*) wird in Abb. 8.1 illustriert.

Da die Lösbarkeit der mathematischen Modelle für Touren- und Standortplanungsprobleme bei praktischen Problemgrößen eingeschränkt ist, werden in diesem Kapitel auch grundlegende heuristische Verfahren behandelt, nämlich Savings- und Sweep-Verfahren sowie 2-opt-Verbesserungsverfahren für Tourenplanungsprobleme und ADD- und DROP-Verfahren für Standortplanungsprobleme.

8.2 Basisprobleme der Tourenplanung

Bei Tourenplanungsproblemen handelt es sich um Kunden, deren Bedarfe und Standorte bekannt sind und die mit einer gegeben Flotte von Fahrzeugen (z. B. LKW) mit bestimmten Kapazitäten von einem Depot (z. B. Lager) aus beliefert

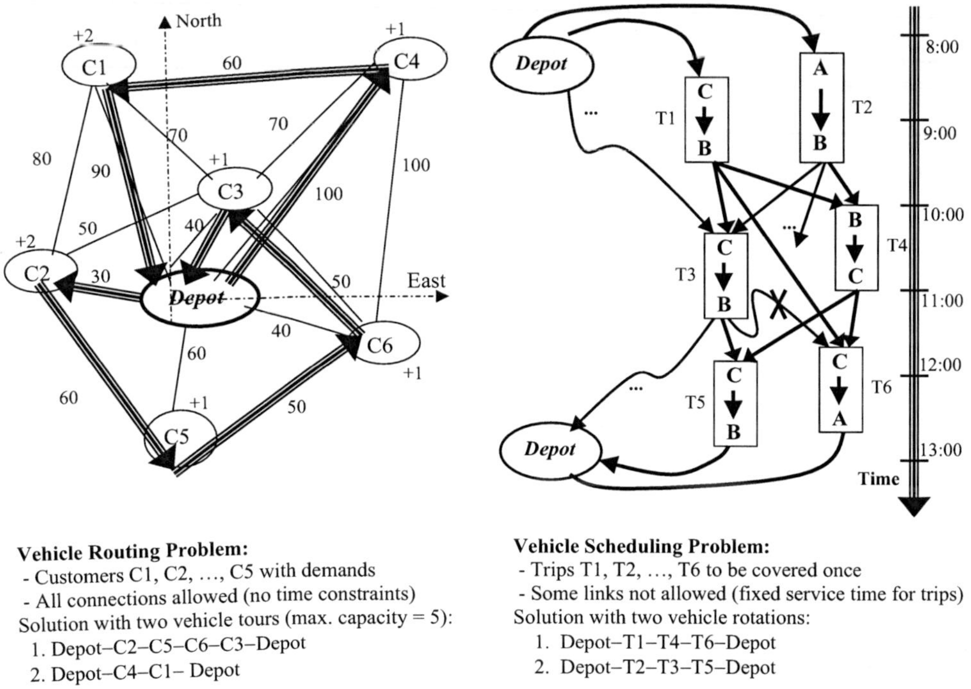

Abb. 8.1. Vehicle Routing versus Vehicle Scheduling Problem [Mellouli 2003]

werden sollen. Welche Fahrten sind durchzuführen, damit unter Einhaltung der Nebenbedingungen (z. B. Kapazitäts- und Zeitrestriktionen) die Gesamttransportkosten minimiert werden?

Beispiel: Tourenplanung

In Abb. 8.1 (vehicle routing) ist ein Beispiel eines Tourenplanungsproblems angegeben. Dabei werden aus einem Depot 6 Kunden C1, .. , C6 mit den angegebenen Bedarfen in ME auf den entsprechenden Knoten bedient. Die Lenkzeiten bzw. Fahrtdauern auf den Kanten in ZE stellen zugleich die entsprechenden Kosten dar. Nimmt man eine maximale Kapazität eines LKWs mit 5 ME und eine maximale Lenkzeit pro Tour von 250 ZE an, so ist der angegebene Tourenplan mit den zwei Touren T1: Depot-C2-C5-C6-C3-Depot und T2: Depot-C4-C1-Depot optimal. Gibt es eine kostengünstigere Lösung, wenn man die maximale Kapazität oder die maximale Lenkzeit erhöhen würde? Wieviel würde man in der Gesamtlenkzeit sparen?

Das Tourenplanungsproblem ist im Allgemeinen sehr schwierig und wird in der Praxis durch Heuristiken gelöst. Es beinhaltet als Spezialfall das Traveling Salesman Problem (TSP), das auch schon zu den schwierigsten Problemen überhaupt gehört. Während beim Traveling Salesman Problem eine Tour über alle Knoten konstruiert werden soll (wobei es grundsätzlich egal ist, in welchem Knoten man anfängt), können bei der Tourenplanung mehrere Touren entstehen, weil die Kapazität eines Transportfahrzeuges nicht reicht, um alle Kunden innerhalb einer Tour zu bedienen.

Das Traveling Salesman Problem

Im Folgenden wird zunächst das Traveling Salesman Problem besprochen, um dann das schwierigere Tourenplanungsproblem mit unterschiedlichen Varianten vorzustellen.

In 5.3.1 wurde sich bei der Behandlung vom Backtracking-Verfahren mit der Ermittlung von Hamilton-Kreisen beschäftigt. Diese sind Rundreisen in einem Graphen, wobei jeder Knoten genau einmal besucht wird.

Unser Reiseveranstalter möchte nun eine Rundreise bestimmen, deren Gesamtkosten minimal sind. Dabei hat er schon für alle zulässigen Städteverbindungen zwischen seinen n Städten jeweils die Kosten vorab kalkuliert. Ein *Handlungsreisender*, der Kunden in n verschiedenen Orten besuchen will, hätte das gleiche Problem.

Später hat man bei verallgemeinerten Versionen des Vehicle Routing mit verschiedenartigen Knoten zu tun, nämlich Depot oder Lager von der einen und Kunden von der anderen Seite. Weil hier nur ein Handlungsreisender die Rundreise durchführt, ist es unerheblich, wo das „Depot“ (hier Anfangsknoten) liegt, da eine Rundreise alle Knoten gleichermaßen behandelt.

(!) TSP (allgemeine Formulierung): *Ein gerichteter stark zusammenhängender Graph $G = (N, A)$ ist gegeben. N ist die Menge der Knoten 1,2, ..., n (Knoten ≡ Stadt) und A ist die Menge der gerichteten Kanten (≡ Städteverbindungen), wobei jeder Kante (i,j) Kosten c_{ij} zugeordnet werden. Gesucht ist ein gerichteter Hamilton-Kreis (Hamilton-Zyklus, vgl. 5.3.1) Z von G mit minimalen Gesamtkosten* $c(Z) := \sum_{(i,j)\in Z} c_{ij}$.

TSP, bei denen der Graph G symmetrisch ist und für alle $(i, j) \in A$: $c_{ij} = c_{ji}$ gilt, heißen symmetrisch, sonst asymmetrisch. Symmetrische TSP bilden somit eine wichtige Klasse von TSP und lassen sich auch auf ungerichteten Graphen definieren. Für sie gibt es in der Literatur weiter spezialisierte Verfahren. Es sei hier bemerkt, dass das TSP ein in OR und Informatik sehr intensiv studiertes Problem ist, da seine Darstellung einfach ist, es aber eine gute Mischung von „harten“ Eigenschaften aufweist. Sehr viele Lösungstechniken wurden in den letzten Jahrzehnten in Forschungsarbeiten entwickelt und anhand des TSP erprobt.

Bemerkung: In manchen praktischen Anwendungen des TSP hat man mit einem Straßennetz (Graph) zu tun, bei dem ein Knoten der Ausgangspunkt ist (z. B. Depot/Lager) und weitere $n - 1$ Knoten (Kunden/Kaufhäuser), die evtl. durch einen Lkw beliefert werden sollen. Es kann passieren, dass eine optimale Rundreise (Tour) einen Knoten im Straßennetz mehrmals durchkreuzt. D. h. bei praktischen Problemen wird oftmals nur verlangt, dass bestimmte Knoten des Netzes (Lager und

Kunden) mindestens einmal in einem geschlossenen nicht unbedingt elementaren Weg enthalten sind.

Frage: Wie können wir diese Probleme mit Hilfe des oben definierten TSP bearbeiten?

Antwort: Wir definieren einen Graphen, der nur das Lager und die Kunden als Knoten hat, dann fügen wir jeweils eine Kante (i, j) für jedes Paar dieser Knoten ein, deren Kosten c_{ij} = *kürzeste Entfernung von i nach j im ursprünglichen Graphen (Straßennetz)* ist. Wir erhalten somit einen vollständigen Graphen. Nach der Lösung des TSP auf diesem Hilfsgraphen wird dann die praktische Rundreise des Lkw durch Ersetzen jeder Kante (i, j) durch *einen bekannten kürzesten Weg von i nach j im Straßennetz* gebildet (vgl. kürzeste-Wege-Verfahren in Kapitel 6).

Standardprobleme der Tourenplanung

Die sogenannten „Standardprobleme" der Tourenplanung modellieren klar definierte Basisvarianten des Tourenplanungsproblems, womit sich viele Forscher in den letzten Jahrzehnten beschäftigt haben [vgl. Domschke 1997]. Auch wenn Praxisprobleme selten diese relativ einfache Form besitzen, muss man sie kennen, um auf der Basis spezielle Methoden für den Praxisbedarf ableiten zu können.

Es handelt sich um Kunden, deren Bedarfe und Standorte bekannt sind und die mit einer gegebenen Flotte von *identischen* Fahrzeugen mit bestimmten Kapazitäten von *einem* Depot aus beliefert werden sollen. Es soll bestimmt werden, welche Fahrten durchzuführen sind, damit unter Einhaltung der Nebenbedingungen (z. B. Kapazitäts- und Zeitrestriktionen) die Gesamttransportkosten minimiert werden? Dabei werden die folgenden Begriffe genutzt:

- *Depot:* Der Ort, an dem Auslieferungsfahrten, Sammelfahrten etc. beginnen und enden. Im *Eindepotproblem* wird im Folgenden das Depot mit der Nummer 0 bezeichnet; die zu bedienenden Kunden mit 1,2,3,...,n.
- *Tour:* Die Menge aller Kunden, die auf ein und derselben, in einem Depot beginnenden und in einem Depot endenden Fahrt bedient werden.
- *Route:* Die Reihenfolge, in der die Kunden einer Tour zu bedienen sind.
- *Tourenplan:* Eine zulässige Lösung eines Tourenplanungsproblems, d. h. einer Menge von Touren und zugehörigen Routen, die alle Bedingungen des betrachteten Problems erfüllen.

Bei der *Tourenplanung (Vehicle Routing)* handelt es sich primär um ein spatiales Problem, weil Orte die dominierende Rolle spielen. Keine temporalen oder andersartigen Restriktionen beeinflussen die Routenbildung. Eine Ausnahme sind solche Restriktionen, die die Länge einer Route restringieren: Keine Überschreitung einer maximalen Länge erlaubt. Der gleiche Effekt wird durch eine maximal mögliche Fahrzeit des Vehikels, meistens bedingt durch Fahrerarbeitszeit, erzielt. Manchmal schränkt die Kapazität des Lkw die Anzahl der besuchten Knoten und somit auch die Routenlänge ein.

Im Kontrast zu Vehicle Routing müssen Routen bei *Vehicle-Scheduling-Problemen* im Bereich des öffentlichen Verkehrs sowohl spatiale als auch temporale Aspekte berücksichtigen (s. letztes Kapitel).

Im Folgenden werden die Charakteristika des Standardproblems der Tourenplanung zusammengefasst:

Ein Standardproblem der Tourenplanung

- Innerhalb einer Periode (z. B. eines Arbeitstages oder einer Schicht) sind Kunden von einem Depot aus zu bedienen (zu beliefern oder zu entsorgen).
- Die Standorte des Depots und der Kunden sind bekannt.
- Die $(n+1) \times (n+1)$-Entfernungsmatrix $\mathrm{D} = (d_{ij})$, d. h. die kürzesten Entfernungen zwischen den Kunden sowie zwischen dem Depot und den Kunden, sind bekannt.
- Annahme: D ist symmetrisch.

Zur Bedienung der Kunden stehen beliebig viele gleichartige Fahrzeuge zur Verfügung. Die Fahrzeuge sind am Depot stationiert.

Für die Kunden $i = 1,...,n$ gilt:

- Der Bedarf des Kunden i beträgt b_i Mengeneinheiten (ME) in einer Periode.
- Der Bedarf des Kunden ist durch vollständige Bedienung zu decken (keine Teillieferungen/-entsorgungen).

Für die Fahrzeuge gilt:

- Kapazitätsrestriktion: Jedes Fahrzeug kann maximal Q ME laden.
- Zeitrestriktion: Die Fahrzeit, die für eine Route erforderlich ist, darf T Zeiteinheiten (ZE) nicht überschreiten. Zur Vereinfachung wird angenommen, dass die Fahrt von i nach j (mit $i, j = 0,1,...,n$) genau d_{ij} ZE erfordert.

Zielsetzung:

- Die Touren bzw. Routen sind so zu planen, dass bei vollständiger Bedienung der Kunden die insgesamt zurückzulegende Entfernung minimiert wird.

Weitere Tourenplanungsprobleme

Weitere Tourenplanungsprobleme sind u. a.:

- Statt eines Auslieferungsproblems liegt ein Sammelproblem vor: z. B. Milch- oder Müllsammeln.
- An Stelle des Transports von Gütern handelt es sich um den Transport von Personen.
- Tourenplanung wird auch bei der Steuerung von Maschinen, z. B. bei der Leiterplattenbestückung, gebraucht.

- Es können mehrere Depots berücksichtigt werden (Mehrdepotprobleme).
- In Mehrperiodenproblemen werden mehrere Planungsperioden berücksichtigt.

Wir unterscheiden zwischen knoten- und kantenorientierten Tourenplanungsproblemen. Die knotenorientierten Probleme kann man als verallgemeinerte Traveling Salesman Probleme; die kantenorientierten Probleme als verallgemeinerte Briefträgerprobleme (Chinese Postman Probleme) verstehen.

8.3 Mathematische Modellierung und exakte Verfahren

Für das TSP bzw. Tourenplanungsproblem existieren viele wissenschaftliche Arbeiten über exakte und heuristische Lösungsverfahren. Exakte Verfahren sind vorzuziehen, falls die Größe eines gegebenen Problems „bezwungen" werden kann. Die Größe der exakt lösbaren Modelle steigt kontinuierlich an: im Jahr 2005 hält den Weltrekord eine amerikanische Forschergruppe, die die sogenannte Schweden-Tour mit 24.978 Orten (alle Orte in Schweden, in denen mindestens ein Schwede wohnt), exakt optimiert haben.

http://www.tsp.gatech.edu

Bei der Tourenplanung können je nach Art von Restriktionen nur viel kleinere Modelle exakt gelöst werden, so dass für die Praxis immer noch heuristische Verfahren sehr wichtig sind.
Bevor im nächsten Abschnitt heuristische Verfahren behandelt werden, sollen einige Ansätze für die exakte Lösung von TSP und Tourenplanungsproblemen betrachtet werden. Dabei erkennt man, worin die Härte dieser Probleme liegt.

Flussmodellierung für das Traveling Salesman Problem

Begonnen werden soll mit einem ersten Versuch der mathematischen Modellierung für das TSP: Es soll eine Rundreise in einem gerichteten Graphen G = (N,A) bestimmt werden, wobei die Zielfunktion darin besteht, die Gesamtkosten der Rundreise zu minimieren. Dabei sind die Kosten c_{ij} für jede Kante $(i, j) \in$ A gegeben. Für jede Kante (i, j) des Graphen wird eine 0/1-Variable x_{ij} eingeführt:

$x_{ij} = 1$, falls Kante (i, j) zur kostenminimalen Rundreise gehört
$x_{ij} = 0$, sonst.

Eine Rundreise durchläuft alle Knoten genau einmal. Wenn man die x_{ij} als Flussvariablen auf Kanten ansieht, muss die Größe des Flusses durch jeden Knoten $j \in$ N genau 1 sein, d. h. inflow(j) = outflow(j) = 1. Man bekommt das folgende Netzwerkmodell mit einem Zirkulationsfluss der Größe 1 (vgl. Kapitel 4):

$$\text{Min} \sum_{(i,j)\in A} c_{ij}x_{ij} \quad (1)$$

$$\text{s.t.} \sum_{\{i:(i,j)\in A\}} x_{ij} = 1 \text{ für alle Knoten } j = 1,...,n \text{ (} j \in \text{N) } \quad (2)$$

$$\sum_{\{k:(j,k)\in A\}} x_{jk} = 1 \text{ für alle Knoten } j = 1,...,n\text{(} j \in \text{N) } \quad (3)$$

$$x_{ij} \in \{0,1\} \text{ für alle Kanten } (i,j) \in \text{A} \quad (4)$$

Dieses Modell entspricht auch einem, in einem bestimmten Sinne verallgemeinerten, Zuordnungsproblem auf allgemeinen Graphen (nicht bipartiten Graphen): Jeder Knoten im Graphen wird seinem auf der Rundreise nächsten Knoten zugeordnet. Da Flussprobleme polynomiell lösbar sind, ist zu erwarten, dass diese Formulierung für das harte TSP nicht ausreicht. Wie sieht hier ein Gegenbeispiel aus (vgl. Abb. 8.2)?

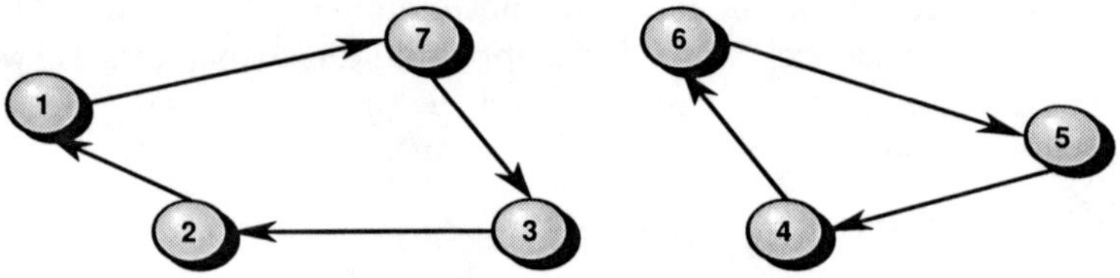

Abb. 8.2. Gegenbeispiel

Man kann also feststellen, dass die obige Netzwerkmodellierung Subtouren, also Touren, die nicht alle Knoten beinhalten, generieren kann. Der Ausweg ist hier, zusätzliche Restriktionen zum obigen Modell hinzuzufügen, die das Entstehen dieser Subtouren verhindern. Solche Restriktionen nennt man „Subtour-Breaking-Constraints".

Es gibt verschiedene Möglichkeiten in der Literatur, wie diese Restriktionen formuliert werden können. Wir betrachten hier ein paar Möglichkeiten:

$$(8.1) \sum_{i\in S}\sum_{j\notin S} x_{ij} \geq 1 \qquad \text{für alle } \emptyset \subset S \subseteq N$$

$$(8.2) \sum_{i\in R}\sum_{j\in R} x_{ij} \leq |R| - 1 \qquad \text{für alle } \emptyset \subset R \subseteq \{2,3,...,n\}$$

$$(8.3)\ z_i - z_j + n * x_{ij} \leq n - 1 \text{ für } i,j := 2,...,n \quad (i \neq j)$$

Beachten Sie, dass die erste (8.1) und die zweite Möglichkeit (8.2) jeweils ungefähr 2^n (Anzahl alle Teilmengen einer n bzw. $n-1$ elemntigen Menge), jedoch (8.3) nur weniger als n^2 subtour-breaking constraints (Anzahl Kanten) induzieren.

(8.1) bedeutet: Für jede echte Teilmenge S von N müssen die Knoten von S mit den anderen Knoten im Netzwerk zusammenhängen. Eine Subtour mit Knoten nur aus S wird damit verhindert.

(8.2) fordert, dass keine Zyklen entstehen können, die nicht durch Knoten 1 gehen: Jede Teilmenge R von {2,3,...,n} mit r Knoten darf nicht mehr als $r-1$ Kanten beinhalten (bei r oder mehr Kanten müsste ein Graph einen Zyklus beinhalten).

(8.3) ist komplexer: man gibt zunächst folgende Bedeutung für die Variablen z_i: Reihenfolge-Nummer des Besuches des Knotens i in einer Tour. D. h. Falls $x_{ij} = 1$, dann muss insbesondere $z_i + 1 \leq z_j (\leq n)$, also $z_i + 1 - z_j \leq 0$. Unter Benutzung der Modellierungstechniken aus dem vierten Kapitel (4.4 und 4.9), haben wir: $z_i + 1 - z_j \leq M(1 - x_{ij})$ wobei für $M = n$ als obere Schranke der linken Handseite $z_i + 1 - z_j$ gesetzt werden kann. Daraus folgt (8.3).
Für das obige Beispiel ergibt sich: $z_6 - z_5 + 7\ x_{65} \leq 6$ (= 7 - 1)

$z_5 - z_4 + 7\ x_{54} \leq 6$ (= 7 - 1)

$z_4 - z_6 + 7\ x_{46} \leq 6$ (= 7 - 1)

Da $x_{65} = x_{54} = x_{46} = 1$, bringt die Summe: $21 \leq 18$. Ein Widerspruch! D. h. eine Subtour wie [6,5,4,6], die nicht durch Anfangsknoten 1 durchgeht, wird in der geschilderten Weise vermieden.
Da die Anzahl der Restriktionen selbst bei der dritten Möglichkeit hoch wird, kann man sich bei der Lösung dieser IP-Modelle mit Hilfe von Optimierungssoftware mit dem allgemeinen Prinzip „Branch&Cut“ behelfen.

Branch&Cut-Methode:

Zunächst wird mit einem MIP-Optimierer das Anfangs-MIP-Modell (1), (2), (3) und (4), also ohne die Subtour-Breaking-Constraints gelöst. Falls eine zulässige Rundreise entsteht, ist sie kostenminimal, und das Verfahren bricht ab. Sonst wird untersucht, welche Subtour-Breaking-Constraints das Entstehen der in der berechneten optimalen Lösung enthaltenen Subtouren verhindern können (*Cuts*). Diese werden zu dem MIP-Modell hinzugefügt, und ein weiteres Lösen des MIP-Modells findet statt: *Branch-Operation*, ein *Meta-Schritt*, nicht wie Branch&Bound. Nach mehreren Branch- und Cut-Operationen wird das Verfahren hoffentlich mit einer zulässigen Rundreise abgebrochen, die dann kostenminimal ist.

Set-Partitioning-Ansatz für das Tourenplanungsproblem

Eine Möglichkeit zur mathematischen Formulierung von knotenorientierten Tourenplanungsproblemen ist der Set-Partitioning-Ansatz: Es wird zunächst angenommen, dass die Menge aller möglichen zulässigen Touren τ_1, τ_2, τ_3, ..., τ_k ($k >> n$) explizit bestimmt wurde. Zulässige Tour heißt, dass alle im Problem vorgegebenen Restriktionen erfüllt sind. Zu jeder solchen Tour τ_j sei C_j die Höhe der Gesamtkosten für diese Tour. Es sei noch bekannt über Konstanten e_{ij} (i:=1,..,n,j:=1,...,k), welche Knoten i in einer Tour j vorkommen.

$e_{ij} = 1$, falls Knoten i in der Tour j vorkommt, und $e_{ij} = 0$ sonst.

Man führt nun 0/1-Variablen y_j ein (j:=1,...k):

$y_j = 1$, falls die Tour j in dem (berechneten) kostenminimalen Tourenplan gehört,

$y_j = 0$, sonst.

Eine mathematische Formulierung für das Tourenplanungsproblem lässt sich nun angeben als:

$$\text{Min} \sum_{j=1}^{k} c_j y_j \text{ s.t. } \sum_{j=1}^{k} e_{ij} y_j = 1 \text{ für alle Knoten } i = 1,\ldots, n$$
$$y_j \in \{0,1\} \quad \text{für alle Touren } j = 1,\ldots, k.$$

Natürlich ist hier die Schwierigkeit beim Lösen dieses Set-Partitioning IP-Modells die immense Anzahl der Variablen (m: Anzahl aller möglichen Touren). Man kann sich hier mit der Column-Generation-Methode behelfen:

Anwendung der Column-Generation-Methode:

Die Column-Generation-Methode bietet sich zur Lösung von LP mit sehr vielen Variablen an. Sie kann kombiniert mit Branch&Bound angewandt werden. Zunächst wird mit einer Untermenge aller möglichen Touren angefangen, die alle Knoten mindestens einmal beinhalten. Dann wird das zugehörige kleinere LP-Modell (Relaxation des IP-Modells für einen Knoten des Branch&Bound-Baumes) gelöst. Anhand von Informationen der berechneten optimalen Lösung, nämlich „Schattenpreise", wird eine gezielte Suche nach einer oder mehreren Touren (neue Variablen) gestartet, die den Zielfunktionswert beim Set-Partitioning-Modell verbessern können. Dieses Hilfsproblem wird von einem sog. *Column Generator* gelöst. Danach wird das durch diese Touren ergänzte Set-Partitioning-Modell gelöst. Dieses Vorgehen erfolgt mehrmals, bis eine optimale Lösung (Column Generator findet keine den Zielfunktionswert verbessernden Touren) oder bis eine gute suboptimale Lösung erreicht wird. Meistens tritt der letztere Fall auf, so dass man hier über ein unvollständig exaktes Verfahren sprechen kann.

Bemerkung: Für kantenorientierte Tourenplanungsprobleme, bei denen – wie beim Chinese Postman Problem – Kanten mindestens einmal durchlaufen werden, kann man den gleichen Ansatz wählen. Allerdings betrachtet man statt Knoten Kanten im Graphen und die Restriktionen haben statt der Form

$$\sum_{j=1}^{k} e_{ij} y_j = 1 \text{ für alle Knoten } i = 1,\ldots,n (i \in N)$$

die Form: $\sum_{j=1}^{k} e_{ij} y_j \geq 1$ für alle Kanten $i \in A$

Das so geänderte Modell nennt man zum Kontrast ein Set-Covering-Problem.

8.4 Heuristische Verfahren für Tourenplanung

In einem Tourenproblem sind grundsätzlich zwei Teilprobleme enthalten:

1. Ein Zuordnungsproblem von Kunden (Kanten, Pfeilen) zu einer Tour: *Clustering-Problem*.
2. Ein *Routing-Problem* für jede Tour; d. h. die Bestimmung einer (kürzesten) Rundreise oder Briefträgertour für jede Tour (jedes Cluster).

Heuristische Verfahren zur Lösung von Standardtourenproblemen können somit in *Sukzessiv-* und *Parallelverfahren* unterteilt werden.

Sukzessiv-Verfahren

Es werden grundsätzlich zwei Typen von Sukzessiv-Verfahren unterschieden:

1. Route-First-Cluster-Second: geeignet für kantenorientierte Tourenplanungsprobleme, z. B. Briefträger-Probleme: Bilde eine „Giant"-Briefträger-Tour, dann zerlege sie in einem zweiten Schritt in zulässige Touren (für jeden Briefträger)
2. Cluster-First-Route-Second: geeignet für knotenorientierte Tourenplanungsprobleme, z. B. Sweep-Verfahren: Fasse Kunden zusammen in einer Tour unter Beachtung von Kapazität, dann wende TSP-Verfahren für jede Tour einzeln an.

Parallelverfahren:

Die folgenden Arten von Parallelverfahren sind insbesondere für knotenorientierte Tourenplanungsprobleme geeignet:

1. Konstruktionsverfahren: z. B. Savings-Verfahren
2. Verbesserungsverfahren, wie 2-opt und 3-opt sowie Verallgemeinerungen

8.4.1 Das Savings-Verfahren

Das Savings-Verfahren wurde von Clark und Wright 1964 vorgestellt. Es ist vermutlich das am häufigsten in der Praxis eingesetzte Verfahren.
Gegeben: eine symmetrische Entfernungsmatrix $D = (d_{ij})$ mit $i, j = 0,1,2,...,n$.
Anfangslösung: Pendeltour zu jedem Kunden i und zurück. Die Route der i-ten Tour ist $[0,i,0]$.
Verbesserung: Jeweils zwei Touren werden zusammengelegt, soweit die Kapazitäts-/Zeitrestriktionen nicht verletzt sind. Zwei Routen werden durch Übergang von einem *Endkunden* der ersten zu einem *Endkunden* der zweiten Tour verknüpft (Endkunde ist erster oder letzter Kunde einer Tour).
Die Vereinigung zweier Touren durch Verknüpfung ihrer Routen über die Endkunden i und j ergibt ein *Saving* (eine Ersparnis) von

$$s_{ij} := d_{0i} + d_{0j} - d_{ij}.$$

s_{ij} ist um so größer, je näher i und j beieinander liegen und je weiter sie vom Depot 0 entfernt sind.

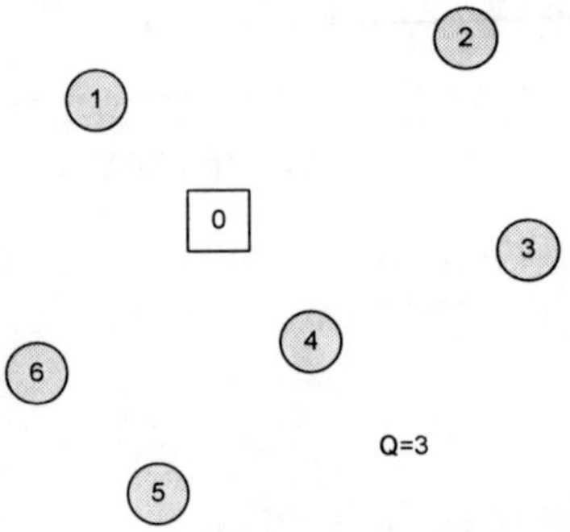

	0	1	2	3	4	5	6
0	-	20	30	30	20	50	35
1		-	30	45	35	65	45
2			-	30	45	75	55
3				-	35	70	60
4					-	35	25
5						-	25
6							-

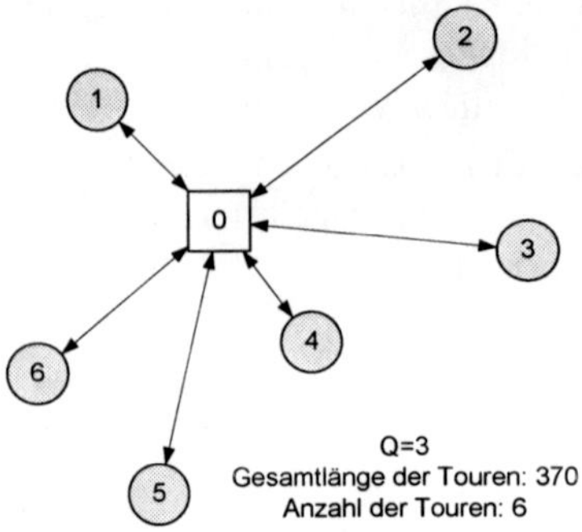

	0	1	2	3	4	5	6
0	-	20	30	30	20	50	35
1		-	30	45	35	65	45
2			-	30	45	75	55
3				-	35	70	60
4					-	35	25
5						-	25
6							-

	1	2	3	4	5	6
1	-	20	5	5	5	10
2		-	30	5	5	10
3			-	15	10	5
4				-	35	30
5					-	60
6						-

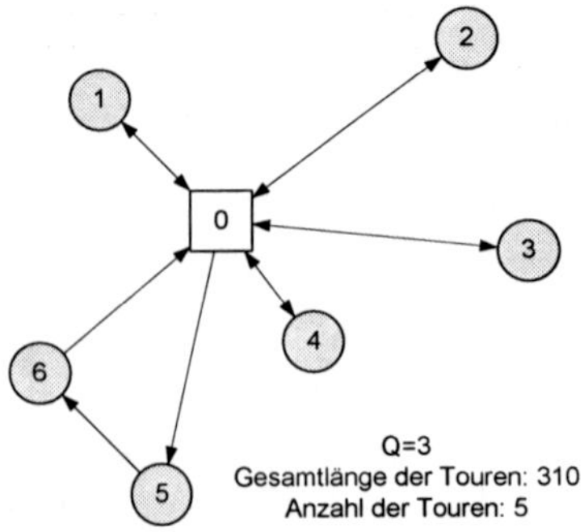

	0	1	2	3	4	5	6
0	-	20	30	30	20	50	35
1		-	30	45	35	65	45
2			-	30	45	75	55
3				-	35	70	60
4					-	35	25
5						-	25
6							-

	1	2	3	4	5	6
1	-	20	5	5	5	10
2		-	30	5	5	10
3			-	15	10	5
4				-	35	30
5					-	60
6						-

Abb. 8.3. Ein Beispiel für den Savings-Algorithmus (1/2)

Savings-Algorithmus

Start: Anfangslösung mit Route $[0,i,0]$ für jeden Kunden $i = 1,...,n$.
Berechne Savings für alle Kundenpaare (i, j) mit $i < j$.
Sortiere sämtliche Ersparnisse ($s_{ij} > 0$) nach abnehmenden Werten in einer Liste.
Iteration: Eliminiere das größte Element der Liste; es sei s_{ij}.
Verbinde die Kunden i und j und damit deren Routen, falls die folgenden Bedingungen erfüllt sind:

- Kunde i und j sind Endkunden zweier verschiedener Routen;
- Der Gesamtbedarf der erweiterten Tour ist $\leq$ Q;
- Die Länge der erweiterten Route ist $\leq$ T.

Abbruch: Die Liste ist leer; d. h. alle positiven s_{ij} sind überprüft.

Ergebnis: Ein suboptimaler Tourenplan. Das Ergebnis kann durch weitere Algorithmen, wie 2-opt und 3-opt (s. unten), verbessert werden.

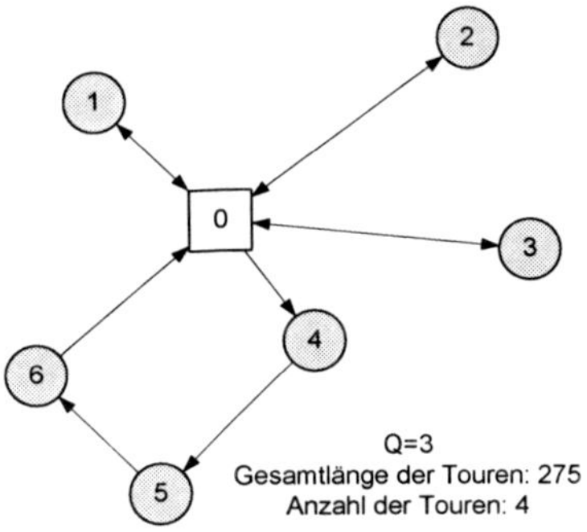

	0	1	2	3	4	5	6
0	-	20	30	30	20	50	35
1		-	30	45	35	65	45
2			-	30	45	75	55
3				-	35	70	60
4					-	35	25
5						-	25
6							-

	1	2	3	4	5	6
1	-	20	5	5	5	10
2		-	30	5	5	10
3			-	15	10	5
4				-	35	30
5					-	60
6						-

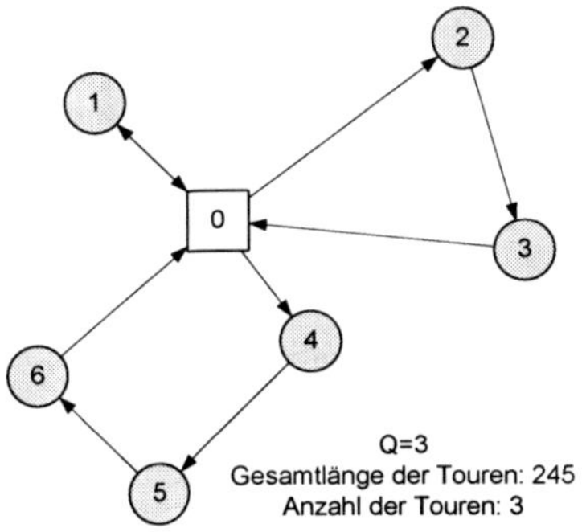

	0	1	2	3	4	5	6
0	-	20	30	30	20	50	35
1		-	30	45	35	65	45
2			-	30	45	75	55
3				-	35	70	60
4					-	35	25
5						-	25
6							-

	1	2	3	4	5	6
1	-	20	5	5	5	10
2		-	30	5	5	10
3			-	15	10	5
4				-	35	30
5					-	60
6						-

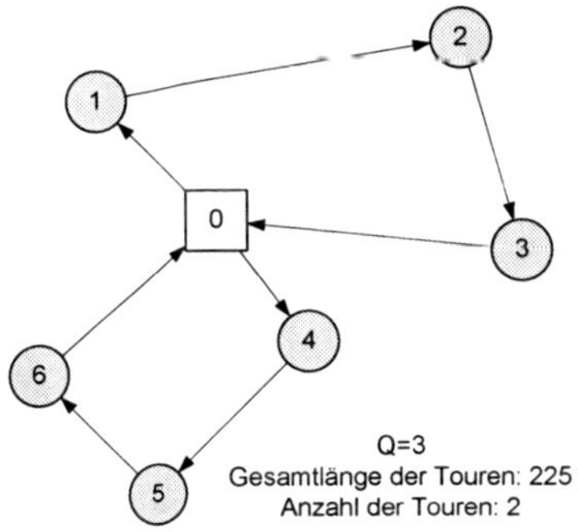

	0	1	2	3	4	5	6
0	-	20	30	30	20	50	35
1		-	30	45	35	65	45
2			-	30	45	75	55
3				-	35	70	60
4					-	35	25
5						-	25
6							-

	1	2	3	4	5	6
1	-	20	5	5	5	10
2		-	30	5	5	10
3			-	15	10	5
4				-	35	30
5					-	60
6						-

Abb. 8.4. Ein Beispiel für den Savings-Algorithmus (2/2)

8.4.2 Das Sweep-Verfahren

Ein zweiter, allgemein bekannter Algorithmus zur Ein-Depot-Tourenplanung heißt Sweep (von Gillet und Miller 1974).

Vorgehensweise beim Sweep-Verfahren

Für den Sweep-Algorithmus sind i.A. die Koordinaten der Kunden (x_i, y_i) bzgl. eines Koordinatensystems mit dem Depot als Ursprung gegeben (ungefähre Lage der Kunden auf einer Landkarte ist ausreichend). Die Entfernung d_{ij} zwischen je zwei Standorten ist gegeben oder wird durch Multiplizieren der euklidischen Distanz mit einem Umwegfaktor approximiert.

Die Kunden werden nach aufsteigenden Polarwinkeln (d. h. gegen den Uhrzeigersinn) sortiert. Man geht davon aus, dass die Kunden in dieser Reihenfolge von 1 bis n numeriert sind (keine Voraussetzung, Umnumerieren!). Die erste Tour des Planes enthält die Kunden 1,2,...,i_1 (also Kunden mit den kleinsten Polarwinkeln); die zweite Tour die Kunden i_1+1, ..., $i_1 + i_2$ usw. . Die für jede Tour günstigste Route kann mit TSP-Algorithmen berechnet werden (z. B. Anfangstour durch 2-opt und 3-opt verbessern).

Vor der Einplanung eines Kunden in eine Tour wird sichergestellt, dass Kapazitäts- und Zeitrestriktionen eingehalten werden. Den zweiten Tourenplan erhält man, indem man die Toureneinteilung mit Kunde 2 beginnt. Durch den Start mit dem 3.-, 4.-, ..., n-ten Kunden erhält man insgesamt n Tourenpläne (n Tourenpläne und nicht n Touren!). Der im Laufe des Verfahrens jeweils beste Plan wird gespeichert und schließlich realisiert.

Der Sweep-Algorithmus

Voraussetzung: Gegeben sind die Daten eines Standard-Tourenplanungsproblems. Das Depot 0 liegt im Ursprung eines Koordinatensystems.

Start: Die Kunden 1,...,n sind nach steigenden Polarwinkeln sortiert. $z := \infty$

Iteration (i = 1,...,n): Bilde den i-ten Tourenplan (:= TP_i) wie folgt:

- Nimm die Kunden in der Reihenfolge i,i+1,...,n,1,...,i−1 in die einzelnen Touren auf.
- Jede Tour wird durch in der Nummerierung aufeinanderfolgende Kunden so lange erweitert, bis durch den nächsten Kunden die Kapazität Q oder die Zeitbeschränkung T überschritten wurde.
- Bestimme eine (möglichst) kürzeste Route für jede Tour, z. B. mit dem 2-opt-/3-opt-Algorithmus (s. unten).
- Ist die Länge z_i:= $z(\text{TP}_i)$ des Tourenplans kleiner als z, so speichere den Plan i als aktuell besten Tourenplan und setze $z := z_i$.

Ergebnis: Ein suboptimaler Tourenplan mit der Länge z.

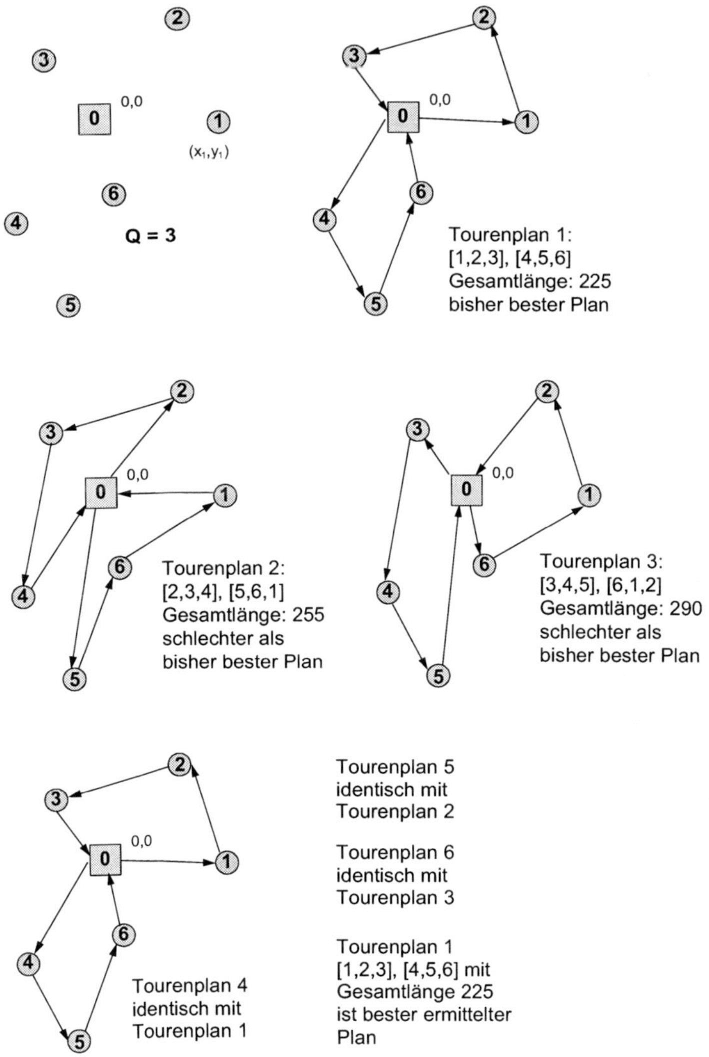

Abb. 8.5. Beispiel für den Sweep-Algorithmus

8.4.3 Verbesserungsverfahren

Klassische heuristische Verfahren zur Lösung von symmetrischen TSP und Tourenplanungsproblemen werden in Eröffnungsverfahren und Verbesserungsverfahren unterteilt. Ein Eröffnungsverfahren (z. B. bester Nachfolger für TSP oder Savings und Sweep für Tourenplanung) bestimmt eine mögliche Tour, die mit Verbesserungsverfahren verbessert werden kann. Wir behandeln zunächst den Fall der Verbesserung einer einzelnen Tour eines Tourenplans (d. h. TSP), dann erweitern wir das Verfahren um die tourenverändernde Verbesserung von Tourenplänen.

r-opt-Verfahren

Bei den sogenannten r-opt-Verfahren handelt es sich um Verbesserungsverfahren, die durch Vertauschungen versuchen, die aktuelle Rundreise zu verbessern. Im r-opt-Verfahren werden r Kanten gegen r (andere) Kanten vertauscht. Dabei müssen die Menge der aus der Tour zu entfernenden und die der dafür aufzunehmenden Kanten nicht disjunkt sein.

Eine Tour heißt *r-optimal*, wenn es nicht möglich ist, eine kürzere Tour durch Ersetzen von r ihrer Kanten durch r andere zu finden.

Im klassischen r-opt-Verfahren wird zuerst r festgelegt und im Laufe des Algorithmus nicht mehr geändert. Mehr Variabilität bietet der Lin-Kernighan-Algorithmus, der als Verbesserungsverfahren mit einem variablen r bezeichnet werden kann (mehr dazu in den Online-Unterlagen).

2-opt-Verfahren für einzelne Touren

Gegeben: Kostenmatrix C = (c_{ij}) eines ungerichteten, bewerteten Graphen G mit n Knoten und eine Tour mit Route $[t_1,...,t_n,t_1]$. Die (neue) Route R im Algorithmus wird anfangs auf diese Route $[t_1,...,t_n,t_1]$ gesetzt.

Algorithmus 6 2-opt-Verfahren

Iteration:
Knoten von G werden $i = 1,2,...,n$ nummeriert gemäß der neuen Route R.
for $i := 1$ to $n-2$ **do**
  for $j := i+2$ to $n-1$ **do**
    if $c_{t_i t_{i+1}} + c_{t_j t_{j+1}} > c_{t_i t_j} + c_{t_{i+1} t_{j+1}}$ **then**
      Bilde neue Tour mit Route R := $[t_1,..,t_i,t_j,t_{j-1},...,t_{i+1},t_{j+1},...,t_n,t_1]$
      Beginne *erneut* mit der *Iteration* (Änderung der Knotennummern!)
    end if
  end for
  if $c_{t_i t_{i+1}} + c_{t_n t_1} > c_{t_i t_n} + c_{t_{i+1} t_1}$ **then**
    Bilde neue Tour mit Route R := $[t_1,...,t_i,t_n,t_{n-1},...,t_{i+1},t_1]$
    Beginne *erneut* mit der *Iteration* (Änderung der Knotennummern!)
  end if
end for ▷ Die *Iteration* bringt keine Verbesserung mehr
Ende Iteration

Tourenverändernde Verbesserungsverfahren

Ein Tourenplan kann einerseits dadurch verbessert werden, dass man unter Beibehaltung der Touren versucht, kürzere Routen zu ermitteln (Anwendung von 2-opt auf einzelne Touren eines Tourenplans). Andererseits kann versucht werden, durch Veränderung der Routen und Touren einen noch besseren Plan zu finden. Im Folgenden wird ein tourenveränderndes Verbesserungsverfahren kurz erläutert.

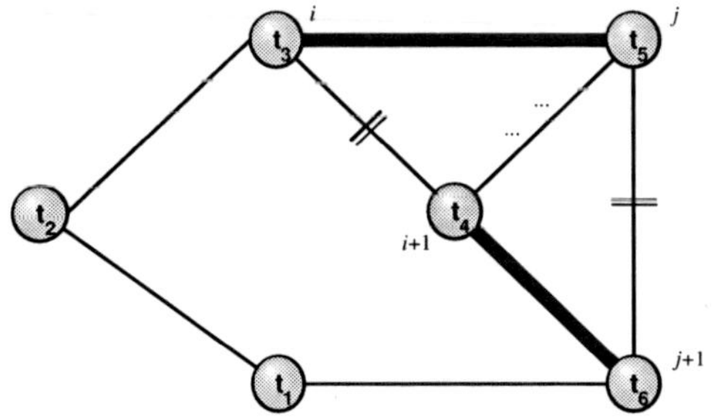

Abb. 8.6. Beispiel für Iterationsschritt i = 3 , j = 5

Es wird angenommen, dass der vorliegende Plan m Touren besitzt. Das zu lösende Problem wird als ein TSP mit m Rundreisenden betrachtet. Dieses Problem wird durch Definition von m (statt einem) Depotknoten in ein „gewöhnliches" TSP transformiert, das mit einem modifizierten 2-opt-Verfahren gelöst wird.

Die neuen Depotknoten werden mit denselben Knoten aus dem ursprünglichen Problem verbunden, mit denen der ursprüngliche Depotknoten verbunden ist. Die Bewertungen der zusätzlichen Pfeile sind identisch mit den ursprünglichen.

Im erweiterten Graphen wird jetzt eine möglichst optimale Route bestimmt. Daraus lässt sich unmittelbar eine optimale oder suboptimale Lösung des ursprünglichen Problems herleiten. Jedoch muss immer dann, wenn eine Verbesserungsmöglichkeit der Rundreise gefunden wird, geprüft werden, ob die einzelnen Routen (das sind die Abschnitte zwischen zwei Depotknoten) die Kapazitäts- und Zeitrestriktionen erfüllen. Nur wenn dies der Fall ist, kann die verbesserte Rundreise gebildet und zur nächsten Iteration des 2-opt-Verfahrens übergegangen werden.

Beispiel: Tourenveränderndes 2-opt-Verfahren

Abb. 8.7 zeigt wie ein Tourenplan, der hier mit Hilfe vom Sweep-Verfahren konstruiert wurde, transformiert wird, um darauf das tourenverändernde 2-opt-Verfahren durchführen zu können. Es wurden 3 Depot-Knoten angelegt, da 3 Touren bestehen. Es ist zu beachten, dass jeder Depot-Knoten *jeweils 2 Touren* miteinander verbindet. Nun wird visuell geprüft, welcher tourenverändernde 2-opt-Schritt den Tourenplan verbessert. Worauf muss man dabei achten? Wie bildet man den verbesserten Tourenplan?

Dieses Verfahren liefert immer einen Tourenplan, der ebenso viele Touren besitzt wie der Anfangsplan, auch wenn Pläne geringerer Gesamtlänge mit weniger Touren existieren. Dies kann man wie folgt korrigieren: Bezeichnet man mit h die kleinste ganze Zahl $\geq \frac{1}{Q} \sum_{i=1}^{n} b_i$, so stellt h eine untere Schranke für die Anzahl der erforderlichen Touren zur Befriedigung der Kundenbedarfe $b_i$dar (Q ist die Kapazität eines Wagens).

Jetzt werden zwischen h Depotknoten keine Verbindungen eingefügt. Zwischen diesen h und den übrigen $m - h$ Depotknoten werden Kanten bzw. Pfeile mit der

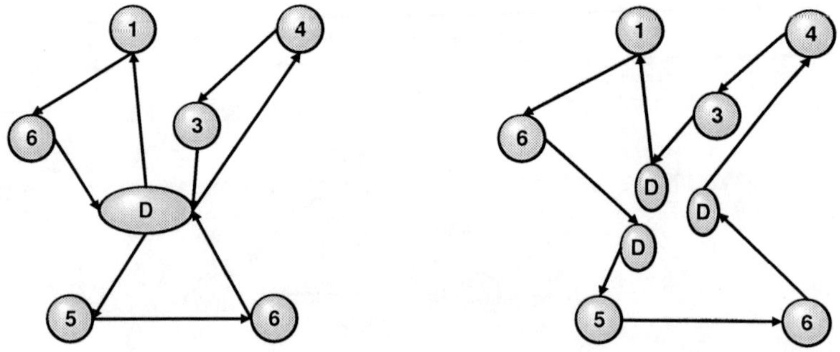

Abb. 8.7. Beispiel für tourenveränderndes 2-opt-Verfahren

Bewertung 0 eingeführt. Ebenso erhalten die $m - h$ Depotknoten untereinander Verbindungen mit der Bewertung 0.

8.5 Dynamische Tourenplanung

Bei der dynamischen Tourenplanung können Aufträge jederzeit neu aufgenommen werden, so dass die existierenden Tourenpläne in Echtzeit geändert werden müssen. Solche Probleme haben eine große praktische Bedeutung, z. B. für Speditionen. Durch die rasche Entwicklung von Kommunikationstechnologien, wie mobile Telefonnetze und „Global-Positioning-Systeme" ist es immer öfter möglich, auch kurzfristige Tourenänderungen zu kommunizieren, um Kosten einzusparen und einen besseren Service anzubieten.

U. a. sind folgende Probleme in der Literatur bekannt (vgl. [Larsen 2000]):

- *Dial-a-ride or share-a-cab services:* Eine gegebene Menge von Fahrzeugen ist bereit, Kundenaufträge durchzuführen, die telefonisch aufgenommen werden. Die Aufträge müssen so schnell wie möglich erfüllt werden. Der Dispatcher muss schnell entscheiden, welches Fahrzeug welchen Kundenauftrag übernimmt, und wie die gegebene Route des Fahrzeugs modifiziert werden soll.
- *Lieferung von Öl, Benzin etc.:* Ein Öllieferant soll mehrere Kunden beliefern, so dass die tatsächlich zu liefernde Menge im Voraus nicht exakt bekannt ist. Es ist möglich, dass ein Tankwagen zu wenig Öl dabei hat, um alle geplanten Kunden beliefern zu können. Dieses soll vermieden werden, weil dieser Kunde sonst noch einmal beliefert werden muss.
- *Kurierdienste:* Kleinlaster oder Pick-ups von Kurierdiensten fahren in einer Gegend und sammeln Pakete, Briefe, etc. Aufträge werden telefonisch beim Dispatcher angemeldet, der sie an die Fahrer weiterleitet. Die Tourenänderungen können entweder zentral oder dezentral von jedem Fahrer durchgeführt werden.
- *Hafendienste:* In einem großen Hafen kommen ständig vollbeladene Lkw an, deren Ladungen auf dem Hafengelände (draußen oder in einem Lager) gelagert werden sollen. Diese Transporte können mit hafenspezifischen Transportwagen

(wie Vancarrier) erfolgen. Weil die Ankunft der Lkw nicht exakt vorherzusehen ist, muss der Dispatcher ein dynamisches Tourenplanungsproblem in Echtzeit lösen.

Ein dynamisches Tourenplanungsproblem muss schrittweise gelöst werden, weil nicht alle Informationen am Anfang bekannt sind.

Typisch für die dynamische Tourenplanung ist, dass einige Problemgrößen *deterministisch* sind: Anzahl der Knoten, Anzahl der Fahrzeuge, Kapazitäten der Fahrzeuge, etc. Andere Parameter sind nichtdeterministisch, sondern als *Vorhersagen* verfügbar: Nachfrage in einem Knoten, Fahrzeit zwischen zwei Knoten, etc. Problemgrößen können auch *probabilistisch* sein, so dass die Verteilung bekannt ist. Weiterhin ist möglich, dass einige Problemgrößen zum Zeitpunkt der Routengenerierung gar *nicht bekannt* sind.

Typen der Problemgrößen können sich im Laufe des Lösungsprozesses auch ändern. Beispielsweise kann eine Größe, die am Anfang probabilistisch ist, später deterministisch werden.

Man unterscheidet zwischen den folgenden Typen von algorithmischen Methoden zur Lösung von dynamischen Tourenplanungsproblemen:

- *Kurzsichtige Algorithmen (myopic algorithms):* Diese Algorithmen berechnen eine optimale Lösung so, dass nur die exakt gegebenen Eingabedaten benutzt werden. Wenn eine neue exakte Eingabe gemacht wird, wird die Lösung aktualisiert. Dabei wird eine heuristische Prozedur zum Einfügen oder Austauschen von Aufträgen benutzt.
- *Rollierende Planungsalgorithmen:* Diese Algorithmen berücksichtigen eine Vorhersage der Ereignisse in der Zukunft bis zu einem bestimmten Zeitpunkt. Dieser Zeitpunkt rolliert entweder in festen Intervallen oder jeweils nach Eingabe eines Auftrags. Es wird nicht nur lokal reoptimiert, sondern soweit wie möglich, eine komplett neue Lösung berechnet.
- *Regel-Algorithmen:* Diese Algorithmen berechnen keine fertigen Routen, sondern bestimmen Verfahrensregeln (policies). Es kann sich hier genauso gut um einfache Regeln wie komplizierte Algorithmen handeln – beispielsweise: „Warte bis genug Aufträge da sind, um einen Lkw zu füllen, dann berechne eine Route mit dem TSP-Algorithmus“ oder „Ordne Aufträge nach dem First-Come-First-Serve-Prinzip“.

8.6 Warehouse-Location-Probleme

Bei Tourenplanungsproblemen werden Standorte der Kunden und der Depots als feste Größen betrachtet, die sich bei der Durchführung der Touren natürlich nicht ändern. In diesem Abschnitt betrachten wir Prozesse, die vorher gelaufen sind, nämlich die Festlegung der Standorte für Produktionsstätten, Lagerhäuser und Kunden. Diesen wichtigen Bereich nennen wir Standortplanung oder -bestimmung. Insbesondere konzentrieren wir uns auf Ansätze, die gleichzeitig (variable) Transportkosten und (fixe) Errichtungskosten der Standorte berücksichtigen.

Ansätze zur *betrieblichen Standortplanung* behandeln Fragen der Standortwahl für einzelne Betriebe. Zu dieser Gruppe zählen auch Beiträge, die sich mit der Standortwahl von externen Lägern (Zentral- oder Auslieferungsläger) beschäftigen. Auch die Standortwahl für öffentliche Einrichtungen wie Schulen, Krankenhäuser, Feuerwehrstationen, etc. gehört in diese Gruppe.

Im Folgenden betrachten wir das betriebliche Standortproblem für Auslieferungslager unter der Voraussetzung, dass nur ganz bestimmte Orte in Frage kommen. Jeder potenzielle Standort verursacht Errichtungskosten, die in der Regel unterschiedlich sind. Die Kosten der Belieferung der Kunden sind auch standortabhängig. Eine mögliche Zielsetzung ist es, die Summe aus fixen Standorterrichtungskosten plus variablen Auslieferungskosten zu minimieren. Dabei handelt es sich um ein Warehouse-Location-Problem (WLP). Alternative Zielsetzungen sind möglich.

8.6.1 Unkapazitiertes (einstufiges) WLP

Die Basisform des WLP ist das im Folgenden dargestellte *unkapazitierte, einstufige WLP*:

Ein Unternehmen beliefert n Kunden, die pro Periode $b_1,...,b_n$ ME der von ihm angebotenen Güter nachfragen. Das Unternehmen möchte seine Vertriebskosten senken, indem es Auslieferungslager errichtet und betreibt. Hierfür stehen m potenzielle Standorte zur Verfügung. Wird am potenziellen Standort i ein Lager errichtet, so entstehen fixe Kosten der Lagerhaltung in Höhe von f_i GE pro Periode. Die Transportkosten betragen c_{ij}, falls der Kunde j voll (mit b_j ME) durch ein am Standort i eingerichtetes Lager beliefert wird (beachte: hier ist $c_{ij} = b_j$ * Einheitskosten$_{ij}$).

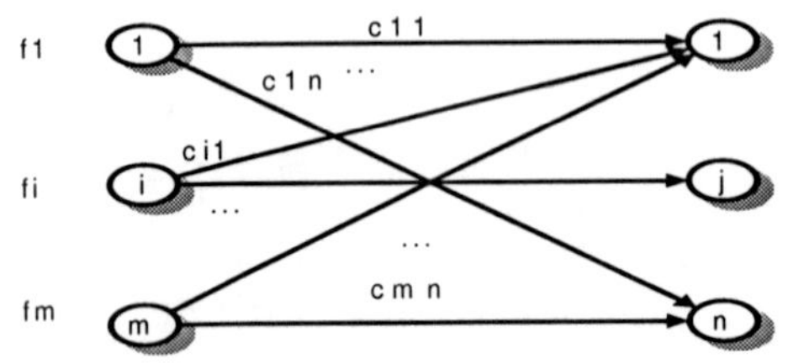

Abb. 8.8. Ein unkapaziertes, einstufiges WLP

Wieviele Lager sind vorzusehen und an welchen der potenziellen Standorte sind sie einzurichten, wenn bei voller Befriedigung der Kundennachfrage die Summe aus (fixen) Lagerhaltungskosten und Transportkosten (vom Lager zum Kunden) minimiert werden soll? In Abb. 8.8 ist das Basis-WLP erläutert.

Das WLP kann folgenderweise als ein gemischt-ganzzahliges Optimierungsproblem modelliert werden: Es wird eine Binärvariable y_i (0/1-Variable) für jeden potenziellen Standort eingefügt. Die kontinuierlichen Variablen x_{ij} bestimmen die Anteile der zu transportierenden Menge vom Standort i zum Kunden j.

In einer zulässigen Lösung des WLP besitzen die Variablen die folgende Bedeutung:

- $0 \leq x_{ij} \leq 1$, wobei $x_{ij} = 1$, wenn Kunde j vom Lager i voll beliefert wird.
- $y_i = 1$, wenn am potenziellen Standort i ein Lager einzurichten ist.

Das unkapazitierte, einstufige WLP kann mathematisch wie folgt formuliert werden:

$$\begin{array}{lll}
\mathbf{min} \sum\limits_{i=1}^{m}\sum\limits_{j=1}^{n} c_{ij}x_{ij} + \sum\limits_{i=1}^{m} f_i y_i & & (1)\\
\text{s.t.}\quad x_{ij} \leq y_i & \text{für } i = 1,\ldots,m \text{ und } j = 1,\ldots,n & (2)\\
\sum\limits_{i=1}^{m} x_{ij} = 1 & \text{für } j = 1,\ldots,n & (3)\\
y_i \in \{0,1\} & \text{für } i = 1,\ldots,m & (4)\\
x_{ij} \geq 0 & \text{für } i = 1,\ldots,m \text{ und } j = 1,\ldots,n & (5)
\end{array}$$

Die Bedingungen (2) stellen sicher, dass ein Nachfrager j nur von einem solchen potenziellen Standort i aus beliefert wird, für den die Einrichtung eines Lagers vorgesehen ist. Dabei haben wir n^*m Bedingungen. Diese disaggregierte Formulierung ist günstig für die Lösbarkeit des Problems. Es wäre auch möglich, die Bedingungen (2) durch genau m Bedingungen in aggregierter Form $\sum\limits_{j=1}^{n} x_{ij} \leq n_i y_i$ für $i= 1,\ldots,m$ zu ersetzen. Dabei ist n_i die maximale Anzahl an Kunden, die von einem Lager am potenziellen Standort i (ökonomisch sinnvoll) beliefert werden kann.

8.6.2 Kapazitiertes (einstufiges) WLP

Das kapazitierte, einstufige WLP unterscheidet sich vom unkapazitierten WLP durch die Annahme, dass die Kapazität der möglichen Lager beschränkt ist. Die Kapazität des Lagers i sei a_i. Die Transportkosten c_{ij} definieren wir in diesem Fall als Geldeinheiten je beförderter Mengeneinheit. In dieser Formulierung ist x_{ij} die vom Lager i zum Nachfrager j transportierte Gütermenge. Die Binärvariablen y_i sind wie oben definiert. Die mathematische Formulierung lautet:

$$\begin{array}{lll}
\mathbf{min} \sum\limits_{i=1}^{m}\sum\limits_{j=1}^{n} c_{ij}x_{ij} + \sum\limits_{i=1}^{m} f_i y_i & & (6)\\
\text{s.t.}\quad \sum\limits_{j=1}^{n} x_{ij} \leq a_i y_i & \text{für } i = 1,\ldots,m & (7)\\
x_{ij} \leq b_j y_i & \text{für } i = 1,\ldots,m \text{ und } j = 1,\ldots,n & (8)\\
\sum\limits_{i=1}^{m} x_{ij} = b_j & \text{fur } j = 1,\ldots,n & (9)\\
y_i \in \{0,1\} & \text{für } i = 1,\ldots,m & (10)\\
x_{ij} \geq 0 & \text{für alle } i \text{ und } j. & (11)
\end{array}$$

Aus praktischer Sicht kann es sinnvoll sein, Mindestkapazitäten von Standorten zu berücksichtigen. In diesem Fall handelt es sich um Schwellenwerte, z. B. s_i für Standort i ($i = 1,\ldots,m$). Nach der den Autoren bekannten Technik werden dann die folgenden Nebenbedingungen ins Modell eingefügt:

$$\sum_{j=1}^{n} x_{ij} \geq s_i y_i \text{ für } i= 1,\ldots,m \quad (12)$$

8.6.3 Mehrstufige Warehouse Location Probleme

In mehrstufigen WLP werden mindestens zwei Transportstufen berücksichtigt, wobei die Standorte für einen oder mehrere Typen von Einrichtungen gesucht werden. Für das zweistufige WLP muss das obige kapazitierte, einstufige Problem um eine vorgelagerte Transportstufe erweitert werden (s. Abb. 8.9). Das zweistufige WLP liegt beispielsweise vor, wenn neben großen Zentrallägern auch kleinere Zwischenläger errichtet werden sollen.

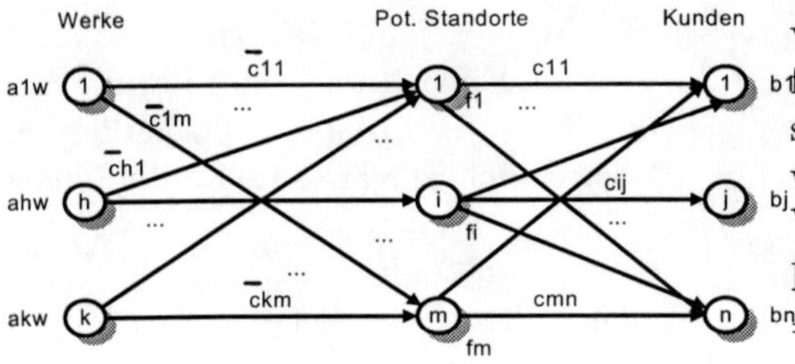

Abb. 8.9. Ein zweistufiges WLP

Ein Unternehmen beliefert n Kunden, die pro Periode $b_1,\ldots,b_n$ ME der von ihm angebotenen Produkte nachfragen. Zur Fertigung der Produkte stehen k Werke mit einer Kapazität von $a_1^w,\ldots,a_k^w$ ME pro Periode zur Verfügung.

Die Kapazität eines am Standort i ($i = 1,\ldots,m$) errichteten und betriebenen Lagers l beträgt maximal a_i^l ME; die fixen Lagerhaltungskosten sind f_i GE. Unter der Kapazität eines Lagers soll diejenige Gütermenge verstanden werden, die das Lager pro Periode maximal passieren kann. Es wird angenommen, dass sich Lagerzu- und -abgang im Laufe einer Periode ausgleichen.

Die Transportkosten bei Belieferung des Nachfragers j vom potenziellen Standort i aus betragen c_{ij} GE/ME. Für die Belieferung eines am Standort i befindlichen Lagers durch das Werk h sind außerdem $\tilde{c}_{hi}$ GE/ME zu berücksichtigen.

Schließlich wird angenommen, dass Direkttransporte Werk → Kunde ausgeschlossen sind, und dass die Gesamtnachfrage gleich der Gesamtkapazität der Werke ist.

Wieviele Lager sind einzurichten, wo sind sie zu betreiben und welche Transporte sind auszuführen, damit die Distributionskosten bei voller Befriedigung der Kundennachfrage minimiert werden?

Formulieren Sie das zweistufige Warehouse Location Problem als ein exaktes mathematisches Optimierungsmodell.

8.7 Heuristische Verfahren zur Lösung von Warehouse-Location-Problemen

Die WLP sind grundsätzlich sowohl mit heuristischen als auch Branch-and-Bound-Verfahren lösbar. Heuristische Verfahren zur Lösung von WLP werden in Eröffnungsverfahren, Verbesserungsverfahren und deren Kombinationen aufgeteilt. Zur Lösung des Optimierungsproblems kann irgendein Softwarepaket zur gemischt-ganzzahligen Optimierung benutzt werden.

8.7.1 Eröffnungsverfahren für Warehouse Location-Probleme

Im Folgenden werden zwei Eröffnungsverfahren kurz skizziert. Dabei wird folgende Notation benutzt:

S	Menge aller potenziellen Standorte S = {1,...,m}.
K	Menge der Kunden K = {1,...,n}.
S0	Menge der endgültig verbotenen Standorte
S1	Menge der endgültig einbezogenen Standorte
VS0	Menge der vorläufig verbotenen Standorte
VS1	Menge der vorläufig einbezogenen Standorte

Bei den vier letzten Hilfsmengen, werden die Standorte angegeben, deren zugehörigen y_i endgültig bzw. vorläufig zu 0 oder 1 fixiert werden. Bei den Heuristiken ADD bzw. DROP muss in jedem Iterationsschritt diejenige Binärvariable y_i zu 0 bzw. 1 fixiert werden, die zu einer größtmöglichen Verbesserung des Zielfunktionswertes führt.

Zu Beginn des ADD-Algorithmus sind sämtliche potenzielle Standorte vorläufig verboten (VS0 = S, S0 = S1 = $\emptyset$), Zielfunktionswert Z := ∞. In jeder Iteration wird dann genau derjenige potenzielle Standort aus VS0 endgültig einbezogen (von VS0 nach S1 übertragen), durch dessen Einbeziehung der Zielfunktionswert die größtmögliche Verringerung erfährt. Das Verfahren endet, sobald durch die Einbeziehung eines weiteren Standortes aus VS0 keine zusätzliche Verringerung des Zielfunktionswertes erreicht werden kann. Die in VS0 verbliebenen Standorte werden endgültig verboten.

Der DROP-Algorithmus verläuft genau umgekehrt. Er beginnt damit, dass sämtliche potenziellen Standorte vorläufig einbezogen sind (VS1 = S, S0 = S1 = $\emptyset$). Der Zielfunktionswert Z ist gleich der Summe der Fixkosten sämtlicher potenziellen Standorte plus der Summe der Transportkosten, die bei Anwendung des transportkostenminimalen Transportplanes entstehen. In jeder Iteration wird dann genau derjenige potenzielle Standort aus VS1 endgültig verboten (von VS1 nach S0 übertragen), durch dessen Verbot der Zielfunktionswert die größtmögliche Verringerung erfährt. Das Verfahren endet, sobald durch Verbot eines weiteren Standortes aus VS1 keine zusätzliche Verringerung des Zielfunktionswertes möglich ist (die in VS1 verbliebenen Standorte werden endgültig einbezogen).

Der ADD-Algorithmus

Bei der algorithmischen Beschreibung des Add-Algorithmus wird zwischen dem Startschritt und den Iterationen 2, 3, ... unterschieden. Im Startschritt und in jeder Iteration wird jeweils ein Standort endgültig einbezogen.

Zur Speicherung von Informationen wird ab der zweiten Iteration eine Hilfsmatrix W = (w_{sk}) verwendet. Sie enthält für jeden Kunden genau eine Spalte und für jeden nur vorläufig verbotenen Standort s genau eine Zeile. w_{sk} ist die Transportkostenersparnis bei Belieferung des k-ten Kunden, wenn zusätzlich zu allen bereits

einbezogenen Standorten h ∈ S1 auch der Standort s einbezogen würde. Entsprechend gibt die Zeilensumme $w_s = \sum_{k=1}^{n} W_{sk}$ die Gesamttransportkostenersparnis an, die entsteht, wenn der potenzielle Standort s ∈ VS0 im aktuellen Stadium des Verfahrens als einziger Standort zusätzlich zu den h ∈ S1 endgültig einbezogen würde.
In jeder Iteration wird also genau ein Standort s ∈ VS0 endgültig einbezogen. Es können weitere Standorte s ∈ VS0 endgültig verboten werden, nämlich diejenigen, für die $w_s \leq f_s$ ist. Das Verfahren bricht ab, wenn VS0 eine leere Menge geworden ist.

ADD-Algorithmus für unkapazitierte WLP

Voraussetzung:

- Die Daten eines unkapazitierten WLP (Kostenmatrix C und Fixkostenvektor f)
- Speicherplatz für eine Hilfsmatrix W
- ein Vektor $w = (w_1,...,w_m)$ für die Transportkostenersparnisse
- eine Variable Z für den Zielfunktionswert

Startschritt:

- S0 := ∅; S1 := ∅; VS0 := S
- berechne die Zeilensummen $c_s = \sum_{k=1}^{n} c_{sk}$ der Matrix C
- Suche denjenigen potenziellen Standort r, für den $c_r + f_r = \min\{c_s + f_s | s = 1,...,m)$ gilt
- setze S1 := {r}, VS0 := S - {r} und Z := $c_r + f_r$ (mit $c_r + f_r$ werden die Kosten der Belieferung aller Kunden von Standort r berechnet, Problem ist unkapazitiert).
- berechne die Matrix W = (w_{sk}) für alle s ∈ VS0 und alle k = 1,...,n wie folgt: $w_{sk} := \max\{c_{rk} - c_{sk}, 0\}$.

Iteration 2, 3, ...:

- berechne für alle s ∈ VS0 die Zeilensumme w_s und verbiete jeden potenziellen Standort s mit $w_s \leq f_s$endgültig, bilde für ihn also S0 := S0 ∪ {s} und VS0 := VS0 - {s}.
- suche denjenigen potenziellen Standort r, für den $w_r - f_r = \max\{w_s - f_s | s \in$ VS0 } gilt.
- setze S1 := S1 ∪ {r}, VS0:= VS0 - {r} und Z := Z - $w_r + f_r$.
- berechne die Matrix W = (w_{sk}) für alle s ∈ VS0 und alle k = 1,...,n wie folgt neu:
- $w_{sk} := \max\{w_{sk} - w_{rk}, 0\}$; gehe zur nächsten Iteration.

Abbruch: Das Verfahren bricht mit dem Zielfunktionswert Z ab, wenn VS0 = $\emptyset$ ist.

Ergebnis: Eine zugehörige kostenminimale Zuordnung ist:

- $x_{sk} = 1$, falls $c_{sk} = \min\{c_{hk} | h \in S1\}$ und falls kein c_{qk} mit $c_{qk} = c_{sk}$ und q<s existiert)
- $x_{sk} = 0$ sonst; an den Standorten $s \in S1$ soll ein Lager errichtet werden.

Beispiele zum ADD- und DROP-Algorithmus befinden sich in den Online-Lernunterlagen.

8.7.2 Verbesserungsverfahren für Warehouse Location-Probleme

Verbesserungsverfahren von WLP sind zumeist Standort-Austausch-Verfahren, die mit einer vorzugebenden zulässigen Lösung starten. Im Folgenden skizziert man zunächst ein Standort-Austausch-Verfahren. Details sind in [Domschke u. Drexl 1996] zu finden.

Grundschema für Standort-Austausch-Verfahren

Start: Eine zulässige Lösung des WLP, u. a. ausgedrückt durch eine Aufteilung der Menge S der potenziellen Standorte auf die Teilmengen S0 und S1.
Durchführung:

1. Entferne mit Hilfe des DROP-Algorithmus denjenigen Standort aus S1, durch dessen Verbot der Zielfunktionswert am stärksten sinkt (oder am wenigsten ansteigt).
2. Versuche, diese Lösung mit Hilfe des ADD-Algorithmus zu verbessern (wobei auch mehrere Standorte aufgenommen werden können).

Wiederhole diese Schritte 1 und 2 so lange, bis genau der in 1 verbotene Standort in 2 wieder nach S1 aufgenommen wird. In der Regel erhält man eine bessere Lösung (als die Startlösung)

8.8 Zentrenprobleme

Eine Modifikation des WLP sind sog. Zentrenprobleme. In der Literatur werden häufig Modelle untersucht, deren Gegenstand die Bestimmung von Standorten für zentrale Einrichtungen wie Schulen, Feuerwachen oder Depots für Rettungsfahrzeuge ist.
In solchen Fällen wird die bislang betrachtete Zielsetzung der Minimierung der Summe entstehender Kosten ersetzt oder ergänzt durch eine *MiniMax-Zielsetzung* (vgl. Kapitel 4): Ein Standort ist (oder mehrere Standorte sind) so zu bestimmen,

dass der *längste Weg,* den ein „Benutzer“ zurückzulegen hat oder den man zum Erreichen eines „Benutzers“ zurücklegen muss, *möglichst kurz* ist.

Geht man davon aus, dass eine endliche Anzahl potenzieller Standorte für kapazitätsbeschränkte Zentren vorgegeben ist, so bestehen zwischen dem zu lösenden Problem und dem WLP große Ähnlichkeiten. Als Lösungsverfahren kommen mathematische gemischt-gazzahlige Programmierung sowie spezielle Branch-and-Bound-Verfahren in Frage.

Dieses Kapitel soll mit einer Fallstudie zu Zentrenproblemen beendet werden, die zugleich eine Anwendung verschiedener Modellierungstechniken auch aus dem Kapitel 4 erfordert.

8.9 Praxisbeispiele

8.9.1 Tourenplanung für den technischen Kundendienst

Quelle: [Kliewer et al. 2005]

Die Miele&Cie. KG beschäftigt deutschlandweit rund 600 Techniker, die täglich bis zu 3000 Kundenaufträge bedienen. Die anfallenden Kundenaufträge werden Technikern im Dispositionsprozess software-unterstützt zugeordnet. Eine nachträgliche Verbesserung der so erstellten Touren findet ausschließlich manuell durch Gebietsdisponenten statt. Im Rahmen einer gemeinsamen Studie des DS&OR Lab der Universität Paderborn und des technischen Kundendienstes der Miele&Cie. KG wurde gezeigt, dass durch den Einsatz geeigneter softwarebasierter Optimierungsverfahren die täglich von den Technikern zu fahrende Gesamtstrecke um bis zu 17 % reduziert werden kann. Die Optimierung der Tourenpläne für die Techniker wird dabei mit Hilfe der angepassten Metaheuristik Variable Neigborhood Search durchgeführt.

8.9.2 Standortplanung bei der Stahlindustrie

Quelle: [Nickel 2005]

In einer Studie, die an der Universität des Saarlandes durchgeführt wurde, geht es um strategische Standortplanung eines weltweit tätigen Stahlunternehmens. Dabei haben sich drei große internationale Stahlunternehmen zum weltweit führenden Stahlhersteller zusammengeschlossen (s. Abb. 8.10). Das Unternehmen beschäftigt (2004) etwa 104.000 Mitarbeiter in über 60 Ländern, erwirtschaftet einen Jahresumsatz von 27 Milliarden € und produziert jährlich rund 44 Millionen t Stahl.

Durch zahlreiche Synergieeffekte wird eine starke Reduzierung der Kosten erwartet, um auch in neuen Märkten wie z. B. den neuen EU-Mitgliedsländern Fuß zu fassen und die Aktivitäten auszuweiten. Die Erschließung neuer Märkte gehört zu den obersten strategischen Zielen, da hier die Wachstumsraten für Stahlprodukte deutlich über denen der EU-15-Länder oder der Vereinigten Staaten liegen. Die erhofften Synergieeffekte können jedoch erst durch Änderungen der Unternehmensstruktur

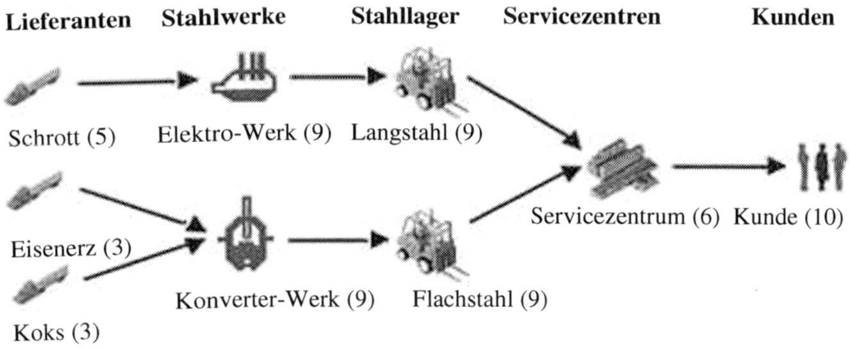

Abb. 8.10. Supply Chain eines Stahlherstellers [Nickel 2005]

erreicht werden, so dass zuerst umfangreiche strategische Projekte zur Neugestaltung der Supply-Chains und der dazu gehörenden Standorte durchzuführen sind. Obwohl das Stahlunternehmen mit rund 44 Millionen t pro Jahr der führende Stahlproduzent weltweit ist, besitzt es nur einen Anteil von ca. 4,89% der Weltstahlproduktion, die sich auf ungefähr 900 Millionen t beläuft. Die Tatsache, dass das Stahlunternehmen kein Monopol besitzt, ist wichtig für die strategische Betrachtung. Die Stahlpreise sind das Ergebnis vom Nachfrage/ Angebot-Verhältnis und werden an der Börse festgelegt. Somit kann das Stahlunternehmen kaum Einfluss auf die Preise nehmen und muss diese als gegeben hinnehmen. Das Unternehmen steht also vor der Aufgabe, eine Planung für die kommenden 5 Jahre aufzustellen und sucht Antworten auf die folgenden Fragen:

- Wo und wann sollen Kapazitätsverlegungen stattfinden?
- Welche Einrichtungen sollen geschlossen bzw. geöffnet werden?
- Wie soll die Kapazität stufenweise von den bestehenden Einrichtungen zu den neuen Einrichtungen verlegt werden, ohne die Supply-Chain Aktivitäten zu unterbrechen und ohne die Budget- und Kapazitätsrestriktionen zu verletzen?

Im durchgeführten Projekt wurden hauptsächlich strategische Standortentscheidungen betrachtet, die zu den schwierigsten und wichtigsten Entscheidungen gehören, da in diesem Bereich Fehlentscheidungen Existenz bedrohend sein können. Im Projekt wurde zunächst ein allgemeines mathematisches Optimierungsmodell zur Standortplanung aufgestellt. Das Modell ist dynamisch und kapazitätsbeschränkt; es kann auf mehrere Produkte und Ebenen angewandt werden und berücksichtigt externe Materialbeschaffung, Produktions-, Vertriebs- und Lagerentscheidungen, Sicherheitsbestände, Budgetrestriktionen und Kapazitätsverlegungen. Um die Nachfrage möglichst kostenminimal zu decken, werden Kapazitätserweiterungen bzw. -reduzierungen betrachtet. Jede selektierbare Einrichtung kann während des Planungszeitraums genau einmal geöffnet oder geschlossen werden. Alle Berechnungen erfolgten mit Hilfe des Optimierungstools XPressMP (s. 3.1).

8.10 Übungsaufgaben

Aufgabe 8-1: Tourenplanung mit mehreren Touren

Sebastian, der bald 10 Jahre alt wird, hat zwölf Freunde zu seiner Geburtstagsparty eingeladen. Seine Mutter hat sich bereit erklärt, alle Kinder zu Hause abzuholen. Ihr Auto bietet Platz für fünf Personen (einschließlich Fahrer). Die Wohnorte der Kinder sowie die Straßenverbindungen mit den Entfernungen sind in Abb. 8.11 dargestellt. In jedem der Wohnorte (1 ... 6) sind zwei Kinder abzuholen.

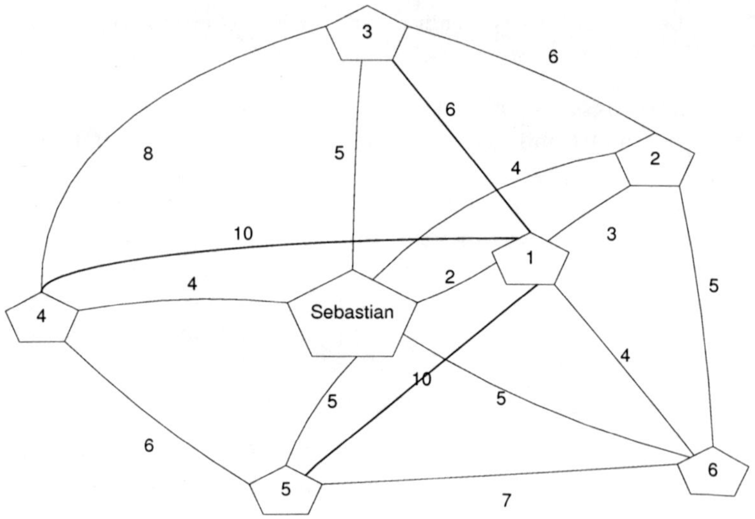

Abb. 8.11. Das Straßennetz zu Aufgabe 8-1

a) Zunächst plant die Mutter, in jede Ortschaft einzeln zu fahren und die Kinder abzuholen. Wie lange ist in diesem Fall die gesamte Fahrstrecke?
b) Verbessern Sie die Lösung aus a) mit dem Savings-Algorithmus!
c) Berechnen Sie einen ersten Tourenplan mit dem Sweep-Algorithmus!
d) Ist einer der bisher gefundenen Tourenpläne optimal? Warum?

Aufgabe 8-2: Tourenplanung mit einer Tour

Die Mutter kann einen Bus mit 13 Sitzplätzen (einschließlich Fahrer) nutzen; sie darf diesen auch selbst fahren (vgl. Aufgabe 8-1). Daher braucht sie einen neuen Tourenplan, wobei alle Kinder in einer Tour abgeholt werden können. Benutzen Sie als Anfangslösung die folgende zufällig generierte Tour: [Sebastian, 2, 6, 5, 1, 3, 4, Sebastian]. Bestimmen Sie einen 2-optimalen Tourenplan.

Aufgabe 8-3: Planung von Lagerstandorten

Ein Unternehmen erwägt den Bau von Lagerstandorten, um Transportkosten zu sparen. Kundenzentren sind in Hamburg, Berlin, München und Köln angesiedelt. Die möglichen Lagerstandorte befinden sind in Hannover, Magdeburg und Karlsruhe.

Die Transportkosten der insgesamt benötigten Menge zwischen einem potenziellen Standort und einem Kunden pro Periode sind in der nebenstehenden Tabelle (in 1000 €) angegeben. Die fixen Errichtungskosten pro Periode (in 1000 €) sind ebenfalls in der Tabelle ersichtlich. Die zu errichtenden Standorte sollen bestimmt werden.

Kunde\ Standort	HH	B	M	K	Fixe Kosten
H	40	200	500	250	240
MD	100	150	350	320	250
KA	250	600	130	150	350

1. Bestimmen Sie eine Lösung mit dem ADD-Algorithmus.
2. Welche Lösung ergibt der DROP-Algorithmus?
3. Wie kann man den ADD- und den DROP-Algorithmus als Lösungsmethoden für das WLP einordnen? Sind die Lösungen von ADD und DROP immer identisch?
4. Bestimmen Sie die optimale Lösung mit dem Excel-Solver.

Aufgabe 8-4: Standorte von Schulen

In einem Neubaugebiet mit umliegenden Ortschaften hat man potenzielle Plätze für die Errichtung von Schulen lokalisiert. Die Schüler wurden nach ihren Wohngegenden gruppiert. Die kürzesten Entfernungen von den Wohnorten der Schülergruppen (i:=1,...,m) zu den potenziellen Schulplätzen (j:=1,...,n) sind durch die Kostenmatrix (c_{ij}), i:=1,...,m; j:=1,...,n, gegeben.

Es sollen höchstens k Schulen errichtet werden (k gegeben mit $k < n$).

Falls eine Schule am potenziellen Platz j (j:=1,...,n) mit Fixkosten f_j GE (Geldeinheiten) errichtet wird, dann sollen mindestens l_j Schüler and maximal u_j Schüler diese Schule besuchen. Jede Schülergruppe i (i:=1,...,m) beinhaltet a_i Schüler, die nicht unbedingt die gleiche Schule besuchen müssen. Es steht ein Budget von B GE zur Verfügung.

Geben Sie zwei lineare mathematische Modelle jeweils mit der Zielsetzung a) und b) an, wobei bei jedem Modell entschieden wird, welche Schulen errichtet werden sollen, und geplant wird, wieviel Schüler aus jeder Gruppe welche Schule besuchen müssen!

- *Zielsetzung a):* Minimierung der durchschnittlich zurückzulegenden Wege aller Schüler
- *Zielsetzung b):* Minimierung der maximalen Länge über alle zurückzulegenden Wege von Schülern zu Schulen. Beachten Sie, dass bei der Maximumbildung

natürlich nur solche Strecken berücksichtigt werden, die jeweils mindestens von einem Schüler im gebildeten Plan benutzt werden.

Weitere Übungen und Lösungen befinden sich im Internet unter http://dsor-lectures.upb.de/

8.11 Was sollte ich gelernt haben?

Grundbegriffe

Sind Sie sicher, dass Sie die folgenden Grundbegriffe kennen?

- Depot
- Tour
- Route
- Tourenplan

Standardproblem der Tourenplanung

Wie charakterisiert man das Standardproblem der Tourenplanung?
Welche Erweiterungen und Modifikationen trifft man in Praxisprojekten?

Das Traveling Salesman Problem (TSP)

Wie lautet die Aufgabenstellung des TSP?
Wie große TSP kann man heute optimal lösen?
Was heißen Subtouren in einer Lösung des TSP? Warum sind sie ein Problem?
Wie lautet die exakte Formulierung eines TSP ohne Subtour-Elimination?
Was kann man tun, um Subtouren zu eliminieren?

Heuristische Verfahren

Wie können Lösungsverfahren zur Tourenplanung klassifiziert werden?

Savings-Algorithmus

Wie lautet die Grundidee und der Ablauf des Savings-Algorithmus?
Wie wird der Algorithmus klassifiziert?

Sweep-Verfahren

Wie lautet die Grundidee und der Ablauf des Sweep-Verfahrens?
Wie wird der Algorithmus klassifiziert?

Verbesserungsverfahren

Welche Art von Verbesserungsverfahren unterscheidet man?

r-opt-Verfahren

Was bedeutet die r-Optimalität?
Wie lautet die Grundidee des 2-opt-Algorithmus?
Und des 3-opt-Algorithmus?

Tourenverändernde Verbesserungsverfahren

Wie lautet die Basisidee von tourenverändernden Verbesserungsverfahren?
Welche Lösungsmethoden können dabei genutzt werden?

Teilgebiete der Standortplanung

Welche Teilgebiete der Standortplanung unterscheidet man? Welche Zielsetzungen verfolgt die betriebliche bzw. innerbetriebliche Standortplanung?

Warehouse Location Problem

Wie definiert man das (einstufige) unkapazitierte WLP?
Geben Sie das exakte mathematische Modell an!
Erweitern Sie das mathematische Modell, so dass a) eine zweite Stufe und b) Kapazitäten der zu errichtenden Standorte gegeben sind.

ADD- und DROP-Algorithmus

Für welche Modelltypen kann der ADD- bzw. DROP-Algorithmus angewandt werden?
Zu welchem Algorithmustyp gehören diese?
Beschreiben Sie den Ablauf des DROP-Algorithmus als Pseudocode analog zum vorgestellten ADD-Algorithmus!

9

Simulation

Lernziele:

- Grundkonzepte der Simulation zur abstrakten Abbildung komplexer Systeme
- Einsatzgebiete der Simulation und Abgrenzung zu Verfahren der Optimierung
- Fallbeispiele, Vorgehensweisen und Techniken für Simulationsstudien
- Benutzung von Simulationssoftware anhand von Arena

9.1 Motivation und Fallstudien

Bei quantitativen Entscheidungen in der betrieblichen Praxis tauchen oft komplexe Problemstellungen und Optimierungsaufgaben auf, die analytisch nicht lösbar sind bzw. mit LP-Modellen nicht adäquat abgebildet werden können. Gründe hierfür sind etwa komplexe nicht-lineare Sachverhalte, stochastische Einflüsse und dynamische Abhängigkeiten der einzelnen Systemkomponenten.

Bei der Simulation werden an einem abstrakten Abbild der Realität Experimente durchgeführt, um dabei das Systemverhalten zu verstehen. Dies ist umso wertvoller, wenn Untersuchungen am realen System zu teuer, unmöglich oder mit verheerenden Folgen verbunden sind. Das Simulationsmodell muss dazu so beschaffen sein, dass sich die gewonnenen Erkenntnisse auf das reale System übertragen lassen.

Ein besonderer Vorteil der Simulation ist die Möglichkeit, die Zeit verkürzt oder verlängert abzubilden und dadurch mehr Erkenntnisse über das zeitliche Verhalten des Originals zu erhalten. Simulation ist ein gutes Hilfsmittel, das Investitionsrisiko herabzusetzen, indem etwa ein Variantenvergleich durchgeführt wird und gleichzeitig die Wirtschaftlichkeit des Investitionsobjektes zu überprüfen. Dadurch, dass bei einem Simulationsmodell Varianten durch Änderungen einzelner Parameter oder gar kompletter Systemkonfigurationen leicht abgebildet werden können, kann eine schrittweise Optimierung, etwa durch Einsatz von lokaler Suche und Metaheuristiken, erreicht werden.

Warteschlangenmodelle

Ein bekanntes Beispiel für ereignisdiskrete Simulation ist das Warteschlangenmodell, welches im Folgenden am einfachen Beispiel eines Supermarktes erläutert werden soll. Kleine Warteschlangenmodelle können analytisch gelöst werden. Komplexe Warteschlangenmodelle, die z. B. mehrstufige Produktionsprozesse in der Industrie beschreiben, sind jedoch analytisch nicht oder nur sehr aufwändig lösbar. Deshalb sind sie klassische Simulationsanwendungen. Der betrachtete Supermarkt hat einen Ein- und Ausgang, mehrere Regale sowie einen Kassenbereich. Die Ankunft eines Kunden wird als Ereignis modelliert, das einer gewissen Eintrittswahrscheinlichkeit unterliegt. Die benötigten Werte müssen aus empirischen Untersuchungen gewonnen werden. So können statistische Größen ermittelt werden, mit denen der Kundenzustrom mathematisch modelliert werden kann. Eine wichtige Kennzahl ist z. B., wie viele Kunden pro Zeiteinheit im Durchschnitt den Supermarkt betreten.

Nach dem Betreten des Supermarktes verbringen die Kunden eine gewisse Zeit damit, ihre Produkte zu kaufen. Diese hängt von der Anzahl der zu kaufenden Produkte ab und ist stochastisch verteilt. Wenn die Kunden alle benötigten Produkte gefunden haben, gehen sie zur Kasse und bezahlen. Hier reihen sie sich in die Warteschlange ein, die dem Modell seinen Namen gibt. Die Warteschlange entsteht in der Regel aufgrund verschiedener Faktoren. Zum einen dadurch, dass die Kunden wegen der bereits dargestellten Zufallseinflüsse auch in zufälligen Abständen zur Kasse kommen und zum anderen, da das Kassieren selbst unterschiedlich lange dauern kann.

Mittels einer Simulation können Aussagen über das reale System getroffen werden. So kann z. B. überprüft werden, ob in Zeiten mit hohem Kundenaufkommen Engpässe entstehen, d. h. die Warteschlangen zu lang werden. In diesem Fall könnte eine zusätzliche Kasse eingerichtet werden.

Vergleich von Alternativen

Ein wichtiges Anwendungsgebiet für Simulation ist der Vergleich von verschiedenen Systemkonfigurationen, um Alternativen zu testen, die am realen System nur mit sehr großem Aufwand zu erreichen sind. Im folgenden Beispiel wird eine Kfz-Werkstatt dargestellt, die Untersuchungen an Kraftfahrzeugen durchführt. Im gegenwärtigen Zustand besteht die Werkstatt aus drei Arbeitsbereichen, in denen jeweils ein Mechaniker am Fahrzeug nacheinander die folgenden Arbeiten durchführt: Bremsen kontrollieren, Licht überprüfen, Lenkung kontrollieren. Der Werkstattleiter meint, diese Anordnung ist nicht optimal, und möchte mit einer Simulation herausfinden, ob eine andere Anordung der Arbeitsplätze den Gesamtaufwand verringern könnte. Er überlegt, alle Arbeiten nacheinander ausführen zu lassen. Dabei soll jeweils ein Mechaniker immer die gleiche Tätigkeit ausführen. Abb. 9.1 zeigt die möglichen Konfigurationen. Ziel der Simulation ist es herauszufinden, ob eine Spezialisierung auf eine Tätigkeit die Bearbeitungszeiten verkürzen kann.

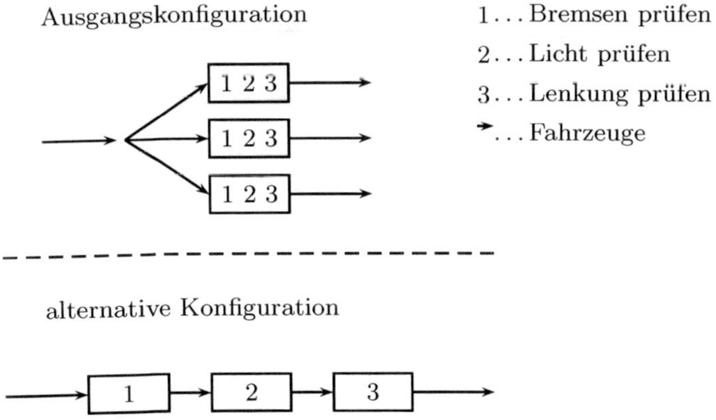

Abb. 9.1. Kfz-Werkstatt

Kontinuierliche Modelle

Dynamische Systeme, die z. B. in der Volkswirtschaftslehre betrachtet werden, haben oft einen diskreten Charakter. Ihre Elemente sind Individuen oder Produkte, die nicht teilbar sind. Dennoch ist eine Beschreibung dieser Systeme durch kontinuierliche Differentialgleichungen möglich. Da sich eine große Anzahl von Einheiten im System befindet, können dynamische Prozesse im System, wie z. B. Wachstumsprozesse, mit Hilfe von Änderungsraten beschrieben werden. Ein anschauliches Beispiel für ein kontinuierliches Modell, das in der betrieblichen Praxis eingesetzt wird, zeigt Abb. 9.2. Sie verdeutlicht unterschiedliche Wirkungsbeziehungen, die zwischen dem Unternehmen und dem Markt entstehen.

Diese Art der Darstellung von gegenseitigen Abhängigkeiten komplexer Systeme heißt Wirkungsgraph. Der Wirkungsgraph zeigt als Übersichtsdarstellung die verhaltensrelevante Systemstruktur mit allen Systemgrößen und Verknüpfungen. Die wichtigen Größen sind die Knoten des Graphen. Funktionale Abhängigkeiten werden qualitativ durch die gerichteten Kanten ausgedrückt. In Abb. 9.2 bedeutet dies, dass sich z. B. der Preis auf den Gewinn auswirkt. An dieser Stelle werden noch keine quantitativen Aussagen getroffen. Die Beziehungen werden erst im mathematischen Modell spezifiziert. Aus Abb. 9.2 ist zu entnehmen, dass sich die Größen Preis und Absatzmenge rekursiv beeinflussen. Diese Verknüpfung der beiden Systemgrößen ist durch das Marktgefüge gegeben. Wenn der Preis des Erzeugnisses erhöht wird, sinkt die abzusetzende Menge. Kann die Anzahl der verkauften Produkte erhöht werden, kann im Gegenzug der Preis gesenkt werden. Für die mathematische Formulierung muss im nächsten Schritt eine Gleichung gefunden werden, die den Zusammenhang mit Zahlen belegt. Wenn alle funktionalen Beziehungen wertemäßig erfasst worden sind, so können sie in einem Gleichungssystem zusammengefasst werden. Diese Gleichungssysteme sind in der Regel so kompliziert, dass sie nicht mehr analytisch gelöst werden können. Deshalb wird eine Simulation durchgefürt, um das Systemverhalten kennenzulernen.

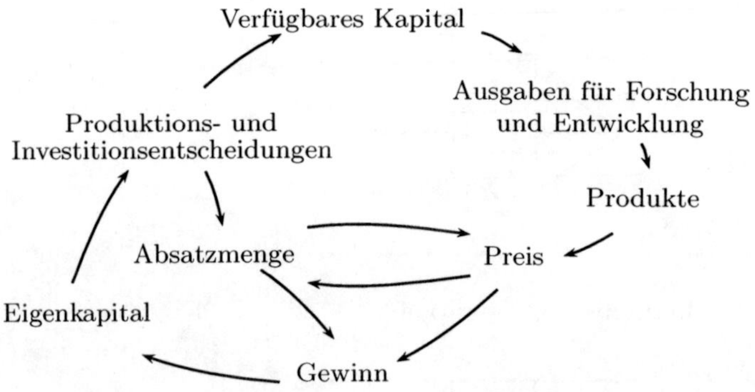

Abb. 9.2. Wirkungsgraph

9.2 Kontinuierliche Modelle

Ein einfaches Beispiel für die Simulation stetiger und deterministischer Systeme ist das Räuber-Beute-Modell. Dieses Modell beschreibt stark abstrahiert die Wechselwirkungen von zwei Tierpopulationen in einem abgeschlossenen System, etwa in einem Naturschutzgebiet. Eine Tierart bildet als Beutetier x die Nahrungsgrundlage für die Raubtiere y. Somit bestimmt die Anzahl der Beutetiere die Anzahl der Räuber. Wenn für die Raubtiere viel Nahrung vorhanden ist, vermehren sie sich stark. Ist die Anzahl der Raubtiere allerdings zu groß, so reicht die Beute nicht aus, so dass die Anzahl der Räuber wieder sinkt. Folgendes Differentialgleichungssystem beschreibt die Wechselwirkungen der Populationen untereinander:

$$\frac{dx}{dt} = g_x \cdot x \cdot (1 - \frac{x}{k}) - s_x \cdot x \cdot y \qquad (1)$$

$$\frac{dy}{dt} = g_y \cdot y \cdot x - s_y \cdot y \qquad (2)$$

Gleichung 1 beschreibt die Änderungsrate der Beutepopulation, Gleichung 2 die der Raubtierpopulation. Der Zuwachs an Tieren wird durch die Geburtenrate g_x bestimmt, die als Multiplikator auf die Gesamtzahl der Individuen einwirkt. Der Term $1 - \frac{x}{k}$ beeinflusst die Maximalgröße der Beutepopulation. Der Parameter k bestimmt eine Kapazitätsobergrenze. Für große k nimmt der Ausdruck $1 - \frac{x}{k}$ einen Wert nahe 1 an, so dass der Wachstumsprozess nicht beschränkt wird. Wenn k sehr klein gewählt wird, so wird der gesamte Term $1 - \frac{x}{k}$ kleiner als 1 und verkleinert die Wachstumsrate der Population. Die Anzahl der Beutetiere, die im Zeitraum dt sterben, hängt zum einen von der Sterberate s_x, einem externen Parameter und zum anderen von der Anzahl der Raubtiere y ab. Dies bedeutet, dass die Anzahl der Raubtiere multiplikativ auf die Sterberate der Beutetiere einwirkt. Somit stellt dieser Term die Tatsache, dass mehr Raubtiere ebenfalls mehr Beute fressen, in einer mathematischen Form dar.

Gleichung 2 beschreibt die Änderung der Räuberpopulation. Der Anstieg der Räuberpopulation ist von drei Größen abhängig. Die Geburtenrate g_y ist eine extern festzulegende Größe. Diese Konstante wirkt sich zusammen mit der aktuellen Anzahl der Räuber y und der aktuellen Anzahl der Beutetiere x auf die Anzahl der geborenen Raubtiere aus. Die Anzahl der Raubtiere, die sterben, ist nur von der Sterberate s_y und y abhängig.

Die Simulation kann mit verschiedenen Programmen durchgeführt werden. Zum Lösen des Differentialgleichungssystems bieten sich verschiedene integrierte Softwarepakete wie Matlab oder die freien Alternativen GNU Octave und Scilab an. Der folgende Quelltext zeigt die Funktionsdefinition für das Open-Source-Programm GNU Octave, das frei von

http://www.octave.org

zu beziehen ist. In der ersten Zeile wird eine Funktion xdot definiert. Dies steht für die in technischen Anwendungen häufig verwendete Schreibweise $\dot{x}$, die erste Ableitung von x. Die Parameter für die Geburts- und Sterberaten sind durch Beobachtung im realen System bestimmte Daten. Die zwei zeitabhängigen Variablen x und y werden gemäß der Syntax von GNU Octave mit `x(1)` und `x(2)` bezeichnet:

```
function xdot = f (x,t)
gx = 0.5;
sx = 0.05;
gy = 0.01;
sy = 0.25;
k = 100;
xdot(1) = gx*x(1)*(1-x(1)/k)-sx*x(1)*x(2);
xdot(2) = gy*x(2)*x(1)-sy*x(2);
endfunction
```

Variablen eines kontinuierlichen Simulationssystems beschreiben den Systemzustand in Abhänigigkeit von der Zeit. Zustandsveränderungen können neben Differentialgleichung auch explizite Funktionen oder Differenzengleichungen sein. Bei der Lösung kontinuierlicher Simulationssysteme werden im allgemeinen, ausgehend von gegebenen Anfangswerten der (Zustand)Variablen für betimmte Zeitpunkte, Werte dieser Variablen im Zeitverlauf, z. B. durch iteratives Einsetzen und Lösen mit kleinen Zeitveränderungen, berechnet. Bei manchen Modellen lässt sich die Lösung analytisch oder durch ein Spezialverfahren direkt berechnen.

Im vorliegenden Beipiel erfolgt die Lösung des Differentialgleichungssystems durch einen Algorithmus, der von GNU Octave bereitgestellt wird. Zur Vereinfachung werden die Zahlenwerte um einige Zehnerpotenzen reduziert, wodurch sich die Rechenzeit verringert. Nach Start der Simulation mit den Werten 20 ($\widehat{=}$ 200000) für die Beutetiere und 10 ($\widehat{=}$ 100000) für die Raubtiere kann aus Abb. 9.3 entnommen werden, dass dieser Zustand instabil ist, da sowohl Beutetiere als auch die Räuber sterben. Nach kurzer Zeit nimmt die Zahl der Beutetiere sehr stark zu. Da die Räuber nun wieder mehr Nahrung haben, vermehren sie sich stärker, was dazu führt, dass nun wieder die Beutepopulation stärker dezimiert wird. Diese starken Schwankungen der Populationsstärke zu Beginn des Simulationslaufs nennt man Einschwingphase. Nach ca. 60 Zeiteinheiten ist diese Einschwingphase beendet und die Werte ändern sich nur noch geringfügig. Das Simulationssystem geht in einen stationären Zustand über, der als Endwerte 25 ($\widehat{=}$ 250000) für die Beutetiere und 7,5 ($\widehat{=}$ 75000) für die Raubtiere hat. Dies stellt das stationäre Verhältnis der beiden Populationen dar.

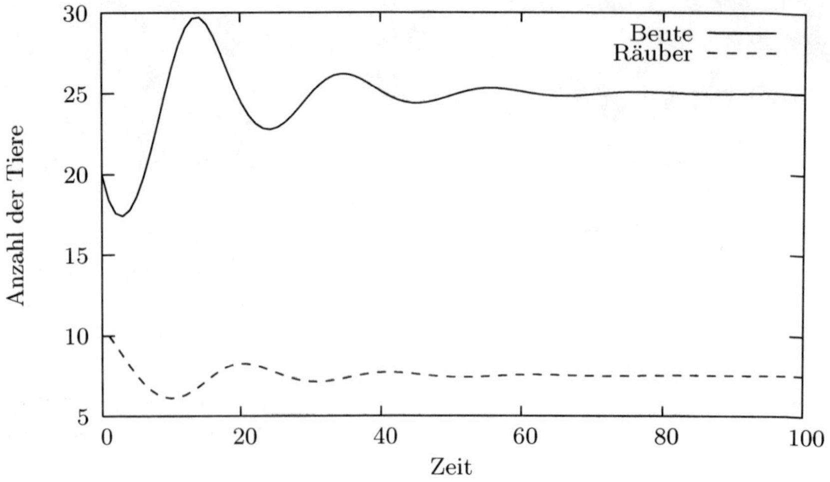

Abb. 9.3. Das Räuber-Beute-Modell

9.3 Diskrete Modelle: Techniken

Diskrete Systeme zeichnen sich dadurch aus, dass sich ihr Zustand nicht kontinuierlich, sondern in *Zustandssprüngen* ändert. Die Zeitpunkte, an denen sie stattfinden, werden *Ereignisse* genannt. Unser Supermarkt-Beispiel kann als diskretes System aufgefasst werden: Zustandssprünge finden z. B. statt, wenn ein Kunde den Supermarkt betritt, wenn der Bezahlvorgang beginnt und wenn ein Kunde den Markt verlässt. Viele Problemstellungen, vor allem aus dem betriebswirtschaftlichen Bereich, lassen sich mit diskreten Modellen abbilden.

9.3.1 Konzepte in diskreten Simulationsmodellen

Entity (Entität) Entities sind dynamische Objekte, die sich im Simulationsverlauf ändern. Das Entity wird vom Simulationsprogramm erzeugt, wandert durch das System und wird schließlich vernichtet. Das Simulationsprogramm führt über jedes Entity im System eine Statistik, die nach dem Simulationslauf betrachtet werden kann. In den beschriebenen Beispielen sind Entities die Kunden im Supermarkt oder die Autos, die in der Kfz-Werkstatt repariert werden.

Ressource Entities nehmen Ressourcen in Anspruch, wenn diese frei sind. Die Zeitdauer dieses Vorgangs wird vorgegeben, kann aber von Entity zu Entity variieren. Nach der Nutzung werden die Ressourcen wieder frei gegeben. Beispiele für Ressourcen sind die Kassiererin im Supermarkt oder der Mechaniker in der Kfz-Werkstatt.

Warteschlange (Queue) Warteschlangen sind Warteräume für Entities, falls die zugeordnete Ressource nicht verfügbar ist. Die Abarbeitung der Warteschlange kann nach verschiedenen Prinzipien erfolgen: FIFO, LIFO oder eine zufällige Auswahl der Entitäten, die bearbeitet werden sollen.

Ereignis (Event) Ein Ereignis ist eine Zustandsänderung eines Objektes, die zu einem bestimmten Zeitpunkt stattfindet. Es kann Attribute eines Entity, Variablen oder statistische Zähler ändern. Beispiele für Ereignisse sind das Entstehen eines Entity und sein Weggang aus dem System.

Attribut Attribute sind Eigenschaften wie Farbe und Größe der Entities und haben für jedes Entity eine Ausprägung. Die Attribute können sich während der Simulation ändern und zeigen dort einen Bearbeitungsvorgang an. Das Attribut „Beleuchtung“ kann bei einem Fahrzeug zunächst die Ausprägung „defekt“ und nach der Bearbeitung den Wert „funktionsfähig“ haben.

Variable Variablen sind von den Entities unabhängige Größen. Alle Entities im System können auf Variablen zugreifen und diese auch verändern. Es werden System- und Nutzervariablen unterschieden.

Steuerung des Simulationsablaufs

Um die Funktionsweise eines diskreten Systems durchspielen, d. h. simulieren zu können, müssen die Interaktionen der verschiedenen Systembestandteile vom Simulationsprogramm zeitlich koordiniert werden. Eine wichtige Rolle spielt dabei die „Simulationsuhr“, mit der die *simulierte Zeit* fortgeschrieben wird.

Zur Zeitfortschreibung gibt es zwei Möglichkeiten: eine Steuerung über *fixe* oder über *variable Zeitinkremente*. Bei fixen Zeitinkrementen wird die Simulationsuhr immer um einen gewissen festen Zeitschritt, z. B. um eine Minute erhöht. Wenn in einem bestimmten Zeitabschnitt ein Ereignis auftritt, werden die entsprechenden Zustandsänderungen vorgenommen. Dieses auf den ersten Blick einfache Verfahren weist jedoch einige Nachteile auf, wie z. B. den Synchronisationsbedarf bei mehreren Ereignissen innerhalb eines Zeitabschnitts oder die verschenkte Rechenzeit in Abschnitten, in denen keine Ereignisse auftreten.

In der Praxis wird daher überwiegend das Verfahren der variablen Zeitinkremente verwendet. In diesem Falle „springt“ die Simulationsuhr von einem Ereignis zum nächsten. Dazu werden die Ereignisse nach ihrem Eintrittszeitpunkt sortiert in einer *Ereignisliste* vorgehalten.

Bei der Abb. der Ablauflogik des Simulationsmodells kann man verschiedene Sichtweisen einnehmen: Man kann den Ablauf einerseits aus Sicht der *Ereignisse* und andererseits aus Sicht der Entities, die in einem *Prozess* das System durchwandern, darstellen. Je nach gewählter Perspektive unterscheidet sich die Struktur des resultierenden Simulationsprogramms.

Betrachtet man das System aus der Sicht der Ereignisse, so wird für jedes charakteristische Systemereignis eine *Ereignisroutine* implementiert. Die Ereignisse, die im vorgestellten Supermarkt-Beispiel auftreten, sind: Ankunft eines Kunden, Beginn der Bedienung an der Kasse, Ende der Bedienung an der Kasse. Beim Ablauf einer Ereignisroutine werden

- Änderungen des Systemzustands vorgenommen, d. h. Attribute von Entities oder Variablen werden verändert, z. B. „die Kasse wird belegt“, „Kunde stellt sich in die Schlange“
- die Zeitpunkte der nächsten Ereignisse festgelegt, z. B. „Terminiere das Ereignis *Ende der Bedienung* des Kunden in 5 Zeiteinheiten“

Nimmt man die prozessorientierte Perspektive ein, so wird für jeden Prozess eine Routine implementiert; im Supermarkt-Beispiel sind dies die Prozesse „Kunde“ und „Kasse“. Zur Laufzeit, wenn sich z. B. mehrere Kunden im System befinden, existieren mehrere Instanzen (*Threads*) der entsprechenden Prozesse. Zu einem Zeitpunkt kann nur ein Thread die Kontrolle haben, daher wechseln die Prozesse jeweils zwischen einem aktiven und einem passiven, wartenden Zustand. In einer Prozessroutine kann unter anderem Folgendes geschehen:

- Änderungen des Systemzustands werden vorgenommen, d. h. Attribute von Entities oder Variablen verändert, s. o.
- Andere Prozesse werden sofort oder zu einem späteren Zeitpunkt aktiviert („geweckt“), z. B. kann der Prozess „Kasse“ den Prozess des ersten Kunden in der Warteschlange aktivieren.
- Der Prozess wird selbst in den Wartezustand versetzt, z. B. „Kunde stellt sich in die Schlange und wartet, bis er dran ist“

Um die Aktivierungsreihenfolge der Prozesse zu koordinieren, muss auch beim prozessorientierten Ansatz eine zeitlich sortierte Liste mit den Aktivierungszeitpunkten der einzelnen Prozesse geführt werden, außerdem müssen ggf. logische „Aktivierungsbedingungen“ überprüft werden.

Neben den beiden erwähnten gibt es noch weitere in der Literatur diskutierte Perspektiven (auch „Weltsichten“ genannt). Siehe hierzu und zu einer detaillierteren Diskussion der vorgestellten Ansätze beispielsweise [Liebl 1995] und [Banks 1998].

9.3.2 Modellierung der Inputdaten

Das Verhalten des zu simulierenden Systems ist nicht nur abhängig von der internen Struktur des Systems selbst, sondern auch von der Umwelt, in der es sich befindet. Eine wichtige Rolle spielen dabei die Inputdaten, die man als „treibende Kraft“ eines Simulationsmodells charakterisieren kann. Beispiele für Inputdaten sind:

- Ankunftsraten von temporären Entities, wie z. B. Kunden, im System
- Zeitdauern für die Bedienung von Kunden bzw. die Bearbeitung von Teilen
- Die nachgefragte Menge eines bestimmten Produktes je Zeiteinheit
- Die Dauer eines Transportes von A nach B
- Ausfallraten einer Maschine in einem Fertigungssystem

Die sorgfältige Analyse und Modellierung der benötigten Eingabedaten gehört zu den wichtigsten Aufgaben in einer Simulationsstudie. Der erste (und meist aufwändigste) Schritt ist dabei immer die Beschaffung der Rohdaten über das Verhalten der jeweiligen Inputgröße. In seltenen Glücksfällen stehen die Daten bereits zur Verfügung, weil sie für einen anderen Zweck erhoben wurden. In der Regel müssen jedoch speziell für die Simulationsstudie Beobachtungen durchgeführt werden.

Die Inputgrößen haben meist einen stochastischen Charakter, d. h. sie können als Zufallsvariable mit einer bestimmten Wahrscheinlichkeitsverteilung beschrieben werden. Grundsätzlich steht man bei der Modellierung einer Eingabegröße vor der Wahl, entweder die *empirische* oder eine *theoretische* Zufallsverteilung zu verwenden. Bei der Entscheidung für eine empirische Verteilung werden die gesammelten Daten „direkt" in eine approximative Verteilungsfunktion überführt. Die zweite, weit häufiger benutzte Variante ist die Verwendung einer theoretischen Verteilung. Zur Bestimmung einer passenden Verteilung werden drei Schritte durchgeführt:

1. Identifizierung eines passenden Verteilungstypen
2. Schätzung der Parameter der Verteilung
3. Evaluierung der Anpassungsgüte der Verteilung

Identifizierung eines passenden Verteilungstypen

Der erste Schritt, die Bestimmung eines passenden Verteilungstypen, stützt sich im Wesentlichen auf zwei Faktoren: die theoretischen Annahmen und Eigenschaften, die den einzelnen Verteilungen zugrunde liegen sowie einen visuellen Vergleich der erhobenen Daten mit den Dichtefunktionen der Verteilungen.

Für die Zwischenankunftszeiten von Teilen oder Kunden in Simulationsmodellen wird z. B. häufig eine Exponentialverteilung gewählt. Die Dichtefunktion einer Exponentialverteilung mit dem Parameter $\lambda > 0$ lautet:

$$f(x) = \begin{cases} \lambda e^{-\lambda x}, & x \geq 0 \\ 0, & \text{sonst} \end{cases}$$

Der Erwartungswert der Exponentialverteilung ist $1/\lambda$. Der Wert λ kann in unserem Fall als Ankunftsrate, d. h. als Anzahl der Ankünfte pro Zeiteinheit interpretiert werden. In Abb. 9.4 ist eine Exponentialverteilung mit $\lambda \approx 0.4$ zu sehen.

Der sachliche Grund, der die Annahme von exponentialverteilten Zwischenankunftszeiten rechtfertigt, ist die so genannte Markov-Eigenschaft: Die Wahrscheinlichkeit, dass ein Kunde im Supermarkt eintrifft, ist unabhängig vom konkreten

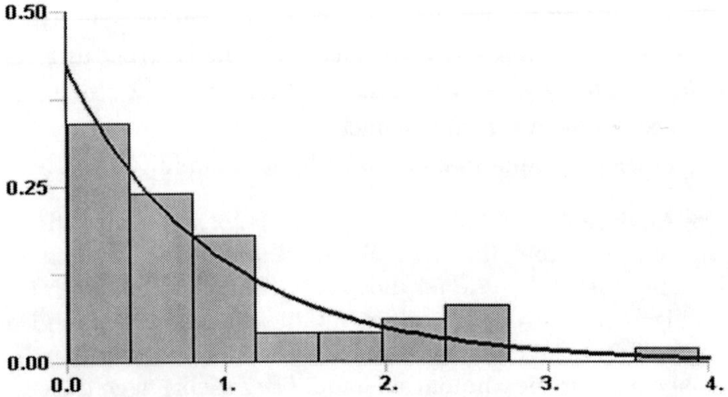

Abb. 9.4. Histogramm von Ankunftsdaten und angepasste Exponentialverteilung

Zeitpunkt und von den bisherigen Ereignissen. So ist beispielsweise die Wahrscheinlichkeit, dass ab einem bestimmten Zeitpunkt in der nächsten Minute ein Kunde im Supermarkt eintrifft, unabhängig davon, ob der letzte Kunde vor 5 oder vor 15 Minuten eingetroffen ist.

Ein visueller Vergleich kann ebenfalls hilfreich bei der Wahl des Verteilungstypen sein. So kann aus den Beobachtungsdaten ein Histogramm gebildet werden, dass als Approximation der Dichtefunktion benutzt werden kann. Anhand dieses Histogramms können dann im besten Falle Charakteristika einer theoretischen Verteilung ausgemacht werden. Beim Histogramm in Abb. 9.4 kann aufgrund der Schiefe der Verteilung eine Normalverteilung sofort ausgeschlossen werden; die eingezeichnete Exponentialverteilung passt sich jedoch recht gut an die Daten an.

Die Verwendung einer Normalverteilung kommt immer dann in Frage, wenn man davon ausgehen kann, dass die betrachtete Zufallsvariable als additiv aus mehreren Zufallsvariablen zusammengesetzt angesehen werden kann. Dabei ist jedoch zu beachten, dass normalverteilte Zufallsvariablen auch negative Werte annehmen können - dies schließt für viele Praxisanwendungen die Verwendung der Normalverteilung aus. Neben der Exponential- und der Normalverteilung existieren noch eine ganze Reihe weiterer Verteilungstypen, die in der Simulation Verwendung finden, für eine Übersicht siehe [Law u. Kelton 2000].

Schätzung der Parameter der Verteilung

Wenn ein Verteilungstyp feststeht, muss noch untersucht werden, welche Werte für die zur Spezifizierung der Verteilung nötigen Parameter *am besten* zu den Daten passen. Da man in der Regel die wahren Parameter der zugrunde liegenden Verteilung nicht kennt, müssen diese auf der Basis der erhobenen Rohdaten *geschätzt* werden. Die Schätzung erfolgt mit Hilfe einer Schätzfunktion. So lautet beispielsweise die Schätzfunktion für den Parameter λ der Exponentialverteilung:

$$\widehat{\lambda} = \frac{1}{\bar{X}} = \frac{1}{\frac{1}{n}\sum_{i=1}^{n} X_i}$$

Evaluierung der Anpassungsgüte der Verteilung

Dass bei der Parameterschätzung jeweils der am besten angepasste Wert ermittelt wurde, bedeutet jedoch noch nicht, dass die spezifizierte Verteilungsfunktion tatsächlich gut zu den erhobenen Daten passt. Aus diesem Grund sollte die Anpassungsgüte anschließend noch einmal unter die Lupe genommen werden. Dies kann sowohl mittels visueller Verfahren als auch durch statistische Anpassungstests („goodness-of-fit-Tests") erfolgen. Ein Beispiel für eine visuelle Veranschaulichung der Anpassungsgüte findet sich in Abb. 9.5. Der Graph gibt die Differenz zwischen der empirischen und der theoretischen Verteilungsfunktion wieder. Je näher der Graph an der x-Achse verläuft, desto besser ist die Anpassung. Bei den statistischen Anpassungstests handelt es sich um Hypothesentests, deren Nullhypothese lautet: „Die Daten der Stichprobe stammen aus der unterstellten Verteilung." Die am weitesten verbreiteten Tests sind der Kolmogorov-Smirnov-Test, der χ^2-Test sowie der Anderson-Darling-Test. Der Ablauf sowie die Prüfgrößen der angegebenen Tests können z. B. bei [Law u. Kelton 2000] nachgelesen werden.

Ein häufig auftretendes Phänomen sind periodisch schwankende Eingabedaten. So wird beispielsweise die Ankunftsrate der Kunden im Supermarkt nicht über den gesamten Tagesablauf konstant sein. In einem solchen Fall definiert man in der Regel Zeitabschnitte, innerhalb derer konstante Ankunftsraten angenommen werden. Für die einzelnen Zeitabschnitte sollten dann im Idealfall gesonderte Anpassungsuntersuchungen durchgeführt werden.

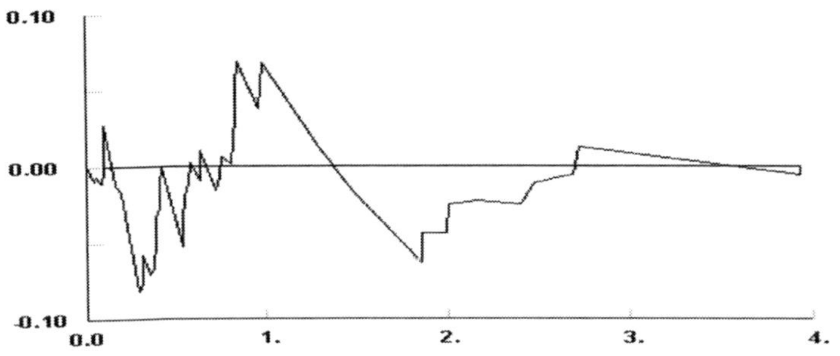

Abb. 9.5. Plot der Differenz zwischen empirischer und theoretischer Verteilungsfunktion

Zur Bestimmung einer zu den Rohdaten passenden Verteilung existieren spezielle Softwarepakete, wie z. B. ExpertFit oder Stat::Fit, zum Teil sind solche Tools auch direkt in kommerziellen Simulationspaketen enthalten. Einer solchen Software werden z. B. in einer Datei die Rohdaten übergeben, sie führt dann die beschriebenen Anpassungsschritte durch. Als Ausgabe liefert sie sowohl Vorschläge für verwendbare theoretische Verteilungen als auch die Ergebnisse von statistischen

Anpassungstests. Gänzlich automatisieren lässt sich die Modellierung der Eingabedaten jedoch derzeit noch nicht: So gibt es momentan noch keine Software, die zeitabhängige Schwankungen in den Eingabedaten erkennt und verschiedene Verteilungen für verschiedene Zeitabschnitte ermittelt.

9.3.3 Generierung von zufallsbehafteten Inputdaten

Im vorhergehenden Teil wurde beschrieben, welche Schritte bei der Inputdatenanalyse durchgeführt werden. Zufallsbehaftete Inputdaten werden mit Wahrscheinlichkeitsverteilungen dargestellt. Bei der Durchführung von Simulationsexperimenten müssen nun entsprechend dieser Verteilungen *Ausprägungen* der Zufallsvariablen, wie z. B. Bedienzeiten an der Supermarktkasse, generiert werden. Die Frage ist also: Wie erzeugt man „Zufall“ mit Hilfe des Computers?

Zunächst werden im Intervall [0;1] gleichverteilte Zufallszahlen behandelt. Diese werden beispielsweise verwendet, wenn ermittelt werden soll, ob ein Ereignis eintritt oder nicht. Bevor man sich den Verfahren zur Erzeugung von Zufallszahlen zuwendet, sollte man nach den Eigenschaften von Zufallszahlen fragen: Wie sollte eine Folge von Zahlen im Intervall [0;1] aussehen, damit man von “Zufallszahlen“ sprechen kann?

Die beiden wichtigsten Eigenschaften von Zufallszahlen sind *Unabhängigkeit* und *Gleichverteilung*. Man spricht von unabhängigen Zufallszahlen, wenn die Wahrscheinlichkeit des Auftretens eines bestimmten Wertes unabhängig von den zuvor realisierten Werten ist. Eine mögliche Verletzung dieser Eigenschaft ist die so genannte *serielle Autokorrelation*: Wenn z. B. überdurchschnittlich oft auf hohe Werte wiederum hohe Werte folgen, spricht man von einer positiven seriellen Autokorrelation erster Ordnung.

Zufallszahlen sind gleichverteilt, wenn die Dichtefunktion ihrer Verteilung einen konstanten Verlauf hat. Diese Eigenschaft kann man sich veranschaulichen, wenn man bedenkt, dass ein Histogramm eine Approximation der Dichtefunktion darstellt: Teilt man das Intervall [0;1] in n gleichgroße Subintervalle ein, so ist bei einer gleichverteilten Zufallsvariablen die Anzahl der Beobachtungen je Intervall gleich große (nämlich N/n, wobei N die Gesamtzahl aller Beobachtungen darstellt).

Neben diesen beiden grundsätzlichen Eigenschaften gibt es noch eine Reihe weiterer Bedingungen, die erfüllt sein müssen, damit man von „guten“ Zufallszahlen sprechen kann. Es gibt eine große Anzahl von statistischen Testverfahren, mit denen die „Zufälligkeit“ einer Folge von Zahlen untersucht werden kann.

Pseudozufallszahlen

Möchte man Zufallszahlen mit Hilfe von Algorithmen auf dem Computer erzeugen, so steht man zunächst vor einem Problem: Algorithmen sind deterministische Verfahren, mit deren Hilfe eine „zufällige“ Ausgabe erzeugt werden soll. Da dies ein Widerspruch in sich ist, spricht man bei Zufallszahlen, die mit Hilfe von deterministischen Verfahren erzeugt wurden, von *Pseudo-Zufallszahlen*. Deren Erzeugung geschieht zwar nicht zufällig, aber die Folge von Zahlen, die das Ergebnis bilden, weisen alle Eigenschaften von Zufallszahlen auf, nämlich im Wesentlichen Unabhängigkeit und Gleichverteilung. Mit anderen Worten: Wendet man die erwähnten statistischen Tests auf die erzeugte Zahlenfolge an, so wird man die Hypothese, dass es sich um Zufallszahlen handelt, nicht verwerfen können.

Algorithmen zur Erzeugung von Pseudozufallszahlen nennt man Zufallszahlengeneratoren. Gute Generatoren weisen neben der Voraussetzung „gute" Zufallszahlen zu erzeugen, folgende Eigenschaften auf:

Effizienz Die Erzeugung sollte einerseits sehr *schnell* und andererseits möglichst wenig *speicherintensiv* arbeiten.

Reproduzierbarkeit Die Folge von Zahlen, die erzeugt wird, sollte genau in der gleichen Reihenfolge reproduzierbar sein. Diese Eigenschaft ist wichtig für eine effiziente Gestaltung der Simulationsexperimente.

Lange Zyklen Die meisten Zufallszahlengeneratoren können nur eine endliche Anzahl von Zufallszahlen erzeugen. Wenn die letzte Zahl erreicht ist, wird wieder die erste erzeugt, daher spricht man von einem *Zyklus*. Dieser Zyklus sollte möglichst lang sein.

Das wohl am häufigsten verwendete Verfahren zur Erzeugung von [0;1]-Zufallszahlen ist die so genannte *lineare Kongruenzmethode*. Wie bei den meisten in der Literatur beschriebenen Verfahren wird eine rekursive Vorgehensweise gewählt, bei der eine Zahl mit Hilfe einer Transformation aus der Vorgängerzahl erzeugt wird. Die Relation, mit deren Hilfe die Zahl X_{i+1} aus der Zahl X_i erzeugt wird, lautet:

$$X_{i+1} = (aX_i + c) \bmod m$$

wobei die Parameter a, c und m positiv und ganzzahlig zu wählen sind. Die Modulo-Operation $n \bmod m$ gibt den Rest an, der aus der Division von n durch m entsteht. Den „Startwert" X_0, aus dem die erste Zahl erzeugt wird, nennt man *seed*. Falls der Wert c = 0 gewählt wird, spricht man von der multiplikativen Kongruenzmethode.

Die Werte, die durch die beschriebene Transformation erzeugt wurden, liegen alle im Intervall [0; m-1]. Um nun gleichverteilte Zufallszahlen im Intervall [0;1] zu erhalten, dividiert man die jeweilige Zahl X_i durch m.

Erzeugung von beliebig verteilten Zufallsvariablen

Mit der linearen Kongruenzmethode wurde nun ein Verfahren kennen gelernt, mit dessen Hilfe gleichverteilte [0;1]-Zufallszahlen erzeugt werden können. Allerdings stößt man in Simulationsmodellen häufig auf Zufallsvariablen, die anderen Verteilungen, wie z. B. einer Exponentialverteilung oder einer Normalverteilung, unterliegen. Die Erzeugung beliebig verteilter Zufallsvariablen kann jedoch auf die Erzeugung von [0;1]-Zufallszahlen zurückgeführt werden. Dazu bedient man sich häufig der *Methode der Inversion der Wahrscheinlichkeitstransformation* (inverse transformation technique). Diese Methode macht sich die Tatsache zu Nutze, dass

die Verteilungsfunktion $z = F(x)$ eine monoton steigende Funktion mit dem Wertebereich [0;1] ist. Deren Umkehrfunktion $F^{-1}(z)$ hat also einen Definitionsbereich [0;1], wobei jedem z ein Wert $x = F^{-1}(z)$ aus dem ursprünglichen Definitionsbereich von x zugeordnet wird. Diese Transformation nennt sich *Wahrscheinlichkeitstransformation.* Durch eine Umkehrung dieser Transformation kann man aus [0;1]-Zufallszahlen beliebig verteilte Zufallsvariablen erzeugen: Man erzeugt eine Ausprägung einer [0;1]-Zufallszahl und setzt sie in die Umkehrfunktion der Verteilungsfunktion F der Zufallsvariablen ein.
Die Zwischenankunftszeiten der Kunden im Supermarkt wurde als exponentialverteilt angenommen. Die Exponentialverteilung hat die Verteilungsfunktion:

$$z = F(x) = 1 - e^{-\lambda x}$$

Daraus wird die Umkehrfunktion gebildet, in die dann die [0;1]-Zufallszahlen eingesetzt werden können:

$$x = F^{-1}(z) = \frac{\ln(1-z)}{-\lambda}$$

Am einfachsten ist die so durchgeführte Erzeugung einer Zufallsvariablen, wenn für die Verteilung eine analytisch bestimmbare Umkehrfunktion existiert, wie dies z. B. bei der Exponentialverteilung der Fall ist. Trifft dies allerdings nicht zu, muss man sich mit anderen Techniken, wie z. B. einer numerischen Lösung begnügen. Weiterhin ist es beispielsweise für die Normalverteilung möglich, den eigentlich nicht analytisch umkehrbaren Verlauf der Verteilungsfunktion mit Hilfe einer umkehrbaren Funktion zu approximieren.

9.3.4 Gestaltung und Auswertung von Simulationsexperimenten

Das Ziel von Simulationsstudien ist es, allgemein formuliert, Aussagen über das Verhalten des betrachteten Systems zu treffen. Häufig sind diese Aussagen mit quantitativen Ergebnisgrößen (Outputgrößen, performance measures, Performanzmaßen) verbunden. Da Simulationsmodelle meistens stochastische Elemente wie z. B. zufallsbehaftete Inputdaten beinhalten, sind diese Ergebnisgrößen ebenfalls Zufallsgrößen. Daher erfordert die Auswertung der Simulationsergebnisse eine gewisse Sorgfalt. In diesem Abschnitt geht es um zwei Fragen:

- Welche Probleme tauchen bei der Analyse von Simulationsergebnissen auf?
- Wie kann man diese Probleme beheben bzw. abmildern?

Schätzung von Ergebnisgrößen

Eine mögliche Ergebnisgröße in dem beschriebenen Werkstatt-Beispiel wäre die Zeit, die ein Wagen insgesamt in der Werkstatt verbringt, d. h. die Durchlaufzeit durch das System. Im Supermarkt-Beispiel wäre ein geeignetes Performanzmaß die Wartezeit der Kunden vor der Kasse. In beiden Fällen interessiert der *Erwartungswert* für die jeweilige Größe. Man führt also jeweils Simulationsexperimente durch, um den Erwartungswert zu *schätzen.* Die Schätzfunktion für den Erwartungswert ist das arithmetische Mittel. Im Werkstatt-Beispiel würde man also den Durchschnitt aller Verweildauern berechnen. Man spricht in diesem Fall von einer Punktschätzung.

Das Problem bei einer Punktschätzung ist, dass man einen Schätzwert für den Erwartungswert erhält, aber keinerlei Informationen darüber hat, wie *gut* diese Schätzung ist. Da die Ergebnisgrößen eine gewisse Streuung aufweisen, wird auch der Mittelwert eines Simulationslaufes von dieser Streuung beeinflusst und enthält damit einen Schätzfehler. Je weniger Beobachtungen vorliegen, desto größer ist dabei der Einfluss der Streuung auf die Schätzung und damit die Fehlerwahrscheinlichkeit. Aus diesem Grund ist es sinnvoll, *mehrere* Simulationsläufe (Replikationen) durchzuführen: Im Beispiel der Werkstatt sollte also nicht nur ein Arbeitstag, sondern möglichst mehrere Tage simuliert werden. Als Schätzung für den Erwartungswert wird dann der Mittelwert $\bar{X}$ über die Mittelwerte der einzelnen Replikationen benutzt.

Um die Aussagegenauigkeit einer solchen Schätzung zu quantifizieren, kann man ein *Konfidenzintervall* für den Mittelwert $\bar{X}$ bilden. Dabei wird der Mittelwert *einer* Replikation als Zufallsvariable X aufgefasst. Man wählt ein *Konfidenzniveau* $1 - \alpha$, z. B. 95%. Das Konfidenzintervall wird dabei wie folgt konstruiert:

$$\left[\bar{X} - \frac{S}{\sqrt{r}} \cdot t_{r-1;1-\alpha/2} \; ; \; \bar{X} + \frac{S}{\sqrt{r}} \cdot t_{r-1;1-\alpha/2}\right]$$

Dabei gilt: r ist die Anzahl der durchgeführten Replikationen, $t_{r-1;(1-\alpha)/2}$ ist das $1 - \alpha/2$-Quantil der t-Verteilung mit r-1 Freiheitsgraden, (dieser Wert kann einer Verteilungstabelle entnommen werden); S bezeichnet die geschätzte Standardabweichung von X, d. h. die Wurzel der Varianz der *Mittelwerte* der einzelnen Replikationen.

Ein so gebildetes Konfidenzintervall kann wie folgt interpretiert werden: Mit einer Aussagegenauigkeit von 95% liegt der Erwartungswert in dem spezifizierten Intervall. Je kleiner das Intervall bei einem gegebenen Konfidenzniveau ist, desto genauer ist also die Aussage. Die Breite des Konfidenzintervalls lässt sich durch eine Erhöhung der Anzahl der Replikationen verringern: Um die Breite zu halbieren, muss die vierfache Anzahl von Replikationen durchgeführt werden.

Häufig stellt sich die Frage, wie viele Simulationsläufe durchgeführt werden müssen, um eine gewünschte Genauigkeit, d. h. eine bestimmte Höchstbreite des Konfidenzintervalls zu erzielen. Eine solche Aussage kann entweder absolut („Mit einer Wahrscheinlichkeit von 95% sollte die geschätzte Verweildauer höchstens um 5 Minuten vom Erwartungswert abweichen“) oder relativ zum Erwartungswert („...höchstens um 10 % vom Erwartungswert abweichen“). Wie in der obigen Formel ersichtlich ist, hängt die Intervallbreite neben der Anzahl der Replikationen und dem Konfidenzniveau $1 - \alpha$ von der Varianz des Systems ab. Da die Varianz jedoch a priori unbekannt ist, kann zunächst keine Aussage über die Anzahl der benötigten Läufe getroffen werden. Man geht daher so vor, dass man mit Hilfe einer kleinen Anzahl

(z. B. 10) von Pilotläufen die „wahre" Varianz schätzt und diese Schätzung der Berechnung der notwendigen Anzahl der Läufe zugrunde legt.

Nicht nur aus Gründen der Aussagegenauigkeit empfiehlt es sich, mehrere Simulationsläufe durchzuführen: Die einzelnen Beobachtungen der Ausgabedatenreihe eines einzelnen Simulationslaufes sind in der Regel *korreliert*, d. h. nicht unabhängig. Man kann sich diesen Sachverhalt am Supermarkt-Beispiel recht gut veranschaulichen: Wenn Kunde i sehr lange in der Schlange warten musste, so wird Kunde $i + 1$ wahrscheinlich auch sehr lange anstehen. Die Korrelation hat zur Folge, dass die Schätzungen, die aus nur einem Simulationslauf gebildet werden, verzerrt werden. Schätzungen auf der Basis mehrerer Replikationen sind unverzerrt.

Stationäre Simulationsmodelle

In den hier verwendeten Beispielen der Werkstatt und des Supermarktes hat man es mit einem abgeschlossenen Zeithorizont zu tun: Ein Simulationslauf dauert jeweils genau einen (Arbeits-)Tag. Man spricht daher von *terminierenden* Systemen. Es gibt jedoch auch Systeme, die „rund um die Uhr" laufen und bei denen das *langfristige* Verhalten untersucht werden soll. Beispiele für solche Systeme sind Kommunikationsnetzwerke, Stromnetze oder Produktionsanlagen, die im Drei-Schicht-Betrieb gefahren werden. Sie weisen langfristig ein gleichmäßiges Verhalten auf und werden daher *stationäre* oder *steady-state*-Systeme genannt. In vielen Fällen können auch in der Realität terminierende Systeme mit Hilfe von stationären Simulationsmodellen abgebildet werden. Ein Beispiel hierfür sind Produktionsstätten, die zwar nicht rund um die Uhr arbeiten, für die jedoch der Endzustand des einen Tages genau dem Anfangszustand des nächsten Tages entspricht.

Da bei stationären Systemen das langfristige „stationäre" Verhalten interessiert, spricht man bei den zu untersuchenden Parametern auch von „steady-state"-Parametern. Soll ein solches System simuliert werden, so stellt sich die Frage: Wann erreicht das Simulationsmodell den stationären Zustand? Wenn man z. B. ein stationäres Modell einer mehrstufigen Fertigung simuliert, so ist das Modell zunächst einmal in einem „leeren" Zustand, d. h. es befinden sich keine transienten Entities im System. Erst nach und nach „füllt" sich das System, und es bilden sich z. B. Schlangen vor den einzelnen Bearbeitungsstationen. Die Zeitspanne bis zum Erreichen des stationären Zustandes nennt man Einschwingphase (Anlaufphase, warm-up-period, transient state). Bezieht man die Einschwingphase mit in die Auswertung der Simulationsexperimente ein, so werden die Ergebnisse verzerrt. Daher sollten die Beobachtungen aus der Einschwingphase nicht in die Auswertung eingerechnet werden; dies wird im Allgemeinen erreicht, indem die statistischen Zähler zu Beginn des stationären Zustands zurückgesetzt werden. Um die Einschwingphase auf diese Art eliminieren zu können, muss man jedoch zunächst einmal wissen, wann sie endet.

In der Literatur werden zur Bestimmung der Länge der Einschwingphase verschiedene Verfahren diskutiert, die von relativ einfachen Regeln bis hin zu komplexen statistischen Tests reichen. Häufig wird auch ein weniger formales Vorgehen gewählt: die Folge der Beobachtungen der Ergebnisgröße wird ausgedruckt und die

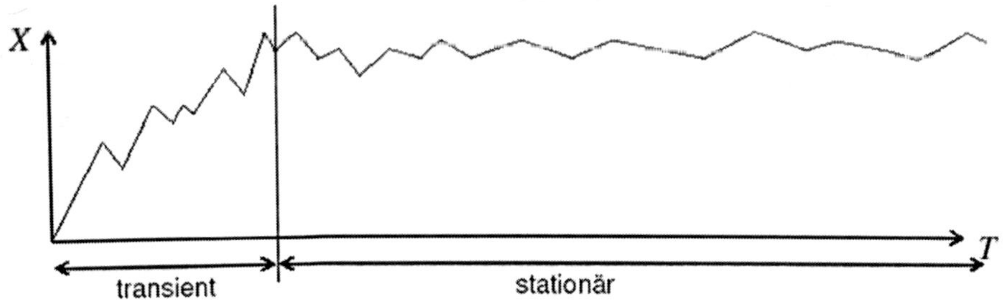

Abb. 9.6. Transienter Zustand (Einschwingphase) und stationärer Zustand

Länge der Einschwingphase visuell bestimmt (vgl. hierzu Abb. 9.6). Falls die Ergebnisgröße eine große Varianz aufweist und daher der Graph der Ergebnisgröße stark oszilliert, ist diese visuelle Bestimmung allerdings nicht einfach. Aus diesem Grund wird in einem solchen Fall die entstehende Kurve durch die Verwendung von gleitenden Durchschnitten „geglättet“.

Vergleich von alternativen Systemkonfigurationen

Eines der am häufigsten verfolgten Ziele beim Einsatz von Simulation ist die Auswahl zwischen alternativen Systemkonfigurationen. Ein solcher Fall liegt in unserem Beispiel der Werkstatt vor, in der der Werkstattleiter eine Idee zu einer Umgestaltung der Arbeitsabläufe hat. In diesem Fall sollen zwei alternative Konfigurationen verglichen werden. Die Größe, anhand derer die Leistung der beiden Alternativen verglichen werden, ist die Durchlaufzeit. Da die Entscheidung, ob eine Alternative besser ist als die andere, Ergebnis eines Zufallsexperimentes ist, genügt es nicht, einfach die Mittelwerte zu vergleichen: Auch wenn der Mittelwert für System A kleiner ist als für System B, kann nichts über die *Signifikanz* dieses Unterschiedes gesagt werden. Daher sollte man auch in dieser Analyse mit Konfidenzintervallen arbeiten.

Für den Vergleich zweier Systemalternativen bildet man die Differenz aus den interessierenden Outputgrößen. Diese Differenz stellt somit eine Schätzung für den „wahren“ Unterschied zwischen den beiden Alternativen dar. Für diese Differenz wird analog zum obigen Vorgehen ein Konfidenzintervall mit einem zu wählenden Signifikanzniveau α konstruiert. Falls die 0 in diesem Konfidenzintervall nicht enthalten ist, so ist der Unterschied zwischen beiden Alternativen signifikant, im anderen Fall nicht.

Möchte man mehrere alternativen Konfigurationen miteinander vergleichen, um beispielsweise die Beste auswählen, so gibt es ebenfalls einige statistische „Feinheiten“ zu beachten. Vergleiche hierzu [Law u. Kelton 2000].

Varianzreduktionsverfahren

Konfidenzintervalle machen Aussagen über die Genauigkeit der vorgenommenen Schätzungen der Parameter. Je schmaler ein Konfidenzintervall ist, desto genauer ist die Aussage, die wir treffen. Wie man sieht, lässt sich die Breite des Konfidenzintervalls durch eine Erhöhung der Anzahl der Simulationsläufe verringern. Es gibt darüber hinaus jedoch Techniken, mit denen die Varianz (und damit die Konfidenzintervallbreite) „künstlich" verringert werden kann: die so genannten *Varianzreduktionstechniken*. Mit Hilfe dieser statistischen Verfahren kann zum Teil ein erheblicher Simulationsaufwand eingespart werden. Hier soll stellvertretend ein wichtiges Verfahren vorgestellt werden, weitere Verfahren finden sich z. B. in [Law u. Kelton 2000].

Das Verfahren der *Common Random Numbers* (gemeinsame Zufallszahlen) kann beim Vergleich von Systemkonfigurationen eingesetzt werden. Die Idee, die ihm zugrunde liegt, ist denkbar einfach: Bei der Simulation der verschiedenen Systemversionen werden jeweils die gleichen Zufallszahlen für den jeweils gleichen Zweck benutzt. Im Werkstatt-Beispiel bedeutet dies, dass bei der Simulation beider Systemkonfigurationen die Autos jeweils zur gleichen Zeit ankommen und jeweils die gleiche Zeit für die einzelnen Überprüfungsschritte benötigt wird. Was dazu führt, dass die Unterschiede zwischen beiden Systemen (möglichst) *ausschließlich* auf die unterschiedlichen Konfigurationen und *nicht* zusätzlich auf die unterschiedlichen verwendeten Zufallszahlen zurückzuführen sind, wie dies beim Einsatz von unabhängigen Zufallszahlen der Fall wäre. Es wird also eine bessere *Trennschärfe* zwischen beiden Systemversionen erreicht. Bei der Verwendung von Common Random Numbers gilt es allerdings zu bedenken, dass gerade bei der Simulation von komplexen Systemen ein erheblicher Aufwand für die *Synchronisation* der Verwendung der Zufallszahlen anfallen kann.

9.4 Diskrete Modelle: Fallstudien und Software

9.4.1 Fallstudie „universitärer Druckerpool"

In unserem exemplarischen, universitären Druckerpool besteht für Studenten die Möglichkeit, beliebige Dokumente auszudrucken. Dazu stehen im Druckerpool sechs Drucker zur Verfügung. Zwei der vorhandenen Drucker ermöglichen es, das Papier beidseitig zu bedrucken. Außerdem unterscheiden sich die Drucker in ihren Verarbeitungsgeschwindigkeiten. Bei einer Untersuchung wurde festgestellt, dass die Studenten die einseitigen Drucker meist nur dann nutzen, wenn sie weniger als 18 Seiten drucken wollen. Größere Dokumente werden also fast immer auf einem der beiden Drucker, welche das beidseitige Drucken erlauben, ausgedruckt. Da die durchschnittliche Größe der zu druckenden Dokumente bei 40 Seiten liegt, werden die beidseitigen Drucker häufiger genutzt als die Drucker, welche nur das einseitige Drucken erlauben. Dadurch kommt es im Tagesverlauf zur Bildung einer Warteschlange an den beidseitigen Druckern. Für die Studenten entstehen dadurch teilweise Wartezeiten von bis zu dreißig Minuten.

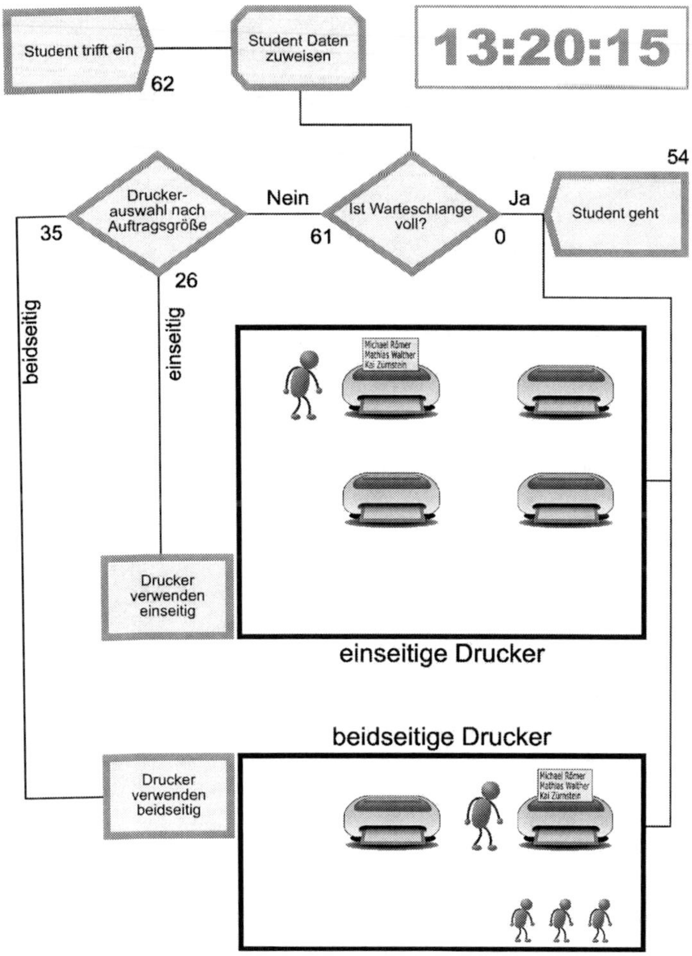

Abb. 9.7. Fallstudie Druckerpool

Das Ziel soll nun sein, mit Hilfe von Simulationsexperimenten, herauszufinden, wie der Druckerpool zusammengestellt sein sollte, damit unter den derzeitigen Bedingungen die Wartezeiten für die Studenten möglichst gering gehalten werden können. Dazu wurde ein einfaches Simulationsmodell, welches in Abb. 9.7 zu sehen ist, mit Hilfe der Simulationssoftware Arena, erstellt.

Bei der Modellierung muss beachtet werden, dass die Studenten im Tagesverlauf mit unterschiedlichen Ankunftsraten eintreffen. Dazu wurden für einen Tag die Ankunftsraten der Studenten zwischen 08:00 Uhr und 18:00 Uhr ermittelt. Diese ermittelten Ankunftsraten sind in Abb. 9.8 dargestellt. Es wurden dabei nur Studenten berücksichtigt, welche auch tatsächlich die Absicht haben, etwas im Druckerpool zu drucken. Im vorliegenden Beispiel ist jedem Studenten bereits beim Betreten des Druckerpools bekannt, wie viele Seiten er drucken möchte. Dieser

Wert wird ihm im Simulationsmodell gleich zu Beginn als Attribut zugewiesen. Im Durchschnitt druckt jeder Student 40 Seiten, wobei die Wahrscheinlichkeit weniger Seiten zu drucken größer ist, als mehr Seiten zu drucken. Deshalb wurde für die Repräsentation der Anzahl der zu druckenden Seiten eine Exponentialverteilung gewählt, mit dem Mittelwert vierzig. Da der Druckerpool nur über eine geringe Anzahl an zusätzlichem Warteraum verfügt, nämlich acht Stehplätze, werden alle Studenten den Druckerpool sofort wieder verlassen, wenn bereits acht Studenten warten. Falls noch genug Platz ist, wird sich der Student für eine der beiden Druckerarten, einseitiger Druck oder beidseitiger Druck, entscheiden und auf das Freiwerden eines geeigneten Druckers warten. Für die Auswahl der Druckerart wird angenommen, dass Studenten immer dann einen Drucker wählen, welcher Papier nur einseitig bedrucken kann, wenn sie weniger als achtzehn Seiten drucken möchten. Sobald ein passender Drucker frei wird, wird er vom ersten Studenten in der jeweiligen Warteschlange benutzt.

Neben der eigentlichen Druckzeit, welche sich aus der Anzahl der zu druckenden Seiten und der Druckzeit pro Seite ergibt, spielt auch die Druckvorbereitungszeit eine wichtige Rolle. Möglicherweise muss der Student erst noch den Text schreiben, den er ausdrucken möchte, z. B. einen kurzen Brief. Bei längeren Texten wird der Student diesen bereits an einem Computer im Computerpool vorbereitet haben und auf einem Datenträger mitbringen. Dann muss das Dokument nur noch geöffnet werden, wobei dieser Vorgang auch eine gewisse Zeit benötigt. Weiterhin kann es sein, dass der Student ein Vorlesungsskript drucken möchte. Dazu muss er zunächst das Skript suchen und öffnen. Meist lesen die Studenten dann auch gleich noch ihre E-Mails oder sehen sich kurz für sie interessante Webseiten an. Die Druckvorbereitungszeit wird daher als Dreiecksverteilung mit einem Minimalwert von 5 Minuten, einem Maximalwert von 20 Minuten und dem wahrscheinlichsten Wert von 10 Minuten angenommen. Nachdem der Druckvorgang beendet wurde, gibt der Student den Drucker frei und verlässt den Druckerpool. Somit kann der nächste Student den frei werdenden Drucker nutzen, wodurch dann auch wieder ein Platz im Wartebereich freigegeben wird.

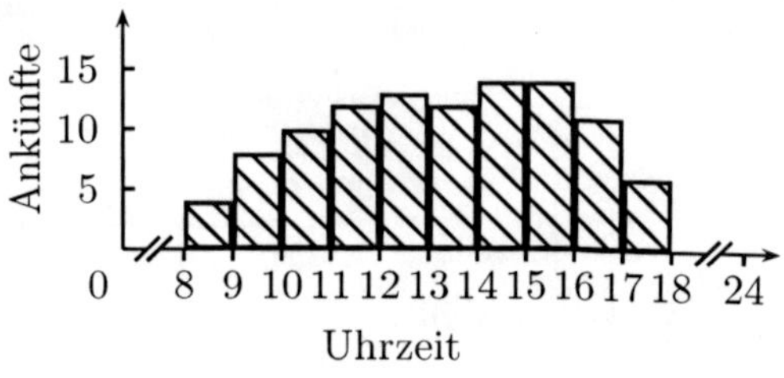

Abb. 9.8. Ankunftsraten

Wird die Simulation mit den ermittelten Daten ausgeführt, ergibt sich für die simulierten 8 Stunden eine durchschnittliche Wartezeit von ca. 5 Minuten an den beidseitig druckenden Druckern. Einige Studenten mussten allerdings ca. 27 Minuten auf einen freiwerdenden beidseitigen Drucker, warten. Studenten, die ihre Dokumente nur einseitig ausdrucken wollten, konnten immer ohne Wartezeit über einen freien Drucker verfügen. Durchschnittlich hat jeder Student ca. 19 Minuten im Druckerpool verbracht, um auf einen freiwerdenden Drucker zu warten, seine Dokumente für den Druck vorzubereiten und den eigentlichen Druckvorgang auszuführen. Einige Studenten konnte den Druckerpool bereits nach ca. 6 Minuten wieder verlassen und hatten ihre Arbeit erledigt. Im Gegensatz dazu verbrachten einige Studenten bis zu 45 Minuten im Druckerpool, wenn sie lange auf einen freiwerdenden Drucker warten mussten und dann auch noch ein Dokument mit einer hohen Seitenstärke ausdrucken wollten. Es gibt nun die Möglichkeit einige der einseitigen Drucker gegen beidseitig druckenden Drucker auszutauschen. Zusätzliche Drucker können jedoch nicht im Druckerpool untergebracht werden, da nicht genügend Platz zur Verfügung steht.

Nachdem nun im Simulationsmodell einer der vier einseitigen Drucker ausgetauscht wurde, verringert sich die durchschnittliche Wartezeit von ca. fünf Minuten auf nur noch ca. 3 Minuten. Die maximale Wartezeit verringerte sich dabei auf ca. 23 Minuten.

Wird nun ein weiterer Drucker ausgetauscht, dann verringert sich die durchschnittliche Wartezeit auf nur noch ca. 20 Sekunden und die maximale Wartezeit auf ca. 9 Minuten. Dadurch, dass nun nur noch zwei einseitig druckende Drucker zur Verfügung stehen, entsteht nun auch für Studenten, die diese Drucker nutzen wollen, eine Wartezeit. Durchschnittlich müssen diese Studenten nun ca. 45 Sekunden warten, maximal jedoch ca. 9 Minuten. Im Gegensatz dazu verkürzt sich die Wartezeit der Studenten mit größeren Dokumenten, welche die beidseitig druckenden Drucker nutzen, auf durchschnittlich 2 Sekunden und maximal auf ca. 2 Minuten.

Durch den Austausch von zwei Druckern konnte also eine deutliche Verkürzung der Wartezeiten erreicht werden. In der Schlusskonfiguration besteht der Druckerpool nun also aus zwei Druckern, welche nur einseitig drucken können und vier Druckern, welche dazu in der Lage sind, Papier beidseitig zu bedrucken.

9.4.2 Simulationssoftware Arena

Als Beispiel für eine Simulationssoftware soll das Simulationsprogramm Arena, welches bereits für unsere Fallstudie Druckerpool zum Einsatz kam, mit seinen Tools, Input Analyzer, Output Analyzer, Process Analyzer und dem Optimierungsprogramm OptQuest, dienen.

Arena ist ein auf der Simulationssprache SIMAN basierendes, ereignisdiskretes, prozessorientiertes, grafisches Simulationssystem für MS Windows (s. http://www.arenasimulation.com). In der Prozesssicht wird betrachtet, wie ein Entity durch das Modell wandert. Der Blick ist also auf die Prozesse, welche ein Entity durchläuft, gerichtet. Für den Anwender ist die prozessorientierte Sichtweise von großem Vorteil, da sich auf dieser Art komplexe Modelle mit einer großen Anzahl an Ereignissen, Entities und Ressourcen, übersichtlich, schnell und einfach modellieren lassen. Intern, für den Modellierer unsichtbar, arbeitet Arena allerdings ereignisorientiert. So werden die prozessorientiert aufgebauten Simulationsmodelle für den Simulationslauf umgewandelt.

Mit Arena ist es möglich, Prozesse zu modellieren, zu simulieren, zu visualisieren und zu analysieren. Für die Modellierung verschiedenster Simulationsmodelle bietet Arena unterschiedliche grafische Modulschablonen, welche hierarchisch, auf Basis der Modellierungsebene, angeordnet sind. Über bestimmte Schnittstellen ist außerdem auf der untersten Modellierungsebene die Einbindung von Microsoft Visual Basic- und C-Programmcode in die Simulationsumgebung möglich. Dadurch und aufgrund der Verwendungsmöglichkeit von SIMAN Bausteinen kombiniert Arena die Vorteile einer einfach zu nutzenden, leistungsfähigen, objektorientierten und grafischen Simulationsumgebung mit der Flexibilität einer Simulationssprache und der komplett freien Erweiterbarkeit durch beliebigen eigenen Programmcode. Dieser modulare Aufbau der Simulationsmodelle hat den besonderen Vorteil der Wiederverwendbarkeit von selbst erstellten Modulen und Teilen von Simulationsmodellen. Grundlegende Module, wie z. B. für Warteschlangen, aber auch Module für bestimmte Anwendungsbereiche, z. B. für Call-Center- oder Fabrikanlagensimulation, sind in Arena bereits enthalten.

Wenn die für ein Simulationsmodell nötigen Module erstellt oder ausgewählt wurden, können sie in der grafischen Oberfläche von Arena zusammengebaut werden. Die für die Module notwendigen Eingabedaten, wie z. B. Ankunftszeiten, Ladezeiten, Reparaturzeiten, Transportzeiten und Ausschussraten müssen dann eingetragen werden. Diese Daten können bei existierenden Systemen z. B. auf Basis von Beobachtungen, Messungen oder Schätzungen erbracht werden. Bei noch nicht existierenden Systemen wäre es möglich, für diese benötigten Daten ähnliche Systeme oder eventuell bereits vorhandene Spezifikationen zu verwenden. Dabei ist es möglich, diese Daten komplett in Arena einzugeben und zu nutzen. Stehen aber nur wenige Daten zur Verfügung, welche nicht den gesamten Simulationszeitraum abdecken oder sind die Daten in irgendeiner Form nicht nutzbar für die direkte Verwendung, dann können diese Informationen an Arena auch über Verteilungsfunktionen übergeben werden.

Arena stellt dazu Verteilungsfunktionen wie z. B. Exponentialverteilung, Dreiecksverteilung, und Normalverteilung zur Verfügung. Zur Unterstützung bei der statistischen Analyse und Aufbereitung der Eingabedaten und der Ermittlung einer möglichen Verteilungsfunktion steht innerhalb von Arena das Programm Input Analyzer bereit. Dazu werden die gesammelten Eingabedaten in einer Textdatei an das Programm übergeben. An die eingelesenen Daten können nun die verschiedenen Verteilungsfunktionen angepasst werden und zusätzlich kann der Input Analyzer die am besten passende Verteilungsfunktion ermitteln. Der ermittelte Ausdruck kann dann im Simulationsmodell zur Repräsentation der Eingabedaten genutzt werden.

Neben dem Input Analyzer für die Analyse von Eingabedaten gibt es außerdem den Output Analyzer, welcher die Auswertung der Simulationsergebnisse unterstützen soll. Die nötigen Ergebnisdaten werden dazu im vorgefertigten Statistikdaten-Modul definiert und gesammelt. Nach der Simulation werden die gewünschten Daten gespeichert und stehen danach zur weiteren Verarbeitung bereit. Zur Analyse stehen grafische Darstellungsmöglichkeiten wie Histogramm, Balkendiagramm oder auch Liniendigramm zur Verfügung. Dabei können mehrere Replikationen, einzeln oder auch zusammengefasst, in einem Diagramm abgebildet werden. Außer den einfachen grafischen Darstellungsmöglichkeiten, bietet der Output Analyzer die Möglichkeit, statistische Analysen der gesammelten Ergebnisdaten durchzuführen, wie z. B. die Ermittlung von Konfidenzintervallen. Zusätzlich ist der Vergleich der Ergebnisse von alternativen Modellversionen möglich.

Sollen mehrere alternative Modellkonfigurationen getestet werden, dann wäre es sehr zeitaufwändig, jedes Mal die Modellparameter in Arena zu verändern und eine Simulation durchzuführen, um dann die Ergebnisse im Output Analyzer zu untersuchen und zu vergleichen. Um diese Arbeit zu vereinfachen und zu verkürzen, kommt der Process Analyzer oder auch Scenario Manager zum Einsatz. Der Process Analyzer erlaubt die Definition verschiedener Modellkonfigurationen, um diese danach selbständig ablaufen zu lassen (Batch Run). Damit ist eine Abarbeitung mehrerer Modellkonfigurationen bei großen Modellen mit langer Laufzeit, zum Beispiel über Nacht oder am Wochenende, unbeaufsichtigt möglich. Außerdem ist es möglich, die Ergebnisse der verschiedenen Simulationsläufe im Process Analyzer mit einfachen Diagrammen zu visualisieren.

Wenn nicht nur mehrere alternative Modellkonfigurationen erprobt werden sollen, sondern die einzelnen möglichen Modellparameter in bestimmten Schranken definiert sind, ist der Process Analyzer damit überfordert. Für diesen Zweck liegt Arena das Optimierungsprogramm OptQuest bei. OptQuest ermöglicht eine gemischt-ganzzahlige Optimierung, unter der Verwendung einer Kombination aus bekannten heuristischen Verfahren. Dazu gehören Tabu Search, neuronale Netze und Scatter Search. Um eine Optimierung in OptQuest durchzuführen, werden die veränderbaren Modellparameter, deren Schranken, Ergebnisvariablen sowie explizite und implizite Nebenbedingungen definiert. OptQuest übernimmt dann die Kontrolle über Arena und führt die Optimierung durch. Dabei kann der Verlauf der Optimierung über verschiedene Kontrollmöglichkeiten verfolgt werden. Jede erprobte Modellkonfiguration und der zugehörige Wert der Ergebnisvariablen werden von OptQuest in einem Optimierungsprotokoll vermerkt, womit die Optimierungsschritte jederzeit nachvollziehbar sind. Außerdem stehen Grafiken zur Verfügung, welche die aktuelle Belegung der Optimierungsvariablen und den Verlauf der gefundenen Lösungen darstellen.

9.5 Simulation und Optimierung

Wie bereits dargestellt wurde, wird ein reales System mit Hilfe eines Simulationsmodells nachgebildet, um damit experimentieren zu können. Eine Möglichkeit ist es, bestimmte Szenarien mit dem Simulationsmodell zu durchlaufen und so zu Erkenntnissen zu gelangen, die dann auf die Realität übertragbar sind. Beispielsweise könnte man in einem Supermarkt, in dem die Kunden häufig lange warten müssen, simulieren, ob es sinnvoll ist, eine weitere Kasse zu öffnen. Andererseits kann es passieren, dass nicht eine bestimmte Anzahl an Szenarien erprobt werden soll, sondern bestimmte Entscheidungsvariablen in gewissen Schranken verändert werden können, um ein vorgegebenes Ziel zu erreichen. Es könnte also sein, dass die Anzahl der geöffneten Kassen pro Stunde im Bereich von zwei bis sieben variiert werden kann, mit dem Ziel, eine maximale Wartezeit von fünf Minuten nicht zu überschreiten. Gleichzeitig sollen möglichst wenig offene Kassen zur Verfügung stehen, um Personalkosten einzusparen. Wenn der Supermarkt von 08:00 Uhr bis 20:00 Uhr geöffnet hat und alle Tage gleich behandelt werden sollen, dann gibt es zwölf Variablen, die verändert werden können, nämlich die Anzahl der offenen Kassen pro Stunde zwischen 08:00 Uhr und 20:00 Uhr. Da es recht aufwändig wäre, nun alle möglichen Kombinationen manuell auszuprobieren, ist es sinnvoll, die Simulationsumgebung mit einem Optimierungsprogramm zu verbinden, um die beste Belegung der zwölf Variablen unter den gegebenen Bedingungen herauszufinden.

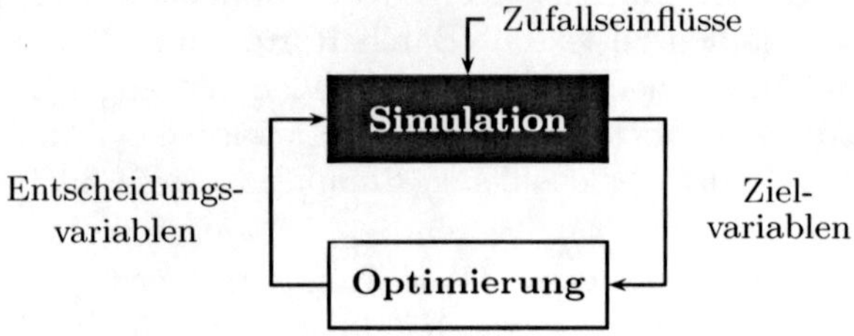

Abb. 9.9. Simulation und Optimierung

Werden Simulation und Optimierung gemeinsam benutzt, so wird die zu optimierende Zielfunktion mit Hilfe der Ergebnisse der Simulation berechnet. Das Simulationsmodell stellt dabei als „Black Box“ den für die Optimierung benötigten Zusammenhang zwischen den Entscheidungsvariablen (Input) und den Zielvariablen (Output) her (vgl. 9.9). Ein Vektor mit möglichen Ausprägungen der Entscheidungsvariablen werden vom Optimierungsprogramm an die Simulation übergeben, um mit dieser Konfiguration einen Simulationslauf durchzuführen. Die dabei ermittelten Ergebnisse werden zurück an das Optimierungsprogramm übermittelt, wobei dieses anhand der Zielvariablen, des verwendeten Optimierungsverfahrens sowie der definierten Nebenbedingungen die Entscheidungsvariablen neu belegt und wieder an die Simulation übergibt. Diese Abfolge wird solange durchgeführt, bis eine Abbruchbedingung erfüllt ist. Beispielsweise ist es möglich, dass das Optimierungsverfahren beendet wird, wenn eine festgelegte Zeit vergangen ist, oder aber, wenn die gefundene Lösung ein bestimmtes Niveau überschreitet. Ebenso könnte man das Optimierungsverfahren beenden, wenn eine gewisse Zeit keine bessere Lösung mehr gefunden werden konnte. Bei stochastischen Simulationsmodellen muss zur Ermittlung eines Zielfunktionswertes die Simulation mehrfach durchlaufen werden, um eine gewisse statistische Aussagesicherheit zu gewährleisten. Dadurch kann es bei der Optimierung großer Simulationsmodelle zu sehr langen Laufzeiten kommen.

Neben den definierten Nebenbedingungen für die Entscheidungsvariablen, welche auch als explizite Nebenbedingungen bezeichnet werden, sind bei der Optimierung von Simulationsmodellen auch Restriktionen für die Simulationsergebnisse möglich. Diese impliziten Nebenbedingungen, auch Requirements genannt, ermöglichen es, z. B. die Länge von Warteschlangen, Wartezeiten, Maschinenauslastungen oder auch die Gesamtverweildauer eines Entities im System zu beschränken. In unserem zu optimierenden Supermarkt stellt die Beschränkung der Wartezeit auf maximal fünf Minuten eine implizite Restriktion dar. Die Beschränkung der Anzahl der Kassen auf einen Wert zwischen zwei und sieben ist hingegen eine explizite Nebenbedingung. Problematisch bei der Verwendung von impliziten Nebenbedingungen ist es, dass sie erst nach einem Simulationslauf überprüft werden können, wodurch es dazu kommen kann, dass ein rechenzeitintensiver Simulationslauf verworfen werden muss. Man sollte also soweit möglich implizite Nebenbedingungen vermeiden. Im Gegensatz dazu wird die Einhaltung von expliziten Restriktionen bereits vor einem Simulationslauf sichergestellt.

Aufgrund der hohen Komplexität der meisten Simulationsmodelle und der Unkenntnis des Optimierungsprogramms über deren Aufbau („Black Box"), ist der Einsatz eines Optimierungsverfahrens zur exakten Lösung kaum möglich. Ein weiteres Problem tritt beim Einsatz von stochastischen, dynamischen Simulationsmodellen auf. Durch die hier auftretenden Zufallseinflüsse gibt es keine exakte Lösung. Deshalb wird meist eine Heuristik zur Approximation einer optimalen Lösung verwendet. Der Einsatz dieser Verfahren führt aufgrund ihrer heuristischen Natur aber nicht zwangsläufig zu einer optimalen Lösung. Zumindest werden zulässige und meist auch recht gute suboptimale Lösungen gefunden. Das Ziel ist es, mit möglichst wenig Aufwand, also durch die Untersuchung möglichst weniger Konfigurationen, möglichst schnell gute Lösungen zu finden. Die heuristischen Optimierungsverfahren beginnen dazu mit einer zulässigen Startlösung und versuchen diese dann schrittweise zu verbessern. Um bei der Optimierung nicht nur lokale, sondern auch globale Optima finden zu können, muss das Optimierungsverfahren in der Lage sein, aus lokalen Optima zu entkommen. Akzeptiert ein Optimierungsverfahren nur Verbesserungen, dann führt dies in den meisten Fällen zu einem lokalen Optimum. Durch die Variation der Startwerte ist es aber durchaus möglich, zufällig zum globalen Optimum zu gelangen. Ein lokales Optimum kann nur verlassen werden, indem ein Optimierungsverfahren in gewissem Maße auch Verschlechterungen des Zielfunktionswertes zulässt. Damit ein solches Verfahren nicht endlos weiterläuft, wird es nach einer vorgegebenen Zeit abgebrochen, oder wenn eine gewisse Anzahl an Durchläufen keine Verbesserung mehr erzielen konnte. Aufbauend auf lokalen Suchverfahren wurden verschiedene Metaheuristiken entwickelt. Dazu zählen z. B. das Simulated Annealing, Threshold Accepting, Great Deluge und Tabu Search. Weiterhin gibt es naturanaloge Metaheuristiken, wie z. B. genetische Algorithmen.

Wie bereits dargestellt wurde, kann es bei der Optimierung von Simulationsmodellen zu sehr langen Laufzeiten kommen. Einen möglichen Ausweg stellt die Parallelverarbeitung dar. Dabei kann entweder die Simulation oder das Optimierungsverfahren parallelisiert werden. Um eine Parallelverarbeitung eines Simulationsmodells zu ermöglichen, muss dieses bereits bei der Modellierung dahingehend erstellt werden. Es ist nötig, parallel ausführbare Teilmodelle zu bilden. Dieser Schritt kann derzeit nicht automatisch durchgeführt werden, sondern muss vom Modellierer selbst erledigt werden. Die Aufspaltung in sinnvoll parallelisierbare Teilmodelle ist nicht immer möglich und so ist die Parallelisierung der Simulation meist nicht durchführbar. Ein weiteres Problem sind die zusätzlichen Aufgaben, welche die Simulationsumgebung bei der parallelen Simulation eines Modells zu erfüllen hat.

Es gilt nämlich, die Teilmodelle immer synchron zu halten und die bestehenden Abhängigkeiten zwischen den Teilmodellen jederzeit zu berücksichtigen. Dadurch wird wieder zusätzliche Rechenzeit benötigt. Die zu erwartende Laufzeitverkürzung ist bei realen Modellen bisher so gering, dass sich der große Aufwand für die Parallelisierung eines Simulationsmodells meist nicht lohnt. Sinnvoller ist die Parallelisierung des Optimierungsverfahrens. Die genannten Metaheuristiken lassen sich mit unterschiedlich großem Aufwand parallelisieren. Besonders einfach ist es, die Genetischen Algorithmen zu parallelisieren, da diese pro Optimierungsschritt eine große Anzahl unabhängiger Simulationsläufe benötigen, welche jeweils auf verschiedenen Prozessoren ausgeführt werden könnten.

Eine weitere Möglichkeit, die Ausführungszeiten einer simulationsbasierten Optimierung zu verkürzen, besteht in der Meta-Modellierung. Dabei geht es darum, zu versuchen, das Verhalten eines Simulationsmodells in Bezug auf die Transformation von Entscheidungsvariablen zu den Zielvariablen durch ein „Modell vom Modell" zu approximieren. Das kann durch ein algebraisches Modell, oder aber auch durch Künstliche Neuronale Netze geschehen. Um keine zusätzlichen Simulationsläufe für die Erstellung eines Meta-Modells zu benötigen, wird während der ersten Simulationsläufe der Optimierung das Meta-Modell erstellt. Dieses Meta-Modell kann dann im späteren Verlauf für eine grobe Evaluierung von Lösungen verwendet werden. Da die meisten Simulationsmodelle sehr komplex sind, dauert es eine Weile, bis ein einigermaßen brauchbares Meta-Modell erstellt werden kann. Je nach Komplexität der Simulationsmodelle kann es sein, dass die mit dem Meta-Modell ermittelten Ergebnisse stark vom Simulationsmodell abweichen, sie sind also nicht immer sinnvoll einsetzbar. Das Optimierungsverfahren muss gegebenenfalls entscheiden, ob und in welchem Umfang von einem Meta-Modell Gebrauch gemacht werden kann, um zumindest schnell ein Lösungsgebiet auszuwählen, in dem die Optimallösung zu erwarten ist. Eine alleinige Verwendung von Meta-Modellen zur Optimierung ist meist nicht möglich.

9.6 Was sollte ich gelernt haben?

Diskrete Simulation

Welche Basiskonzepte gehören zur diskreten Simulation? Was kann damit typischerweise simuliert werden?

Verteilung der Inputdaten

Wie kann eine passende Verteilung der Inputdaten identifiziert werden? Welche Verteilung ist für die Ankunftsrate in Warteschlangensystemen typisch? Und für die Zwischenankunftszeiten?

Schätzverfahren

Wie können Parameter der Input-Verteilung geschätzt werden?

Erzeugung von Zufallszahlen

Wie werden Zufallszahlen einer beliebigen Verteilung generiert? Welche Anforderungen gelten dabei?

Output-Verteilungen

Wie kann die Genauigkeit von Ergebniswerten einer Simulation geschätzt werden? Durch welche Methoden kann die Genauigkeit erhöht werden?

Softwarepaket Arena

Besorgen Sie die Demoversion des Simulationspakets Arena. Erstellen Sie ein Simulationsmodell für die Fallstudie Druckerpool in Arena und führen Sie eine sinnvolle Anzahl von Experimenten durch.

Literaturverzeichnis

Kapitel 1

Lehrbücher zu Operations Research und Optimierung

[Domschke u. Drexl 2011] Domschke, W., Drexl A. (2011): Einführung in Operations Research. Springer, 8. Auflage.

[Domschke et al. 2011] Domschke, W., Drexl, A., Klein, R., Scholl, A., Voß, S. (2011): Übungen und Fallbeispiele zu Operations Research. Springer, 7. Auflage.

[Dürr u. Kleibohm 1992] Dürr, W., Kleibohm, K. (1992): Operations Research. Lineare Modelle und ihre Anwendungen. Fachbuchverlag Leipzig.

[Ellinger et al. 2003] Ellinger, Th., Beuermann G., Leisten R. (2003): Operations Research. Eine Einführung. Springer-Verlag, 6. Auflage.

[Hillier u. Liebermann 1997] Hillier, F.S., Liebermann, G.S. (1997): Operations Research – Einführung. Oldenbourg-Verlag, München-Wien.

[Kallrath u. Wilson 1997] Kallrath, J., Wilson, J. M. (1997): Business Optimisation using Mathematical Programming. Macmillan Press, Hampshire and London.

[Littger 1992] Littger, K. (1992): Optimierung. Springer-Verlag.

[Neumann u. Morlock 2002] Neumann, K., Morlock, M. (2002): Operations Research. Carl Hanser Verlag, 2. Auflage.

[Taha 2006] Taha, H. (2006): Operations Research: An Introduction. Prentice-Hall, 8th Edition.

[Williams 2013] Williams, P. (2013): Model Building in Mathematical Programming. John Wiley et Sons, 5th Edition.

[Williams 1993] Williams, P. (1993): Model Solving in Mathematical Programming. John Wiley et Sons.

Lehrbücher zu Management Science

[Bell 1999] Bell, Peter C.: (1999) Management Science / Operations Research - A Strategic Perspective. South-Western College Publishing. - *viele Fallstudien und Praxisanwendungen*

[Bodily et al. 1997] Bodily, S., Carraway, R., Frey, S., Pfeifer, P. (1997): Quantitative Business Analysis: Text and Cases. McGraw-Hill. - *repräsentative Fallstudien*

[Denardo 2001] Denardo, E. V. (2001): The Science of Decision Making. John Wiley et Sons. - *Standardinhalte des OR/MS EXCEL-orientiert aufgebaut*

[Ragsdale 2010] Ragsdale C. (2010): Spreadsheet Modeling and Decision Analysis – A Practical Introduction to Management Science. South-Western College Publ., 6th Edition.

[Winston u. Albright 2011] Winston, W. L., Albright, S. C.: (2011) Practical Management Science. South-Western Educ. Pub., 4th Edition. *EXCEL-orientiertes Lehrbuch für Business Schools*

Weitere Referenzen in Kapitel 1

[Günther 2005] Günther, H.-O. (2005): Supply Chain Management and Advanced Planning Systems: A Tutorial. In: Günther, H.-O., Mattfeld, D., Suhl, L. (Hrsg.): Supply Chain Management und Logistik - Optimierung, Simulation, Decision Support. Physica-Verlag.

[Koschat et al. 2003] Koschat, M., Berk, G., Blatt, J., Kunz, N., LePore, M. (2003): Newsvendors tackle the newsvendor problem. Interfaces 33 (3),pp. 72-84.

[Linecker u. Schulz 2002] Linecker, Schulz (2002): SCM-Planungstechniken bei Fischer-Ski. ORNews Nr. 16, November 2002.

[Mellouli 2003] Mellouli T. (2003): Scheduling and Routing Systems in Public Transport Systems: Modeling, Optimization, and Decision Support. Habilitationsschrift, Universität Paderborn.

[Mellouli 2001] Mellouli, T. (2001): A Network Flow Approach to Crew Scheduling based on an Analogy to a Train/Aircraft Maintenance Routing Problem. In Voß et al. (Eds.) Computer-Aided Scheduling of Public Transport, LENMS 505, pp. 91-120. Springer. Berlin.

[Petruzzi u. Dada 1999] Petruzzi, N. C., Dada, M. (1999): Pricing and the newsvendor problem: A review with extensions. Operations Research 47 (2).

[Savage 2003] Savage, Sam, L. (2003): Insight.XLA. Duxbury Press.

[Zapf u. Grasemann 2001] Zapf, M., Grasemann, M. (2001): Call-Center-Simulation vermeidet Fehler. Computerwoche, Ausgabe 8/2001.

Kapitel 2

[Chvátal 2003] Chvátal, V. (2003): Linear Programming. W.H. Freeman & Co, 17th Edition.

[Dantzig 1963] Dantzig, G. B. (1963): Linear Programming and Extensions. Princeton University Press, Princeton, New Jersey.

[Dürr u. Kleibohm 1992] Dürr, W., Kleibohm, K. (1992): Operations Research. Lineare Modelle und ihre Anwendungen. Fachbuchverlag Leipzig.

[Lukesch 2005] Lukesch, S. (2005): Optimierung der Südzucker Rübenlogistik mittels iterativer linearer Programmierung. In: Günther, H.-O., Mattfeld, D., Suhl, L. (Hrsg.): Supply Chain Management und Logistik - Optimierung, Simulation, Decision Support. Physica-Verlag.

[Maros 2003] Maros, I. (2003): Computational Techniques of the Simplex Method. Kluwer Academic Publishers, Boston.

[Murtagh 1981] Murtagh, B. A. (1981): Advanced Linear Programming: Computation and Practice. McGraw-Hill, New York.

[Murty 1983] Murty, K. G. (1983): Linear Programming. John Wiley & Sons, New York.

[Nazareth 1987] Nazareth, J. L. (1987): Computer Solution of Linear Programs. Oxford University Press, New York - Oxford.

[Vanderbei 2008] Vanderbei, R. J. (2008): Linear Programming: Foundations and Extensions. International Series in Operations Research and Management Science. Springer-Verlag, 3rd Edition.

[Williams 1993] Williams, P. (1993): Model Solving in Mathematical Programming. John Wiley&Sons, 1993.

Kapitel 3

[Bixby 2002] Bixby, R. E. (2002): Solving real-world linear programs: a decade and more of progress. Operations Research 50 (1), pp. 3-15, 2002.

[Chvátal 2003] Chvátal, V. (2003): Linear Programming. W.H. Freeman & Co, 17th Edition.

[Dantzig 1963] Dantzig, G. B. (1963): Linear Programming and Extensions. Princeton University Press, Princeton, New Jersey.

[Fourer et al. 2002] Fourer, R., Gay, D., Kernighan, B. (2002): AMPL: A modeling language for mathematical programming. Duxbury Press, 2nd Edition.

[Maros 2003] Maros, I. (2003): Computational Techniques of the Simplex Method. Kluwer Academic Publishers, Boston.

[Mellouli 2003] Mellouli T. (2003): Scheduling and Routing Systems in Public Transport Systems: Modeling, Optimization, and Decision Support. Habilitationsschrift, Universität Paderborn.

[Murtagh 1981] Murtagh, B. A. (1981): Advanced Linear Programming: Computation and Practice. McGraw-Hill, New York.

[Murty 1983] Murty, K. G. (1983): Linear Programming. John Wiley & Sons, New York.

[Suhl/L. u. Suhl/U. 1993] Suhl, L., Suhl, U. H. (1993): A Fast LU-update for linear programming, Annals of Operations Research 43, pp. 33-47, 1993.

[Suhl/U. 1990] Suhl, U. H., Suhl, L. (1990): Computing sparse LU factorizations for large-scale linear programming bases. ORSA Journal on Computing, Vol. 2, No. 4, Fall 1990.

[Suhl/U. 2000] Suhl, U. H. (2000): MOPS – Mathematical OPtimization System. In: OR News, Nr. 8, pp. 11-16.

[Vanderbei 2008] Vanderbei, R. J. (2008): Linear Programming: Foundations and Extensions. International Series in Operations Research and Management Science. Springer-Verlag, 3rd Edition.

Kapitel 4

Es gibt nicht viel allgemeine Literatur zu Vorgehensweisen bei der Modellierung von Optimierungsaufgaben. Dagegen gibt es in der wissenschaftlichen Literatur zahlreiche Veröffentlichungen zu speziellen Optimierungsanwendungen, in denen ein Modell zusammen mit Lösungsansätzen beschrieben wird. Eine Vorstellung solcher Veröffentlichungen würde hier jedoch den Rahmen dieses Buches sprengen. Der interessierte Leser sollte beispielsweise die Zeitschriften Interfaces, Operations Research, OR Spectrum, OR News, Computers & Operations Research usw. studieren.

[Kallrath 2013] Kallrath, J. (2013): Gemischt-ganzzahlige Optimierung. Springer Vieweg, 2. Auflage.

[Suhl/U. 2001] Suhl, U. H. (2001): IT-gestützte operative Sortimensplanung. In: Jahnke, B., Wall, F. (Hrsg.): IT-gestützte betriebswirtschaftliche Entscheidungsprozesse. Gabler-Verlag, S. 175-194.

[Steinzen et al. 2004] Steinzen, I., Koberstein, A., Suhl, U. H. (2004): Ein Entscheidungsunterstützungssystem zur Verschnittoptimierung von Rollenstahl. In: Suhl, L., Voß, S.: Quantitative Methoden in ERP und SCM, DSOR Beiträge zur Wirtschaftsinformatik/DSOR Contributions to Information Systems, Paderborn, BoD.

[Williams 2013] Williams, P. (2013): Model Building in Mathematical Programming. John Wiley & Sons, 5th Edition.

Kapitel 5

[Cormen et al. 2009] Cormen, T. H., Leiserson, C. E., Rivest, R. L., Stein, C. (2009): Introduction to Algorithms. MIT Press, 3rd Edition.

[Michalewicz u. Fogel 2004] Michalewicz Z., Fogel D. B. (2004): How to Solve It: Modern Heuristics. Springer, 2nd Edition.

[Nemhauser u. Wolsey 1988] Nemhauser, G., Wolsey, L. (1988): Integer and Combinatorial Optimization. Wiley-Interscience.

[Reeves 1995] Reeves, C. R. (1995): Modern Heuristic Techniques for Combinatorial Problems. McGraw-Hill.

[Williams 1993] Williams, P. (1993): Model Solving in Mathematical Programming. John Wiley & Sons.

[Wolsey 1998] Wolsey, L. (1998): Integer Programming. John Wiley & Sons.

Kapitel 6

[Ahuja et al. 1993] Ahuja, R. K., Orlin, J. B., Magnanti, T. (1993): Network Flows – Theory, Algorithms, and Applications. Prentice-Hall.

[Butchers et al. 2004] Butchers, E. R., Day, P. R., Goldie, A. P., Miller, S., Meyer, J. A., Ryan, D. M., Scott, A. C., Wallace, A. (2004): Optimized Crew Scheduling at Air New Zealand. Interfaces (34)1, pp. 30-56.

[Chvátal 2003] Chvátal, V. (17th Edition, 2003): Linear Programming. W.H. Freeman & Co.

[Suhl/U. u. Hilbert 1998] Suhl, U. H., Hilbert, H. (1998): A Branch-and-Cut-Algorithm for solving generalized multiperiod Steiner problems in graphs. Networks (31), pp. 273-282.

Kapitel 7

[Kliewer 2005] Kliewer, N. (2005): Optimierung des Fahrzeugeinsatzes im öffentlichen Personennahverkehr - Modelle, Methoden und praktische Anwendungen. Universität Paderborn, DS&OR Lab, Dissertation.

[Mellouli u. Kliewer 2002] Mellouli, T. und Kliewer, N. (2002): Umlaufplanung im öffentlichen Verkehr mit mehreren Depots und Fahrzeugtypen: Neue Lösungsmodelle und praktische Aspekte. Tagungsbericht der HEUREKA'02 (Optimierung in Verkehr und Transport) Seiten 63-76. FGSV-Verlag, Köln (2002).

[Mellouli 2003] Mellouli T. (2003): Scheduling and Routing Systems in Public Transport Systems: Modeling, Optimization, and Decision Support. Habilitationsschrift, Universität Paderborn.

[Mellouli 2001] Mellouli, T. (2001): A Network Flow Approach to Crew Scheduling based on an Analogy to a Train/Aircraft Maintenance Routing Problem. In Voß et al. (Eds.) Computer-Aided Scheduling of Public Transport, LENMS 505, pp. 91-120. Springer. Berlin.

[Mellouli u. Suhl/L. 2007] Mellouli and Suhl (2007): Rotation planning of locomotive and carriage groups with shared capacites. In Geraets et al. (Eds.): Algorithmic Methods for Railway Optimization. Lecture Notes in Computer Science 4359, Springer Publishers, pp. 276-294, 2007.

Kapitel 8

[Domschke u. Drexl 1996] Domschke, W., Drexl, A. (1996): Logistik Band 3 - Standorte. Oldenbourg-Verlag, München-Wien.

[Domschke 1997] Domschke, W. (1997): Logistik Band 2 - Rundreisen und Touren. Oldenbourg-Verlag, München-Wien.

[Domschke 2007] Domschke, W. (2007): Logistik: Transport 1: Grundlagen, lineare Transport- und Umladeprobleme. Oldenbourg-Verlag, München-Wien.

[Kliewer et al. 2005] Kliewer, N., Knechtel, T., Lehmann, R. (2005): Qualifikationsbezogene Mehrdepot-Tourenplanung mit Zeitfenstern: Fallstudie technischer Kundendienst der Miele&Cie. KG. Universität Paderborn, DS&OR Lab, Working Paper WP0502.

[Mellouli 2003] Mellouli, T. (2003): Scheduling and Routing Systems in Public Transport Systems: Modeling, Optimization, and Decision Support. Habilitationsschrift, Universität Paderborn.

[Nickel et al. 2005] Nickel, S., Velten, S., Weimerskirch, G. (2005): Strategische Supply-Chain Entscheidungen in der Stahlindustrie - eine Fallstudie. In: Günther, H.-O., Mattfeld, D., Suhl, L. (Hrsg.): Supply Chain Management und Logistik - Optimierung, Simulation, Decision Support. Physica-Verlag.

Kapitel 9

[Banks 1998] Banks, J. (1998): Handbook of Simulation. John Wiley & Sons.

[Banks et al. 2009] Banks, J., Carson, J. S., Nelson, B. L., Nicol, D., M. (2009): Discrete-Event System Simulation. Pearson Education, 5th Edition.

[Biethahn et al. 1999] Biethahn, J., Hummeltenberg, W., Schmidt, B., Stähly, P., Witte, T. (1999): Simulation als betriebliche Entscheidungshilfe. Physica-Verlag.

[Kelton et al. 2009] Kelton, W. D., Sadowski, R. P., Swets, N. B. (2009): Simulation with Arena. McGraw-Hill, 5th Edition.

[Kramer u. Neculau 1998] Kramer, U., Neculau, M. (1998): Simulationstechnik. Carl Hanser Verlag.

[Law u. Kelton 2000] Law, A. M.,Kelton, W. D. (2000): Simulation Modelling and Analysis. McGraw-Hill.

[Liebl 1995] Liebl, F. (1995): Simulation. Oldenbourg-Verlag.

[Shannon 1975] Shannon, R. E. (1975): System Simulation. Prentice-Hall.

[Steinhausen 1994] Steinhausen, D. (1994): Simulationstechniken. Oldenbourg-Verlag.

Sachverzeichnis

Printed by Printforce, the Netherlands